工程测量

Engineering Survey

（第三版）

周文国　郝延锦　主编

测绘出版社

·北京·

内容提要

本书主要根据土木工程专业、建筑环境与设备工程专业、工程管理专业、采矿工程专业等非测绘工程专业的教学大纲和专业特点进行编写,同时还考虑了土木工程及采矿工程等工程类技术人员的自学及参考需求。本书主要讲述测量、水准测量、角度测量、距离测量、测量误差、控制测量、全站仪和全球导航卫星系统、大比例尺地形图测绘与应用、建筑施工测量、线路施工测量、桥梁与道路施工测量、生产矿井测量、地质勘探测量等内容。本书的各章节例题均选自教师实践教学过程中积累的实测资料,在各章均配有一定数量的习题与思考题,供广大读者参考使用。

本书涵盖土木类、地矿类、市政工程类等专业的特有测绘内容,可作为土木工程、采矿工程、地质工程、工程管理、环境工程等专业的教学用书,也可供相关工程技术人员参考。

图书在版编目(CIP)数据

工程测量/周文国,郝延锦主编. —3版. —北京:测绘出版社,2019.7

ISBN 978-7-5030-4253-9

Ⅰ. ①工… Ⅱ. ①周… ②郝… Ⅲ. ①工程测量—高等学校—教材 Ⅳ. ①TB22

中国版本图书馆CIP数据核字(2019)第143444号

责任编辑 巩　岩　**执行编辑** 云　雅　**封面设计** 李　伟　**责任校对** 石书贤

出版发行	测绘出版社	**电　　话**	010—83543965(发行部)
地　　址	北京市西城区三里河路50号		010—68531609(门市部)
邮政编码	100045		010—68531363(编辑部)
电子邮箱	smp@sinomaps.com	**网　　址**	www.chinasmp.com
印　　刷	北京建筑工业印刷厂	**经　　销**	新华书店
成品规格	184mm×260mm	**印　　张**	19.75
版　　次	2009年12月第1版　2013年6月第2版　2019年7月第3版	**字　　数**	486千字
		印　　次	2019年7月第6次印刷
印　　数	16001—19000	**定　　价**	48.00元

书　　号 ISBN 978-7-5030-4253-9

本书如有印装质量问题,请与我社联系调换。

本书编委会名单

主　编：周文国　郝延锦

副主编：宁永香　孙国庆　刘小阳

编　委：孙彩敏　赵亚红　马晓鹿

第三版前言

《工程测量》自 2009 年第一版以来，已经有整整 10 年了，已在多个本科院校非测绘工程专业中使用，涉及土木工程、工程管理、建筑环境与设备工程、采矿工程、地质工程等专业，用量较多。在使用过程中，读者指出了一些错误，提出一些很好的建议，并索要了部分多媒体课件。因此，根据在教学过程中发现的问题及读者提出的建议，于 2011 年 9 月做了一次修订，改正了书中的个别错误。考虑科学技术的发展变化及我国新坐标系统的发布实施，同时为了方便高校的实验教学及实习环节教学的参考指导，于 2013 年 3 月出版了第二版教材。但是在使用过程中，还是发现了一些问题，同时对现代测绘的手段和方法也需要进行补充和改进，为此于 2018 年 12 月编写了第三版教材。

本次对该教材修订的内容如下：对教材中小数点保留做了规范；对个别章节做了适当删改，增加了一些最新内容，如精密水准测量、北斗卫星导航系统信号结构等；补充了个别章节的习题。

本书修订工作由周文国教授负责组织，经过讨论分工完成。其中第一章、第七章及附录由华北科技学院周文国编写及修订，第十五章由华北科技学院郝延锦编写修订，第二章、第六章由华北科技学院孙国庆编写修订，第三章、第五章、第十六章由防灾科技学院刘小阳编写修订，第四章、第九章由华北科技学院孙彩敏编写修订，第八章、第十章由华北科技学院赵亚红编写修订，第十一章、第十二章由太原理工大学阳泉学院宁永香编写修订，第十三章、第十四章由太原理工大学阳泉学院马晓鹿编写修订。全书由周文国、郝延锦统稿，并对文字内容进行了校核与修改。

为了便于教师、学生复习和与读者交流联系，留下编者邮箱 hkch2005@126.com，欢迎广大读者与我们联系，我们将免费为读者提供 PowerPoint 格式的电子教案。

本书的出版得到华北科技学院、防灾科技学院及太原理工大学阳泉学院等院校领导及测绘出版社的大力支持，也得益于广大读者的关心和帮助，在此表示真诚的感谢。限于水平，书中难免有不妥之处，敬请广大读者批评指正，以便修订完善。

编者

2018 年 12 月

第二版前言

本书自2009年出版第一版以来，已经有四个年头，已在多个本科院校中非测绘工程专业中使用，涉及土木工程、工程管理、建筑环境与设备工程、采矿工程、地质工程等专业，用量较多。在使用过程中，收到很多读者的来信，指出了书中一些错误，提出了一些很好的建议，并索要了部分多媒体课件。因此，根据在教学过程中发现的问题及读者提出的建议，于2011年9月做了一次修订，改正了书中的个别错误。另外考虑科学技术的发展变化及我国新坐标系统的发布实施，同时为了方便高校的实验教学及实习环节教学的参考指导，决定出版第二版教材。

本书修订的内容如下：对教材中存在的部分错误做了修正；对个别章节做了适当删改，增加了一些最新内容，如我国的北斗卫星导航系统、2000国家大地坐标系(CGCS2000)的发布使用等内容；在书后以附录形式增加了实验指导书和实习指导书内容，供学生课间实验及生产实习中使用参考。

本书修订工作由周文国教授负责组织，经过讨论分工完成。其中第一章、第七章及附录由华北科技学院周文国编写、修订，第二章、第六章由华北科技学院孙国庆编写修订，第三章、第五章、第十六章由防灾科技学院刘小阳编写修订，第四章、第九章由华北科技学院孙彩敏编写修订，第八章、第十章由华北科技学院赵亚红编写修订，第十一章、第十二章由太原理工大学阳泉学院宁永香编写修订，第十三章、第十四章由太原理工大学阳泉学院马晓鹿编写修订，第十五章由华北科技学院郝延锦编写修订。全书由周文国、郝延锦统稿，并对文字内容进行了校核与修改。

为了便于教师、学生复习和与读者交流联系，留下编者邮箱 hkch2005@126.com，欢迎广大读者与我们联系，我们将免费为读者提供 PowerPoint 格式的电子教案。

本书的出版得到华北科技学院、防灾科技学院及太原理工大学阳泉学院等院校领导及测绘出版社的大力支持，也得益于广大读者的关心和帮助，在此表示真诚的感谢。限于水平，书中难免有不妥之处，敬请广大读者批评指正，以便修订完善。

编者

2013年3月

第一版前言

许多高等院校都设置有土木工程、工程管理、建筑环境与设备工程、采矿工程、地质工程等专业，考虑不同专业学习工程测量课程的不同特点，根据高等院校土木类、地矿类等课程教学大纲的要求，并考虑各专业的实际情况，专门组织了几所兄弟院校有经验的教师，编写了本书。本书主要作为土木工程、建筑环境与设备工程、工程管理、采矿工程、地质工程等非测绘工程专业的教学用书，同时也可作为相关工程技术人员的参考书。

本书在简要阐述该学科基本理论的同时，注重理论与实践相结合，并着重培养学生分析问题与解决实际问题的能力。目前测绘科学技术发展迅猛，测绘技术手段不断改进，测绘科技现代化水平不断提高。特别是 GPS、全站仪、三维激光扫描仪等新设备的发展和普及，测量精度和测绘工作效率大大提高，为了适应现代测绘教育的需要，本书增加了一定篇幅的现代测绘技术介绍，如对全站仪、GNSS、数字测图技术、信息化成图技术（三维立体扫描技术）等的详细介绍；本书重点突出实践性，各章节例题均选自教师实践教学过程中积累的实测资料；在各章均配有一定数量的习题与思考题，供广大读者参考使用；本书对测量的限差要求，均采用我国最新规范标准，与测绘生产实际接轨紧密。在本书的编写过程中，作者收集了大量的资料，并借鉴了同类教材的相关内容。在总结实践经验的基础上，注重体现高等教育的理论知识够用为度，重点在于实践、实际、实用的特点。

本书共十六章，其中第一章、第七章、附录由华北科技学院周文国编写，第二章、第六章由华北科技学院孙国庆编写，第三章、第五章、第十六章由防灾科技学院刘小阳编写，第四章、第九章由华北科技学院孙彩敏编写，第八章、第十章由华北科技学院赵亚红编写，第十一章、第十二章由太原理工大学阳泉学院宁永香编写，第十三章、第十四章由太原理工大学阳泉学院马晓鹿编写，第十五章由华北科技学院郝延锦编写。全书由周文国、郝延锦统稿，并对文字内容进行了校核与修改。

为了便于教师教学和学生复习，我们将本书内容制成了 PowerPoint 格式的电子教案，并免费为读者提供，编者邮箱为 hkch2005@126.com。限于水平，书中难免有不妥之处，敬请广大读者批评指正，以便修订完善。

编者

2009 年 8 月

目 录

第一章　绪　论

§1-1　测绘学与工程测量概述

一、测绘学的基本内容及作用

测绘科学是一门研究如何确定地球的形状、大小和地面、地下及空间各种物体的几何形态及其空间位置关系的科学，为人类了解自然、认识自然和能动地改造自然服务。其任务主要有三个方面：一是精确地测定地面点的位置及地球的形状和大小；二是将地球表面的形态及其他相关信息制成各种类型的成果、像片、图件和其他资料；三是进行经济建设和国防建设所需要的其他测绘工作，如地籍测量、城市规划测量、GPS导航图测绘等。测绘被广泛用于陆地、海洋和空间的各个领域，对国土规划整治、经济和国防建设、国家管理和人民生活都有重要作用，是国家建设中的一项先行性、基础性工作，在各行各业中起着非常重要的作用。

在国民经济和社会发展规划中，测绘信息是最重要的基础信息之一。例如，以地形图为基础，补充农业专题调查资料编制的各种专题地图，可以从中了解各类土地利用现状、土地变化趋势，了解交通、工业、农田、林地、城镇建设等内容，是规划的重要依据。

在各种工程建设中，测绘是一项重要的前期工作。无论是公路、铁路，还是各种大、中、小型的建筑施工，在设计之前都要求提供准确无误的地形图，作为设计的依据。即使在工程施工中，为了保证施工精度和质量，还需进行施工测量，因而测绘是各种工程建设中的一个重要组成部分。

在军事活动及国防建设中，军事测量和军用地图的作用更是特别重要。例如，导弹、各种空间武器、人造卫星、航天器的发射等，要保证其精确入轨，除了应测算出发射点和目标点的精确坐标、方位、距离外，还必须掌握地球形状、大小的精确数据和有关地域的重力场资料。另外，国家陆海边界和其他管辖区的精确测绘，对保卫国家领土完整也具有重要意义。

在国家各级管理工作中，从工农业生产建设的计划组织和指挥，土地与地籍管理，交通、邮电、商业、文教卫生和各种公用设施的管理，到社会治安等各个方面，测量和地图资料已成为不可缺少的重要工具。

在发展地球科学和空间科学等现代科学技术方面，测绘工作也起着非常重要的作用。对地表形态和地面重力的变化进行分析研究，可以探索地球内部的构造及变化；对地表形态变化的分析研究，可以追溯各个历史时期地球大气圈、生物圈各种因素的变化；对地表及岩层的探测，可以用于预测、预报地震的发生。

二、测绘学分类

测绘学研究内容广泛，它与其他科学一样都是随着人们生产实践的需要而产生的，并随着社会生产和科学技术的发展而发展。测绘学是测绘科学技术的总称。随着测绘学研究的深入和各学科研究的相互渗透,测绘学在发展中产生了许多分支并形成了相对独立的学科,一般可分为大地测量学、地形测量学、工程测量学、摄影测量学、地图制图、海洋测绘等。

(一)大地测量学

大地测量学是以地球表面广大区域为研究对象,研究地球形状、测定地球大小和地球重力场及地面点几何位置的学科。大地测量学中研究地球形状,是指研究大地水准面的形状;测定地球的大小,是指测定地球椭球的大小;测定地面点的几何位置,是指测定以地球椭球面为基准面的地面点的位置。地面点几何位置的测定方法是将地面点沿法线方向投影于地球椭球面上,用投影点在椭球面上的大地纬度和大地经度表示该点的平面位置,用地面点至投影点的法线距离表示该点的大地高程。地面点的几何位置也可以用一个以地球质心为原点的空间直角坐标系中的三维坐标来表示,这时必须考虑地球的曲率,因而在理论和方法上比较严密复杂。

大地测量学为地球科学、空间科学、地震预报、陆地变迁、地形图测绘及工程施工提供控制依据。若只以国家三、四等控制为研究内容并为地形图测绘和施工测量提供控制基础,这种大地测量学称为控制测量学。现代大地测量学包括几何大地测量学、物理大地测量学和卫星大地测量学三个主要部分。大地测量为地形测图和大型工程测量提供了基本的水平控制和高程控制,为空间科学技术和军事活动提供精确的点位坐标、距离、方位及地球重力场资料,为研究地球形状、大小和地壳形变及地震预报等科学问题提供了重要数据。

(二)地形测量学

地形测量也叫作普通测量,是测绘科学的一个基础部分,它是研究测绘地形图基本理论、技术和方法的一门学科。它通过航空摄影或陆地摄影测量内、外业或地形测量手段,按一定比例尺,依据测图规范要求,用规定的图式符号注记,将地面上的地形及有关数据、信息测绘于图面,制成地形图。我国国家地形图的基本比例尺系列规定为 1∶1 万、1∶2.5 万、1∶5 万、1∶10 万、1∶25 万、1∶50 万、1∶100 万等。工程上常用的大比例尺地形图可分为 1∶500、1∶1 000、1∶2 000、1∶5 000 等。

随着科学技术的不断发展,目前多采用数字化成图、遥感成图及三维立体扫描成图技术,大大加快了成图速度,提高了成图精度。

(三)工程测量学

工程测量学是主要研究工程建设在勘察设计、施工和运营管理阶段所进行的各种测量工作的学科。按其性质可分为:勘察设计阶段的控制测量和地形测量;施工阶段的施工测量和设备安装测量;运营管理阶段的变形观测和维修保养测量。根据工程建设对象的不同分为:矿山测量、建筑施工测量、道路施工测量、水利测量等。

(四)摄影测量学

摄影测量学是利用摄影或遥感的手段获取被测物体的信息,经过对图像的处理、量测、判读和研究,是确定被测物体的形状、大小和位置,并判断其性质的一门学科。按获取像片的方法,摄影测量学分为地面立体摄影测量学和航空摄影测量学。摄影测量主要用于测制地形图,它的原理和基本技术也适用于非地形测量。自从出现了影像的数字化技术以后,被测对象可以是固体、液体,也可以是气体;可以是微小的,也可以是巨大的;可以是瞬时的,也可以是变化缓慢的。只要能够摄得影像,就可以使用摄影测量的方法进行量测。这些特性使摄影测量方法得到广泛的应用。用摄影测量的手段成图是当今大面积地形图测绘的主要方法。摄影测量发展很快,特别是与现代遥感技术相配合使用的光源,一般是可见光或近红外光,现在构像技术已发展到电磁波等其他范围，其运载工具可以是飞机、卫星、宇宙飞船及其他飞行器。因此，摄影测量与遥感已成为非常活跃和富有生命力的一个独立学科。

(五)地图制图

地图制图是主要研究地图及其制作的理论、工艺与应用的学科。它是运用测量成果或经过处理的信息，研究制版、印刷和出版地图等工艺的过程和方法。随着科学技术的发展，目前采用全站仪进行数据采集，运用计算机进行处理，并用地理信息系统等软件自动完成地形图或其他专题图的绘制工作，大大提高了出图效率和精度。

地图一般可分为普通地图和专题地图。在地图制图技术方面，有机助制图、快速复印、地图缩微等。

(六)海洋测绘

海洋测绘是主要研究海洋和陆地水域及水下地貌的一门综合性测绘工作，是测绘科学发展的一个重要分支，包括海洋大地测量、水深测量、海岸地形测量、海洋重力测量、海洋工程测量和海图制图等内容。

随着社会发展和科学技术的进步，测绘的内容不断丰富，测绘的手段不断提高，分类也在不断完善。例如，近年来又出现了卫星定位测量技术等先进测绘技术。

三、工程测量的基本任务

随着科学技术的日益发展，测绘科学在国民经济建设和国防建设中的作用也将日益增大。测绘工作常被人们称为是建设的尖兵，不论是国民经济建设还是国防建设，在每一项工程的勘测、设计、施工、竣工及保养维修等阶段都离不开测绘工作，而且都要求测绘工作走在前面。建筑领域同样离不开测绘工作，从建筑工程的特点来看，建筑工程测量的内容大体包括测定和测设两个方面。测定是指利用测量仪器和工具，通过一系列的观测和计算，获得确定地面点位置的数据，或把将要建设区域的地形测绘成一定比例的地形图，供建筑工程规划和设计时使用；测设是指把图纸上设计好的建筑物或构筑物的位置，按照设计与施工的要求在地面上标定出来，作为施工的依据。具体来说，建筑工程测量有以下四方面的任务：

(1)测绘大比例尺地形图。把将要进行工程建设地区的各种地物(如房屋、道路、铁路、森林植被与河流等)和地貌(地面的高低起伏，如山头、盆地、丘陵与平原等)通过外业实际观测和内业数据计算整理，按一定的比例尺绘制成各种地形图、断面图，或用数字表示出来，为工程建设的各个阶段提供必要的图纸和数据资料。

(2)建(构)筑物的施工放样。将图纸上设计好的建筑物或构筑物，按照设计与施工的具体要求在实地标定出来，作为施工的依据。另外，在建筑物施工和设备安装过程中，也要进行各种测量工作，以配合指导施工，确保施工和安装的质量。

(3)竣工总平面图的绘制。为了检查工程施工、定位质量等，在工程竣工后，必须对建(构)筑物、各种生产生活管道等设施，特别是对隐蔽工程的平面位置和高程位置进行竣工测量，绘制竣工总平面图。为建(构)筑物交付使用时的验收，以及以后的改(扩)建和使用中的检修提供必要资料。

(4)建筑物的沉降、变形观测。在建筑物施工和运营阶段，为了监测其基础和结构的安全稳定状况，了解设计施工是否合理，必须定期地对其位移、沉降、倾斜及摆动进行观测，为鉴定工程质量、工程结构和地基基础研究及建筑物的安全保护等提供资料。

总之,建筑工程测量在城乡规划、工业与民用建筑、土地、地下工程、给水排水、建筑学等专业领域有着重要的作用。因此,从事工程建设的科技人员必须掌握一定的测绘知识和技能。

§1-2 地球的形状和大小

一、地球的自然形体

地球自然表面的形状是极其复杂的,要将地面上的各种物体(称为地物)和地面高低起伏的形态(称为地貌)用特定的符号表示在图纸上,就需要在地物和地貌的轮廓线上选择一些具有地表形态特征的点。只要将这些点测绘到图纸上,就可以参照实地情况,比较准确地将地物、地貌描绘出来,得到地形图。

通过长期的测绘实践和科学调查,人们发现地球表面海洋面积约占地球表面总面积的71%,陆地面积约占地球表面总面积的29%。有高达8 844.43 m的珠穆朗玛峰,也有深达11 022 m的马里亚纳海沟。但这样的高低起伏相对庞大的地球而言仍是微小的,地球总形状接近两极稍扁的椭球体。

二、水准面与大地水准面

我们可以把地球总的形状看作是被海水包围起来的球体,也就是设想有一个静止的海水面延伸、穿过大陆和岛屿后形成封闭的曲面,把这个封闭的曲面称为水准面。水准面有无数多个,其中通过平均海水面的水准面叫作大地水准面,如图1-1所示,它是一个封闭的曲面,并处处与铅垂线垂直,它所包围的地球形体称为大地体。过水准面上任意一点与水准面相切的平面称为水平面。

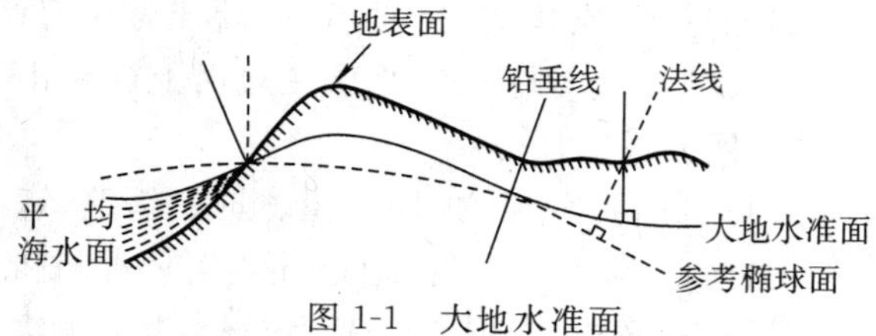

图1-1 大地水准面

地球上的任一点都同时受到两个力的作用,一个是地球自转产生的离心力,另一个是地心引力,这两个力的合力称为重力。重力的作用线称为铅垂线,它是外业测量工作的基准线,而大地水准面又是测量外业工作的基准面。

由地球内部质量分布不均匀引起的铅垂线方向的变化,使大地水准面成为一个十分复杂而又不规则的曲面,在这个曲面上是无法进行数学计算的。在实用上,常用与其逼近的地球椭球体的表面代替大地水准面,以便把测量结果归算到地球椭球体上进行计算和绘图。

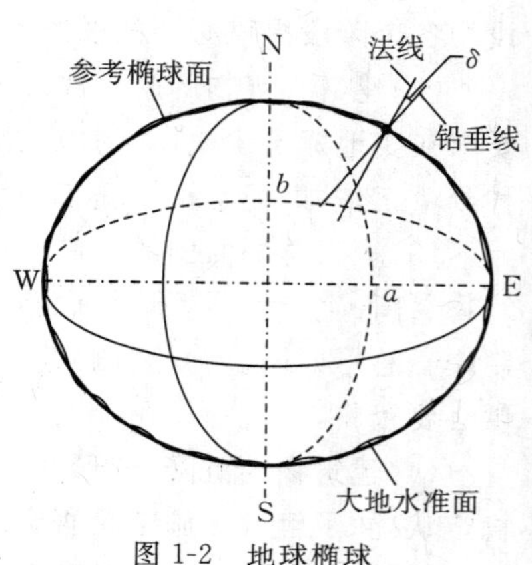

图1-2 地球椭球

三、地球椭球体

测量工作是在地球表面上进行的,而测量成果需要归算到一定的平面上,才能进行计算与绘图,因此首先应当对地球的形状和大小有所了解。地球自然表面高低起伏,是一个表面形状极不规则的球体。可以近似采用椭球体来代替地球的基本形状，该椭球体称为地球椭球体(图 1-2)，它与大地水准面不完全一致(椭球体上的法线与大地水准面上的铅垂线之间有偏差，称为垂线偏差 δ)，致使有的地方稍高一些，有的地方稍低一些，但其差一般不超过±150 m，地球椭球体的形状和大小由长半轴 a、短半轴 b 和扁率 $\alpha=\dfrac{a-b}{a}$ 来表示。我国在 1952 年以前采用海福德(Hayford)椭球，从 1953 年起采用克拉索夫斯基(Krasovsky)椭球。1980 年国家大地坐标系采用了 1975 年国际椭球参数，其数值为

$$a=6\ 378\ 140\ \text{m}$$

$$b=6\ 356\ 755.3\ \text{m}$$

$$\alpha=\frac{1}{298.257}$$

由于地球椭球体的扁率很小，十分接近于圆球，因此在建筑工程测量中可以当成圆球体来看待，半径采用与椭球等体积的球体半径，即取地球椭球体三个半径的平均值为

$$R=\frac{a+a+b}{3}=6\ 371\ \text{km}$$

§1-3 测量坐标系与地面点位的确定

测量的基本工作是确定地面特征点的位置。在数学上，一个点的空间位置一般用它在三维空间直角坐标系中的 x、y、z 三个量来表示，测量上也采用同样的方法来确定点的空间位置，即确定一点在平面上的位置(平面直角坐标)和该点到大地水准面的垂直距离(高程)。

一、平面坐标系统

(一)大地坐标系(地理坐标系)

地面点在地球椭球面上的投影位置通常是用经度和纬度表示的，那么某点的经纬度称为该点的地理坐标。

如图 1-3 所示，NS 为地球的自转轴，称为地轴；地球的中心 O 称为球心，地轴与地球表面的交点 N、S 分别称为北极和南极；通过地轴和地球表面上任意点 P 的平面称为 P 点的子午面，它与地球表面的交线称为子午线或经线。其中，通过英国格林尼治天文台的子午面叫作首子午面，相应的子午线叫作首子午线。垂直于地轴的平面与地球表面的交线称为纬线。通过球心且垂直于地轴的平面称为赤道面，赤道面与地球表面的交线称为赤道。

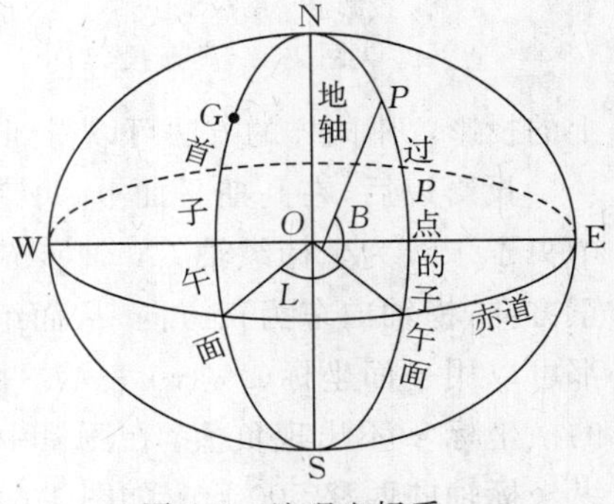

图 1-3 地理坐标系

过地面上任意一点 P 的子午面与首子午面所夹的二面角，称为 P 点的经度，用 L 表示。由首子午面向东量 0°～180°称为东经，向西量 0°～180°称为西经。过 P 点的铅垂线与赤道平面的夹角称为 P 点的纬度，用 B 表示。其中，赤道以北 0°～90°称为北纬，以南 0°～90°称为南纬。

如果经纬度是以地球椭球面的法线为依据、用大地测量方法来确定的，称为大地经纬度，用 L 和 B 表示。如果经纬度是用天文观测得到的，称为天文经纬度，用 λ 和 φ 表示。例如，北京的地理坐标约为东经 116°17′、北纬 39°55′；河北省三河市的地理坐标约为东经 117°04′、北纬 39°58′。

(二)高斯平面直角坐标系

在解决较大范围的测量问题时,应将地面上的点投影到椭球体面上,再按一定的条件投影到平面上,形成统一的平面直角坐标系,通常采用高斯投影的方法来解决这一问题。

高斯投影是将地球按一定的经度差(如每隔 6°)划分成若干个投影带,如图 1-4 所示,然后将每个投影带按照高斯正形投影条件投影到平面上。投影带是从通过英国格林尼治天文台的首子午线起,经度每隔 6°为一带(称为 6°带),自西向东将整个地球分为 60 个投影带,带号从首子午线起向东,用阿拉伯数字 1、2、3、…、60 表示。位于各投影带中央的子午线称为该带的中央子午线,第 N 个投影带的中央子午线的经度 L_0 为

$$L_0 = 6N - 3$$

式中,N 为投影带的带号。

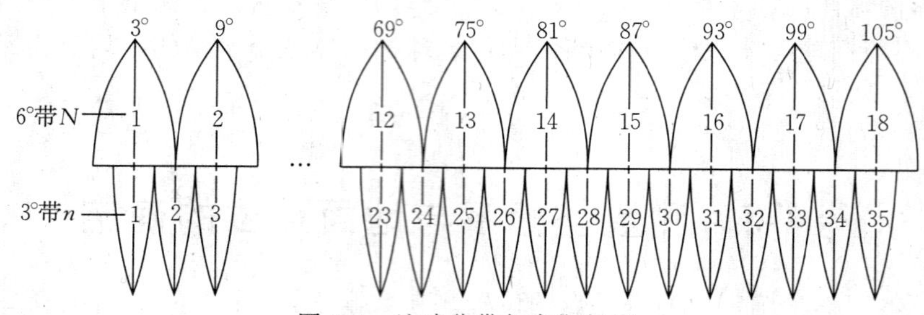

图 1-4 地球分带与高斯投影

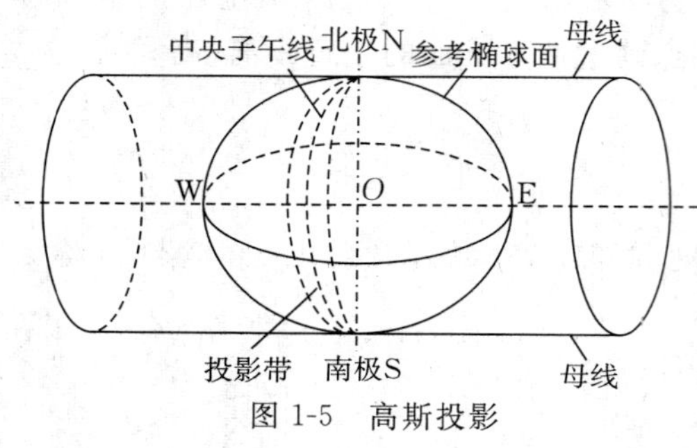

图 1-5 高斯投影

分带以后,每一个投影带仍是一个曲面,为了能用平面直角坐标表示点的位置,必须将每个曲面按高斯正形投影条件转换成平面。基本方法是:把地球当作圆球看待,设想把一个与地球同直径的圆柱套在地球上,使圆柱内表面与某个 6°带的中央子午线相切,在保持角度不变的条件下将该投影带全部投影到圆柱内表面上;然后将圆柱沿着通过南北两极的母线剪开并展成平面,便得到该 6°带在平面上的投影。用同样的方法可以得到其他投影带的平面投影(图 1-5)。

投影以后,在高斯平面上,每带的中央子午线和赤道的投影为相互垂直的直线,取每带的中央子午线为坐标纵轴 (X 轴),赤道为横轴(Y 轴),它们的交点 O 为坐标原点。纵轴向北为正方向,横轴向东为正方向,从而组成投影带的高斯平面直角坐标系,在其投影带内的每一点都可以用平面坐标(x, y) 表示。由于我国位于北半球,故纵坐标 x 值均为正值。为了使每带的横坐标 y 不出现负值,在测量中规定每带的中央子午线的横坐标都加上 500 km,也就是把纵坐标轴向西移 500 km,如图 1-6 所示。

如上所述,每带都有相应的直角坐标系。为了区别不同投影带内的点的坐标,规定在横坐标值前加注投影带号,这种增加 500 km 和带号的横坐标值称为通用坐标值;未加 500 km 和带号的横坐标值称为自然坐标值。例如,Q、P 两点位于第 36 带内,其横坐标的自然坐标值为

$$y_Q = +36\,210.14\ \text{m}$$

$$y_P = -41\,613.07\ \text{m}$$

将 Q、P 两点横坐标的自然值加上 500 km,并加注带号后便得到横坐标的通用坐标值,即

$$y_Q = 36\ 536\ 210.14\ \mathrm{m}$$
$$y_P = 36\ 458\ 386.93\ \mathrm{m}$$

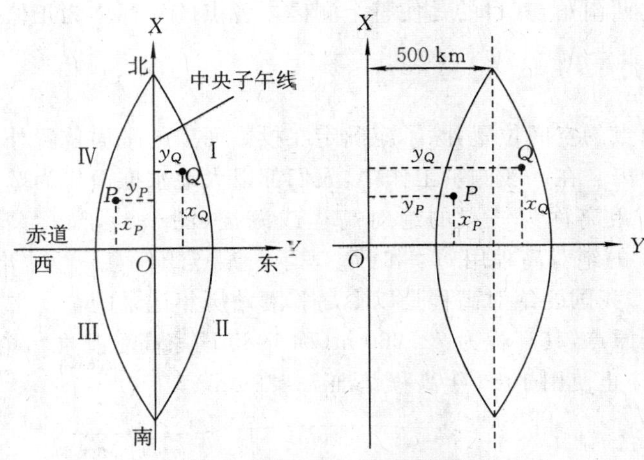

图 1-6 测量平面坐标值的构成

在高斯平面直角坐标系中，离中央子午线越近的区域其长度变形越小，离中央子午线越远的部分其长度变形越大。在工程和城市测量中要求长度变形较小时，应采用高斯投影 3°带坐标系。3°带是从东经 1°30′起，经度每隔 3°划分一带，将整个地球划分为 120 个投影带。3°带中的单数带的中央子午线与 6°带的中央子午线重合，而双数带的中央子午线则与 6°带的边界子午线重合。3°带中央子午线的经度 L_0' 为

$$L_0' = 3n$$

式中，n 为 3°带的带号。

我国规定分别采用 6°带和 3°带两种投影带。

(三)测量坐标系与数学坐标系的区别和联系

在小范围内(如较小的建筑区域或厂矿区等)进行测量时，由于测量区域较小又相对独立，故可以把球面当作平面来看待。地面点在水平面内的铅垂投影位置，可以用在该平面内的假定坐标系中的 x、y、z 三个量来表示。

测量中所用的平面直角坐标和数学中的相似，只是坐标轴互易，而象限顺序相反(图 1-7)。测量工作中规定所有直线的方向都是从坐标纵轴北端顺时针方向度量的，这样既不改变数学计算公式，又便于测量上的方向和坐标计算。

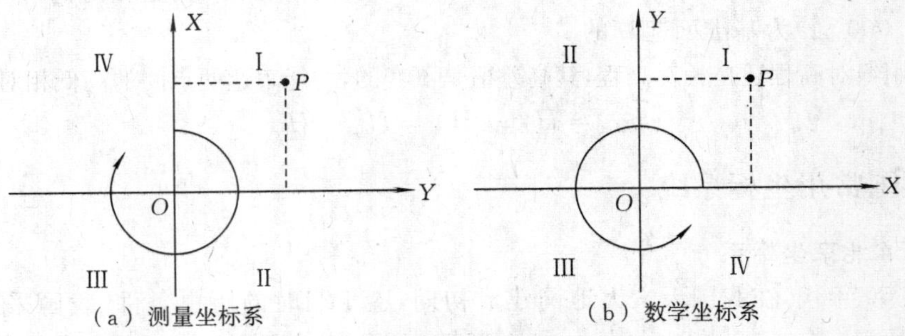

(a) 测量坐标系　　(b) 数学坐标系

图 1-7 测量坐标系和数学坐标系

坐标纵轴 X 通常与某子午线方向一致,以它来表示南北方向,指北为正,指南为负;横坐标轴 Y 表示东西方向,指东为正,指西为负。平面直角坐标系的原点,可以按实际情况选定,通常把原点选在测区的西南角,其目的是使整个测区内各点的坐标均为正值。

二、高程系统

如果要表示地面点的空间位置,除了应确定在投影面上的平面位置外,还应确定它的沿投影方向到基准面的距离。在一般测量工作中,人们都以大地水准面作为基准面,把某点沿铅垂方向到大地水准面的距离称为该点的绝对高程或海拔(图 1-8),简称高程,一般用符号 H 表示,图中点 A、点 B 的绝对高程用 H_A 和 H_B 表示。某点距任意一个水准面的距离称为相对高程,如 H_A' 和 H_B'。我国的绝对高程是以青岛验潮站历年记录的黄海平均海水面为基准,并在青岛市建立了水准原点,其高程为 72.260 m(称 1985 国家高程基准),全国各地点的高程都以它为基准测算(已停止使用 1956 年高程基准 72.289 m)。

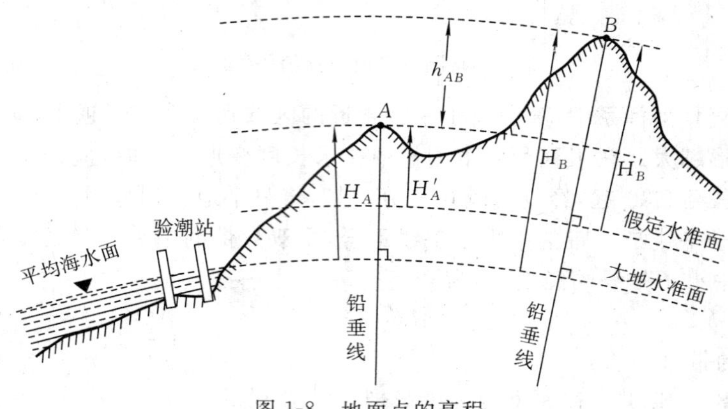

图 1-8 地面点的高程

地面上两点间的高程差称为两点间的高差,用 h 表示,高差有正、负之分。例如,A、B 两点的高差 h_{AB} 为

$$h_{AB}=H_B-H_A$$

当 h_{AB} 为正时说明点 B 高于点 A,当 h_{AB} 为负时说明点 B 低于点 A,当 h_{AB} 为零时说明两点在同一水准面上(高程值相等)。

当使用绝对高程有困难时(无法与国家高程系统联测),可采用任意假定的水准面为高程起算面,即为相对高程或假定高程。在建筑工程中所使用的标高,就是相对高程,它是以建筑物地坪(±0.000 面)为基准面起算的。

不论采用绝对高程还是相对高程,其高差值是不变的,均能表达两点间的高低相对关系,如

$$h_{AB}=H_B-H_A=H'_B-H'_A$$

三、我国常用坐标系统

(一)1954 北京坐标系

20 世纪 50 年代,在我国天文大地网建成初期,鉴于当时的历史条件,我国采用了克拉索夫斯基椭球元素(a =6 378 245 m,α =1/298.3),通过与苏联 1942 年普尔科沃坐标系联测,计算、建立了我国的大地坐标系统,即 1954 北京坐标系。该坐标系起始点在我国东北边境的

呼玛、吉拉林、东宁三个基线网内，原点在苏联的普尔科沃。

(二)1980 西安坐标系

1980 西安坐标系的原点在陕西省泾阳县永乐镇，其建筑物包括标石、观测楼、投影亭等。为了使基础稳固，地下打入 32 根 13 m 长的水泥柱，原点标石是一整块花岗岩，中心镶有玛瑙标志，安放在地面以下 4 m 深处。观测楼大厅中央装有“中华人民共和国大地原点”大理石标牌，底层有重力观测室。观测楼分内外架两部分，内架是 24 m 高的空心水泥柱，用来安放仪器，外架是用 8 根水泥柱组成的八面体，其间装有玻璃。该大地坐标系统采用 1975 年国际大地测量与地球物理联合会第 16 届大会推荐的数据：$a=6\ 378\ 140$ m，$\alpha=1/298.257$。

(三)2000 国家大地坐标系

我国自 2008 年 7 月 1 日起启用 2000 国家大地坐标系(Chinese geodetic coordinate system 2000,CGCS2000)。2000 国家大地坐标系是由 2000 国家 GPS 大地控制网、2000 国家重力基本网及国家天文大地网联合平差获取的三维地心坐标系统，其参考历元为 2000.0。2000 国家大地坐标系的定义：右手地固直角坐标系，原点在地心，Z 轴为国际地球自转服务局(International Earth Rotation Service,IERS)的参考地极(IERS reference pole,IRP)方向，X 轴为国际地球自转服务局的参考子午面(IERS reference meridian plane,IRM)与垂直于 Z 轴的赤道面的交线，Y 轴、Z 轴和 X 轴构成右手坐标系。

四、WGS-84 坐标系

WGS-84 坐标系的全称是 1984 世界大地坐标系(world geodetic system 1984)，它是一个地心地固坐标系统。WGS-84 坐标系由美国国家影像制图局(National Imagery and Mapping Agency,NIMA)建立，于 1987 年取代了当时 GPS 所采用的 WGS-72 坐标系，成为 GPS 所使用的坐标系统。

WGS-84 坐标系的几何定义：原点是地球的质心，Z 轴指向国际时间局(Bureau International de l'Heure,BIH)1984.0 定义的协议地极(conventional terrestrial pole,CTP)方向，X 轴指向 BIH1984.0 的零度子午面和协议地极赤道的交点，Y 轴和 Z 轴、X 轴构成右手坐标系，如图 1-9 所示。

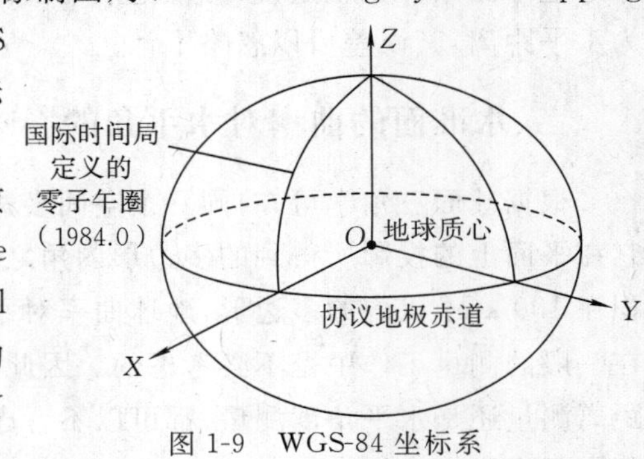

图 1-9 WGS-84 坐标系

§1-4 用水平面代替水准面的限度

在实际测量工作中，在一定的测量精度要求或测区面积不大的情况下，往往以水平面直接代替水准面，就是把较小一部分地球表面上的点投影到水平面上来确定其位置。那么在多大范围内才能允许用水平面代替水准面呢？本节就其对距离、角度和高程的影响进行分析(为方便分析、计算，假设地球是一个圆球体)。

一、水准面的曲率对水平距离的影响

如图 1-10 所示，$\overset{\frown}{DAE}$ 为水准面，$\overset{\frown}{AB}$ 是水准面上的一段弧，弧的长度是 S，所对应的圆心角为 θ，地球半径为 R，过水准面上点 A 的切平面即点 A 的水平面。如果用点 A 的水平面来代替水

准面,那么直线 AC(长度为 t)可代替弧 $\widehat{AB}$,则在距离方面就会产生误差 ΔS。由图可知

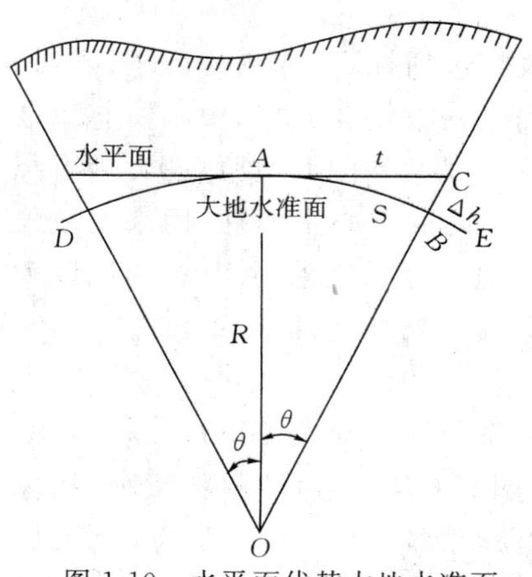

图 1-10　水平面代替大地水准面

$$\Delta S = AC - AB = t - S$$

式中

$$AC = t = R\tan\theta$$
$$AB = S = R\theta$$

则

$$\Delta S = t - S = R(\tan\theta - \theta) = R\left(\frac{1}{3}\theta^3 + \frac{2}{15}\theta^5 + \cdots\right)$$

因为 θ 角一般较小,所以可以略去五次以上各项,并以 $\theta = \frac{S}{R}$ 代入,可以得到

$$\Delta S = \frac{S^3}{3R^2}$$

或

$$\frac{\Delta S}{S} = \frac{1}{3}\left(\frac{S}{R}\right)^2 \tag{1-1}$$

一般情况下,进行精密距离丈量时的容许误差为其长度的 1/1 000 000,而根据式(1-1)计算,当水平距离为 10 km 时(R =6 371 km),以水平面代替水准面所产生的距离相对误差是 1/1 217 700。因此,可以得出这样的结论:在半径为 10 km 的圆内进行距离测量工作时,不必考虑地球曲率。也就是说,可以把水准面当作水平面来看待,即将实际沿圆弧丈量所得距离作为水平距离,其误差可以忽略不计。

二、水准面的曲率对水平角的影响

根据球面三角学可知,同一个空间多边形在球面上投影所得到的多边形内角之和,要大于它在平面上的投影所得到的多边形内角之和,这个数值差就是球面角超。由计算可知,对于面积在 100 km^2 以内的多边形,地球曲率对水平角度的影响只有在最精密的测量中才需要考虑,在一般的测量工作中是不必考虑的。因此可以得出结论:在 100 km^2 范围内,不论是进行水平距离测量还是水平角度测量,都可以不考虑地球曲率的影响;在精度要求较低的情况下,这个范围还可以相应扩大。

三、水准面的曲率对高差的影响

由图 1-10 可知

$$(R + \Delta h)^2 = R^2 + t^2$$
$$2R\Delta h + (\Delta h)^2 = t^2$$
$$\Delta h = \frac{t^2}{2R + \Delta h}$$

根据前面所述,在一定范围内两点间在水平面上的投影长度可以代替其在水准面上投影的弧长,即可用 t 来代替 S,同时由于 Δh 与 2 倍的 R(地球半径)相比可略不计,所以上式可以写成

$$\Delta h = \frac{S^2}{2R} \tag{1-2}$$

当 $S=10$ km 时，$\Delta h=7.85$ m；当 $S=5$ km 时，$\Delta h=1.96$ m；当 $S=100$ m 时，$\Delta h=0.78$ mm。

从上面计算可以看出，即使在较短的距离内，用水平面代替水准面对高程的影响也是较大的，它所带来的高程影响在建筑工程测量中是不能允许的。因此，在高程测量方面应该考虑地球曲率对高差的影响。

§1-5　测量工作概述

测量工作的实质是确定地面各点的平面位置和高程，以便根据这些数据绘制成图。确定某点的空间位置也就是确定该点的 x、y 坐标和高程 H。但坐标和高程不是直接测出的，而是首先测出能够确定它们的基本要素，再根据所测的基本要素和已知数据计算出它的平面坐标和高程。

一、确定地面点位的三个基本要素

如图 1-11 所示，欲确定地面点 A 和 B 的位置，在实际测量工作中，并不是直接测出它们的坐标和高程，而是通过观测得到水平角 β_1、β_2 和水平距离 S_1、S_2，以及点与点之间的高差，再根据已知点的坐标、方位和高程推算出点 A 和点 B 的坐标和高程，以确定它们的点位。

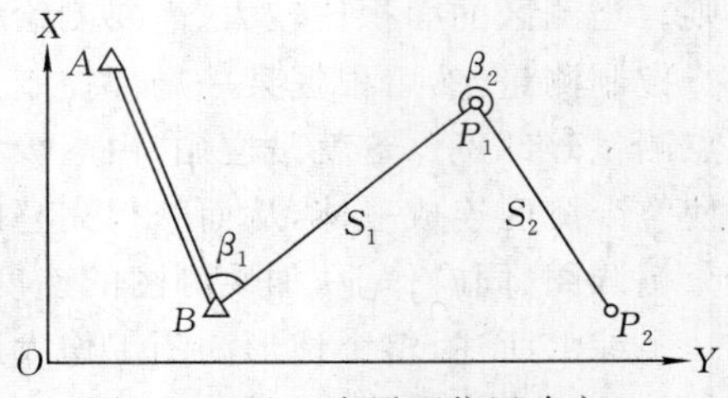

图 1-11　地面点平面位置确定

由此可见，地面点间的位置关系是以水平角、水平距离和高差来确定的。因此水平角测量、水平距离测量和高差测量是测量工作的基本内容。水平角、水平距离和高差是确定地面点位的三个基本要素。

二、测量工作的基本原则与程序

测量工作从整体上可以分为外业和内业两大部分。外业工作主要是指在室外进行的测量工作，如角度测量、距离测量、高差测量和测图，以及一些简单的计算和绘图工作等；内业工作主要是指在室内进行数据处理和绘图工作等，包括整理并计算室外观测资料、绘图等。

通常，把需要测量的区域称为测区，如图 1-12 所示。将该测区（图 1-12(a)）的地貌、地物测绘到图纸上，结果如图 1-12(b)所示。由于测量过程中会不可避免地产生误差，因此必须采取正确的测量程序和方法，以防止误差的积累。例如，在测量地貌或某一地物点时，假如从一点开始，再根据这一点测量下一点，逐点进行施测，这样前一点的测量误差就会传递到下一点，误差就会越积累越大，最后测得的各点位置的误差可能超过误差容许范围。

正确的测量方法和程序是按照“由高级到低级，由整体到局部”和“先控制后碎部”的原则进行的。如图 1-12 所示，先在测区内选择若干有控制意义的点，如点 A、点 B、点 C、…、点 H 等，把这些点称为控制点，并用较高的精度确定它们的位置；然后再根据这些控制点测定附近地物或地貌的特征点，称为碎部点，如房屋或道路的转折点等，从而绘制整幅地形图。由于前者在测量中起着控制作用，故称为控制测量，后者称为碎部测量。

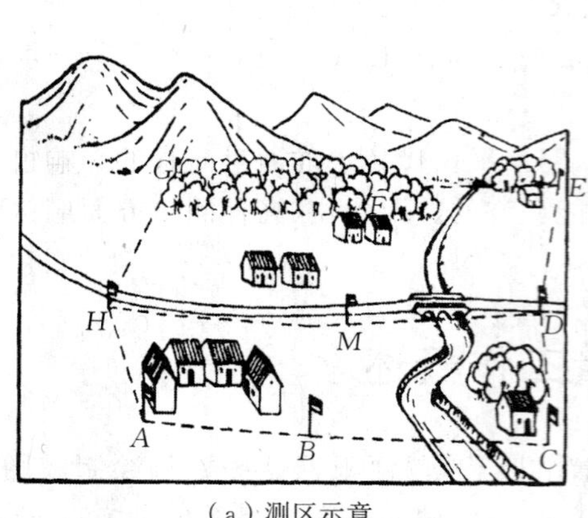

(a)测区示意

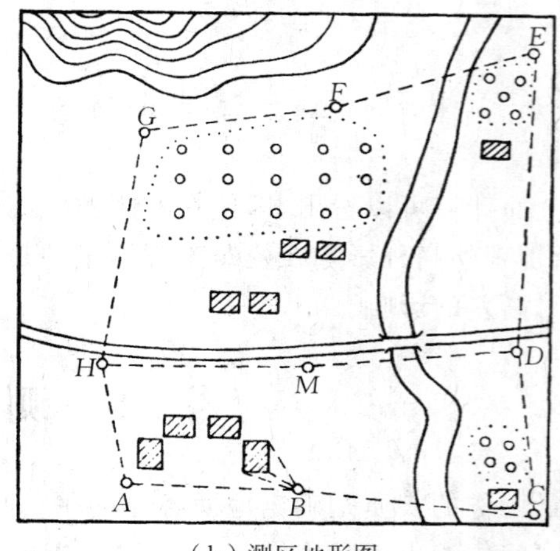

(b)测区地形图

图 1-12 地物地貌测绘

如上所述,测量工作是先测定控制点而后测定碎部点,这就是遵循"先控制后碎部"的原则。当测区的面积比较大、需要测绘多幅图时,一般是在整个测区内布置高一级控制点,先进行控制测量,然后根据某一局部控制点再布设次一级的控制点或图根控制点,最后用图根控制点测量碎部点。这就是遵循"由高级到低级,由整体到局部"的原则。遵循这种测量程序,可以使整个测区连成一体,从而获得完整的地形图,也使误差分布比较均匀,保证测图的精度,便于分幅测图、同时作业,加快测图的速度。

综上所述,整个地形测图工作大致可分为:用较精密的仪器和严密的方法,在全测区内建立精度要求较高的高级控制点;在高级控制点的基础上建立精度要求稍低的图根控制点,对控制点进行进一步加密,这是测绘地形测图的依据;地形测图就是根据每一图幅内的控制点,在野外测量碎部点,并绘制成图。还可以看出,无论是控制测量还是碎部测量,其实质都是确定地面点的位置,而要确定点的位置,就要测角、量边和测高差。因此,测角、量边和测高差是测量的基本工作,而测、算、绘则是测量的基本功。

上述测量工作和程序,不仅适用于测图工作,也适用于放样测量工作,如将图纸上设计好的建筑物测设到实地上。作为施工的依据,必须首先在实地进行控制测量;然后根据建筑物相对于控制点的设计要求,进行建筑物的放样测量工作。因此,在放样测量工作中也要遵循上述原则。

思考题与习题

1. 测绘学研究的内容是什么?测绘学又是如何分类的?
2. 建筑工程测量的基本任务是什么?
3. 测量上使用的平面直角坐标系与数学上使用的平面直角坐标系有何区别和联系?
4. 何谓水准面和大地水准面?它在测量中的作用是什么?
5. 什么是绝对高程和相对高程?
6. 对距离和角度测量来说,在多大范围内可以把水准面当作水平面来看待?
7. 确定地面点位的三要素是什么?
8. 测量工作应遵循的原则是什么?为什么要遵循这些原则?
9. 若 $h_{AB}=-50.000$ m,试问 A 点高还是 B 点高?

第二章　水准测量

§2-1　概　述

在测量工作中，地面点的空间位置用平面坐标和高程表示。为了确定地面点的平面坐标和高程，需要在已知控制点基础上先测量三个基本要素（高差、角度、距离），再通过计算得到。高程是确定地面点位置的基本要素之一，所以高程测量是基本测量工作之一。高程测量的目的是获得点的高程，但一般只能直接测得两点间的高差，然后根据其中一点的已知高程推算出另一点的高程。

一、施测方法

高程测量的主要方法有水准测量、三角高程测量和GPS高程测量。水准测量是利用水准仪提供的水平视线来测量两点间的高差，其精度较高，是高程测量中最主要的方法之一；三角高程测量是测量两点间的水平距离或斜距和竖直角（即垂直角，本书统一使用竖直角），然后利用三角公式计算出两点间的高差，其精度一般较低，只在适当的条件下才被采用；GPS高程测量是利用卫星定位技术在测量平面坐标的同时测定高程。除了上述三种方法外，高程施测方法还有液体静力水准测量、气压高程测量等。

二、水准测量的等级

我国水准测量分为四个等级：一等水准网是国家高程控制网的骨干；二等水准网布设于一等环内，是高程控制网的基础；三、四等为对国家高程控制网的进一步加密。国家高程控制等级以下的水准测量为图根水准（也叫等外水准）。

(1)一等水准测量作为国家的高程控制，用于建立统一的高程基准、进行科学研究（地壳形变、地面沉降、精密测量）等。

(2)二等水准测量作为大城市的高程控制，用于地面沉降测量、精密工程测量等。

(3)三、四等水准测量作为小地区的高程控制，用于普通工程测量。

(4)图根水准测量（普通水准测量）直接为地形测量和工程施工测量服务。

§2-2　水准测量原理

水准测量是利用水准仪提供的水平视线来获得两点之间的高差。如图2-1所示，为了求出A、B两点的高差h_{AB}，在A、B两点上竖立带有分划的标尺——水准尺，在A、B两点之间安置水准仪。当视线水平时，从A、B两点的标尺上分别读得读数a和b，则A、B两点的高差等于两个标尺读数之差，即

$$h_{AB}=a-b \tag{2-1}$$

这种将水准仪安置在离两水准尺等距离处的水准测量一般也叫中间水准测量。如果水准测量是由点 A 到点 B,则点 A 叫作后视点,其水准尺上的读数 a 称为后视读数,点 B 叫作前视点,其水准尺上的读数 b 称为前视读数。故高差等于后视读数减前视读数。

如果点 A 为已知高程的点,点 B 为待求高程的点,则点 B 的高程为

$$H_B = H_A + h_{AB} \tag{2-2}$$

高差 h_{AB} 的值可能是正,也可能是负,正值表示待求点 B 高于已知点 A,负值表示待求点 B 低于已知点 A。此外,高差的正负号又与测量进行的方向有关:如图 2-1 所示,测量由点 A 向点 B 进行,高差用 h_{AB} 表示,其值为正;反之由点 B 向点 A 进行,则高差用 h_{BA} 表示,其值为负。因此说明高差时必须标明高差的正负号,同时要说明测量进行的方向。

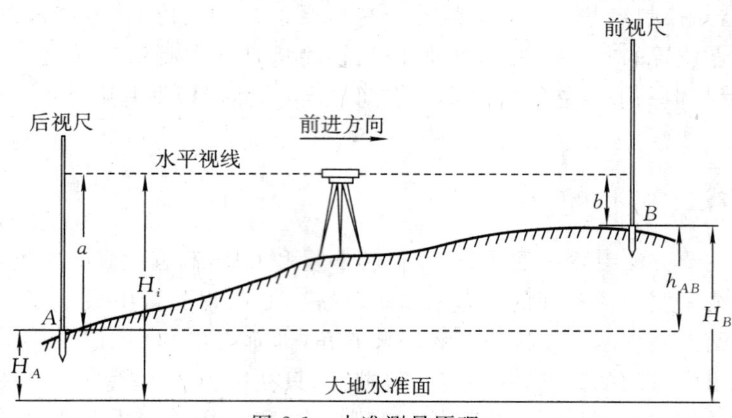

图 2-1 水准测量原理

点 B 高程也可以按水准仪的视线高程 H_i 来计算,这种方法叫仪器高法,即

$$H_B = H_A + h_{AB} = H_A + a - b = H_i - b \tag{2-3}$$

仪器高法一般适用于安置一次仪器测定多点高程的情况,如线路高程测量、大面积场地平整高程测量等。

在实际工作中,当 A、B 两点间的高差较大、距离较远,或者 A、B 两点不能通视,安置一次仪器(或者说一个测站)不能测得两点间的高差时,就必须采用连续安置水准仪的方法来测量 A、B 两点间的高差。

§2-3 水准仪和工具

水准测量所使用的仪器和工具主要有水准仪、水准尺和尺垫等。

水准仪按其精度可以分为:DS_{05}、DS_1、DS_3、DS_{10} 四个等级。其中,DS_{05} 和 DS_1 型水准仪是精密水准仪,用于一、二等水准测量和精密工程测量;DS_3 和 DS_{10} 型水准仪是普通水准仪,用于三、四等水准测量和常规工程施工测量。字母“D”和“S”分别是“大地测量”和“水准仪”第一个汉字汉语拼音的第一个字母,角标“05”“1”“3”和“10”是指水准仪每千米水准测量高差中数偶然中误差,单位以 mm 计。例如,使用 DS_3 水准仪进行水准测量,每千米观测高差中数偶然中误差为 3 mm。

水准仪按其构造可以分为微倾式水准仪、自动安平水准仪、电子水准仪、激光水准仪。本

节主要介绍 DS_3 微倾式水准仪。

一、DS_3 微倾式水准仪的构造

根据水准测量的原理，水准仪的主要作用是提供一条水平视线，并能够瞄准水准尺读数。要能提供一条水平视线，就要求水准仪有一个指示是否水平的水准器，并且还要有一个能够将水准器调节至水平状态的部件；要能够瞄准远处的水准尺，就要求水准仪有一个望远镜。因此，水准仪主要由三个部分组成，即望远镜、水准器、基座。

图 2-2 是我国生产的 DS_3 型水准仪的外貌。其中，望远镜用来瞄准目标（水准尺），在望远镜内除了能够看到前方目标的成像以外，还可以看到一个十字丝分划板；水准器的作用是提供平行于当地水平面的视线；基座是用来固联望远镜、水准仪与三脚架的。

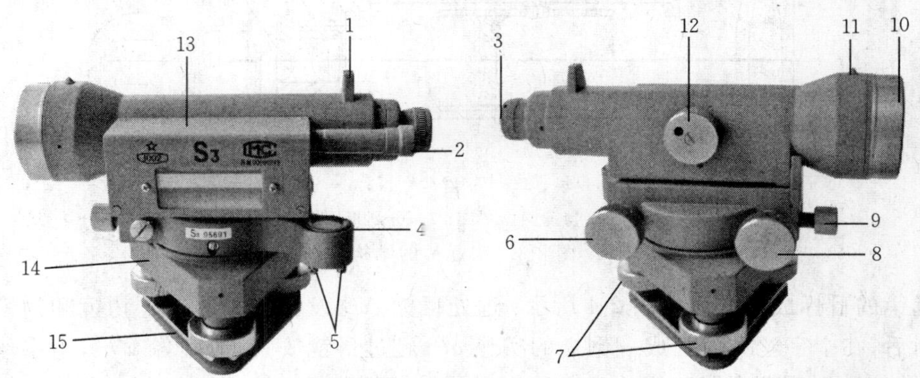

1—瞄准器；2—水准气泡观测窗；3—目镜；4—圆水准器；5—圆水准器校正螺旋；6—微倾螺旋；7—脚螺旋；8—水平微动螺旋；9—水平制动螺旋；10—物镜；11—准星；12—调焦螺旋；13—管水准盒；14—基座；15—连接压板。

图 2-2　DS_3 微倾式水准仪

DS_3 型水准仪主要部件或旋钮名称与作用如下：

（1）照门和准星。观测者的视线通过照门和准星的连线，转动望远镜可以粗略瞄准水准尺。由于望远镜内的视野较小，可以先通过照门和准星瞄准目标，然后再在望远镜中瞄准水准尺。

（2）物镜和目镜。物镜的作用是使瞄准的物体形成缩小的倒立的实像；目镜的作用是将物体的成像放大，使其清晰可见。

（3）物镜调焦螺旋和目镜调焦螺旋。物镜调焦螺旋用来调节物体的成像是否清晰，而目镜调焦螺旋用来调节十字丝是否清晰，通过反复调节物镜调焦螺旋和目镜调焦螺旋可以使物体在成像清晰的同时十字丝也保持清晰。

（4）脚螺旋。三个脚螺旋都可以顺时针或逆时针转动，通过调节三个脚螺旋可以使圆水准气泡居中，即水准仪是否大致水平。

（5）圆水准器。通过调节三个脚螺旋，可以使圆水准器气泡居中，表示水准仪处于基本（粗略）水平状态。

（6）水平制动螺旋。望远镜是可以在水平面内旋转的，如果制动螺旋处于制动（拧紧）状态下，望远镜将被制动而不能旋转；当在望远镜中找到目标时，可以先制动望远镜。

（7）微动螺旋。在制动螺旋处于制动状态下时，旋转微动螺旋可以使望远镜在水平面内做

轻微旋转,用于精确瞄准目标。

(8)水准管。水准管也叫符合水准器,如果在符合水准器气泡观察窗中看到两个半边的影像重合在一起,即气泡处于符合状态,表明视线水平(水准管与望远镜是连接在一起的)。

(9)微倾螺旋。通过调节微倾螺旋可以使符合水准器居中(气泡处于符合状态),也就是使望远镜在垂直面内做微小移动。

(一)望远镜

如图 2-3 所示,望远镜主要由四大光学部件组成,即物镜、调焦透镜、十字丝分划板、目镜,另外还包括一些调节螺旋。

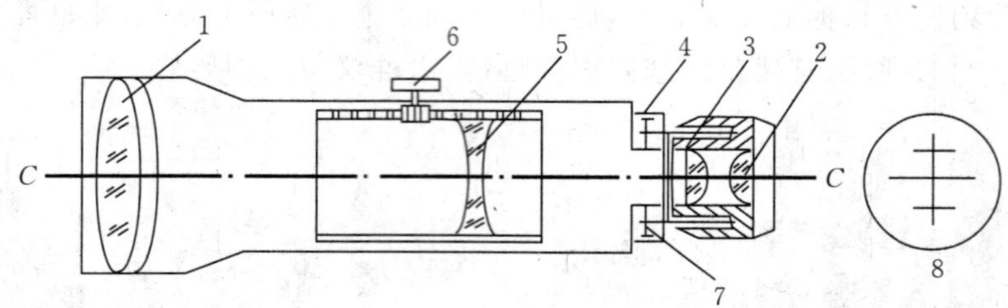

1—物镜;2—目镜;3—十字丝分划板;4—分划板护罩;
5—物镜调焦透镜;6—物镜调焦螺旋;7—分划板固定螺丝;8—十字丝。

图 2-3 望远镜的结构

望远镜的目标成像原理如图 2-4 所示:远处目标 AB 发出的光线经过物镜和物镜调焦透镜的折射后,在十字丝平面上成一倒立的实像 ab;经过目镜放大,成虚像 $a'b'$,十字丝同样被放大;虚像 $a'b'$ 对观测者眼睛视角为 β,不通过望远镜的目标 AB 的视角为 α。β 角与 α 角的比值就是望远镜的放大率,DS_3 型水准仪望远镜放大率一般在 28 倍左右。水准仪等级越高,其望远镜放大率也越大。

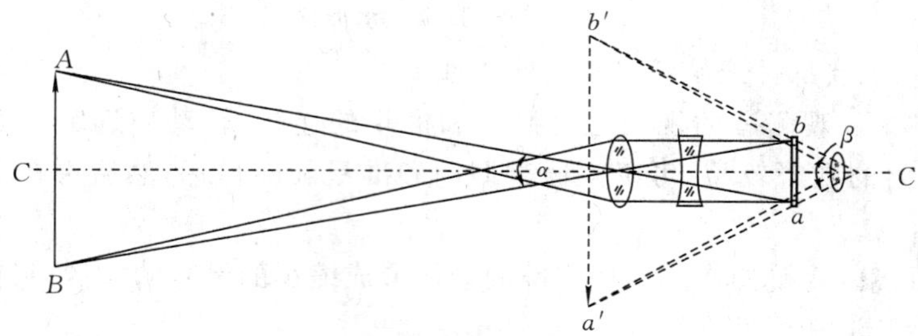

图 2-4 望远镜成像和放大原理

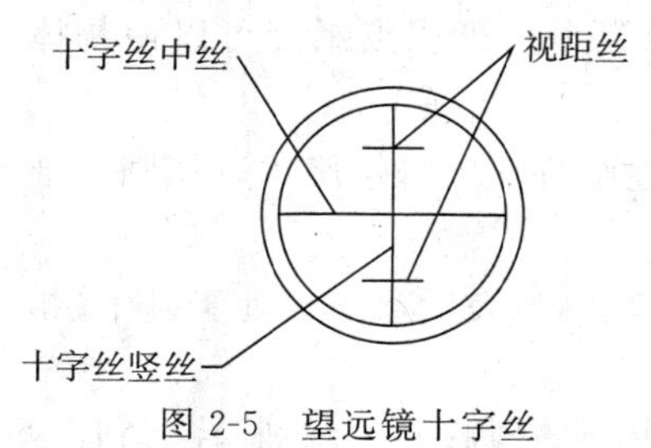

图 2-5 望远镜十字丝

DS_3 型水准仪望远镜中的十字丝分划为刻在玻璃板上的三根横丝和一根竖丝,如图 2-5 所示。中间的长横丝叫中丝,用于读取水准尺上的分划读数;上、下两根较短的横丝分别叫上视距丝和下视距丝,简称上丝和下丝,用于测量水准仪到水准尺的距离(详见第四章)。

十字丝的交点与物镜光心的连线,称为视准轴。水准测量是在视准轴水平的时候,用十字丝的横丝截取水准尺上的读数。

在进行水准测量时,一定要消除视差。所谓视差就是发现目标像与十字丝之间有相对移动的现象。造成视差的原因是目标成像不在十字丝分划板上。消除视差的办法是反复进行物镜、目镜对光，即先旋转目镜调焦螺旋，使十字丝十分清晰，然后旋转物镜调焦螺旋使目标像十分清晰。

(二)水准器

水准器用于置平仪器，有水准管和圆水准器两种。

1. 水准管

水准管由玻璃圆管制成，其内壁为磨成一定半径 R 的圆弧，如图 2-6 所示。将管内注满酒精和乙醚的混合液，加热封闭，冷却后，管内形成的空隙部分充满了液体的蒸汽，称为水准气泡。因为蒸汽的比重小于液体，所以水准气泡总是位于内圆弧的最高点。

水准管内圆弧中点 O 称为管水准器的零点，过零点做内圆弧的切线 LL 称为水准管轴。当水准管气泡居中时，管水准器轴 LL 处于水平位置。

在水准管的外表面对称于零点的左右两侧，刻有 2 mm 间隔的分划线，定义 2 mm 弧长所对的圆心角为水准管的分划值 (τ'')。当水准气泡移动 2 mm 时，管水准器倾斜的角度为 τ''。分划值越小，水准管的灵敏度也越高。DS_3 型水准仪的分划值为 $20''/2$ mm 。

为了提高水准气泡的居中精度，在水准管的上方装有一组符合棱镜(图 2-7)，通过这组棱镜，将气泡两端的影像反射到望远镜旁的水准管气泡观察窗内。旋转微倾螺旋，窗内气泡两端的影像吻合表示气泡居中。

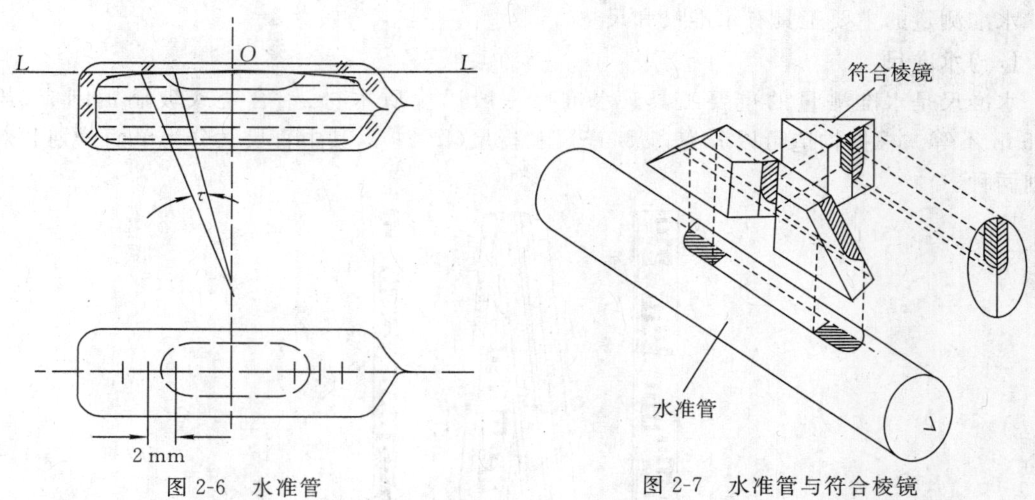

图 2-6　水准管　　　图 2-7　水准管与符合棱镜

制造水准仪时，要使水准管轴平行于望远镜的视准轴。旋转微倾螺旋使管水准气泡居中时，水准管轴处于水平位置，从而使望远镜的视准轴也处于水平位置。

2. 圆水准器

圆水准器是由玻璃圆柱管制成，其顶面内壁是磨成一定半径的球面，中央刻有小圆圈，其圆心 O 是圆水准器的零点，过点 O 的球面法线 $L'L'$ 是圆水准器轴(图 2-8)。圆水准器的分划值一般为 $8'/2$ mm，其灵敏度较低，用于初步整平仪器(粗平)。当圆水准器居中时，水准器轴大致处于竖直位置。

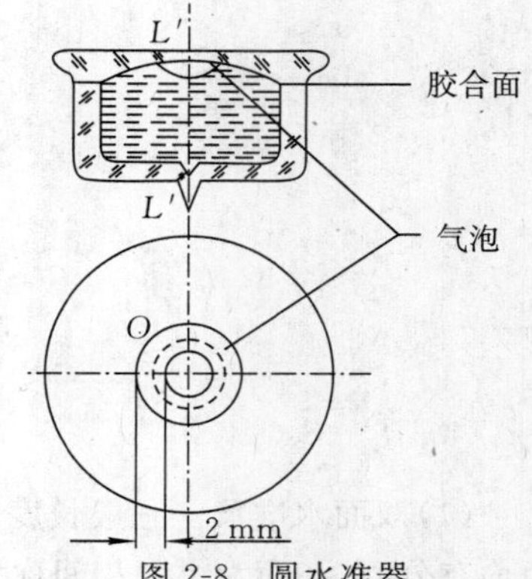

图 2-8　圆水准器

(三)基座

基座通过连接螺旋与三脚架连接,用于置平仪器,它支撑仪器的上部使其在水平方向上转动。基座主要由轴座、脚螺旋、三角压板和底板构成。

在用微倾式水准仪进行水准测量时,每次读数都要用微倾螺旋将水准管气泡调至居中位置,这不仅使观测十分麻烦、影响观测速度,还延长了测站观测时间,增加外界因素的影响,使观测成果的质量降低。为此,在20世纪40年代研制出了一种自动安平水准仪。经过不断发展和完善,自动安平水准仪已得到了广泛的应用并成为水准仪的发展方向。

自动安平水准仪没有水准管和微倾螺旋,而是在望远镜的镜筒内安装了一个"自动补偿器"。观测时只要将圆水准器的气泡居中,视线存在的微小倾斜可由补偿器自动"补偿",使视准轴水平,十字丝的中丝读数仍为水平视线在尺上截取的读数。

必须注意的是,补偿器只有在视线的倾斜角不超过一定数值(如10′)时才起作用,因此观测中应使圆水准气泡严格居中。此外,补偿器也可能因存在故障而不起作用,故使用前应对其进行检查。检查时,可先瞄准一水准尺,粗平后读数,然后再少许转动脚螺旋。若此时的尺读数不变,则说明补偿器在起作用,否则说明补偿器存在故障,不能使用,需要维修。

二、水准尺与尺垫

水准测量的主要工具有水准尺和尺垫。

(一)水准尺

水准尺是水准测量的重要工具。水准尺一般用优质木材、铝合金或玻璃钢制成,长度2～5 m不等。根据构造可以分为直尺、塔尺和折尺(图2-9),其中直尺又分为单面分划和双面分划两种。

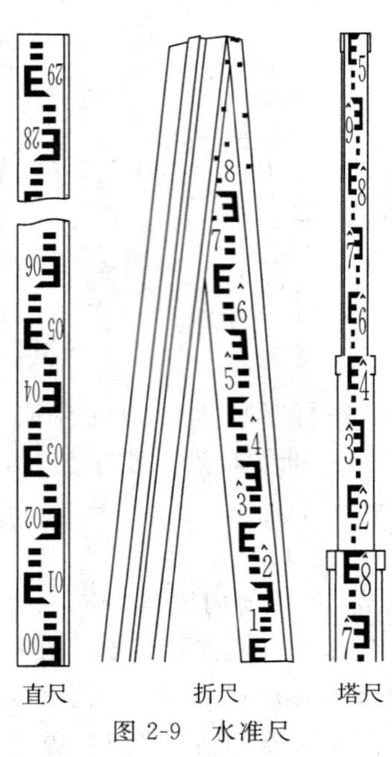

图2-9 水准尺

(1)双面水准尺。一般长度为3 m,多用于三、四等水准测量,以两把尺为一对使用。尺的两面均有分划,一面为黑白相间称黑面尺,另一面为红白相间称红面尺,两面的最小分划均为1 cm,

分米处有注记。“E”的最长分划线为分米的起始。读数时直接读取米、分米、厘米，估读毫米，单位为米或毫米。两把尺的黑面均由零开始分划和注记。红面的分划和注记，一把尺由 4.687 m 开始分划和注记，另一把尺由 4.787 m 开始分划和注记，两把尺红面注记的零点差为 0.1 m。

(2)塔尺。有 3 m、4 m、5 m 多种，常用于碎部测量。

(3)因瓦尺。通常是单面尺，一般长 3 m 或 2 m。常与精密水准仪配套使用，用于国家一、二等水准测量。

(二)尺垫

尺垫是在转点处用于放置水准尺的。有时两个水准点之间的距离较远或高差较大，而直接测定其高差有困难，应在中间设立若干个中间点(称为转点)以传递高差。尺垫是用生铁铸成的三角形板座，中央有一凸起的半球体，以便放置水准尺，下有三个尖足便于将其踩入土中，以固稳防动(图 2-10)。当进行水准测量时，为了防止立水准尺的地面下沉，影响测量精度，在需要设立转点的地面上放好尺垫，并将它的三个脚尖踩入土中，然后将水准尺立放在尺垫中央的小圆球上。

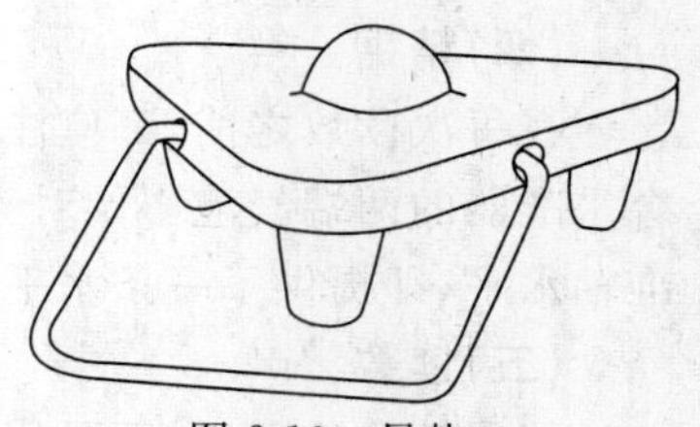

图 2-10 尺垫

三、水准仪的使用

水准仪的使用包括仪器的安置、粗平、瞄准、精平和读数等操作步骤。

(一)安置水准仪

打开三脚架(图 2-11)调整至适中高度，目估使架头大致水平，检查脚架腿是否安置稳固，脚架伸缩螺旋是否拧紧。然后打开仪器箱取出水准仪，用连接螺旋将仪器固连在三脚架头上。

(二)粗平

粗平是利用圆水准器的气泡居中，使仪器竖轴大致铅垂，视准轴粗略水平。如图 2-12 所示，若气泡没有居中而位于 a 处：先按图上箭头所指方向相对转动脚螺旋①和②，使气泡移到 b 的位置，再转动脚螺旋③，使气泡居中。须注意，整平时气泡移动的方向与左手大拇指转动的方向一致。

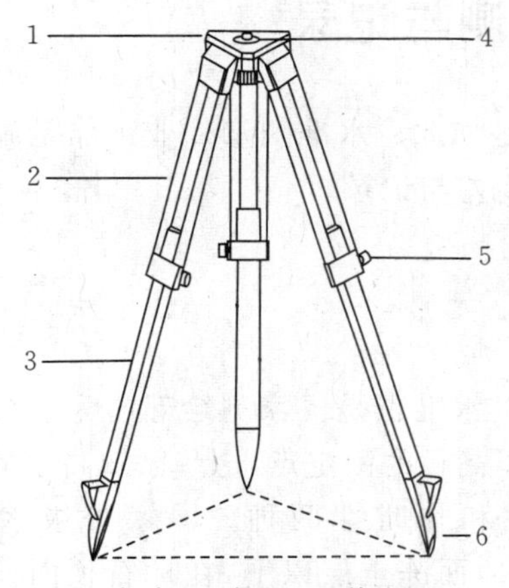

1—架头；2—架腿；3—伸缩腿；
4—连接螺旋；5—伸缩制动螺旋；6—脚尖。

图 2-11 水准仪三脚架

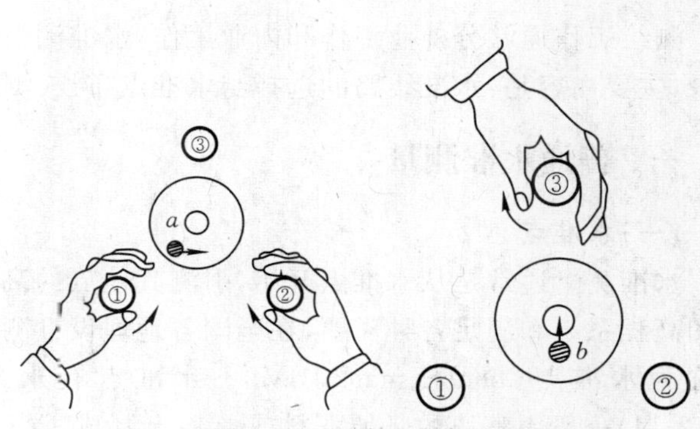

图 2-12 圆水准器气泡

(三)瞄准

瞄准前,先将望远镜对向明亮的背景,转动目镜对光螺旋,使十字丝清晰;再用望远镜筒上的照门和准星瞄准水准尺,拧紧制动螺旋;然后从望远镜中观察,若物像不清楚,则转动物镜对光螺旋进行对光,使目标影像清晰。当眼睛在目镜端上下微微移动时,若发现十字丝与目标影像有相对运动,说明存在视差现象。产生视差的原因是目标成像的平面与十字丝平面不重合。由于视差的存在会影响正确读数,故应加以消除。消除的方法是交替调节目镜和物镜的对光螺旋,仔细对光,直到眼睛上下移动,读数不变为止。

(四)精平

在每次读数之前,都应注视符合水准气泡观测窗,转动微倾螺旋使水准管气泡居中,即符合水准器的两端气泡影像对齐。只有当气泡已经稳定不动而又居中的时候,水准管轴水平、视准轴水平,即提供了一条水平视线。

(五)读数

仪器精确整平后,即可用十字丝横丝(即中丝)在水准尺上读数。按由小到大的方向,读出米、分米、厘米,并仔细估读毫米数。若读数记录不加小数点,则读记 4 位数,以 mm 为单位(图 2-13),黑面读数为 1 608 mm,红面读数是 6 295 mm。若读数记录加小数点,读数也记 4 位数,以 m 为单位(图 2-13),黑面读数则为 1.608 m,红面读数是 6.295 m。

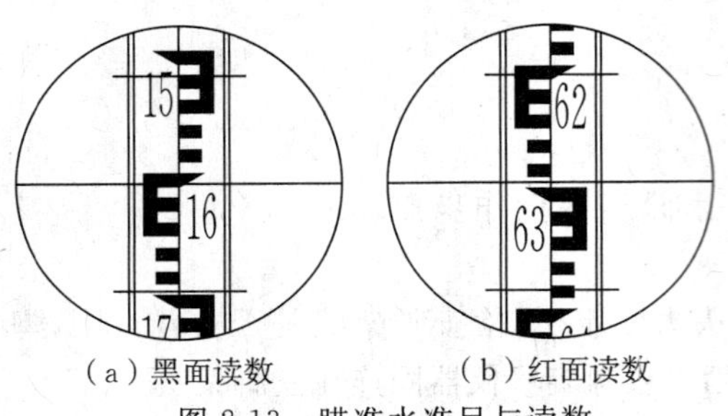

(a) 黑面读数　　(b) 红面读数

图 2-13　瞄准水准尺与读数

在进行水准测量时,读记数单位要统一,不要毫米和米混合。

精平和读数虽是两项不同的操作步骤,但在水准测量的实施过程中,却把两项操作视为一个整体,即精平后再读数。读数后还要检查管水准气泡是否完全符合。

如使用自动安平水准仪进行水准测量,上述操作步骤中则省去了"精平"这项操作。即将水准仪安置好后,再用脚螺旋将水准仪圆气泡调至居中位置,此时即可利用十字丝交点读数。

§2-4　水准测量的施测与记录

测绘工作通常分外业工作和内业工作,水准测量也是如此。水准测量外业工作是施测与记录,主要内容是:水准线路的选择与水准点布设,测量高差与记录。

一、普通水准测量

(一)水准点

水准测量通常是从水准点开始,引测其他点的高程。水准点是国家测绘部门为了统一全国的高程系统和满足各种需要,在全国各地埋设且测定了高程的固定点,这些已知高程的固定点称为水准点(bench mark,BM)。水准点有永久性和临时性两种。国家等级水准点(图 2-14)一般用整块的坚硬石料或混凝土制成,深埋到地面冻土层以下,在标石顶面设有用不锈钢或其他不易锈蚀的材料制成的半球状标志,如图 2-14(a)所示。有些水准点也可设置在稳定的墙脚上,称为墙上水准点,如图 2-14(b)所示。

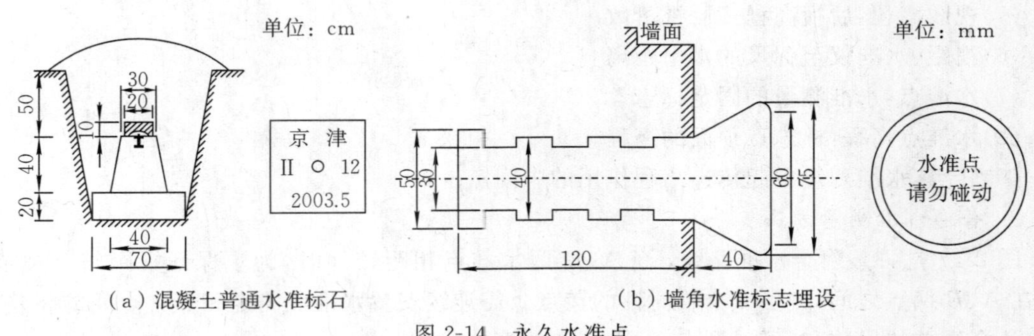

（a）混凝土普通水准标石　（b）墙角水准标志埋设

图 2-14　永久水准点

建筑工地上的永久性水准点一般用混凝土或钢筋混凝土制成；临时性的水准点可用地面上突出的坚硬岩石或用木桩打入地下，桩顶钉入半球形铁钉。

（二）水准路线

在水准测量中，通常沿某一水准路线进行施测。进行水准测量的路线称为水准路线。根据测区实际情况和需要，可布置成单一水准路线和水准网。单一水准路线又分为闭合水准路线、附合水准路线和支水准路线。

（1）闭合水准路线是由已知高程的水准点 $BM1$ 出发，沿环线进行水准测量，以测定出点 1、点 2、点 3 等待定点的高程，最后回到原水准点 $BM1$ 上，如图 2-15(a)所示。

（2）附合水准路线是从已知高程的水准点 $BM1$ 出发，测定点 1、点 2、点 3 等待定点的高程，最后附合到另一已知水准点 $BM2$ 上，如图 2-15(b)所示。

（3）支水准路线是从一已知高程的水准点 $BM5$ 出发，既不附合到其他水准点上，也不自行闭合，如图 2-16(c)所示。

若干条单一水准路线相互连接构成图 2-16 所示的形状，称为水准网。水准网中单一水准路线相互连接的点称为节点，如图 2-16 中的点 2、点 3、点 4 所示。

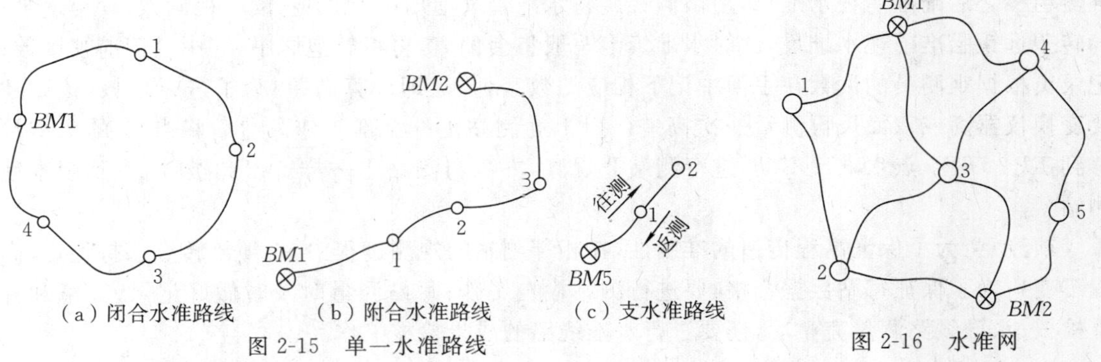

（a）闭合水准路线　（b）附合水准路线　（c）支水准路线

图 2-15　单一水准路线

图 2-16　水准网

（三）普通水准测量方法

1. 概念

（1）测站：测量仪器所安置的地点。

（2）水准路线：进行水准测量时所行走的路线。

（3）后视：水准路线的后视方向。

（4）前视：水准路线的前视方向。

(5)视线高程:后视高程+后视读数。

(6)视距:水准仪至标尺的水平距离。

(7)水准点:水准测量的固定标志。

(8)水准点高程:标志点顶面的高程。

(9)转点:水准测量中起传递高程作用的中间点。

2. 普通水准测量方法

图 2-17 是一条附合水准路线,当 A、B 两水准点相距较远时,为了保证视距符合规范要求,在 A、B 两点之间,设了 5 个临时性的转点。需连续安置水准仪测定相邻各点间的高差,最后取各个高差的代数和,可得到点 A 到点 B 的高差。

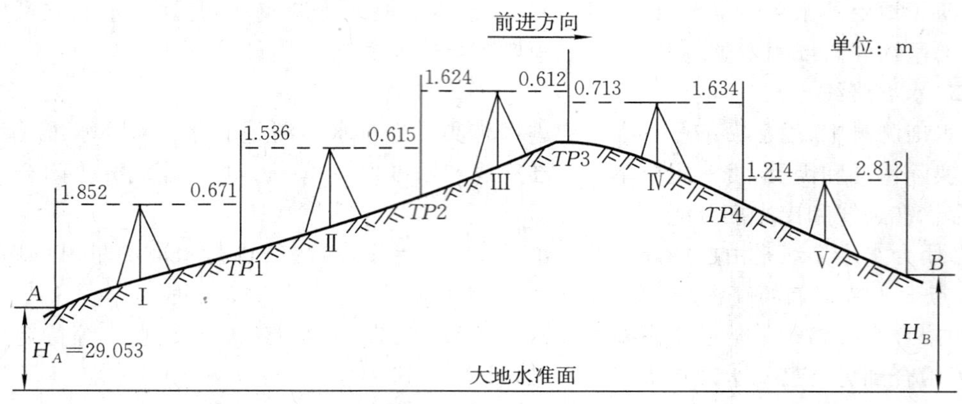

图 2-17 水准测量路线

普通水准测量采用 DS_3 水准仪,其测站Ⅰ的施测程序如下:将水准尺立于已知高程点 A 上作为后视,水准仪置于施测路线附近合适的位置,在施测路线的前进方向上取仪器至后视大致相等的距离 $TP1$ 转点上放置尺垫,在尺垫上竖立水准尺作为前视;观测员将水准仪用圆水准器粗平之后瞄准后视水准尺,用微倾螺旋将水准管气泡居中,用中丝读后视读数,读至毫米;掉转望远镜瞄准前视水准尺,此时水准气泡一般将会偏离,再将气泡居中,用中丝读前视读数;记录员根据观测员的读数在手簿中记下相应的数字,并立即计算高差;为了进行检核,该站还要变换仪器高或双面尺再测量一次高差。以上为测站Ⅰ的全部工作。然后将点 A 的水准尺移到 $TP2$,$TP1$ 点水准尺不动,进行测站Ⅱ观测,方法与测站Ⅰ一样。以此类推,直到观察完测站Ⅴ。

须注意:为了保证高程传递的准确性,在相邻测站的观测过程中,必须使转点保持稳定(高程不变);为了保证每站数据合格,要进行测站检核工作;每站测量时及时做好记录、计算和计算检核;水准线路测量完整后,还要进行水准线路的成果检核工作。

3. 测站检核

测站检核的目的是保证前后视读数的正确。其方法有两次仪器高法、双面尺法。

(1)两次仪器高法。在同一测站上变动仪器高(10 cm 左右),测出两次高差。当普通水准测量两次高差的差值 $\Delta h \leqslant 5$ mm 时,取其平均值作为最后结果。记录格式如表 2-1 所示。

表 2-1　水准测量记录(两次仪器高法)　单位:m

测站	点号	后视读数	前视读数	高差 后视减前视 +	高差 后视减前视 −	平均高差 +	平均高差 −	高程
Ⅰ	*A*	1.890 1.992		0.745 0.741		0.743		29.053
	1		1.145 1.251					
Ⅱ	1	2.515 2.401		1.102 1.100		1.101		
	2		1.413 1.301					
Ⅲ	2	2.001 2.114		0.850 0.854		0.852		
	3		1.151 1.260					
Ⅳ	3	1.512 1.642			0.601 0.603		0.602	
	4		2.113 2.245					
Ⅴ	4	1.318 1.421			0.906 0.904		0.905	
	B		2.224 2.325					30.242
计算检核		18.806	16.428			2.696	1.507	29.053 +1.189 =30.242
		$h=(18.806-16.428)/2=+1.189$				+1.189		

(2)双面尺法。在一个测站上,不改变仪器高度,先后用水准尺的黑红面两次测量高差,进行校核。原始记录格式如表 2-2 所示。表中数据是用双面尺法进行一条支水准路线的往、返水准测量的原始记录。从已知水准点 *BM.A* 测到待定水准点 *BM.B* 所用双面尺的零点差是 4 787 mm。

表 2-2　水准测量记录(双面尺法)　单位:m

测站	点号	后视读数	前视读数	高差	平均高差	高程
1	*BM.A*	1.125				3.688
		5.911	(4.785)	0.249	0.250	
	*TP*1	(4.786)	0.876	0.250		
			5.661			
2	*TP*1	1.318				
		6.103	(4.786)	0.312	0.312	
	BM.B	(4.785)	1.006	0.311		4.253
			5.792			

续表

测　站	点　号	后视读数	前视读数	高　差	平均高差	高　程
3	*BM.B*	0.938		−0.472	−0.472	
		5.724	(4.786)			
	*TP*2	(4.786)	1.410	−0.472		
			6.196			
4	*TP*2	1.234		−0.095	−0.096	
		6.023	(4.790)			
	BM.A	(4.789)	1.329	−0.096		3.688
			6.119			
计算检核		28.376	28.389	−0.013	−0.006	
		28.376−28.389=−0.013 (28.376−28.389)/2=−0.006				

注:*BM.B* 点高程计算过程是[(3.688+0.250+0.312)+(3.688+0.096+0.472)]/2=4.253 m。

二、三、四等水准测量

三、四等水准测量的精度要求较普通水准测量的精度要求高,其技术指标如表 2-3 所示。三、四等水准测量的水准尺,通常采用双面有分划的红黑面标尺。表 2-3 中的黑红面读数差,即指一把标尺的两面读数去掉常数之后所容许的差数。

表 2-3　三、四等水准测量的主要技术要求

等级	水准仪的型号	视线长度/m	前后视距差/m	前后视距累积差/m	视线高度/m	基本分划、辅助分划或黑面红面读数较差/mm	基本分划、辅助分划或黑面红面所测高差较差/mm
三等	DS_1	≤100	≤3.0	≤6.0	0.3	≤1.0	≤1.5
	DS_3	≤75				≤2.0	≤3.0
四等	DS_3	≤100	≤5.0	≤10.0	0.2	≤3.0	≤5.0

三、四等水准测量在一测站上水准仪照准双面水准尺的顺序为(表 2-4):①后视黑面尺,读取下丝读数(1)、上丝读数(2)和中丝读数(3);②前视黑面尺,读取下丝读数(4)、上丝读数(5)和中丝读数(6);③前视红面尺,读取中丝读数(7);④后视红面尺,读取中丝读数(8)。

须注意:视距丝是望远镜十字丝分划板除中丝以外的上、下两根短丝,一般下丝读数减去上丝读数再乘以视距常数(通常为 100)就是仪器至标尺的水平距离,称为视距;到后视标尺的距离为后视距,到前视标尺的距离为前视距;以上观测顺序简称为“后前前后”(黑、黑、红、红),四等水准测量每站观测顺序也可以为“后后前前”(黑、红、黑、红);无论何种观测顺序,视距丝和中丝读数均应在水准管气泡居中时读取。

表 2-4 中带括号的数字为观测读数和计算的顺序,(1)～(8)表示读尺和记录的顺序。

表 2-4　三、四等水准测量观测手簿　　单位:mm

测站编号	视准点	后尺 下丝 / 上丝 / 后距 / 视距差 d	前尺 下丝 / 上丝 / 前距 / $\sum d$	方向及尺号	标尺读数 基本分划	标尺读数 辅助分划	基＋K 减 辅	备注
	A	(1)	(4)	后	(3)	(8)	(14)	
	↓	(2)	(5)	前	(6)	(7)	(13)	
	$TP1$	(9)	(10)	后－前	(15)	(16)	(17)	
		(11)	(12)	h			(18)	
1	$TP1$	1 571	0 739	后 1	1 384	6 171	0	1 号尺
	↓	1 197	0 363	前 2	0 551	5 239	－1	$K1$＝
	$TP2$	374	376	后－前	＋0 833	＋0 932	＋1	4 787
		－0.2	－0.2	h			＋0 832.5	
2	$TP2$	2 121	2 196	后	1 934	6 621	0	2 号尺
	↓	1 747	1 821	前	2 008	6 796	－1	$K2$＝
	$TP3$	374	375	后－前	－0 074	－0 175	＋1	4 687
		－0.1	－0.3	h			－0 074.5	
3	$TP3$	1 914	2 055	后	1 726	6 513	0	
	↓	1 539	1 678	前	1 866	6 554	－1	
	B	375	377	后－前	－0 140	－0 041	＋1	
		－0.2	－0.5	h			－0 140.5	

测站上及观测结束后的计算与校核如下。

(一)视距计算

后视距:(9)＝[(1)－(2)]×100。

前视距:(10)＝[(4)－(5)] ×100。

前、后视距差:(11)＝(9)－(10)。

前、后视距差累积数:(12)＝前一站(12)＋ 本站(11)。

(二)高差计算

同一水准尺红、黑面中丝读数的检核:同一水准尺红、黑面中丝读数之差应等于该尺红、黑面常数差 K (4 687 mm 或 4 787 mm),其差数为

$$(13)= K -[(7)-(6)]$$

$$(14)= K -[(8)-(3)]$$

式中,(13)、(14)应等于 0,不符值应满足要求。

黑面高差和红面高差及红、黑面高差之差为:

$$(15)=(3)-(6)$$

$$(16)=(8)-(7)$$

$$(17)=(15)-(16)$$

式中,(17)的值应符合技术要求。

另外,平均高差为(18)＝[(15)＋(16)]/2,平均高差计算到 0.5 mm。

(三)每页计算检核

三、四等水准测量中,为了检验计算的正确性,需要进行每页的计算检核。

1. 高差部分

按页分别计算后视红、黑面读数总和与前视读数总和之差，其值应等于红、黑面高差之和，即

$$\sum[(3)+(8)]-\sum[(6)+(7)]=\sum[(15)+(16)]=2\sum(18)$$

2. 视距部分

后视距总和与前视距总和之差，应等于末站视距差的累积数，即

$$\sum(9)-\sum(10)=\text{末站}(12)$$

检核无误后应算出总视距，即

$$\text{总视距}=\sum(9)+\sum(10)$$

§2-5　水准测量的内业数据处理

水准测量外业结束之后即可进行内业计算，计算之前应首先重新复查外业手簿中各项观测数据是否符合要求、高差计算是否正确。水准测量内业数据处理的目的是调整整条水准路线的高差闭合差及计算各待定点的高程。

一、水准测量内业计算

当外业观测手簿检查无误后，便可进行内业计算，最后求出各待定点的高程。内业计算步骤：先计算水准路线的高差闭合差，再分配水准路线闭合差和计算改正后高差，最后计算待定水准点高程。

(一)计算水准路线的高差闭合差

1. 附合路线高差闭合差

如图 2-15(b)所示，在 $BM1$、$BM2$ 两水准点间敷设一条水准路线，已知 $BM1$、$BM2$ 两点的高程为 H_1、H_2，各测段的观测高差分别为 h'_1、h'_2、h'_3、h'_4，由此可知点 $BM2$ 的观测高程 H'_2 为

$$H'_2=H_1+(h'_1+h'_2+h'_3+h'_4)=H_1+\sum h'$$

理论上，$H_2{}'$ 应与点 $BM2$ 的已知高程 H_2 相等，但由于观测中不可避免地带有误差，因此两者有一个差值 f_h，称这个观测值与理论值的差值 f_h 为高差闭合差，其计算公式为

$$f_h=H'_2-H_2=\sum h'-(H_2-H_1) \tag{2-4}$$

2. 闭合路线高差闭合差

闭合路线的高差总和理论上应该等于零，若不为零，其值即为高差闭合差 f_h。从式(2-4)可以看出，若点 $BM1$、点 $BM2$ 为同一点，则 H_2 与 H_1 相等，所以有

$$f_h=\sum h' \tag{2-5}$$

3. 支水准路线高差闭合差

对于水准支线，应进行往返观测。当采用往返观测时，往返观测高差和的绝对值应相等而符号相反，否则其代数和就是高差闭合差

$$f_h=\sum h'_{\text{往}}+\sum h'_{\text{返}} \tag{2-6}$$

《工程测量规程》中规定，普通水准测量(图根水准测量)的高差闭合差对一般地区不得超

过 $\pm 40\sqrt{L}$ mm，其中 L 为往返测段、附合或环线的水准路线长度，单位为 km；对山地不得超过 $\pm 12\sqrt{n}$ mm，其中 n 为测站数。

(二)分配水准路线闭合差和计算改正后高差

若闭合差 f_h 不超过允许闭合差，就可以进行分配。很显然，测量不可避免地存在误差，从而产生了闭合差。观测的站数越多或测量的线路越长，测量误差的积累也就越大，闭合差也就越大。在整条水准路线上由于各测站的观测条件基本相同，可认为各站产生误差的机会也是相等的，故闭合差的调整按与测站数(或距离)成正比例、反符号分配的原则进行。

1. 按测站数进行分配

按测站数进行分配的公式为

$$v_i = -\frac{f_h}{\sum n} n_i \tag{2-7}$$

式中，$\sum n$ 为水准路线的总站数，为各测段站数之和；n_i 为第 i 测段的测站数；v_i 为第 i 测段的高差改正数。

2. 按水准路线长度进行分配

按水准路线长度进行分配的公式为

$$v_i = -\frac{f_h}{\sum L} L_i \tag{2-8}$$

式中，$\sum L$ 为水准路线的总长度，为各测段长度之和；L_i 为第 i 测段水准路线的长度；v_i 为第 i 测段的高差改正数。又因为 $\sum v_i = -f_h$，故式(2-8) 可以作为高差改正数计算的检核。

各测段高差改正后的数值为

$$h_i = h_i' + v_i \tag{2-9}$$

3. 待定水准点高程的计算

根据已知高程点的高程值和各测段改王后的高差，便可依次推算出各待定点的高程。各点的高程为其前一点的高程加上该测段改王后的高差。如图 2-15(a)所示，各待定点的高程为

$$\begin{aligned} H_1 &= H_{BM1} + h_1 \\ H_2 &= H_1 + h_2 \\ &\vdots \\ H_4 &= H_3 + h_4 \\ H_{BM1} &= H_4 + h_5 \end{aligned}$$

推算出的终点 H_{BM1} 的高程应与其已知高程相等，否则说明推算有误。

通常在计算完水准路线各段高差之后，应再次计算路线闭合差，闭合差应为零，否则应检查各项计算是否有误。通常水准测量内业计算是在表格中按照上述方法步骤进行的。

二、水准测量内业计算举例

【例 2-1】图 2-18 为一闭合水准线路示意图，水准路线等级为等外水准，$BM1$ 是四等水准点，其高程 $H_{BM1}=67.648$ m。根据图中各测段观测高差和测站数，试计算 A、B、C、D 的高程。

水准路线内业数据处理通常在表 2-5 中计算，具体计算步骤和注意事项如下：

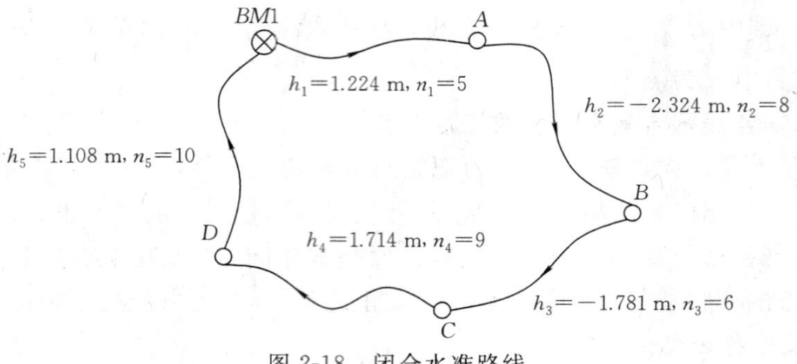

图 2-18 闭合水准路线

(1)对水准测量原始记录进行再次检查,并绘制水准路线示意图。

(2)对照水准测量原始记录,在表 2-5 中填写“点号”“ 观测高差”“测站数”和“起算点高程”。

(3)计算水准路线高差闭合差、允许闭合差和测站总数,本例中 $f_h=\sum h'=-59$ mm, $\sum n=38$, $f_{h允}=\pm 12\sqrt{n}=\pm 74$ mm ,高差闭合差小于允许闭合差,说明水准路线成果合格。

(4)计算各测段高差改正数和改正后高差。

(5)计算 A、B、C、D 的高程(表 2-5)。

表 2-5 水准测量高程计算(闭合路线)

点名	观测高差 h_i' /m	测站数 n_i	高差改正数 v_i /mm	改正后高差 h_i /m	高程 /m
$BM1$					67.648
	1.224	5	8	1.232	
A					68.880
	−2.324	8	12	−2.312	
B					66.568
	−1.781	6	9	−1.772	
C					64.796
	1.714	9	14	1.728	
D					66.524
	1.108	10	16	1.124	
$BM1$					67.648
$\sum$	−0.059	38	59	0.000	
辅助计算	$f_h=\sum h'=-59$ mm　$f_{h允}=\pm 12\sqrt{n}=\pm 74$ mm $v_i=-\dfrac{f_h}{\sum n}n_i$　$h_i=h_i'+v_i$				

【例 2-2】图 2-19 为一附合水准线路示意图,水准路线等级为等外水准, $BM.A$ 和 $BM.B$ 是起算水准点,其高程 $H_{BM.A}=45.286$ m、$H_{BM.B}=49.579$ m。根据图中各测段观测高差和距离,试计算点 $BM1$、点 $BM2$、点 $BM3$ 的高程。

水准路线内业数据处理通常在表 2-6 中计算,计算原理为本节“一、水准测量内业计算”中所述,具体计算步骤和注意事项如下:

图 2-19　附合水准路线

(1)对水准测量原始记录进行再次检查,并绘制水准路线示意图。

(2)对照水准测量原始记录,在表 2-6 中填写“点号”“观测高差”“测段距离”和“起算点高程”。

(3)计算水准路线高差闭合差、允许闭合差和测线距离,本例中 $f_h=37\ \text{mm}$,$\sum L=7.4\ \text{km}$,$f_{h允}=\pm 40\sqrt{L}=\pm 109\ \text{mm}$,高差闭合差小于允许闭合差,说明水准路线成果合格。

(4)计算各测段高差改正数和改正后高差。

(5)计算点 $BM1$、点 $BM2$、点 $BM3$ 的高程(表 2-6)。

表 2-6　水准测量高程计算(附合路线)

点名	观测高差 h_i' /m	测段距离 L_i /km	高差改正数 v_i /mm	改正后高差 h_i /m	高程 /m
$BM.A$					45.286
	2.331	1.6	−8	2.323	
$BM1$					47.609
	2.813	2.1	−11	2.802	
$BM2$					50.411
	−2.244	1.7	−8	−2.252	
$BM3$					48.159
	1.430	2.0	−10	1.420	
$BM.B$					49.579
$\sum$	4.330	7.4	−37	4.293	
辅助计算	$\sum h_{理}=H_{BM.B}-H_{BM.A}=4.293\ \text{m}$ $f_h=\sum h'-(H_{BM.B}-H_{BM.A})=37\ \text{mm}$ $f_{h允}=\pm 40\sqrt{L}=\pm 109\ \text{mm}$ $v_i=-\dfrac{f_h}{\sum L}L_i \quad h_i=h_i'+v_i$				

通过上面两例可以看出,闭合路线和附合路线在进行内业数据处理时,不管是按距离分配闭合差还是按测站分配闭合差,计算原理、方法、步骤是一样的,所不同的只是闭合路线和附合路线闭合差的计算。

【例 2-3】图 2-20 是支水准路线,观测数据如表 2-2 所示。$BM.A$ 是起算点,高程 $H_{BM.A}=3.688\ \text{m}$,试计算 $BM.B$ 点高程。

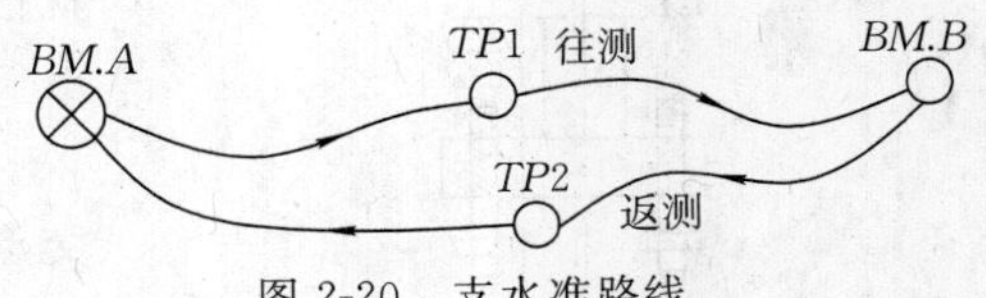

图 2-20　支水准路线

支水准路线内业数据处理可在表 2-7 中计算,具体计算步骤和注意事项如下:

(1)对水准测量原始记录进行再次检查,并绘制水准路线示意图。

(2)对照水准测量原始记录,在表 2-7 中填写“点号”“ 往返观测高差”和“起算点高程”。

(3)计算水准路线高差闭合差和允许闭合差,本例中 $f_h=-6$ mm,$f_{h允}=\pm 12\sqrt{n}=\pm 17$ mm,高差闭合差小于允许闭合差,说明水准路线成果合格。

(4)计算各往测高差改正数和改正后往测高差。其中,返测高差改正数与往测高差改正数大小相等,符号相反。

(5)计算 $BM.B$ 的高程(表 2-7)。

应注意,如果把支水准路线往测、返测都看成是一个测段,那么支水准路线往、返测就组成了闭合路线,所以计算方法与前两例相同。

表 2-7　水准测量高程计算(支水准路线)

点名	往测高差/m	返测高差/m	往测高差改正数/mm	改正后往测高差/m	高程/m
$BM.A$					3.688
	0.562	−0.568	3	0.565	
$BM.B$					4.253
辅助计算	$f_h=\sum h'_{往}+\sum h'_{返}=-6$ mm $f_{h允}=\pm 12\sqrt{n}=\pm 17$ mm $v_{往}=-\frac{f_h}{\sum n}n_{往}=-3$ mm　$h_{往}=h'_{往}+v_{往}$				

§2-6　水准仪的检验与校正

一、水准仪轴线及应满足的条件

(一)水准仪轴线

水准仪主要有四条轴线(图 2-21),水准管轴 LL、视准轴 CC、圆水准轴 L_0L_0 和竖轴 VV。

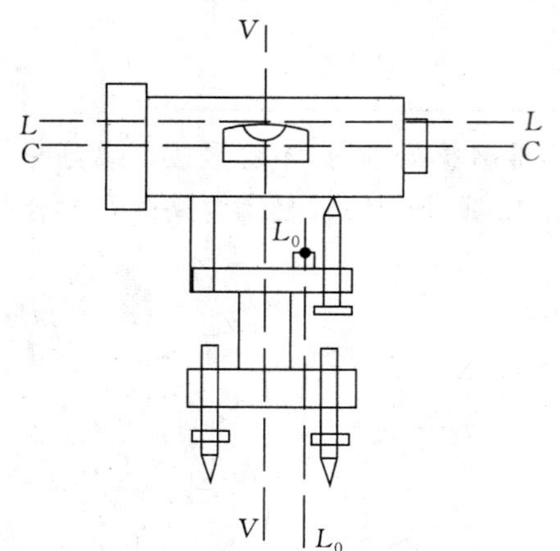

图 2-21　水准仪主要轴线

(二)水准仪应满足的条件

1. 圆水准轴 L_0L_0 平行于竖轴 VV

满足此条件的目的是当圆水准器气泡居中时,仪器竖轴即处于竖直位置。这样,仪器转动到任何方向,管水准器的气泡都不至于有太大偏差,调节水准管气泡居中就很方便。

2. 十字丝的横丝应垂直于仪器竖轴

当满足此条件时,可不必用十字丝的交点读数,而用交点附近的横丝进行读数,这样可提高观测速度。

3. 水准管轴 LL 平行于视准轴 CC

根据水准测量原理,水准仪要能够提供一条水平视线。而仪器视线是否水平是依据望远镜的管水准器来判断的：水准管气泡居中，则认为水准仪的视准轴水平。因此，应使水准管轴平行于视准轴，此条件是水准仪应满足的主要条件。

二、微倾式水准仪的检验与校正

(一)一般性检验

检查三脚架是否稳固，安置仪器后检查制动和微动螺旋、微倾螺旋、对光螺旋、脚螺旋转动是否灵活，是否有效。

(二)圆水准器的检验和校正

目的：使圆水准器轴平行于仪器竖轴。

检验：

(1)用脚螺旋使圆水准器气泡居中。

(2)望远镜旋转 180°，若气泡仍居中，满足要求；若气泡不居中，需进行校正。

校正：

(1)用脚螺旋调气泡至偏离值的一半。

(2)用圆水准器的校正螺旋再调一半，使气泡居中。

(三)十字丝横丝的检验和校正

目的：使十字丝横丝垂直于竖轴。

检验：

(1)精平仪器，十字丝横丝左边对准墙上标志点 P。

(2)水平微动，点 P 在横丝上移动，说明十字丝横丝位置正确，否则需要校正。

校正：

(1)松开十字丝的固定螺旋。

(2)微微转动十字丝环座，使 P 点轨迹与横丝重合。

(3)拧紧十字丝的固定螺旋。

(四)水准管轴平行于视准轴的检验与校正(i 角检校)

目的：使水准管轴平行于视准轴。

检验：

(1)在平坦地面选相距 80 m 左右的 A、B 两点，置水准仪于中点 C，用变动仪器高法(两次高差之差不超过 3 mm) 测定 A、B 两点之间的高差 $h_1 = a_1 - b_1$。

(2) 仪器搬至点 A 附近，测得高差 $h_2 = a_2 - b_2$。若 $h_1 = h_2$，则水准管轴平行于视准轴；若 $h_1 \neq h_2$，则存在 i 角。

如图 2-22 所示，$b'_2 = a_2 - h_1$，$i = \dfrac{b_2 - b'_2}{D_{AB}}\rho''$，其中 D_{AB} 为 A、B 两点间距离(可以用视距测量得到)，$\rho'' = 206\ 265''$。

对于 DS$_3$ 水准仪，当 $i > 20''$ 时，则需校正。

校正：

(1)方法 1。转动微倾螺旋，使 $b_2 = b'_2$。这时水准管气泡偏离中央，用校正针拨动水准管一端的上、下两个校正螺丝，使气泡居中。再重复检验校正，直到 $i < 20''$。

(2)方法 2。使水准管气泡保持居中，通过调节十字丝，使十字丝横丝对准点 B 水准尺的 b'_2。

进行 i 角检验时,要仔细测量、保证精度,才能把仪器误差与观测误差区分开。

不论用哪种方法校正,校正后还必须进行一次检验,保证水准管轴平行于视准轴这一主要轴线条件得到满足。同时应注意,校正完毕,校正螺丝不应松动,应处于旋紧状态。

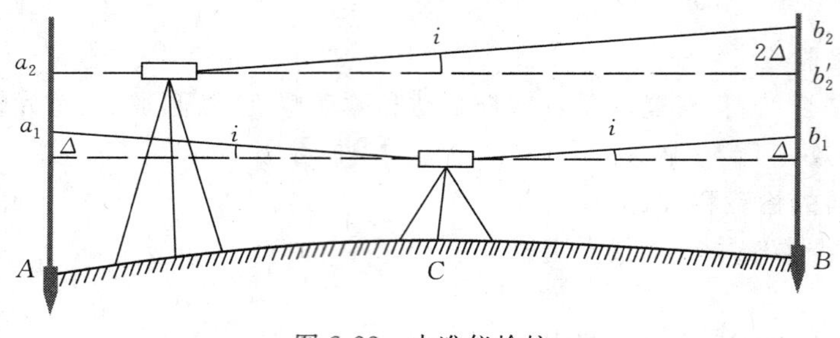

图 2-22 水准仪检校

三、自动安平水准仪的检验与校正

自动安平水准仪的主要检验项目有:①圆水准器轴应平行于仪器竖轴;②十字丝的横丝应垂直于仪器竖轴;③补偿器误差;④望远镜视准轴位置正确性。其中,第①和第②项的检验方法与微倾式水准仪相同,而第④项检验方法与微倾式水准仪的水准管轴应平行于视准轴的检验(i 角检验)方法一样,故这里只介绍第③项的检验方法。由于一般自动安平水准仪的校正需送修理部门,由专业人员进行,因此这里仅着重介绍其检验方法。

所谓补偿器性能是指自动安平水准仪的竖轴有微量倾斜时,补偿器是否能在规定范围内(DZS_3 型仪器为±8')进行补偿。

检验方法:在 AB 直线中点处架设仪器,并使仪器的两个脚螺旋的连线与 AB 垂直;整平仪器后,读取点 A 水准尺上的读数为 a,然后转动位于 AB 方向的第三个脚螺旋,使仪器竖轴向点 A 水准尺倾斜 $\pm\alpha$ 角(α 为仪器补偿范围);此时如果 A 尺读数与整平时读数 a 相同,则补偿器工作正常,若与整平时读数 a 不相同,且互差大于 3 mm 时,需进行校正。

§2-7 精密水准仪和精密水准测量

一、精密水准仪简介

精密水准仪的种类很多,微倾式的如国产的 DS_{05} 和 DS_1 型,进口的如德国蔡司 Ni004 和瑞士威特 N3 等,自动安平式的如德国蔡司 Ni002 和 Ni007 等。精密水准仪主要用于国家一、二等水准测量和高精度的工程测量中,如建筑物的沉降观测及大型设备的安装等测量工作。

(一)精密水准尺

精密水准仪必须配有精密水准尺。这种尺一般是在木质尺身的槽内,以一定拉力引张一根因瓦合金带。带上标有刻划,数字注在木尺上,如图 2-23 所示。精密水准尺的分划值有 1 cm 和 0.5 cm 两种。1 cm 分划的水准尺有两排分划,如图 2-23(a)所示。右边一排注记为 0～300 cm,叫基本分划;左边一排注记为 300～600 cm,叫辅助分划。同一高度线的基本分划和辅助分划的读数差为常数 301.55 cm,叫基辅差,也叫尺常数,在水准测量时用于检查读数中存在的错误。0.5 cm 分划的水准尺只有一排分划，如图 2-23(b)所示。分划间彼此错开，左边是单数分划，右边是双数分划；右边注记是米数，左边注记是分米数。由于分划注记值比实际长度大 1 倍，因此用这种水准尺读数除以 2 才是实际的视线高度。

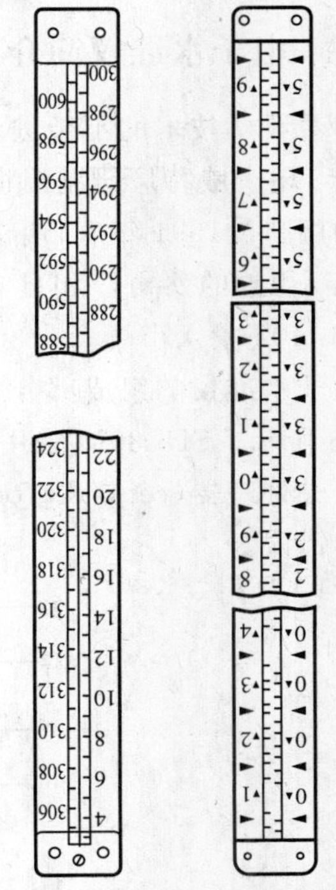

（a）1 cm分划　（b）0.5 cm分划

图 2-23　精密水准尺

(二)精密水准仪

精密水准仪的构造与普通水准仪基本相同，也是由望远镜、水准器和基座三部分组成。其不同之处是水准管分划值较小，一般为 10″/2 mm；望远镜的放大率较大，一般在 40 倍以上，望远镜的孔径大、亮度高；仪器结构稳定，具有受温度的变化影响小等特点。

为了提高读数精度，如图 2-24 所示，采用光学测微器读数装置，测微装置主要由平行玻璃板、测微分划尺、传导杆、测微螺旋和测微读数系统组成。平行玻璃板装在物镜前面，它通过有齿条的传导杆与测微分划尺及测微螺旋连接。测微分划尺上刻有 100 个分划，在另设的固定棱镜上刻有指标线，可通过目镜旁的测微读数显微镜读数。当转动测微螺旋时，传导杆推动平行玻璃板前后倾斜，此时视线通过平行玻璃板产生平行移动，移动的数值可由测微尺读数反映出来。当视线上下移动为 5 mm(或 1 cm)时，测微分划尺恰好移动 100 格，即测微分划尺最小格值为 0.05 mm(或 0.1 mm)。

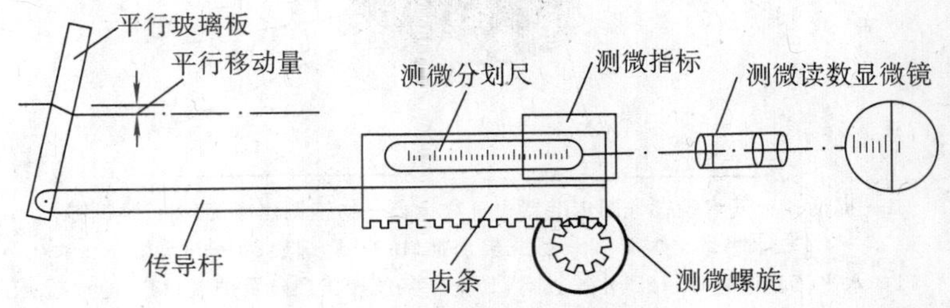

图 2-24　测微器读数装置

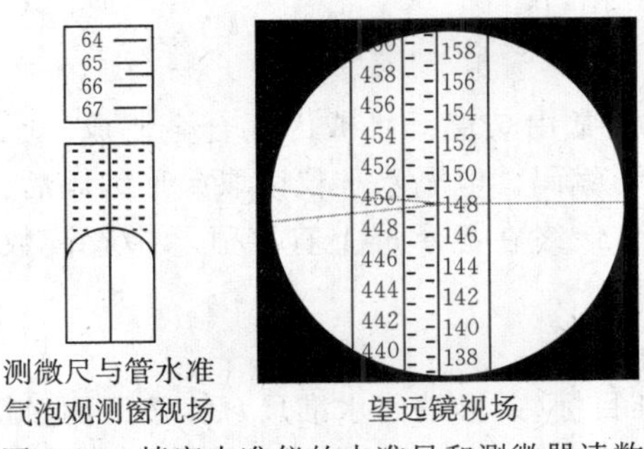

测微尺与管水准气泡观测窗视场　望远镜视场

图 2-25　精密水准仪的水准尺和测微器读数

精密水准仪的操作方法与一般水准仪基本相同，不同之处是可用光学测微器测出不足一个分格的数值。在仪器精平后，十字丝横丝往往不恰好对准水准尺上某一整分划线，这时就要转动测微轮使视线上、下平行移动，使十字丝的楔形丝正好夹住一个整分划线，如图 2-25 所示，被夹住的分划线读数为 148 cm。此时，测微器读数窗中的读数为 0.655 cm，水准尺的全读数为 $(148+0.655)/10^2=1.486\ 55$(m)。由于该尺注记扩大了 1 倍，故实际读数是全读数除以 2，即 0.743 275 m。

二、电子水准仪简介

随着科学技术的不断进步及电子技术的迅猛发展,水准仪正从光学时代跨入电子时代。1990 年,瑞士威特厂研制出世界上第一台电子数字式水准仪 NA2000,从而拉开了电子水准仪发展的序幕。1991 年底,瑞士威特厂又推出了可用作精密水准测量的 NA3000 电子水准仪;1994 年,德国的蔡司厂和日本的拓普康厂也分别将研制出的该类产品 DiNi10、DiNi20、DL-101、DL-102 投入市场。

电子水准仪的组成部分有望远镜、水准器、自动补偿系统、计算存储系统和显示系统,如图 2-26 所示。SDL30M 采用电荷耦合器件(charge coupled device,CCD)读取独特的码型并交由中央处理器(central processing unit, CPU)进行处理。观测值以数字显示,减少了观测员的判读错误。

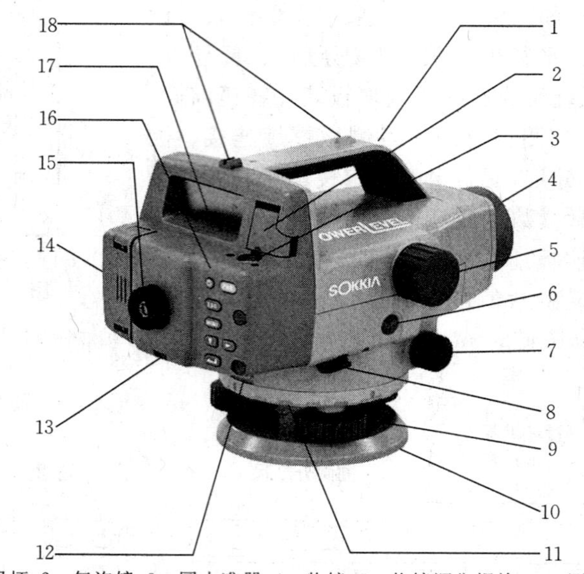

1—提柄;2—气泡镜;3—圆水准器;4—物镜;5—物镜调焦螺旋;6—测量键;
7—水平微动螺旋;8—数据输出插口;9—脚螺旋;10—底盘;
11—水平读盘设置环;12—水平读盘;13—十字丝校正螺丝及护盖;14—电池盖;
15—目镜及调焦螺旋;16—键盘;17—显示屏;18—粗瞄准器。

图 2-26 SDL30M 电子水准仪

(一)电子水准仪测量原理简述

与电子水准仪配套使用的水准尺为条形编码尺,通常由玻璃纤维或因瓦合金制成。在电子水准仪中装有行阵传感器,它可识别水准尺上的条形编码。电子水准仪读取条形编码后,经处理器转变为相应的数字,再通过信号转换和数据化,最终在显示屏上直接显示中丝读数和视距。

(二)电子水准仪的使用

观测时,电子水准仪在人工完成安置与粗平、瞄准目标(条形编码水准尺)后,按下测量键,3~4 s 即显示出测量结果。其测量结果可存储在电子水准仪内或通过电缆连接存入机内记录器中。

另外,若在观测中水准尺条形编码的局部遮挡小于 30%,电子水准仪仍可进行观测。

(三)电子水准仪的特点

电子水准仪的主要优点如下：

(1)操作简捷,可进行自动观测和记录,并能立即显示测量结果。

(2)整个观测过程在几秒钟内即可完成,从而大大减少观测错误和误差。

(3)仪器还附有数据处理器及与之配套的软件,从而可将观测结果输入计算机进行后处理,实现测量工作自动化和流水线作业,大大提高功效。

电子水准仪的观测精度高,如瑞士徕卡公司开发的 NA2000 型电子水准仪的分辨率为 0.1 mm,每千米往返测得高差中数的偶然中误差为±2.0 mm;NA3003 型电子水准仪的分辨率为 0.01 mm,每千米往返测得高差中数的偶然中误差为±0.4 mm。

三、精密水准测量

精密水准测量一般指国家一、二等水准测量,下面以二等水准测量为例,介绍精密水准测量的实施过程。

(一)精密水准测量作业的一般规定

(1)观测前 30 分钟,应将仪器置于露天阴影处,使仪器与外界气温趋于一致,观测时应用测伞遮蔽阳光,迁站时应罩仪器罩。

(2)仪器距前、后视水准尺的距离应尽量相等,其差应小于规定的限值。

(3)对气泡式水准仪,观测前应测出倾斜螺旋的置平零点,并做标记。随气温变化,应随时调整置平零点的位置。对于自动安平水准仪的圆水准器,须严格置平。

(4)同一测站上观测时,不得两次调焦。转动仪器的倾斜螺旋和测微螺旋,其最后旋转方向均应为旋进,以避免倾斜螺旋和测微器隙动差对观测成果的影响。

(5)在两相邻测站上,应按奇、偶数测站的观测程序进行观测,对于往测奇数测站按“后前前后”、偶数测站按“前后后前”的观测程序在相邻测站上交替进行。返测时,奇数测站与偶数测站的观测程序与往测时相反,即奇数测站由前视开始,偶数测站由后视开始。这样的观测程序可以消除或减弱与时间成比例均匀变化的误差对观测高差的影响,如 i 角的变化和仪器垂直位移等。

(6)连续在各测站上安置水准仪时,应使其中两脚螺旋与水准路线方向平行,而第三脚螺旋轮换置于路线方向的左侧与右侧。

(7)每一测段的往测与返测,其测站数均应为偶数,由往测转向返测时,两水准尺应互换位置,并应重新整置仪器。在水准路线每一测段上,仪器、测站安排成偶数,可以削减两水准尺零点不等差等误差对观测高差的影响。

(8)每一测段的水准测量路线应进行往测和返测,这样可以消除或减弱性质相同、正负号也相同的误差影响,如水准尺垂直位移的误差影响。

(9)一个测段的水准测量路线的往测和返测应在不同的气象条件下进行,如分别在上午和下午观测。

(10)使用补偿式自动安平水准仪观测的操作程序与水准器水准仪相同。观测前对圆水准器应进行严格检验与校正,观测时应严格使圆水准器气泡居中。

(11)水准测量的观测工作间歇时,最好能结束在固定的水准点上,否则应选择两个坚稳可靠、光滑突出、便于放置水准尺的固定点,作为间歇点加以标记。间歇后,应对两个间歇点的高差进行检测,检测结果如符合限差要求,就可以从间歇点起测,对于二等水准测量,规定检测间歇点高差之差应不超过 1.0 mm。若仅能选定一个固定点作为间歇点,则在间歇后应仔细检视,确认没有发生任何位移,方可由间歇点起测。

(二)精密水准测量观测

测站观测程序如下:

往测时,奇数测站照准水准尺分划的顺序为后视标尺的基本分划、前视标尺的基本分划、前视标尺的辅助分划、后视标尺的辅助分划。

往测时,偶数测站照准水准尺分划的顺序为前视标尺的基本分划、后视标尺的基本分划、后视标尺的辅助分划、前视标尺的辅助分划。

返测时,奇、偶数测站照准标尺的顺序分别与往测偶、奇数测站相同。记录方法及记录计算与四等水准测量相同,电子水准测量记录表格参考表 2-8,限差要求可参考表 2-9。

表 2-8 二等水准测量观测手簿(电子水准仪)

测自________至________ 年 月 日

时间: 始 时 分 末 时 分 成像:

湿度________ 云量________ 风向风速________

天气________ 土质________ 太阳方向________

测站编号	视准点	后距	前距	方向及尺号	标尺读数		两次读数之差	备注
		视距差 d	$\sum d$		第一次读数	第二次读数		
0	A	31.5	31.6	后	153 969	153 958	+11	
	↓			前	139 269	139 260	+9	
	$TP1$	−0.1	−0.1	后−前	+14 700	+14 698	+2	
				h	+0.146 99			
1	$TP1$	36.9	37.2	后	137 400	137 411	−11	
	↓			前	114 414	114 400	+14	
	$TP2$	−0.3	−0.4	后−前	+22 986	+23 011	−25	
				h	+0.229 98			
3	$TP3$	46.9	46.5	后	139 411	139 400	+11	
	↓			前	144 150	144 140	+10	
	B	+0.4	0	后−前	−4 739	−4 740	+1	
				h	−0.047 40			

表 2-9 水准观测主要技术要求

等级	视线长度		前后视距差/m	前后视距累计差/m	视线高度(下丝读数)/m	基辅分划读数之差/mm	基辅分划所得高差之差/mm	上下丝读数平均值与中丝读数之差		检测间歇点高差之差/mm
	仪器类型	视线长度/m						0.5 cm 分划标尺/mm	1 cm 分划标尺/mm	
一	S_{05}	≤30	≤0.5	≤1.5	≥0.5	≤0.3	≤0.4	≤1.5	≤3.0	≤0.7
二	S_1	≤50	≤1.0	≤3.0	≥0.3	≤0.4	≤0.6	≤1.5	≤3.0	≤1.0
	S_{05}	≤50								

(三)精密水准测量精度

精密水准测量的精度可根据往返测量的高差不符值来评定,因为往返测的高差不符值反映了水准测量各种误差的共同影响,这些误差对水准测量精度的影响是极其复杂的,其中有偶然误差的影响，也有系统误差的影响。其计算公式如下，供参考。

每千米单程高差的偶然中误差计算公式为

$$\mu = \pm\sqrt{\frac{\frac{1}{2}\left[\frac{\Delta\Delta}{R}\right]}{n}} \tag{2-10}$$

每千米往返测高差中数的偶然中误差计算公式

$$M_{\Delta} = \frac{1}{\sqrt{2}}\mu = \pm\sqrt{\frac{1}{4n}\left[\frac{\Delta\Delta}{R}\right]} \tag{2-11}$$

式中，Δ 为各测段往返测高差不符值，单位为 mm；R 为各测段的距离，单位为 km；n 为测段数。

规范规定，对于一、二等水准测量须按式(2-11)计算每千米往返测高差中数的偶然中误差 M_{Δ}，当水准路线构成水准网的水准环超过20个时，还需要按照水准环闭合差 W 计算每千米往返测高差中数的全中误差 M_W，即

$$M_W = \pm\sqrt{\frac{1}{N}\left[\frac{WW}{F}\right]} \tag{2-12}$$

式中，W 为水准环线经过正常水准面平行性改正后的水准环闭合差，F 为第 i 个水准环的周长，N 为水准环的个数。

思考题与练习

1. 在水准测量中，何谓后视点、后视标尺、后视读数、前视点、前视标尺、前视读数？高差正负的意义是什么？
2. 水准仪主要由哪几部分组成？水准仪的主要功能是什么？
3. 何谓视准轴？何谓视差？产生视差的原因是什么？如何消除视差？
4. 水准仪的圆水准器和管水准器各起什么作用？
5. 水准测量中有哪三项检校？各项检校的目的是什么？
6. 由表2-10列出的水准测量观测成果，计算出高差，并进行检核计算。

表2-10　水准测量手簿　　单位：m

测站	测点	水准尺读数		高差		高程	备注
		后视	前视	+	−		
Ⅰ	*A*	0.487				56.730	
Ⅱ	1	0.764	1.524				
Ⅲ	2	1.437	1.285				
Ⅳ	3	1.527	0.696				
Ⅴ	4	2.749	1.527				
	B		1.387				
计算检核							
	$\sum$后视 − $\sum$前视 =			$\sum h$ =			

7. 调整图 2-27(a)和图 2-27(b)所示的闭合水准路线和附合水准路线的观测成果,并求出各点的高程。

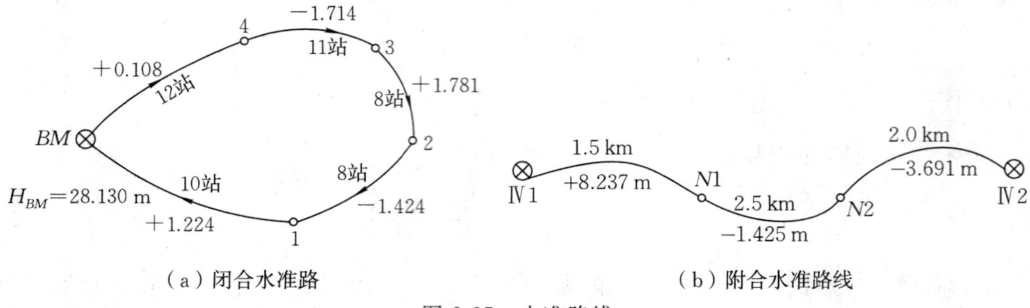

(a) 闭合水准路　　　　(b) 附合水准路线

图 2-27　水准路线

8. 根据表 2-11 所列的一段四等水准测量观测数据,按记录格式填表计算并进行检核,并说明观测成果是否符合现行水准测量规范的要求。

表 2-11　三、四等水准测量手簿

测站编号	后尺 下丝 / 上丝 后视距 / 视距差 d/m	前尺 下丝 / 上丝 前视距 / $\sum d$/m	方向及尺号	水准尺读数/m 黑面	水准尺读数/m 红面	K+黑减红/mm	高差中数/m	备注
1	1.832	0.926	后 A	1.379	6.165			
	0.960	0.065	前 B	0.495	5.181			
			后－前					
2	1.742	1.631	后 B	1.469	6.156			
	1.194	1.118	前 A	1.374	6.161			K_A =4.787 m
			后－前					
								K_B =4.687 m
3	1.519	1.671	后 A	1.102	5.890			
	0.692	0.836	前 B	1.258	5.945			
			后－前					
4	1.919	1.968	后 B	1.570	6.256			
	1.220	1.242	前 A	1.603	6.391			
			后－前					
检核								

9. 水准仪有哪几条主要轴线？它们应满足什么几何条件？其中哪个是主要条件？为什么？

10. 在相距 80 m 的 A、B 两点的中央安置水准仪,A 点尺上的读数为 a_1=1.337 m,B 点尺上的读数为 b_1 = 1.114 m。当仪器搬到 B 点近旁时,测得 B 点读数 b_1=1.501 m,A 尺读数 a_2=1.782 m,试问此水准仪是否存在 i 角？如有 i 角,如何校正？

11. 水准测量中误差来源主要有哪些？各采取什么措施加以消除或减弱？

第三章　角度测量

§3-1　角度测量原理

一、水平角测量基本原理

地面上一点到两个目标点的方向线垂直投影到水平面上所形成的角称为水平角。如图 3-1 所示，A、O、B 为地面上的任意点，过直线 OA 和 OB 各做一垂直面，并把 OA 和 OB 分别投影到水平投影面上，其投影线 O_1A_1 和 O_1B_1 的夹角 $\angle A_1O_1B_1$ 就是 $\angle AOB$ 的水平角 β。

如果在角顶 O 上安置一个带有水平刻度盘的测角仪器，其度盘中心 O_2 在通过测站 O 点的铅垂线上。设 OA 和 OB 两条方向线在水平刻度盘上的投影读数为 a 和 b，则水平角 β 为

$$\beta = b - a \tag{3-1}$$

二、竖直角测量基本原理

在同一竖直面内视线和水平线之间的夹角称为竖直角或垂直角，其角值范围为 $-90°\sim+90°$，$0°$表示视线水平。如图 3-2 所示，OA 在水平线之上，称为仰角，符号为正；OB 在水平线之下，称为俯角，符号为负。视线与向上的铅垂线方向（天顶方向）之间的夹角 Z 称为天顶距，角值范围为 $0°\sim180°$，若 $Z=90°$表示视线水平，竖直角与天顶距之间可以换算，关系式为

$$\alpha = 90° - Z \tag{3-2}$$

根据竖直角的基本概念，某一目标的竖直角等于目标方向竖盘读数与水平方向竖盘读数之差。对于任何注记形式的竖直度盘，当视线水平时，其度盘读数应该为一定值，正常情况下为 90°或 270°，所以在竖直角观测中只需要照准目标直接读取度盘读数，就可以计算出竖直角。

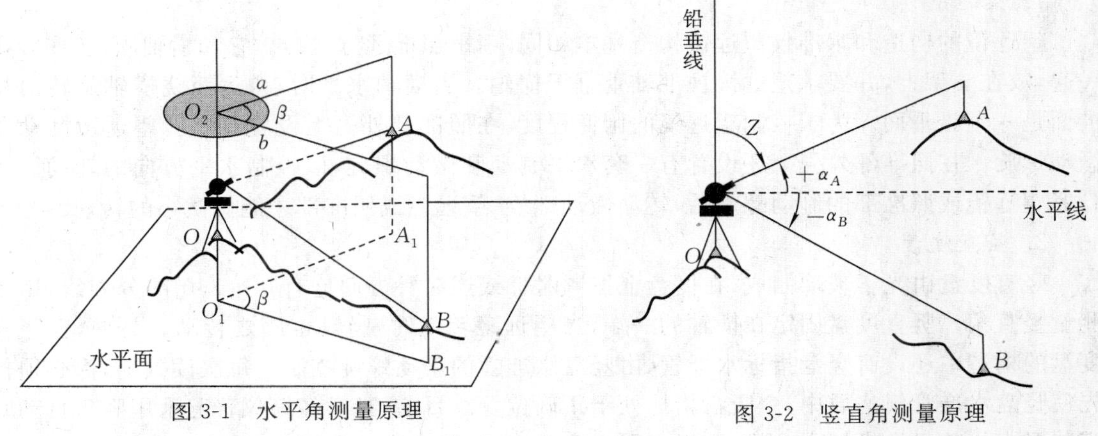

图 3-1　水平角测量原理　　图 3-2　竖直角测量原理

§3-2 光学经纬仪的结构

经纬仪一般可以分为光学经纬仪和电子经纬仪。按其测角的精度可以分为 DJ_1、DJ_2、DJ_6 等级别,其中"D"为"大地测量"拼音的首字母,"J" 为"经纬仪"拼音的首字母,下标 1、2、6 表示该经纬仪的测角精度,即一测回测角方向的中误差,单位为秒。电子经纬仪采用先进的光电测角技术,能自动显示读数,因此应用越来越广泛。本章重点介绍 DJ_6、DJ_2 型光学经纬仪。

一、DJ_6 型光学经纬仪的构造与读数装置

(一)DJ_6 型光学经纬仪的构造

由于厂家不同,DJ_6 型光学经纬仪部件及结构也不完全相同,但其主要部分是相同的,由照准部(包括望远镜、竖直度盘、水准器、读数设备)、水平度盘、基座三部分组成。图 3-3 为国产 DJ_6 型光学经纬仪。

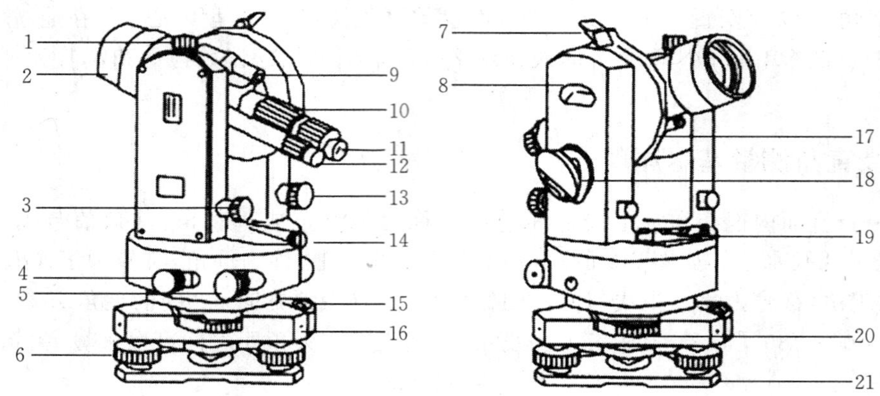

1—望远镜制动螺旋;2—望远镜物镜;3—望远镜微动螺旋;4—水平制动螺旋;5—水平微动螺旋;6—脚螺旋;7—竖盘水准观察镜;8—竖盘水准管;9—瞄准器;10—物镜调焦环;11—望远镜目镜;12—度盘读数镜;13—竖盘水准管微动螺旋;14—光学对中器;15—圆水准器;16—基座;17—竖直度盘;18—度盘照明镜;19—管水准器;20—水平度盘位置变换轮;21—基座底板。

图 3-3 DJ_6 型光学经纬仪

1. 望远镜

望远镜的构造和水准仪望远镜构造基本相同,用来照准远方目标。它和横轴固定、连接在一起,放在支架上,并要求望远镜视准轴垂直于横轴。当横轴水平时,望远镜绕横轴旋转的视准面是一个铅垂面。为了控制望远镜的俯仰程度,在照准部外壳上设置有一套望远镜制动和微动螺旋。在照准部外壳上还设置有一套水平制动和微动螺旋,以控制水平方向的转动。当拧紧望远镜或照准部的制动螺旋后,转动微动螺旋,望远镜或照准部才能做微小的转动。

2. 竖直度盘

竖直度盘由光学玻璃制成,在度盘上按顺时针或逆时针方向刻有 0°～360°的分划线,用于测量竖直角。竖直度盘固定在横轴的一端,当望远镜转动时,竖盘也随之转动。另外,在竖直度盘的构造中还设有竖盘指标水准管,由竖盘水准管的微动螺旋控制。每次读数前,都必须首先使竖盘水准管气泡居中,令竖盘指标处于正确位置。目前,光学经纬仪普遍采用竖盘自动归零装置来代替竖盘指标水准管,既提高了观测速度,又提高了观测精度。

3. 水准器

水准器分为管水准器和圆水准器，照准部上的管水准器用于精确整平仪器，使水平度盘处于水平状态，圆水准器用于概略整平仪器。

4. 读数设备

国产 DJ_6 型光学经纬仪采用分微尺读数设备，它把度盘和分微尺的影像，通过一系列透镜的放大和棱镜的折射，反映到读数显微镜内进行读数。

5. 水平度盘部分

水平度盘部分主要包括水平度盘和水平度盘转动的控制装置。

水平度盘是用光学玻璃制成的圆盘，在盘上按顺时针方向从 0°～360°刻有等角度的分划线。相邻两刻划线的格值有 1°和 30′两种。测水平角时，水平度盘不动，这样照准部转至不同的位置，可以在水平度盘上读取不同的方向值。

6. 基座部分

基座是支撑仪器的底座。基座上有三个脚螺旋，转动脚螺旋可使照准部水准管气泡居中，从而使水平度盘水平。基座和三脚架头用中心螺旋连接，可将仪器固定在三脚架上，中心螺旋下有一个钩可挂垂球，测角时用于仪器对中。目前，光学经纬仪大多装有直角棱镜光学对中器，光学对中器较垂球对中而言，具有精确度高和不受风吹摇动干扰的优点。

(二) DJ_6 型光学经纬仪的读数装置

DJ_6 型光学经纬仪的读数装置主要有分微尺和平板玻璃测微器两种形式。

1. 分微尺

在读数显微镜内可以看到水平度盘和竖直度盘的影像(图 3-4)，水平度盘每隔 1°有一分划线，小于 1°的读数在分微尺上读取。分微尺的“0”位置称为指标线，用来指示度盘读数。分微尺的长度相当于度盘 1°的间隔，它又分为 60 小格，每个小格相当于 1′，因此可直接读至 1′，估读 1 格的 1/10，即 6″。图 3-4 中度盘读数(水平窗)为 73°，再加上分微尺零指标与度盘上 73°分划线的间隔 4.6′，结果为 73°4.6′(即 73°04′36″)。度盘注记按顺时针方向从 0°转到 360°，而分微尺注记是按逆时针方向，这是为了能将不足 1°的读数直接加到度盘的整度上去。同理，可读出竖直度盘的读数(竖直窗)为 87°06′12″。

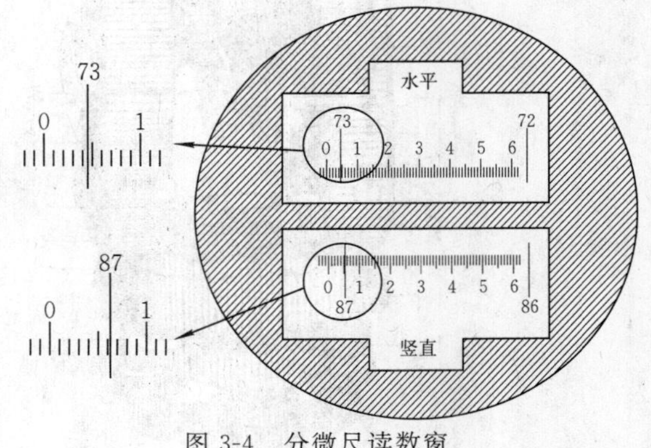

图 3-4　分微尺读数窗

2. 平板玻璃测微器

平板玻璃测微器的水平度盘的刻度为全圆 360°注记，顺时针方向递增，每度分划线均注明度数，并且 1°又分为 2 格，每格的分划值为 30′。测微轮转动一周的移动量对应测微尺全长，读数值为 30′，也等于度盘最小的分划值(30′)。测微尺上每 5′注记读数，每 1′又分为 3 格，每小格的读数值为 20″。读数可读到每小格的 1/4，即 5″。当测微尺由 0′到 30′时，度盘分划线影像应恰好移动 1 格。

用平板玻璃测微器读数时，先调整好照明和读数目镜，然后转动测微轮，使度盘的一条分划线影像精确位于双指标线的中央,读出此分划线的读数值。图 3-5(a)所示的水平度盘读数为 15°,图 3-5(b)所示的竖盘读数为 91°。再由小窗口的单指标线读出测微尺的读数,分别为 12′00″和 18′00″。两部分相加为全读数,即水平角读数为 15°12′00″,竖直角读数为 91°18′00″。

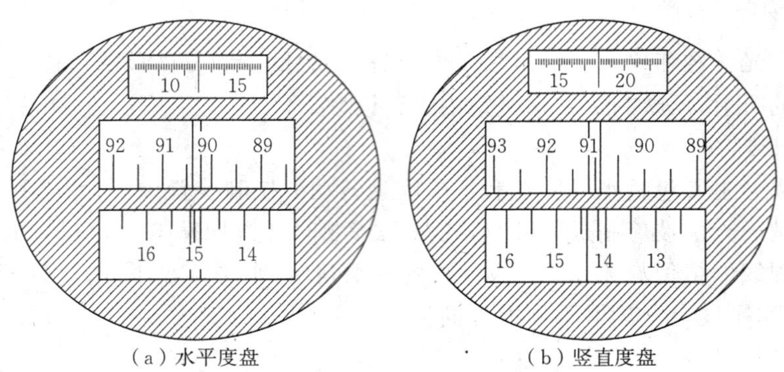

(a)水平度盘 (b)竖直度盘

图 3-5 平行玻璃测微器读数窗

二、DJ_2 型光学经纬仪的构造与读数装置

(一)DJ_2 型光学经纬仪的构造

DJ_2 型光学经纬仪的构造,除轴系和读数设备外,基本上与 DJ_6 型光学经纬仪相同。我国苏一光 DJ_2 型光学经纬仪外形如图 3-6 所示。下面着重介绍它与 DJ_6 型光学经纬仪的不同之处。

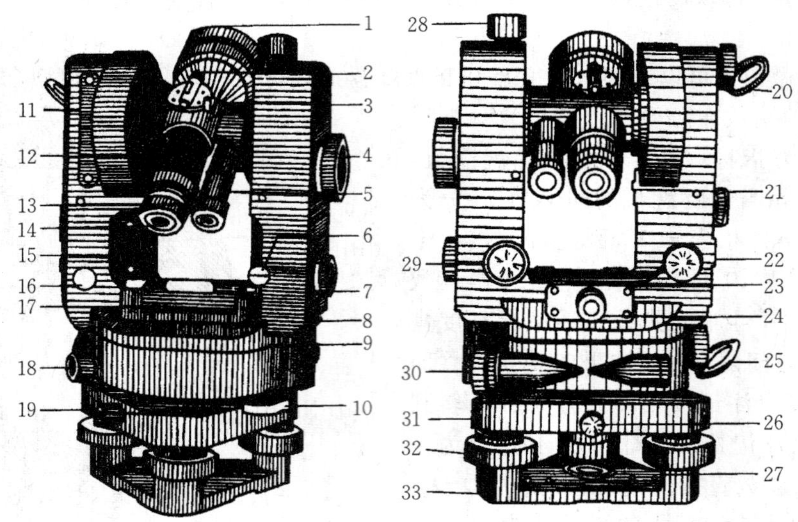

1—望远镜物镜;2—光学瞄准器;3—十字丝照明反光板螺旋;4—测微轮;5—读数显微镜管;6—垂直微动螺旋弹簧套;7—度盘影像变换螺旋;8—照准部水准器校正螺丝;9—水平度盘物镜组盖板;10—水平度盘变换螺旋护盖;11—竖直度盘转像透镜组盖板;12—望远镜调焦环;13—读数显微镜目镜;14—望远镜目镜;15—竖直度盘物镜组盖板;16—竖直度盘指标水准器护盖;17—照准部水准器;18—水平制动螺旋;19—水平度盘变换螺旋;20—竖直度盘照明反光镜;21—竖直度盘指标水准器观察棱镜;22—竖直度盘指标水准器微动螺旋;23—水平度盘转像透镜组盖板;24—光学对中器;25—水平度盘照明反光镜;26—照准部与基座的连接螺旋;27—固紧螺母;28—垂直制动螺旋;29—垂直微动螺旋;30—水平微动螺旋;31—三角基座;32—脚螺旋;33—三角底板。

图 3-6 苏一光 DJ_2 型光学经纬仪

1. 度盘影像变换螺旋

在读数显微镜内一次只能看到水平度盘或竖直度盘的影像,读取水平度盘读数时,要转动度盘影像变换螺旋，使轮上指标红线呈水平状态，并打开水平度盘反光镜，此时显微镜呈现水平度盘的影像。若打开竖直度盘反光镜，转动度盘影像变换螺旋，使轮上指标线竖直时，则可看到竖盘影像。

2. 测微轮

测微轮是 DJ_2 型光学经纬仪的读数装置。对于 DJ_2 型光学经纬仪，其水平度盘(或竖直度盘)的刻划形式是在每度分划线间进行三等分，刻成 3 格，格值等于 20′。通过光学系统，将度盘直径两端分划的影像同时反映到同一平面上，并被一横线分成正、倒像，一般正字注记为正像，倒字注记为倒像。图 3-7 为读数窗示意图，测微尺上刻有 600 格，其分划影像见图中小窗。当转动测微手轮使分微尺由 0 分划移动到 600 分划时，度盘正、倒对径分划影像等量相对移动 1 格，故测微尺上 600 格相应的角值为 10′，1 格的格值等于 1″。因此，用测微尺可以直接测定 1″的读数，从而起到测微作用。

(二)DJ_2 型光学经纬仪的读数方法

DJ_2 型光学经纬仪一般采用对径分划影像符合的读数方法，入射光线经过一系列棱镜和透镜后，将度盘某一直径两端的分划同时成像到读数显微镜内，并被横线分隔为正像和倒像。如图 3-7 所示，右边是度盘的对径分划影像，数字注记为“度”；左边是测微尺的分划影像。在测微尺的分划影像当中，左边注记代表“分”，右边注记代表“十秒位”。读数时需要转动测微轮对齐上、下分划，然后从左至右找一对注记.要求这一对注记正好相差 180°，并且正像的分划线在左边，倒像的分划线在右边。正像的分划线注记为度数，正、倒像分划线之间的每个格值相差 10′。图 3-7 中，相差 180°注记的一对分划为 42°和 222°，它们之间包含 5 格，所以度盘窗口中的读数为 42°50′。再看到测微尺中的读数，测微尺左边显示的读数为 2′，右边的读数为 2.0″，所以测微尺的读数为 2′02.0″。最终的读数为读数窗读数与测微尺读数之和，即 42°52′02.0″。

采用对径分划影像符合的读数方法，实质上是取度盘直径两端读数的平均值，可以消除度盘偏心误差的影响。另外，由于 DJ_2 型光学经纬仪在读数显微镜内只能看到水平度盘或者竖直度盘的分划影像，因此读数前还需要旋转仪器上的换像手轮来选择读取哪个度盘读数。为了使读数方便和不易出错，现在生产的 DJ_2 型光学经纬仪一般采用图 3-8 所示的读数窗。当转动测微轮使对径上、下分划对齐后，从度盘读数窗读取度和整十分的读数，从测微器直接读取分和秒的读数，因此图 3-8 的读数为 94°12′44.2″。

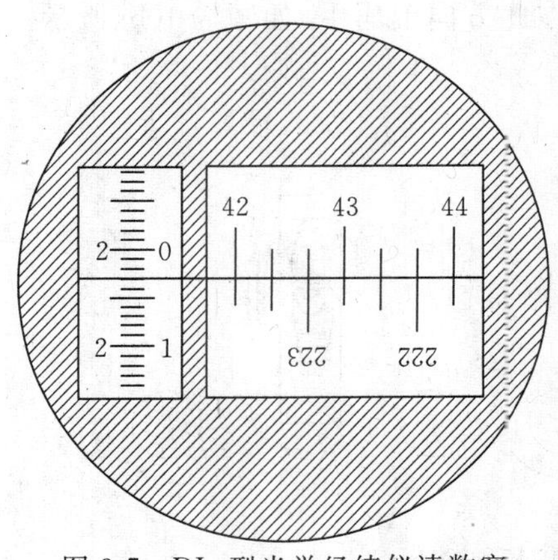

图 3-7　DJ_2 型光学经纬仪读数窗

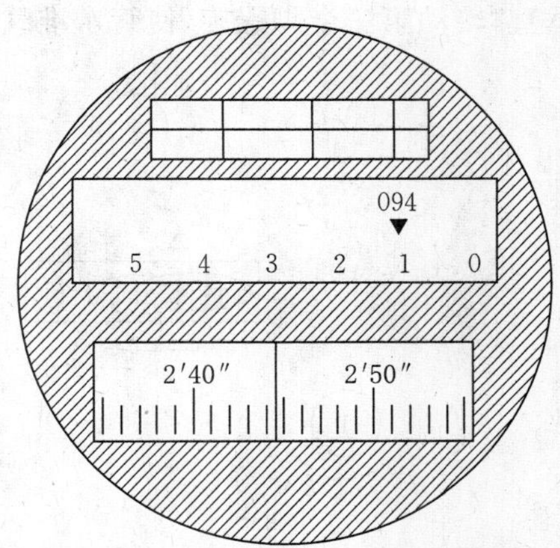

图 3-8　DJ_2 型光学经纬仪改进读数窗

§3-3 经纬仪的使用

一、经纬仪的安置

水平角观测的过程中,首先要在测站点上安置好经纬仪,才能进行角度测量工作。经纬仪的安置主要包括仪器的对中与整平。

对中的目的是使仪器的中心与测站点位于同一条铅垂线上,有垂球对中和光学对中两种方法。整平的目的是使仪器竖轴处于铅直位置和水平度盘处于水平位置。对中和整平是两个相互影响的工作,为了能同时满足对中和整平这两个条件,下面分别介绍两种安置经纬仪的方法。

(一)垂球对中安置经纬仪

1. 对中

(1)架设仪器。首先松开脚架的系绳及三个架腿固定螺旋,根据观测者的身高,拉出伸缩腿,使高度适中。再拧紧架腿固定螺旋,打开脚架,放在测站点上,使架头大致水平并将架腿踩下。然后打开仪器箱,小心将仪器取出,放在架头中央并拧紧中心螺旋。

(2)对中。在中心螺旋下方挂上垂球,调整仪器使垂球静止时对准测站标志中心。如果垂球尖偏离测站点较小,可以通过松开中心螺旋并在架头上移动仪器来精确对中。如果垂球尖偏离测站点较大,则需要移动脚架使垂球尖尽量对准测站点,同时架头仍要保持大致水平。

2. 整平

(1)粗平。在利用垂球安置经纬仪时,粗平是在垂球对中前完成的。通过调节仪器的大致水平,来保持仪器的粗平。因为基座脚螺旋的调节范围有一定限度,所以当仪器架头的倾斜超过脚螺旋的调节范围时,仪器是无法通过只调节脚螺旋来实现精平的。此时,再伸缩架腿必定会使前面完成的对中工作被破坏,因此只有在仪器粗平的条件下,才可以通过调节基座的脚螺旋来达到仪器精平。

(2)精平。松开照准部的制动按钮,转动照准部使水准管轴与其中一对脚螺旋连线方向平行,两手同时向内或向外转动该对脚螺旋,使管水准气泡居中。气泡移动的方向与左手大拇指转动的方向一致,如图 3-9(a)所示。然后使照准部旋转 90°,即水准管轴与原来一对脚螺旋连线方向垂直,转动第三个脚螺旋,使管水准气泡在此方向上居中,如图 3-9(b)所示。

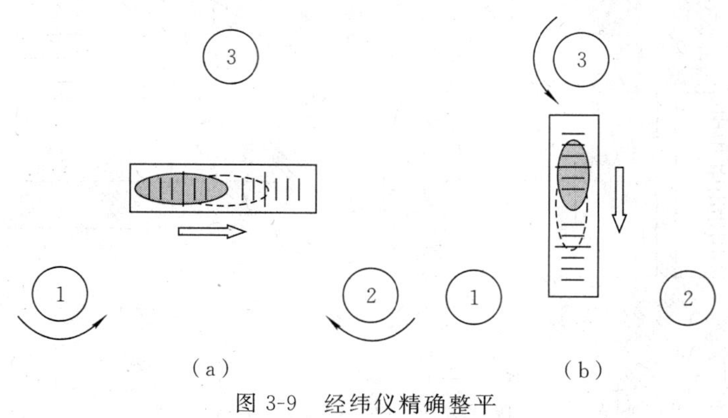

图 3-9 经纬仪精确整平

按上述方法重复操作两次后，再把仪器转置第三方向，看管水准气泡是否居中。若气泡偏差在一格以内，则精平完毕；若气泡偏差大于一格，应继续重复上述操作，直至管水准气泡在任何位置都能居中为止。

(二)光学对中安置经纬仪

对中前，应先观测光学对中器中地面成像和对中器分划板中心成像是否清晰，由于仪器安置的高度不同，故光学对中器也需要调焦。调焦时应反复交替调节光学对中器的目镜调焦螺旋和物镜调焦螺旋，使地面与对中器分划板中心均成像清晰。利用光学对中安置经纬仪的步骤如下：

(1)粗略对中。调整脚架，用光学对中器进行对中。对中时，固定一条架腿于地面，用两只手分别抬起三脚架的两条架腿，眼睛观察光学对中器，移动两条脚推，使光学对中器分划板中心(小圆圈圆心或十字丝交点)与地面点位中心重合，然后轻轻放下两条架腿并踩下架腿。

(2)粗略整平。通过升降脚架的三条架腿，使圆水准气泡大致居中(通常只要求圆水准气泡不靠近圆水准边缘即可)。

(3)精确整平。通过调节脚螺旋，使仪器精确整平，具体可参照图 3-9。

(4)精确对中。精确整平后，再重新检查对中，通常会发现对中有少许偏离。这是在整平的过程中，升降架腿和调节脚螺旋所引起的。这时，只需要松开中心螺旋，在架头上移动仪器，重新精确对中。

(5)重复上述步骤(3)、步骤(4)，直到仪器的对中和整平都满足要求。

二、瞄准和读数

(一)瞄准

经纬仪安置好后，用望远镜瞄准目标。首先将望远镜照准远处，调节对光螺旋使十字丝清晰，然后旋松望远镜和照准部制动螺旋，用望远镜的光学瞄准器照准目标。转动物镜对光螺旋使目标影像清晰，而后旋紧望远镜和照准部的制动螺旋。通过旋转望远镜和照准部的微动螺旋，使十字丝交点对准目标，并观察有无视差，如有视差，应重新对光，将视差予以消除。

(二)读数

打开读数反光镜，调节视场亮度，转动读数显微镜对光螺旋，使读数窗影像清晰可见。读数时，除分微尺型直接读数外，凡在支架上装有测微轮的，均需先转动测微轮，使双指标线或对径分划线重合后方能读数。最后将度盘读数加分微尺读数或测微尺读数，才是最终读数值。

§3-4　水平角观测方法

水平角测量有两种常用的观测方法，即测回法和方向观测法(全圆观测法)。当测站只有两个观测目标的时候，采用测回法观测；测站有三个及以上观测目标时，采用方向观测法。下面主要介绍这两种方法。

一、测回法

在水平角观测的过程中，为发现错误并提高测角精度，一般要用盘左和盘右两个位置进行观测。当观测者正对望远镜的目镜时，若竖盘在望远镜的左边称为盘左位置，又称为正镜；若

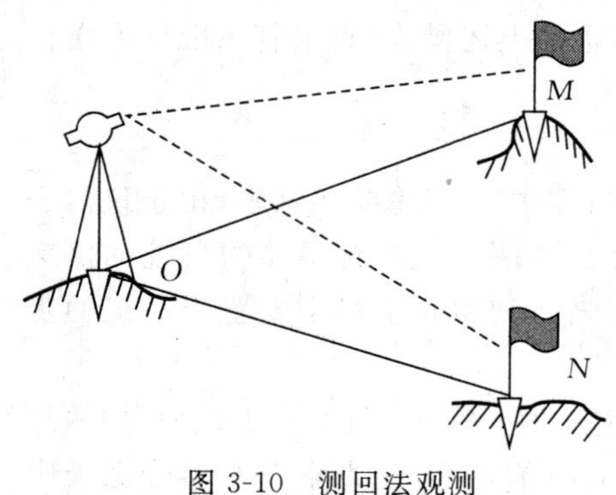

图 3-10 测回法观测

竖盘在望远镜的右边称为盘右位置,又称为倒镜。

测回法适合于观测只有两个方向的单一角度。设 O 为测站点,M、N 为观测目标,$\angle MON$ 为观测角,如图 3-10 所示。先在 O 点安置仪器,进行对中、整平,然后按以下步骤进行观测:

(1)盘左位置。先照准左方目标,即后视点 M,读取水平度盘读数 $a_{左}$,并记入测回法测角记录表中,如表 3-1 所示。然后顺时针转动照准部照准右方目标,即前视点 N,读取水平度盘读数 $b_{左}$,并记入记录表中。以上称为上半测回,其观测角值为

$$\beta_{左}=b_{左}-a_{左}$$

表 3-1 测回法测角记录

仪器型号:________ 观测日期:________ 观测者:________ 计算:________

仪器编号:________ 天 气:________ 记录者:________ 检核:________

测站	盘位	目标	水平度盘读数 /(° ′ ″)	半测回角 /(° ′ ″)	测回角 /(° ′ ″)	平均角值 /(° ′ ″)	备注
O	左	M	0 00 36	68 42 12	68 42 09	68 42 15	M O β N
		N	68 42 48				
	右	M	180 00 24	68 42 06			
		N	248 42 30				
O	左	M	90 10 12	68 42 18	68 42 21		
		N	158 52 30				
	右	M	270 10 18	68 42 24			
		N	338 52 42				

(2) 盘右位置。先照准右方目标,即前视点 N,读取水平度盘读数 $b_{右}$,并记入记录表中。再逆时针转动照准部照准左方目标,即后视点 M,读取水平度盘读数 $a_{右}$,并记入记录表中。测得下半测回角值为

$$\beta_{右}=b_{右}-a_{右}$$

(3)上、下半测回合起来称为一测回。一般规定,用 DJ_6 型光学经纬仪进行观测,上、下半测回角值之差不超过 40″时,可取其平均值作为一测回的角值,即

$$\beta=\frac{1}{2}(\beta_{左}+\beta_{右}) \tag{3-3}$$

当一个水平角需观测两个或两个以上测回时,为削减度盘刻划不均所引起的误差,每个测回的起始读数应按要求的测回数 n 改变度盘位置。具体要求是:每个测回起始目标读数比前一个测回起始读数增加 $180°/n$,n 为测回数,第一个测回起始读数从 0°开始。例如,对图 3-10 中的角度进行两个测回的观测,其观测记录如表 3-1 所示,第一个测回起始目标读数从 0°开始,第二个测回起始目标读数则从 90°开始。

测回法有两个限差,第一个是上、下半测回角值之差,第二个是各测回之间的互差。根据不同的测量等级和测角精度要求,规定的限差也对应变化。

二、方向观测法

测回法是对两个方向的单角观测，如要观测三个以上的方向，则采用方向观测法进行观测。

方向观测法应首先选择一起始方向作为零方向，如图 3-11 所示，设 A 方向为零方向。要求零方向应选择距离较远、通视良好、成像清晰的方向。

将经纬仪安置于 O 站，对中整平后按下列步骤进行观测：

(1)盘左位置。瞄准起始方向 A，转动度盘变换钮把水平度盘读数配置为 0°00′，而后再松开制动，重新照准 A 方向，读取水平度盘读数 a，并记入方向观测法记录表格(表 3-2)中。

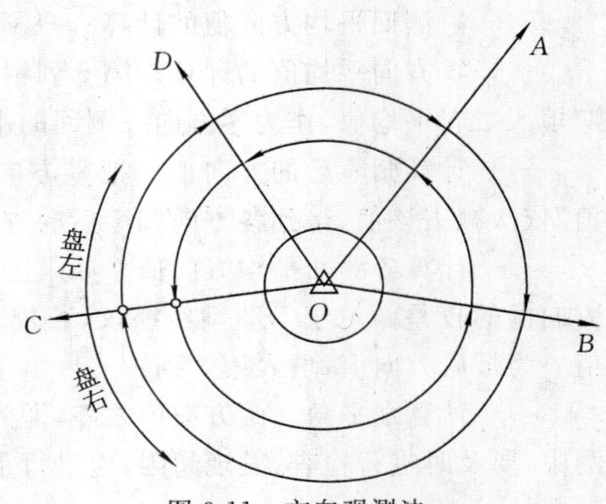

图 3-11　方向观测法

(2)按照顺时针方向转动照准部，依次瞄准 B、C、D 目标，并分别读取水平度盘读数为 b、c、d，并记入记录表中。

(3)最后回到起始方向 A，再读取水平度盘读数 a'，这一步称为“归零”。a 与 a' 之差称为“归零差”，其目的是检查水平度盘在观测过程中是否发生变动，且“归零差”不能超过允许限值。以上操作称为上半测回观测。

表 3-2　方向观测法测角记录

仪器型号:________　观测日期:________　观测者:________　计算者:________

仪器编号:________　天　　气:________　记录者:________　检核者:________

测站	目标	水平度盘读数 盘左(L) /(° ′ ″)	水平度盘读数 盘右(R) /(° ′ ″)	$2c$ /(″)	方向平均读数 /(° ′ ″)	一测回归零方向值 /(° ′ ″)	各测回平均方向值 /(° ′ ″)	水平角值 /(° ′ ″)
1	2	3	4	5	6	7	8	9
					(0 00 34)			
O	A	0 00 54	180 00 24	+30	0 00 39	0 00 00	0 00 00	79 26 59
第	B	79 27 48	259 27 30	+18	79 27 39	79 27 05	79 26 59	63 03 30
一	C	142 31 18	322 31 00	+18	142 31 09	142 30 35	142 30 29	146 15 18
测	D	288 46 30	108 46 06	+24	288 46 18	288 45 44	288 45 47	71 14 13
回	A	0 00 42	180 00 18	+24	0 00 30			
	Δ	+12	+6					
					(90 00 52)			
O	A	90 01 06	270 00 48	+18	90 00 57	0 00 00		
第	B	169 27 54	349 27 36	+18	169 27 45	79 26 53		
二	C	232 31 30	52 31 00	+30	232 31 15	142 30 23		
测	D	18 46 48	198 46 36	+12	18 46 42	288 45 50		
回	A	90 01 00	270 00 36	+24	90 00 48			
	Δ	+6	+12					

(4)盘右位置。按逆时针方向旋转照准部，依次瞄准 A、D、C、B、A 目标，分别读取水平

度盘读数,记入记录表中,并算出盘右的“归零差”,称为下半测回。上、下两个半测回合称为一测回。

(5)计算与限差。

——半测回归零差的计算。表 3-2 中第一测回上、下半测回的归零差分别为 $-12''$ 和 $-6''$,第二测回分别为 $-6''$ 和 $-12''$。用 DJ_6 型经纬仪观测时,半测回归零差要求不超过 $\pm 18''$。

—— $2c$ 值的计算。$2c = L$(盘左读数)$-[R$(盘右读数)$\pm 180°]$,此处 c 为视准轴误差。

——一测回平均方向值的计算。一测回平均方向值$= [L + (R \pm 180°)]/2$,填入第 6 列。

——零方向平均值的计算。第 6 列中零方向有两个“一测回平均值”,因此第 6 列第 2 行应填入二者平均值,作为零方向一测回的平均值,如第一测回 A 方向的平均值为 $0°00'34''$。

——计算归零后的方向值。把零方向的方向值作为 $0°00'00''$,其他方向的“一测回平均值”依次减去该值,得到各方向归零后的方向值,计算结果填入第 7 列。

——计算各测回平均方向值。如果已观测了若干测回,还需比较同一方向各测回归零后方向值的较差。对于 DJ_6 型经纬仪,若较差值不超过 $\pm 24''$ 的限差,则取各测回方向值的平均值 c 为最后方向值,填入第 8 列。

——计算水平角。两方向值之差,即为这两方向之间的水平角,填入第 9 列。在水平角观测中,要及时进行检查,发现超限,应进行重测。

三、水平角观测应注意的事项

(1)仪器高度要和观测者的身高相适应。三脚架要踩实,仪器与脚架连接要牢固,操作仪器时不要用手扶三脚架。转动照准部和望远镜之前,应先松开制动螺旋,使用各种螺旋时用力要轻。

(2)仪器安置时要精确对中,特别是短边(测站点到目标的距离短)测角时,对中要求应更严格。

(3)当观测目标间高低相差较大时,更应注意仪器整平。

(4)照准标志要竖直,尽可能用十字丝中央部位瞄准标杆底部。

(5)记录要清楚,应当场计算,发现错误,立即重测。

(6)一测回水平角观测过程中,不得再调整照准部管水准气泡。如气泡偏离中央超过两格,应重新整平及对中仪器,重新观测。

§3-5 竖直角观测方法

一、竖直度盘基本结构

竖直度盘垂直固定在望远镜旋转轴的一端,随望远镜的转动而转动。竖直度盘的刻划与水平度盘基本相同,但其注字随仪器构造的不同分为逆时针(图 3-12(a))和顺时针(图 3-12(b))两种形式。当视准轴水平、指标水准管气泡居中时,指标所指的竖盘读数值:盘左为 90°,盘右为 270°。

目前,光学经纬仪普遍采用竖盘自动归零补偿装置来代替竖盘指标水准管,当仪器有微量倾斜时,自动补偿装置能自动调整光路,使读数时能读到相当于指标水准管气泡居中时的读数。使用时，将自动归零补偿器锁紧手轮逆时针旋转，使手轮上红点对准照准部支架上黑点。再用手轻轻敲动仪器，如听到竖盘自动归零补偿器有了“铛、铛”的响声，表示补偿器处于正常工作状态；如听不到响声表明补偿器有故障，可再次转动锁紧手轮，直到用手轻敲有响声为止。竖直角观测完毕，一定要顺时针旋转手轮，以锁紧补偿机构，防止震坏吊丝。

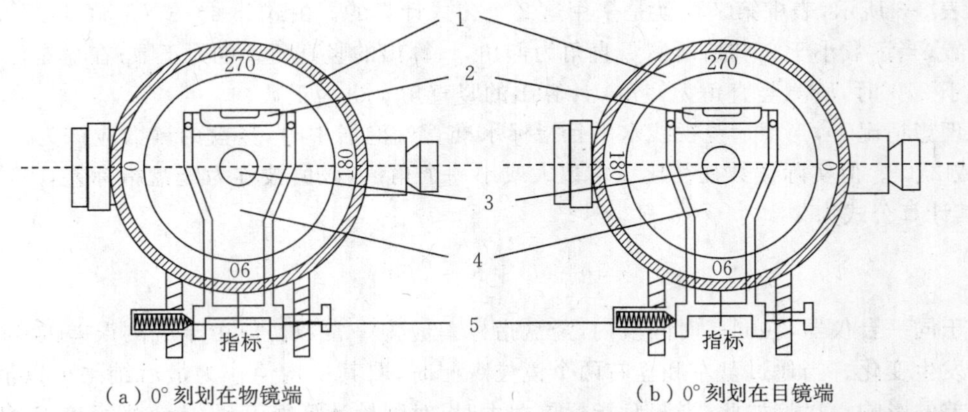

（a）0°刻划在物镜端　　（b）0°刻划在目镜端

1—竖盘；2—竖盘指标水准管；3—横轴；4—竖盘指标管水准器支架；5—竖盘指标管水准器微动螺旋。

图 3-12　DJ_6 型光学经纬仪的竖盘基本结构

二、竖直角观测

在测站上安置仪器后，用下述方法测定竖直角：

(1)盘左位置。瞄准目标后，用十字丝横丝瞄准目标的固定位置，打开竖盘自动归零补偿装置，或旋转竖盘指标水准管微动螺旋，使气泡居中或使气泡影像符合。读取竖盘读数 L，并记入竖直角观测记录表(表 3-3)中。计算出盘左时的竖直角，上述观测称为上半测回观测。

(2)盘右位置。仍照准原目标，调节竖盘指标水准管微动螺旋，使气泡居中。读取竖盘读数值 R，并记入记录表中。计算出盘右时的竖角，称为下半测回观测。上、下半测回合称一测回。

表 3-3　竖直角观测记录

测站	目标	盘位	竖盘读数 /(° ′ ″)	半测回竖直角 /(° ′ ″)	指标差 /(″)	一测回竖直角 /(° ′ ″)	备注
O	M	左	52 29 36	+37 30 24	+12	+37 30 36	盘左 270 180 0 90
		右	307 30 48	+37 30 48			
	N	左	103 18 24	−13 18 24	+9	−13 18 15	
		右	256 41 54	−13 18 06			

三、竖直角及指标差的计算

由于竖盘的刻划和注记与水平度盘不同，其计算公式也略有不同，但计算原理是相同的。现以 DJ_6 型光学经纬仪为例，说明竖直角和指标差的计算方法。

设观测的竖直角为 α，则对于顺时针注记的经纬仪，竖直角计算公式为：

盘左位置

$$\alpha = 90° - L + i \tag{3-4}$$

盘右位置

$$\alpha = R - 270° - i \tag{3-5}$$

如表 3-3 所示，表中第 7 列就是采用这 2 个公式计算的。由式(3-4)、式(3-5)可以看出：在盘左位置，当读数小于 90°时，所测竖直角为仰角，计算出的竖直角 α 也为正数；在盘右位置，当读数大于 270°时，所测竖直角为仰角，计算出的竖直角 α 也为正数。

在理想情况下，当望远镜视线水平且指标水准管气泡居中时，竖盘的读数应该为一常数，即 90°或 270°。但实际读数往往比该常数大或小一个角值，该值被称为竖盘指标差，一般用 i 表示，其计算公式为

$$i = \frac{1}{2}(L + R - 360°) \tag{3-6}$$

对于同一台仪器，在同一时间段内，竖盘指标差应为一常数。但由于观测误差的存在，可能使其发生变化。当通过盘左和盘右两个镜位观测时，取其平均值作为最后结果可以消除竖盘指标差的影响。尽管如此，当竖盘指标差太大时，对测量计算很不利，应该进行校正，使竖盘指标差降到最低。

§3-6 光学经纬仪的检验与校正

一、光学经纬仪主要轴线及其关系

为了保证测角的精度，经纬仪主要部件及轴系应满足六个几何条件，如图 3-13 所示。

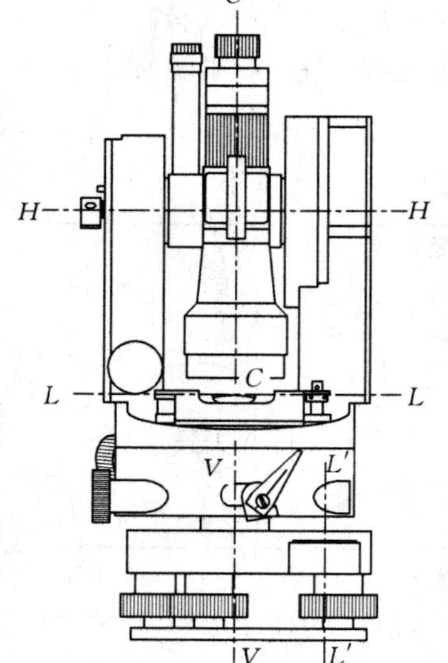

图 3-13 经纬仪的轴线

(1)照准部水准管轴应垂直于仪器竖轴($LL \perp VV$)。

(2)十字丝纵丝应垂直于横轴。

(3)视准轴应垂直于横轴($CC \perp HH$)。

(4)横轴应垂直于仪器竖轴($HH \perp VV$)。

(5)竖盘指标差应为零。

(6)光学对中器的视准轴应与仪器竖轴重合。

由于仪器经过长期外业使用或长途运输及外界影响，各轴线的几何关系发生变化，因此在使用前必须对仪器进行检验和校正。

二、光学经纬仪的检验与校正

(一)照准部水准管的检验与校正

目的：当照准部水准管气泡居中时，应使水平度盘水平，竖轴铅垂。

检验方法：将仪器安置好后，使照准部水准管平行于一对脚螺旋的连线，转动这对脚螺旋使气泡居中。再将照准部旋转 180°，若气泡仍居中，说明水准管轴垂直于仪器竖轴，否则应进行校正。

校正方法：首先使圆水准器气泡居中，即圆心水准轴 $L'L'$ 处于铅垂位置。设 LL 轴与 VV

轴不垂直，相差一个角度 α。当调节脚螺旋使气泡居中后，LL 轴水平，VV 轴偏离铅垂线方向一个角度 α。如图 3-14(a)所示，照准部旋转 180°后，LL 轴绕 VV 轴旋转至图 3-14 (b)的位置，此时 LL 轴将偏离水平方向，产生一个 2α 的角度。所以校正时，先用校正针拨动水准管一端的校正螺丝，升高后降低水准管一端，使气泡向中间位置移动偏移量的一半，如图 3-14(c)所示。再调节脚螺旋，使气泡移动另一半居中，如图 3-14(d)所示。校正需要反复进行，直至气泡在任何位置距中心的偏移量小于半格。

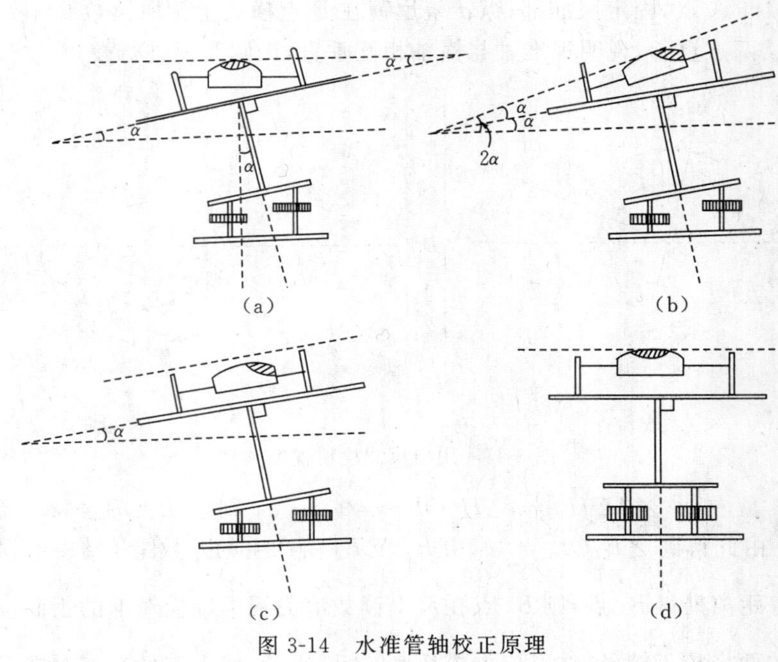

图 3-14　水准管轴校正原理

(二)十字丝竖丝的检验与校正

目的：使十字丝竖丝垂直于横轴，即当横轴居于水平位置时，竖丝处于铅垂位置。

检验方法：用十字丝竖丝的一端精确瞄准远处某点，固定水平制动螺旋和望远镜制动螺旋，慢慢转动望远镜微动螺旋；如果目标不离开竖丝，如图 3-15(a)所示，说明此项条件满足，即十字丝竖丝垂直于横轴，否则会出现图 3-15(b)所示情况，则需要校正。

校正方法：要使竖丝铅垂，需要转动十字丝板座或整个目镜部分；如图 3-16 所示，旋下目镜分划板护盖，松开 4 个压环螺丝，慢慢转动十字丝分划板座后，再进行检验；待条件满足后再拧紧压环螺丝，旋上护盖。

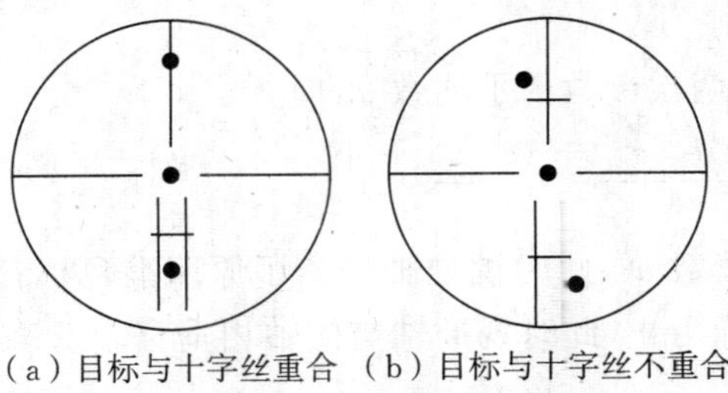

(a) 目标与十字丝重合　(b) 目标与十字丝不重合

图 3-15　十字丝的校验

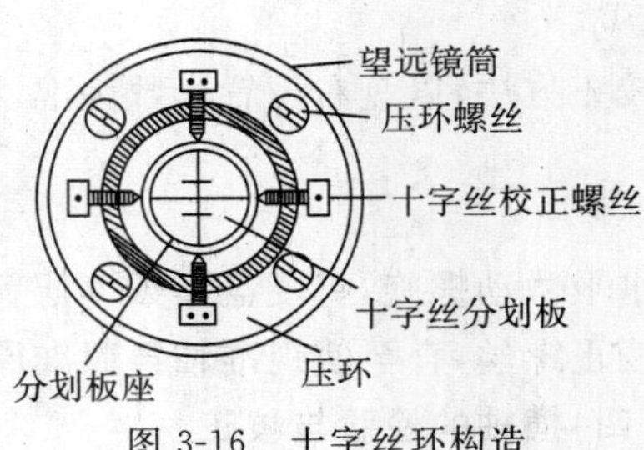

图 3-16　十字丝环构造

(三)视准轴的检验与校正

目的:使望远镜的视准轴垂直于横轴。视准轴不垂直于横轴的倾角 c 称为视准轴误差,也称为 $2c$ 误差,它是由十字丝交点的位置不正确而产生的。

检验方法:选一长约 80 m 的平坦地区,将经纬仪安置于中间 O 点,在 A 点竖立测量标志,在 B 点水平横置一把水准尺,使尺身垂直于视线 OB 并与仪器同高。视线大致水平照准 A 点,固定照准部,然后纵转望远镜,在 B 点的横尺上读取读数 B_1,如图 3-17(a)所示;松开照准部,再以盘右位置照准 A 点,固定照准部;纵转望远镜在 B 点横尺上读取读数 B_2,如图 3-17(b)所示。如果 B_1、B_2 两点重合,说明视准轴与横轴相互垂直,否则需要进行校正。

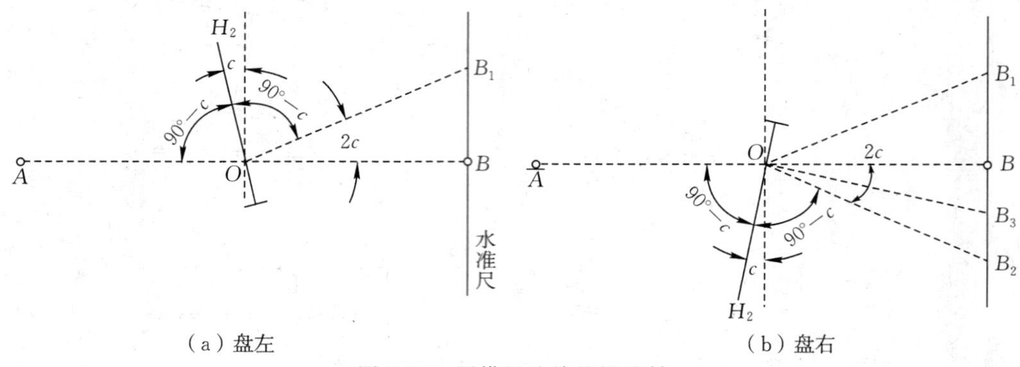

图 3-17 用横尺法检校视准轴

校正方法:盘左时 $\angle AOH_2 = \angle H_2OB_1 = 90 - c$,则 $\angle B_1OB = 2c$;盘右时,同理 $\angle BOB_2 = 2c$。由此得到 $\angle B_1OB_2 = 4c$,由 B_1 至 B_2 所产生的差数是 4 倍视准误差;校正时从 B_2 起在 $\frac{1}{4}B_1B_2$ 距离处得 B_3 点,则 B_3 点在尺上读数值为视准轴应对准的正确位置;用拨针拨动十字丝左右的两个校正螺丝,注意应先松后紧,边松边紧,使十字丝交点对准 B_3 点的读数。

要求:在同一测回中,同一目标的盘左、盘右读数的差为 2 倍视准轴误差,用 $2c$ 表示;对于 DJ_2 型光学经纬仪,当 $2c$ 的绝对值大于 30″ 时,就要校正十字丝的位置。c 值计算公式为

$$c = \frac{B_1B_2}{4S}\rho'' \tag{3-7}$$

式中,S 为仪器到横置水准尺的距离,$\rho'' = 206\,265''$。

视准轴的检验和校正也可以利用度盘读数法进行。

检验方法:选与视准轴近乎水平的一点作为照准目标,盘左照准目标的读数为 $\alpha_{左}$,盘右再照准原目标,读数为 $\alpha_{右}$,如 $\alpha_{左}$ 与 $\alpha_{右}$ 不相差 180°,则表明视准轴不垂直于横轴,应进行视准轴校正。

校正方法:以盘右位置读数为准,计算两次读数的平均数 a,即

$$a = \frac{a_{右} + (a_{左} \pm 180°)}{2} \tag{3-8}$$

转动水平微动螺旋,将度盘读数值配置为读数 a,此时视准轴偏离了原照准目标;然后拨动十字丝校正螺丝,直至使视准轴再照准原目标为止,此时视准轴与横轴相垂直。

(四)横轴的检验与校正

目的:使横轴垂直于仪器竖轴。

检验方法：将仪器安置在高墙前 20～30 m 处，仪器整平后，盘左位置以仰角大于 30°照准目标点 P，固定水平制动螺旋，将望远镜大致放平，在墙上标出 A 点，如图 3-18(a)所示；纵转望远镜，盘右位置仍然照准 P 点，放平望远镜，在墙上标出 B 点，如图 3-18(b)所示；如果 A 和 B 相重合，说明横轴垂直于仪器竖轴，否则需要进行校正。

校正方法：取 AB 的中点 M，微动照准部及望远镜的微动螺旋，瞄准 M 点，制动照准部，仰起望远镜至 P 点处，十字丝交点必偏离 P 点；此时可升降经纬仪横轴的一端，使十字丝的交点精确对准 P 点来进行校正。

光学经纬仪的横轴密封在金属壳内，因此此项校正一般由厂家或专业仪器修理人员进行。

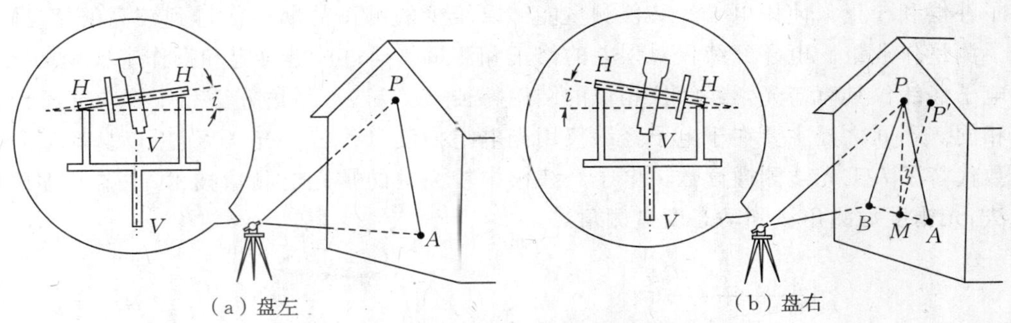

图 3-18　横轴垂直于仪器竖轴的校验

(五)竖盘指标水准管的检验与校正

目的：使竖盘指标差 i 为 0°，指标处于正确的位置。

检验方法：安置经纬仪于测站上，用望远镜在盘左、盘右两个位置观测同一目标；当竖盘指标水准管气泡居中后，分别读取竖盘读数 L 和 R，计算出指标差 i；如果 i 超过限差，则须校正。

校正方法：求得正确的竖直角 α 后，不改变望远镜在盘右所照准的目标位置，转动竖盘指标水准管微动螺旋，根据竖盘刻划注记形式，在竖盘上配置竖角为 α 时的盘右读数 R'($R' = 270° + \alpha$)；此时竖盘指标水准管气泡必然不居中，然后用拨针拨动竖盘指标水准管上、下校正螺丝使气泡居中即可。

(六)光学对中器的检验与校正

目的：使光学对中器视准轴与仪器竖轴重合。

检验方法：

(1)检验装置在照准部上的光学对中器。精确安置经纬仪，在脚架的中央地面上放一张白纸，通过光学对中器目镜观测，将光学对中器分划板的刻划中心标记于纸上，然后水平旋转照准部，每隔 120°用同样的方法在白纸上做标记点。如三点重合，说明此条件满足，否则需要进行校正。

(2)检验装置在基座上的光学对中器。将仪器侧放在特制的夹具上，照准部固定不动，使基座能自由旋转，在距离仪器不小于 2 m 的墙壁上钉贴一张白纸，用上述方法，转动基座，每隔 120°在白纸上做一标记点，若三点不重合，则需要校正。

校正方法：在白纸上的三点构成误差三角形，绘出误差三角形外接圆的圆心；由于仪器的类型不同，校正部位也不同，有的校正转向直角棱镜，有的校正分划板，有的两者均要校正；校正时均须通过拨动对点器上相应的校正螺丝，调整至目标偏离量的一半，并反复 1～2 次，直到照准部转到任何位置观测时目标都在中心圈内为止。

§3-7 电子经纬仪

一、电子经纬仪简介

电子经纬仪是集光、机、电、计算为一体的自动化、高精度的光学仪器，是在光学经纬仪基础上的电子化、智能化，采用电子细分技术、控制处理技术和滤波技术，实现测量读数的智能化。电子经纬仪能够实现数据的液晶显示、误差补偿，尤其是对仪器本身工艺上所产生的误差进行了补偿和校正。使用电子经纬仪测量能够以较少的测量前期工作达到较高的精度，大大减轻了测量作业量。电子经纬仪对误差的修正和测量是通过按键设定和操作来实现的。

电子经纬仪具有与光学经纬仪相似的结构特征(图 3-19)，测角方法和步骤与光学经纬仪基本相同。不同之处主要在于电子经纬仪用光电扫描度盘代替了光学度盘，以自动记录和显示读数代替了人工光学测微读数。电子经纬仪中较关键的是光电测角技术，主要有编码度盘测角法、光栅度盘测角法和动态度盘测角法。

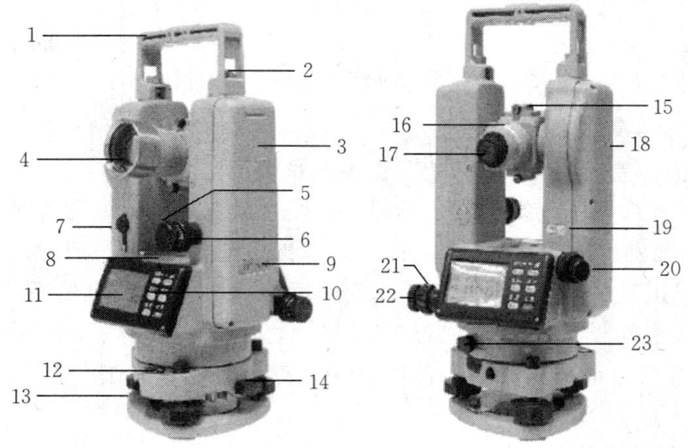

1—提手；2—提手锁紧螺旋；3—电池；4 物镜；5—竖直微动手轮；6—竖直止动手轮；7—测距仪接口；8—长水准管；9—仪器型号；10—面板按键；11—显示屏；12—圆水准器；13—基座；14—基座锁紧钮；15—粗瞄准器；16—望远镜调焦手轮；17—目镜；18—仪器中心标志；19—仪器号码；20—对点器；21—水平止动手轮；22—水平微动手轮；23—手簿通信接口。

图 3-19　电子经纬仪

二、电子经纬仪测角原理

目前电子经纬仪大部分是采用光栅度盘测角系统，现介绍光栅度盘测角原理。

在光学玻璃上均匀地刻划许多等间隔细线，即构成光栅。刻在圆盘上由圆心向外辐射的等角距光栅，称为经向光栅，用于角度测量，也称光栅度盘(图 3-20)。

光栅的基本参数是刻划线的密度和栅距：密度为 1 mm 内刻划线的条数，栅距为相邻两栅线的间距。光栅宽度为 a，缝隙宽度为 a，栅距 $d=2a$，如图 3-20(a)所示。电子经纬仪是在光栅度盘上、下对称的位置分别安装光源和光电接收机。由于栅线不透光，而缝隙透光，因此可将光栅盘是否透光的信号变为电信号。当光栅度盘移动时，光电接收管就可对通过的光栅数进行计数，从而得到角度值。这种靠累积计数，而无绝对刻度数的读数系统称为增量式读数系统。

由此可见，光栅度盘的栅距相当于光学度盘的分划，栅距越小，则角度分划值越小，测角精度越高。例如，在 80 mm 直径的光栅度盘上，刻有 12 500 条细线（刻线密度为每毫米 50 条），栅距分划值为 1′44″。要想再提高测角精度，必须对其做进一步的细分，然而栅距过小不易细分。因此，在光栅度盘测角系统中，采用莫尔条纹技术进行测微。

所谓莫尔条纹，就是将两块密度相同的光栅重叠，并使它们的刻划线相互倾斜一个很小的角度，此时便会出现明暗相间的条纹，如图 3-20(b)所示，该条纹称为莫尔条纹。

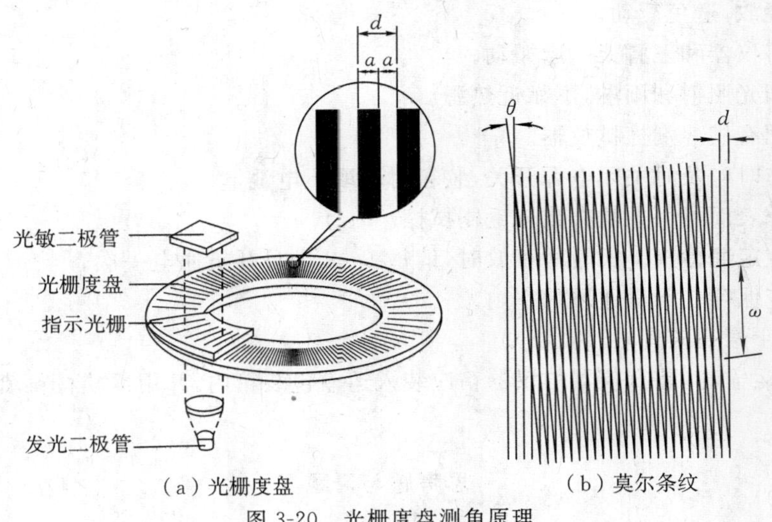

（a）光栅度盘　　（b）莫尔条纹

图 3-20　光栅度盘测角原理

根据光学原理，莫尔条纹有如下特点：

(1)两光栅之间的倾角越小，条纹间距 ω 越宽，则相邻明条纹或相邻暗条纹之间的距离越大。

(2)在垂直于光栅构成的平面方向上，条纹亮度按正弦规律周期性变化。

(3)当光栅在垂直于刻线的方向上移动时，条纹顺着刻线方向移动。光栅在水平方向上相对移动一条刻线，莫尔条纹则上下移动一周期，即移动一个纹距 ω 。

(4)纹距 ω 与栅距 d 之间满足的关系为

$$\omega = \frac{d}{\theta}\rho' \tag{3-9}$$

式中，ρ' 为 3 438′，θ 为两光栅之间的倾角。例如，当 $\theta = 20'$ 时，纹距 $\omega = 172\,d$，即纹距比栅距放大了 172 倍。这样就可以对纹距进行进一步细分，达到提高测角精度的目的。

使用光栅度盘的电子经纬仪的指示光栅、发光管（光源）、光电转换器和接收二极管位置固定，而光栅度盘与经纬仪照准部一起转动。发光管发出的光信号通过莫尔条纹落到光电接收管上，度盘每转动一栅距 d，莫尔条纹就移动一个周期 ω。所以，当望远镜从一个方向转动到另一个方向时，通过光电管光信号的周期数就是两方向间的光栅数。由于仪器中两光栅之间的夹角是已知的，因此通过自动数据处理，即可算得，并显示两方向间的夹角。为了提高测角精度和角度分辨率，仪器工作时，在每个周期内再均匀地填充 n 个脉冲信号，计数器对脉冲计数,这相当于将光栅刻划线的条数增加了 n 倍,即角度分辨率提高了 n 倍。

为了判别测角时照准部旋转的方向,采用光栅度盘的电子经纬仪的电子线路中还必须有判向电路和可逆计数器。判向电路用于判别照准时旋转的方向:若顺时针旋转,则计数器累加;若逆时针旋转,则计数器累减。

三、注意事项

(1)首次使用电池或较长时间不使用后重新使用电池,应对电池进行 2～3 次充放电,充电时间应大于 8 小时。否则将影响电池寿命。

(2)小心轻放,避免震动。

(3)不要将仪器和三脚架一起搬动。

(4)避免阳光照射和雨淋,不靠近热源。

(5)不许用有机溶剂擦拭仪器。

(6)不工作时应及时关闭电源开关,装箱时应取下电池盒。

(7)仪器外表面可用柔软布或软毛刷拭擦。

(8)仪器应定期检查。长时间存放时,请每 1～2 个月开机通电一次。

(9)仪器应保存在干燥通风的室内。

(10)箱内干燥剂应有效。

(11)长途运输时,装有仪器的仪器箱应装入运输包装箱内,并用柔软材料填紧以利减震。

思考题与习题

1. 什么叫水平角?在同一竖直面内不同高度的点在水平度盘上的读数是否一样?
2. 什么叫竖直角?竖直角为何有正值和负值?
3. 测角时为何一定要对中、整平?如何进行?
4. 说明用测回法观测水平角的方法与步骤,以及方向观测法与测回法的不同。
5. 测量水平角时,水平度盘能否随照准部一起转动,为什么?
6. 表 3-4 为水平角测回法观测数据,完成表格计算。

表 3-4　水平角观测记录(测回法)

测站	盘位	目标	水平度盘读数/(° ′ ″)	半测回角/(° ′ ″)	测回角/(° ′ ″)	平均角值/(° ′ ″)	备注
O(第一测回)	左	A	0 02 30				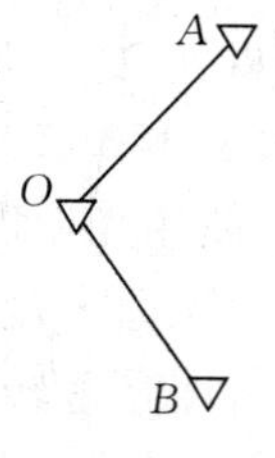
		B	108 32 48				
	右	A	180 02 18				
		B	288 32 30				
O(第二测回)	左	A	90 00 06				
		B	198 30 30				
	右	A	270 00 12				
		B	18 30 42				

7. 用 DJ_6 型光学经纬仪按全圆观测法在测站点 O 观测了 A、B、C、D 四个方向各两测回。测得的数据记录于表 3-5 内,完成表格计算。

表 3-5　水平角观测记录(全圆观测法)

测站	目标	水平度盘读数 盘左(L)/(°　′　″)	水平度盘读数 盘右(R)/(°　′　″)	2c/(″)	方向平均读数/(°　′　″)	一测回归零方向值/(°　′　″)	各测回平均方向值/(°　′　″)	水平角值/(°　′　″)
1	2	3	4	5	6	7	8	9
O第一测回								
	A	0 02 12	180 02 00					
	B	82 47 36	262 47 30					
	C	151 24 24	331 24 12					
	D	230 50 18	50 50 00					
	A	0 02 18	180 02 06					
	Δ							
O第二测回								
	A	90 30 00	270 29 48					
	B	173 15 30	353 15 36					
	C	241 52 18	61 52 12					
	D	321 18 12	141 18 00					
	A	90 29 48	270 29 42					
	Δ							

8. 表 3-6 为竖直角观测数据,完成表格计算。

表 3-6　竖直角观测手簿

测站	目标	竖盘位置	竖直度盘读数/(°　′　″)	半测回角值/(°　′　″)	竖盘指标差/(″)	一测回角值/(°　′　″)	备注
O	M	左	85　36　48				竖盘盘左刻划:从目镜端由 0°顺时针刻划到 360°
		右	274　22　54				
	N	左	96　15　00				
		右	263　44　36				

第四章　距离测量

距离测量与水准测量、角度测量一样，也是最基本的测量工作。为了确定地面点的平面位置，除了进行角度测量以外，还必须测量已知点到所求点的水平距离，所以距离通常指两点间的水平长度，是确定地面点位的三要素之一。测量距离的方法有钢尺量距、视距测量、电磁波测距和 GPS 测量等。本章主要介绍前三种距离测量方法，GPS 测量将在第七章介绍。

§4-1　钢尺量距

钢尺量距是利用钢尺，以及辅助工具直接量测地面上两点间的距离，通常在短距离测量中使用。

一、钢尺量距的工具

直线丈量的主要工具是钢尺。钢尺通常卷放在圆形盒内或金属架上，如图 4-1 所示，常用的钢尺长度有 20 m、30 m 和 50 m，基本分划有厘米和毫米两种。

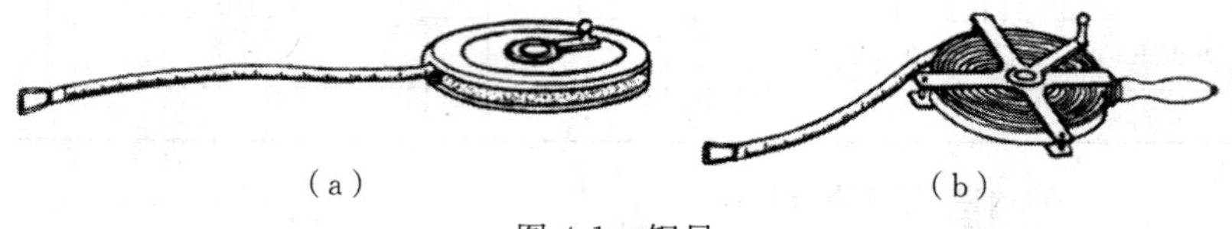

图 4-1　钢尺

根据零点位置的不同，钢尺有刻线尺和端点尺两种。刻线尺是以尺前端的一刻线作为尺的零点（图 4-2(a)），端点尺是以尺的最外端作为尺的零点（图 4-2(b)）。

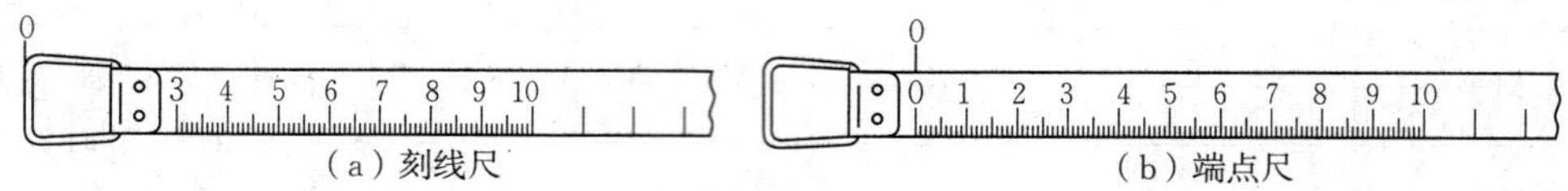

图 4-2　刻线尺和端点尺

钢尺量距的辅助工具有测钎（由长约 30 cm、直径 3～5 mm 的铁丝制成）、垂球、花杆，如图 4-3(a)、图 4-3(b)、图 4-3(c)所示。精密量距时，还需要弹簧秤（图 4-3(d)）、温度计等。温度计通常用水银温度计，使用时应在钢尺邻近测定温度。

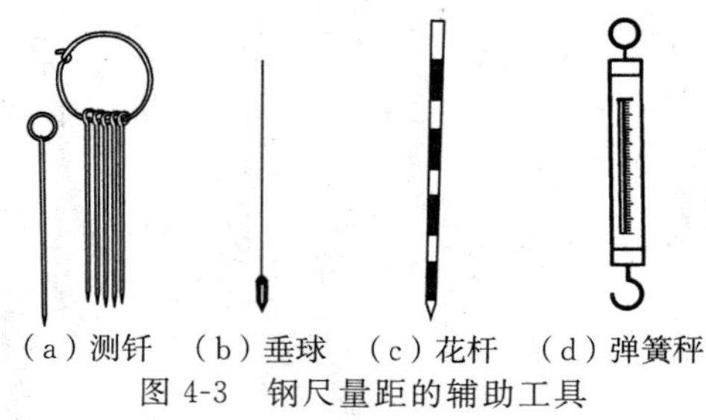

图 4-3　钢尺量距的辅助工具

二、钢尺量距的准备工作

(一)地面点的标定

测量的主要工作是确定点的位置,重要的点需要用标志把它固定下来。点的标志种类很多,根据用途不同,可用不同的材料制成,通常有木桩、石桩、混凝土标石等。标志的选择应根据点位的稳定程度的要求、使用年限、土壤性质等因素,并考虑节约的原则,尽可能做到就地取材。

(二)直线定线

当地面两点之间的距离较远或高差较大时,往往用一个尺段不能直接量出两点间距离,需要在直线方向上标定若干分段点,以便用钢尺分段丈量,这项工作称为直线定线。以下介绍两种直线定线的方法。

1. 目估定线

目估定线适用于钢尺量距的一般方法。如图 4-4 所示,设 M、N 为地面上互相通视的两点。为了在 MN 直线上定出中间点,可先在 M、N 两点上竖立花杆。甲(观测者)站在点 M 花杆后 1～2 m 处,用眼睛自点 M 花杆后面瞄准 N 点花杆,使 M、N 点花杆与观测者呈一条直线。乙(另一人)持花杆沿 MN 方向,走到距离点 M 大约一个尺段的地方,按照观测者的指挥,左右移动花杆,直到花杆位于 MN 直线上,插上花杆(或测钎),得点 1。同样的方法在 MN 直线上定出其余分段点。

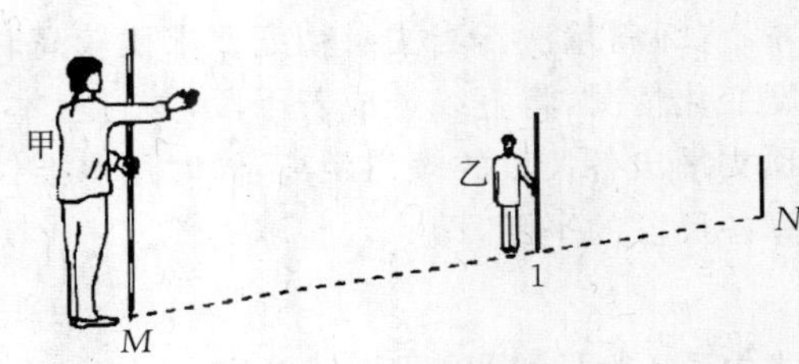

图 4-4　目估定线

2. 经纬仪定线

经纬仪定线适用于钢尺精密量距方法。如图 4-5 所示,设 M、N 两点互相通视,将经纬仪安置于点 M,瞄准点 N。按下照准部水平制动,望远镜上下转动,然后在 MN 的视线上依次定出比钢尺一整尺略短的尺段端点 1、2、…。指挥尺段端点上的助手,左右移动标杆,直至十字丝纵丝瞄准标杆中心。在各尺段端点打入木桩,桩顶高出地面5 ～ 10 cm,在每个桩顶刻划十字线,以其交点作为钢尺读数的依据。

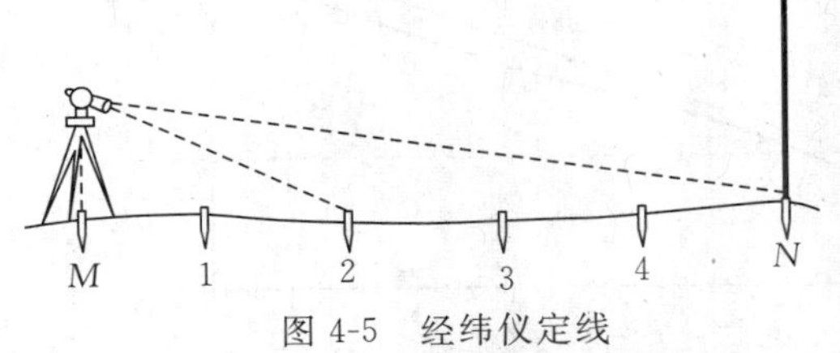

图 4-5　经纬仪定线

三、钢尺量距方法

(一)钢尺量距的一般方法

1. 平坦地面的距离丈量

丈量工作一般由两人进行。如图 4-6 所示,清除待量直线上的障碍物后,后尺手持钢尺的零端位于点 M,前尺手持钢尺的末端和一组测钎沿直线方向前进,行至一个尺段处停下。后尺手用手势指挥前尺手将钢尺拉在 MN 直线上,后尺手将钢尺的零点对准点 M。当两人同时把钢尺拉紧后,前尺手在钢尺末端的整尺段长分划处,竖直插下一根测钎,得到 1 点,即量完一个尺段 l。前、后尺手抬尺前进,当后尺手到达插测钎或画记号处时,停住,再重复上述操作,量完第二尺段。后尺手拔起地上的

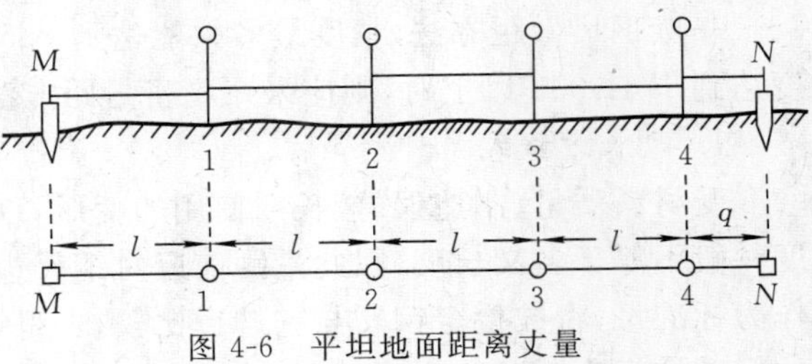

图 4-6　平坦地面距离丈量

测钎,依次前进,直到量完直线的最后一段。

最后一段距离一般不会刚好是整尺段的长度 l,因此称为余长 q。丈量余长时,前尺手在钢尺上读取余长值,则 M、N 两点间的水平距离为

$$D = nl + q$$

式中,n 为整尺段的段数。

2. 倾斜地面的距离丈量

当地面高低起伏不平时,根据地面的倾斜情况,丈量方法有平量法和斜量法两种。

(1)平量法。当两点间的高差不大时,可将钢尺的零点对准地面点,另一端抬高,使钢尺保持水平,与垂球线垂直,逐段丈量,测得最后结果。如图 4-7(a)所示,计算 M、N 两点间的水平距离,即

$$D = \sum d$$

(2)斜量法。当丈量精度要求比较高时,可先在倾斜地面上按直线定线的方法,随地面坡度变化情况,将直线分成若干段,并打上木桩,桩上钉一小钉来标志点位。然后,用钢尺沿木桩顶丈量出各尺段的倾斜距离,同时用水准仪测定各尺段端点间的高差,如图 4-7(b)所示,再计算各尺段的平距,即

$$D = \sqrt{L^2 - h^2} \tag{4-1}$$

式中,D 为尺段水平距离,单位为 m;L 为尺段丈量所得斜距,单位为 m;h 为相邻两尺段点的高差,单位为 m。

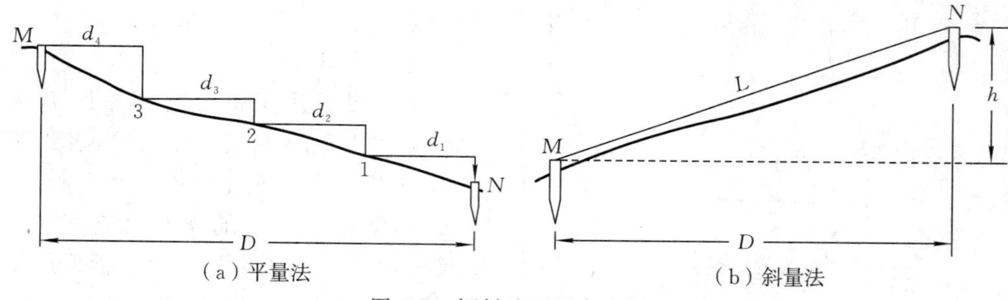

(a)平量法 (b)斜量法

图 4-7 倾斜地面距离丈量

(二)钢尺量距的精密方法

一般钢尺量距方法,精度最多只能达到 1/5 000。当量距精度要求较高时,如要求量距精度达到 1/10 000 以上时,则应采用精密量距方法,并对有关误差进行改正。

1. 尺长方程式

受材料质量、制造误差、长期使用的变形,以及丈量时温度和拉力不同的影响,钢尺实际长度一般不等于名义长度,因此量距前应对钢尺进行检定。利用一把检定过的钢尺或固定长度作为标准尺,将被检定钢尺与它进行比较,求得钢尺在标准温度(20℃)和标准拉力(30 m 钢尺的标准拉力为 100 N,50 m 钢尺为 150 N)下的实际长度,以及尺长随温度变化的膨胀系数,以便对所量距离进行改正。钢尺检定后可得到尺长方程式,其一般形式为

$$L_t = L + \Delta L + \alpha L(t - t_0) \tag{4-2}$$

式中,L_t 为钢尺在温度 t 时的实际长度;L 为钢尺名义长度;ΔL 为尺长改正数;α 为钢尺膨胀系数,其值一般为 1.2×10^{-5} m/(m·℃);t 为钢尺量距时温度;t_0 为钢尺检定时温度,一般为 20℃。

在量距过程中所量得的距离还必须加上相应各项的改正数，才能算得最后的实际长度。

2. 精密量距的外业

用钢尺进行精密量距，必须采用经纬仪进行定线，如图 4-8 所示，在分段点打下木桩。在桩顶上沿经纬仪所定的 MN 方向刻一直线，并做该直线的垂线，其交点即为分段点的点位标志。

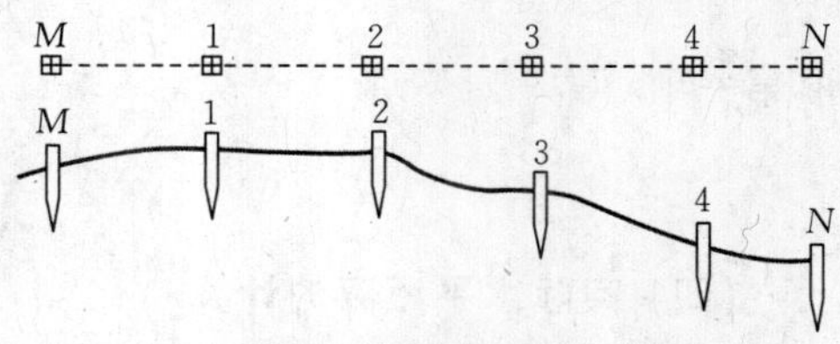

图 4-8 钢尺精密量距

量距组由五人组成。用检定过的钢尺分段丈量相邻桩点之间的斜距。其中两人拉尺，两人读数，一人记录和读温度。

丈量时，拉伸钢尺，置于相邻两木桩顶上，并使钢尺有刻划线的一侧贴靠点位标志。后尺手将弹簧秤挂在钢尺的零端，以便施加标准拉力。钢尺拉紧后，前尺手以钢尺某一整分划对准十字线交点，发出读数口令“预备”，后尺手回答“好”时，两端读尺员同时在十字丝交点处读取读数，估读到 0.5 mm。往前或往后移动钢尺 2～3 cm 后，再次丈量，每尺段应丈量 3 次，3 次丈量结果的较差视不同要求而定，一般不超过 2～3 mm。符合精度要求后，取其平均值作为此尺段观测成果。每尺段读 1 次温度，估读到 0.5℃。

同法量取其余各尺段。从起点丈量到终点，作为往测；从终点原路丈量至起点，作为返测。一般至少应往、返测各一次。

另外，在丈量各尺段长度前后，用水准测量的方法，测定相邻桩顶间的高差。同一高差的往返观测值的较差一般不超过 10 mm，并取平均值作为结果。

四、钢尺量距的成果整理

精密量距应先按尺段进行尺长改正、温度改正和倾斜改正，求出各段改正后的水平距离，然后计算直线全长。

（一）尺长改正数的计算

尺长改正为

$$\Delta l_d = \frac{\Delta l}{l_0} l \tag{4-3}$$

式中，Δl_d 为尺段尺长改正数，Δl 为钢尺尺长改正数，l_0 为钢尺名义长度，l 为尺段的斜距。

（二）温度改正数的计算

温度改正为

$$\Delta l_t = l\alpha(t - t_0) \tag{4-4}$$

式中，α 为钢尺膨胀系数，其值一般为 1.2×10^{-5} m/(m·℃)；t 为量距时的温度；t_0 为检定时的温度，一般为 20℃。

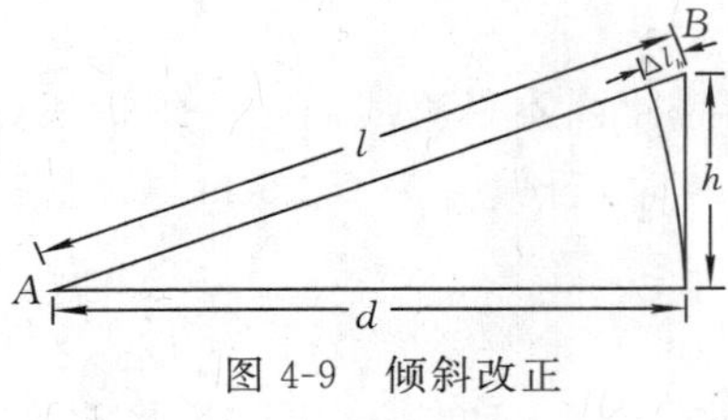

图 4-9 倾斜改正

（三）倾斜改正数的计算

如图 4-9 所示，l、h 分别为 A、B 两点间的斜距和高差，d 为水平距离，则倾斜改正数 Δl_h 为

$$\Delta l_h = d - l = (l^2 - h^2)^{\frac{1}{2}} - l = l\left(1 - \frac{h^2}{l^2}\right)^{\frac{1}{2}} - l$$

将上式 $\left(1 - \frac{h^2}{l^2}\right)^{\frac{1}{2}}$ 项展开成级数，即

$$\Delta l_h = l\left[\left(1-\frac{h^2}{2l^2}-\frac{h^4}{8l^4}-\cdots\right)-1\right]=-\frac{h^2}{2l}-\frac{h^4}{8l^3}-\cdots$$

取第一项,得

$$\Delta l_h = -\frac{h^2}{2l} \tag{4-5}$$

(四) 实际水平距离的计算

对于沿倾斜地表量得的倾斜距离,在加入温度改正和尺长改正后,还应化算成水平距离,可根据式(4-1)进行,即

$$d = l + \Delta l_d + \Delta l_t + \Delta l_h \tag{4-6}$$

(五)直线全长的计算

计算各段改正后的水平距离后,将它们累加便可得到直线的全长。设往测总长为 $D_{往}$,返测总长为 $D_{返}$,则平均值 D 为

$$D=\frac{1}{2}(D_{往}+D_{返})$$

其相对精度为

$$K=\frac{|D_{往}-D_{返}|}{D} \tag{4-7}$$

相对精度符合要求时,取其平均值作为最后成果;超过限差要求时,应重新测量。

五、钢尺量距的误差分析

钢尺量距的主要误差来源有下列几种。

(一)尺长误差

如果钢尺的名义长度和实际长度不符,则产生尺长误差。尺长误差是累积的,丈量的距离越长,误差越大。因此,新购置的钢尺必须经过检定,测出其尺长改正值。

(二)温度误差

钢尺的长度随温度变化,当丈量时的温度与钢尺检定时的标准温度不一致时,将产生温度误差。按照钢的膨胀系数计算出:丈量距离为 30 m 时,温度每变化 1℃ 对距离的影响为 0.4 mm。

(三)钢尺倾斜和垂曲误差

在高低不平的地面上采用钢尺法量距时,若钢尺不水平或中间下垂成曲线,都会使量得的长度比实际要大。因此,丈量时必须注意保持钢尺水平,当整尺段悬空时,中间应有人托住钢尺,否则会产生不容忽视的垂曲误差。

(四)定线误差

丈量时钢尺没有准确地放在所量距离的直线方向上,使所量距离不是直线而是一组折线,造成丈量结果偏大,这种误差称为定线误差。丈量 30 m 的距离时,若偏差为 0.25 m,量距偏大 1 mm。

(五)拉力误差

钢尺在丈量时所受拉力应与检定时的拉力相同。若变化了 2.6 kg 的拉力,尺长将改变 1 mm。

(六)丈量误差

丈量时,在地面上标尺端点位置处插测钎不准,前、后尺手配合不佳,余长读数不准等,都会引起丈量误差,这种误差对丈量结果的影响可正可负、大小不定。因此,在丈量中要尽力做到对点准确,配合协调。

六、钢尺量距的注意事项

(1)要注意钢尺的零位。

(2)读数要细心,不要将"6"和"9"混淆。

(3)定线要准确,拉尺要平、稳、紧,测钎要竖直,钢尺要防止打结和扭曲。

(4)严禁车辆从钢尺上碾过。

(5)钢尺使用完毕,应擦净上油,防止生锈等。

§4-2　视距测量

利用经纬仪或水准仪的十字丝分划板上的两根视距丝,并配合水准尺,可以测定两点之间的水平距离和高差,通常把这项工作称为视距测量。视距测量的操作较为简单、速度快,不受地形起伏的限制,虽然精度不高,但能够满足地形测图中碎部测量的要求,所以广泛地应用于地形测图中。

一、视距测量的基本公式

(一)视准轴水平时的视距计算公式

如图 4-10 所示,OQ 为待测距离,在 O 点安置经纬仪,Q 点竖立视距尺。望远镜视线水平,瞄准 Q 点的视距尺,此时视线与视距尺垂直。

尺上 M、N 点成像在视距丝上的 m、n 处,MN 的长度可由上、下视距丝读数之差求得。上、下视距丝读数之差称为尺间隔。

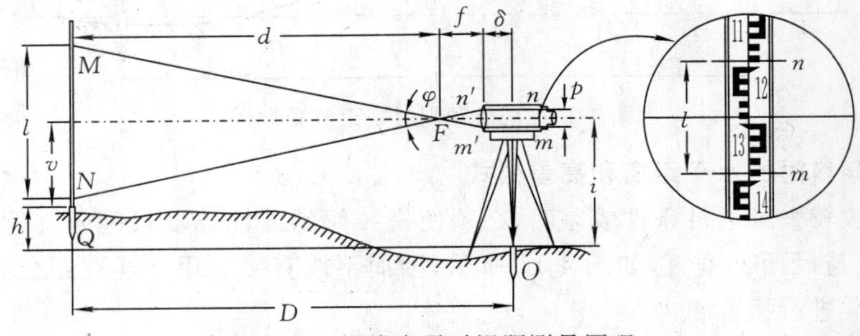

图 4-10　视线水平时视距测量原理

如图 4-10 所示,l 为尺间隔,p 为视距丝间距,f 为物镜焦距,d 为物镜至仪器中心的距离。由相似三角形 $\triangle MNF$ 与 $\triangle m'n'F$ 可得

$$\frac{d}{l}=\frac{f}{p}$$

则

$$d=\frac{f}{p}l$$

由图看出

$$D = d + f + \delta$$

则

$$D = \frac{f}{p}l + f + \delta$$

令 $\frac{f}{p} = k, f + \delta = c$,则有

$$d = kl + c$$

式中,k 为视距乘常数,c 为视距加常数。目前,在设计时已使内对光望远镜的视距乘常数 $k = 100$,视距加常数 c 接近于 0,故水平距离公式可写为

$$d = kl$$

如果 i 为地面标志到仪器望远镜中心线的高度,可用尺子量取。如图 4-11 所示,v 为十字丝中丝在标尺上的读数,称为觇标高,h' 为 O、Q 两点间的高差。因此,A、B 两点的高差公式为

$$h = h' + i - v$$

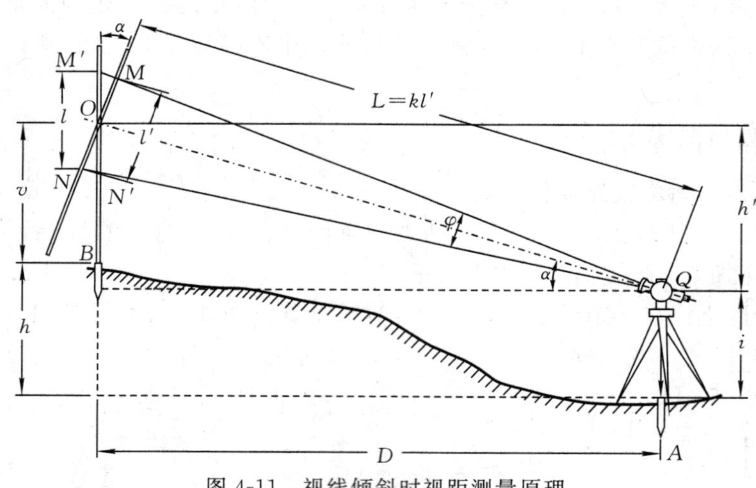

图 4-11 视线倾斜时视距测量原理

(二)视线倾斜时的水平距离和高差公式

当地面起伏较大或通视条件较差时,必须使视线倾斜才能读取尺间隔。这时视距尺仍是竖直的,但视线与尺面不垂直,如图 4-11 所示,因而不能直接应用上述视距公式,须根据竖直角 α 和三角函数进行换算。

上、下丝视线所夹的角度 φ 很小,可以将 $\angle OMM'$ 和 $\angle ONN'$ 近似地看成直角,并且通过证明知 $\angle MOM'$ 和 $\angle NON'$ 均等于 α,则可得

$$MN = l' = MO + ON = M'O\cos\alpha + ON'\cos\alpha = (M'O + ON')\cos\alpha = l\cos\alpha$$

由图可知斜距 L,则有

$$L = kl' = kl\cos\alpha$$

将斜距化算为水平距离的公式

$$D = kl\cos^2\alpha \tag{4-8}$$

由图中可以看出两点间的高差 h 为

$$h=h'+i-v=D\tan\alpha+i-v=\frac{1}{2}kl\sin2\alpha+i-v \tag{4-9}$$

式中，D 为水平距离，k 为常数($k=100$)，l 为视距间隔，α 为竖直角，h 为 A、B 两点间的高差，i 为仪器高，v 为中丝在水准尺上的读数。

二、视距测量的步骤和方法

(1)在测站点安置经纬仪，用小钢卷尺测量经纬仪的高度。

(2)瞄准目标点的水准尺，使中丝读数等于经纬仪的高度，制动经纬仪。

(3)读取下丝、上丝读数，计算尺间隔 l。

(4)居中竖直度盘水准管气泡，读取竖直角。

(5)利用式(4-7)、式(4-8)计算测站点与目标点的水平距离和高差。

(6)根据两点间的高差(测站点的高程已知)，计算目标点的高程。

§4-3　电磁波测距

一、概　述

电磁波测距是利用电磁波为载波，在其上调制测距信号，测量两点间距离的一种方法。电磁波测距仪具有测量速度快、使用方便、受地形影响小、测程长、测量精度高等特点，已成为距离测量的主要手段。

测距仪种类很多，按其光源可分为普通光源、红外光源和激光光源三种；按其测程可分为短程(测距在 3 km 以下)、中程(测距在 3～15 km)和远程(测距在 15 km 以上)三种；按其光波在测段内传播的时间测定方法，又可分为脉冲法和相位法两种；按测量精度可划分为Ⅰ级 $m_D\leqslant 5$ mm、Ⅱ级 5 mm$\leqslant m_D\leqslant$10 mm、Ⅲ级 $m_D\geqslant$10 mm，其中 m_D 为 1 km 测距的中误差。

目前，测距仪已经和电子经纬仪及计算机软硬件制造整合在一起，形成了全站仪，并向着自动化、智能化和利用蓝牙技术实现的测量数据传输无线化方向飞速发展。

二、光电测距的基本原理

如图 4-12 所示，欲测定 O、P 两点间的距离 D，在 O 点安置能发射和接收光波的测距仪，P 点安置反射棱镜。光电测距的基本原理是：测定光波在待测距离的两个端点间传播往返一次的时间 t_{2D}，根据光波在大气中的传播速度 c，计算距离 D，即

$$D=\frac{1}{2}ct_{2D} \tag{4-10}$$

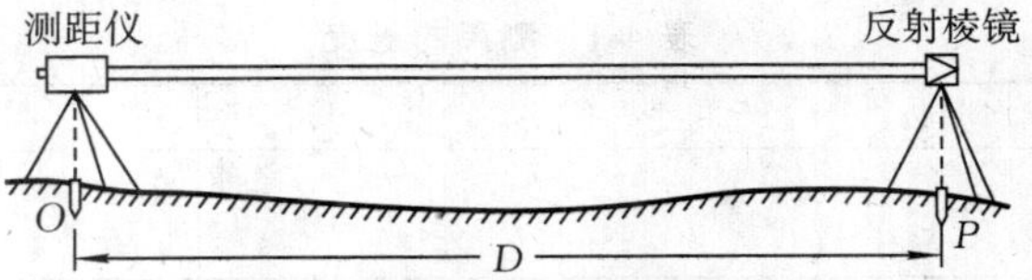

图 4-12　光电测距基本原理

光电测距仪测定时间 t_{2D} 的方式可分为直接测定时间的脉冲测距法和间接测定时间的相位测距法。

(一)脉冲法测距

脉冲式光电测距仪是将发射光波的光强调制成一定频率的尖脉冲，通过测量发射的尖脉冲个数 q，计算在待测距离上往返传播的时间 t_{2D}，并计算距离，即

$$t_{2D}=qT_0=\frac{q}{f_0}$$

式中，T_0 为相邻脉冲间时间间隔，f_0 为脉冲的振荡频率，q 为计数器计得的时钟脉冲个数。脉冲法测距的测距精度为 0.5～1 m。

(二)相位法测距

相位式光电测距仪是将发射光波的光强调制成正弦波，并通过测量正弦波在待测距离上往返传播的相位移来解算距离。图 4-13 是将返程的正弦波以棱镜站 P 点为中心，对称展开后的图形。正弦波振荡一个周期的相位移为 2π，设发射的正弦波经过 $2D$ 距离后的相位移为 φ，而 φ 可以分解为 N 个 2π 整数周期和不足一个整数周期的相位移 $\Delta\varphi$，即

$$\varphi=2\pi N+\Delta\varphi=2\pi(N+\Delta N)$$

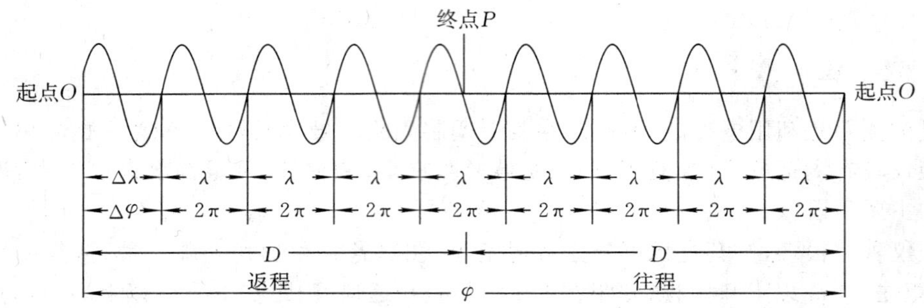

图 4-13　相位法测距原理

另外，设正弦波的振荡频率为 f，由于频率的定义是一秒振荡的次数，振荡一次的相位移为 2π，故正弦波经过 t_{2D} 后振荡的相位移为

$$\varphi=2\pi f t_{2D}$$

因此

$$t_{2D}=\frac{2\pi N+\Delta\varphi}{2\pi f}$$

$$D=ct_{2D}=\frac{c}{2f}\left(N+\frac{\Delta\varphi}{2\pi}\right)=\frac{\lambda}{2}(N+\Delta N) \tag{4-11}$$

式中，$\frac{\lambda}{2}$ 为测尺长，且不同调制频率 f 对应的测尺长如表 4-1 所示。

表 4-1　测尺的长度

调制频率 f/MHz	15	7.5	1.5	0.15	0.075
测尺长 $\frac{\lambda}{2}$/m	10	20	100	1 000	2 000

三、测距仪的一般组成与使用

(一)测距仪的一般组成

测距仪通常是安置在经纬仪上方、与经纬仪配合使用的仪器。一套光电测距的仪器主要由测距仪(测距头)和反射棱镜两部分组成,如图 4-14 所示。测距仪上有望远镜、控制面板、显示窗和电池等部件。反射棱镜一般有单棱镜和三棱镜两种,它的主要作用是反射测距仪发射的红外光。

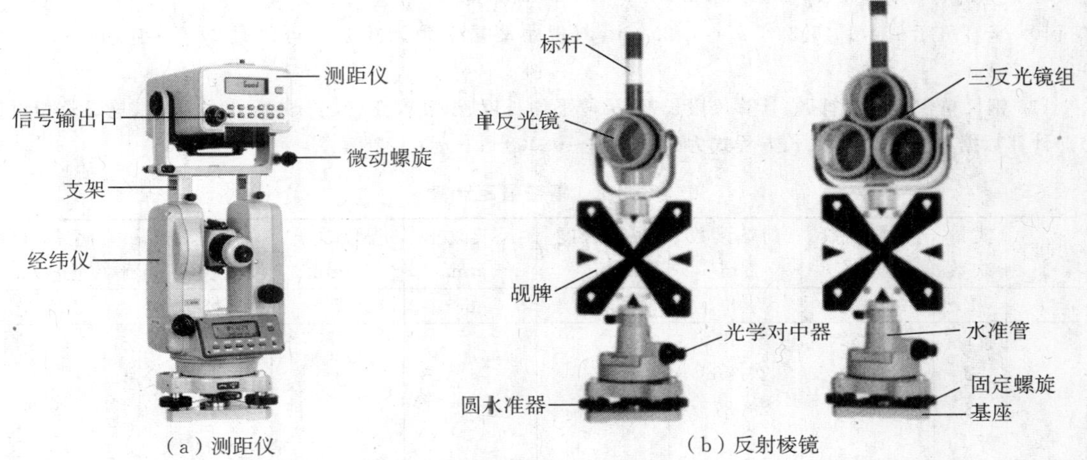

图 4-14　测距仪和反射棱镜

测距仪在接通电源后,可发射一束光波,如果瞄准反射棱镜,将会把该光波再反射回测距仪。测距仪接收到反射回的光波信号后,自动计算从发射点到反射点的距离。

(二)测距仪的使用

(1)在测站点上对中、整平经纬仪,并在经纬仪上安置测距仪。

(2)在目标点上安置反射棱镜(包括对中、整平棱镜),并使棱镜反射面大致朝向测站点方向。

(3)在测站点用经纬仪上的望远镜瞄准反射棱镜下方的觇板,测量水平角或竖直角,用测距仪上的望远镜瞄准反射棱镜中心。

(4)打开测距仪的电源开关,接通电源,依次输入各项参数,一般包括温度、气压、棱镜常数等,用于各项误差自动改正。输入完成后,按控制面板上的测距按钮,即自动进行测距。

(5)将显示窗内所测距离的数值记录在手簿中。

由于仪器的制造厂家不同,以及仪器制造技术的不断发展,不同类型仪器的使用方法也有不同,需要参考有关仪器的使用手册。

思考题与习题

1. 直线定线的目的是什么？如何进行直线定线？
2. 钢尺量距的方法有几种？各有何优缺点？
3. 试述精密量距的操作方法。

4. 钢尺量距应注意哪些事项?

5. 设 AB 的往、返测距结果分别为 120.780 m 和 120.735 m, CD 的往、返测距结果分别为 350.235 m 和 350.190 m,试求这两段距离,并比较其精度。

6. 已知作业钢尺的尺长方程式为 $l_t = 50 - 0.005 + 1.2 \times 10^{-5} \times 50(t - 20)$,丈量得 AB 的距离为 47.804 m, A、B 两点间高差为 +1.450 m,丈量时所施加的拉力与检定钢尺时相同,量距温度为 26℃。试计算其水平距离。

7. 光速 c 已知,测量 $D = 1$ km 的距离,光经历的时间 t_{2D} 是多少?

8. 测距仪的基本组成部分有哪些?

9. 一般量距一条边, $D_{往} = 56.337$ m, $D_{返} = 56.346$ m,其相对误差为多少?

10. 竖直角度 $a = 1°45'36''$, $l = 1.254$ m,斜视距测量平距计算公式可以是 $D_{AB} = 100l\cos 2a$。求 D_{AB} 是多少?

11. 钢尺精密量距计算题:计算尺段长度、尺段平均长度、温度改正、尺长改正、倾斜改正、总长及相对误差。计算数据在表 4-2 中,尺长方程式为 $l = 30\text{ m} + 0.008\text{ m} + \alpha(t - 20)l'$。

表 4-2 精密量距计算

尺段	丈量次数	后端读数/m	前端读数/m	尺段长度/m	尺长改正/mm	温度改正/mm	改正后尺段长度/m	高差平距化算/m
1	2	3	4	5	6	7	8	9
A—1	1	0.032	29.850			27.5		0.360
	2	0.044	29.863					
	3	0.060	29.877					
	平均							
1—2	1	0.057	29.670			28.0		0.320
	2	0.076	29.688					
	3	0.078	29.691					
	平均							
2—B	1	0.064	9.570			29.0		0.250
	2	0.072	9.579					
	3	0.083	9.589					
	平均							

长度、相对误差计算

改正后 AB 往测总长:

改正后 AB 返测总长:68.950 m

AB 平均长度:

较差:

相对误差: $K =$

第五章　测量误差的基本知识

§5-1　概　述

一、观测值及观测误差

为获得地球及其他实体的与空间分布有关的信息，需要对空间实体进行测量。通过测量获得的数据称为测量数据或观测数据，直接测量的结果称为直接观测值，经过某种变换后的结果称为间接观测值。在测量工作中，如对某条边进行重复观测会发现，每次测量的结果通常是不一致的；又如观测一个闭合的水准路线，会发现其高差之和不等于零。这种在同一个量的各观测值之间，或在各观测值与其理论值之间存在差异的现象，在测量工作中是普遍存在的，这种差异产生的原因是观测值中包含测量误差。

任何一个观测量客观上总存在一个能代表其真正大小的数值，这一数值就称为该观测量的真值，用 $\tilde{L}$ 表示。每次观测得到的数值称为该量的观测值，用 $L_i(i=1,2,\cdots,n)$ 表示。观测值与真值之差则称为真误差（也称观测误差），其定义公式为

$$\Delta_i = L_i - \tilde{L} \tag{5-1}$$

由于观测结果中不可避免地存在误差的影响，因此在实际工作中，为提高成果质量，发现观测值中有无错误，必须进行多余观测，即观测值的个数多于确定未知量所必须观测的个数。例如，在丈量距离时，往返各测一次，则有一次多余观测；测一个平面三角形的三个内角和，则有一角多余。有了多余观测，势必会在观测结果之间产生矛盾，同一量的不同观测值不相等，或观测值之间不符合某一应有的条件，差值成为不符合值，该值称为闭合差。因此，必须对这些带有误差的观测成果进行处理，求出未知量真值的最优估值（最或然值或平差值），并评定观测结果的质量，这项工作在测量上称为测量平差。

二、观测误差的来源

任何一项测量工作，都是由观测者使用测量仪器、工具在一定的外界环境下进行的，通常把测量仪器、观测者的技术水平和外界环境三个方面综合起来称为观测条件。观测条件不理想和不断变化，是产生测量误差的根本原因。因此，测量误差主要源于以下三个方面。

（一）测量仪器

仪器在加工和装配等过程中，不能保证仪器的结构满足各种几何关系，这样的仪器必然会给测量带来误差。例如，水准仪的视准轴不平行于管水准轴，水准尺的分划误差等。DJ_6 型经纬仪水平度盘分划误差可达 3″，由此引起的水平角观测误差也必然存在。

（二）观测者

由于观测者的感觉器官的鉴别能力有一定的局限性，所以在操作仪器的过程中也会产生误差。例如，用厘米刻度的钢尺测量水平距离时，观测者直接估读其毫米数，则不可避免地产

生毫米以下的估读误差。同时,观测者的技术水平和工作态度也会对观测的质量产生影响。

(三)外界条件

测量时所处的自然环境,如地形、温度、湿度、风力、大气折光等因素及其变化,都会给观测结果带来影响。例如,温度变化对钢尺的影响,大气折光使目标生产偏差等。

很明显,观测条件的好坏与观测成果的质量有密切联系,可以说,观测成果的质量高低客观上也反映了观测条件的优劣,在相同观测条件下进行的观测称为同精度观测,否则称为不同精度观测。但是不管观测条件如何,在测量过程中,由于受到上述种种因素的影响,观测结果都含有误差。从这一意义上来说,误差在测量中是不可避免的。

三、观测误差的分类及其处理方法

测量误差按其产生的原因和对观测结果影响的性质的不同,可以分为系统误差和偶然误差。

(一)系统误差

在相同的观测条件下,对某一量进行一系列的观测,如果出现的误差在符号、大小上表现出系统性,或在观测过程中按一定的规律变化,或为某一常数,这种误差称为系统误差。

例如,用长度为 30 m 钢尺量距,测量时的温度为 30℃,钢尺在高温下的膨胀使得每测量一个尺段就产生误差 Δ。量距误差的符号不变,且与所量距离的长度成正比,因此系统误差具有累积性。

由于系统误差具有累积性,它对测量成果的影响也就特别显著,故在实际工作中,应采取各种方法来消除或减弱其影响。通常有以下三种方法:

(1)对观测值加以改正。例如,用钢尺量距时,通过对钢尺进行检定求出尺长改正数,用观测结果加上尺长改正值和温度变化改正值,来消除尺长误差和温度变化引起的误差。

(2)采用合理的观测程序。采用合理的观测程序可以使系统误差在数据处理时被抵消。例如,水准测量时,采用前后视距相等的对称观测,可以消除由于视准轴不平行于水准管轴所引起的误差;经纬仪测水平角时,用盘左、盘右观测取中数的方法可以消除横轴倾斜误差等系统误差。

(3)检校仪器。通过检校仪器使其残留的系统误差尽量降低到最小限度,以减小仪器系统误差对观测成果的影响。

外界条件(如大气折光、风力等)的影响、观测者感官鉴别能力的不足,也会产生系统误差,有的可以改正,有的难以完全消除。

(二)偶然误差

在相同的观测条件下,对某一量进行一系列的观测,所产生的误差大小不等,符号不同。表面上看误差没有明显的规律性,但就大量误差的总体而言,具有一定的统计规律,这类误差称为偶然误差,又称随机误差。

偶然误差是由人力不能控制的因素或无法估计的因素,如人眼的分辨能力、仪器的极限精度和气象因素等,共同引起的测量误差。例如,用经纬仪测角时的照准误差、在厘米分划的水准尺上估读毫米数的误差,以及大气折光使望远镜目标成像不稳定,在照准目标时有可能偏左或偏右。

偶然误差反映了观测结果的准确程度。准确度是指在相同观测条件下,用同一种观测方法对某量进行多次观测时，其观测值之间相互离散的程度。

对于观测值中的偶然误差，常按数理统计的理论和方法进行处理。

由于观测者的粗心或各种因素的干扰有可能会出现粗差，如观测时瞄准目标、读错数等，粗差也叫错误，凡含有粗差的观测值应剔除。一般而言，只要严格遵守规范，工作中仔细、谨慎，并对观测成果认真检核，粗差是可以发现和避免的。对粗差的处理，也可按照现代测量误差理论和测量数据处理方法进行处理，探测粗差的存在并剔除粗差。

在观测过程中，系统误差和偶然误差往往是同时存在的。当观测值中存在显著的系统误差时，偶然误差就处于次要地位，这时观测误差呈现出系统性，反之呈现偶然性。如果观测序列已经排除了系统误差和粗差，或者两者与偶然误差相比已经处于次要地位，则该观测序列可以认为是带有偶然误差的观测序列。

四、偶然误差的特性

观测结果中不可避免地存在偶然误差，为了评定观测成果的质量，以及如何根据一系列具有偶然误差的观测值求得未知量的最可靠值，必须对偶然误差的性质做进一步的讨论。

偶然误差产生的原因具有随机性。只有通过大量观测才能揭示其内在规律，这种规律具有重要的实用价值，现在通过一个实例来阐述偶然误差的统计规律。

例：在相同的条件下独立观测了 358 个三角形的全部内角，每个三角形内角之和应等于 180°，但由于误差的影响往往不等于 180°，计算各内角和的真误差 $\Delta_i(i=1,2,\cdots,n)$ 为

$$\Delta_i=(L_1-L_2+L_3)_i-180° \tag{5-2}$$

并按误差间隔 2″进行统计，按误差出现区间的统计结果列于表 5-1 中。

表 5-1　三角形内角和真误差统计

误差区间	正误差		负误差		总数	
(dΔ)	个数 k	频率	个数 k	频率	个数 k	频率
0″～2″	46	0.128	45	0.126	91	0.254
2″～4″	41	0.115	40	0.112	81	0.226
4″～6″	33	0.092	33	0.092	66	0.184
6″～8″	21	0.059	23	0.064	44	0.123
8″～10″	16	0.045	17	0.047	33	0.092
10″～12″	13	0.036	13	0.036	26	0.073
12″～14″	5	0.014	6	0.017	11	0.031
14″～16″	2	0.006	4	0.011	6	0.017
16″以上	0	0.000	0	0.000	0	0.000
总和	177	0.495	181	0.505	358	1.000

从表 5-1 的统计数字中，可以总结出偶然误差具有如下四个统计特性：

(1)误差的有界性。在一定观测条件下的有限次观测中，偶然误差的绝对值不会超过一定的限值，表 5-1 中没有大于 16″的误差。

(2)误差的集中性。绝对值较小的误差出现的频率大，绝对值较大的误差出现的频率小，表 5-1 中 2″以下的误差有 91 个，14″～16″的误差仅有 6 个。

(3)误差的对称性。绝对值相等的正、负误差出现频率大致相等，表 5-1 中正误差为 177 个，负误差为 181 个。

(4)误差的抵偿性。偶然误差的理论平均值(数字期望)趋近于0,即

$$\lim_{n\to\infty}\frac{\Delta_1+\Delta_2+\cdots+\Delta_n}{n}=\lim_{n\to\infty}\frac{[\Delta]}{n}=0 \tag{5-3}$$

式中,[*]为括号中数值的代数和。

为了更直观地表示偶然误差的正、负及大小的分布情况,分析、研究偶然误差的特性,根据表5-1中的数据画出图5-1所示的偶然误差频率直方图。图中横坐标表示误差的大小,纵坐标表示误差出现于各区间的频率($k/n, n=358$)除以区间的间隔值(dΔ)。图5-1中,每一个误差区间上的长方条面积代表误差出现在该区间内的频率,各长方条面积总和等于1,直方图形象地表示了误差的分布情况。

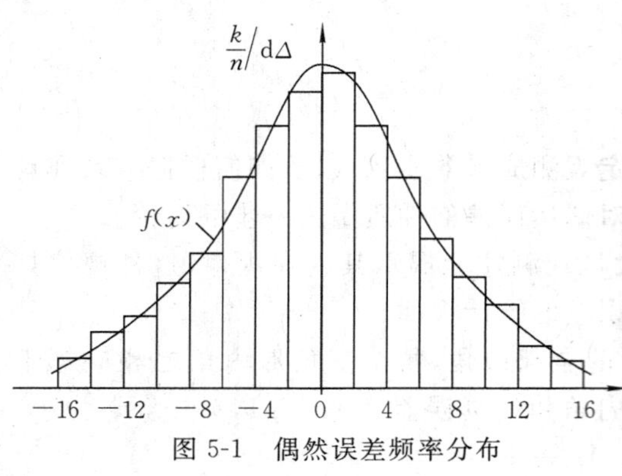

图5-1　偶然误差频率分布

在独立、等精度条件下所得的一组观测误差,只要误差的总个数 n 足够多,那么误差出现在各区间的频率总是稳定在某一常数附近,且观测个数越多,稳定程度越高。如果在观测条件不变的情况下,继续观测更多的三角形,则可以预见,观测个数越多,误差出现在各区间的频率变动幅度就越小。当 $n\to\infty$ 时,各频率将趋于一个完全确定的值,这个值即为误差出现在各区间的概率,这就是说一定的测量条件对应着一种确定的误差分布。

实际上误差的取值是连续的,设想当误差个数无限增多,所取区间间隔无限缩小时,图5-1所示的直方图中各长方形上底的极限将形成一条连续光滑的曲线,该曲线在概率论中称为正态分布曲线,它完整地表示了偶然误差出现的概率 P。也就是当 $n\to\infty$ 时,上述误差区间内误差出现的概率将趋于稳定,称为误差出现的概率。

正态分布曲线的数学方程式为

$$y=f(\Delta)=\frac{1}{\sqrt{2\pi\delta}}e^{\frac{\Delta^2}{2\delta^2}} \tag{5-4}$$

式中,δ 为标准差,具体公式为

$$\delta=\pm\lim_{n\to\infty}\sqrt{\frac{[\Delta\Delta]}{n}} \tag{5-5}$$

由式(5-5)可知,标准差的大小取决于在一定条件下偶然误差出现的绝对值大小,是与观测条件有关的参数,是评定测量精度的一个重要指标。

§5-2　评定精度的指标

所谓精度是指一组误差分布的密集或离散程度。在相同的观测条件下,对某一量所进行的一组观测对应着同一种误差分布,因此这一组中的每一个观测值都具有同样的精度。但在实际工作中,用误差分布曲线来衡量观测值精度的高低很不方便。为方便使用某个具体的数字来反映观测值的精度,下面介绍几种衡量精度的指标。

一、中误差

为了统一衡量在一定观测条件下观测值的精度，取标准差 δ 作为衡量精度的依据是比较合适的。但在实际测量工作中，不可能对其一量进行无穷多次观测，因此定义：按有限次数的观测值偶然误差求得的标准差为中误差 m，即

$$m=\pm\sqrt{\frac{\Delta_1^2+\Delta_2^2+\cdots+\Delta_n^2}{n}}=\pm\sqrt{\frac{[\Delta\Delta]}{n}} \tag{5-6}$$

例：对某条闭合水准路线用两种不同精度分别进行了 10 次观测，其结果列于表 5-2。

表 5-2　按观测值的真误差计算中误差

次序	第一组观测			第二组观测		
	观测值 h /mm	真误差 Δ_i /mm	Δ_i^2 / mm^2	观测值 h /mm	真误差 Δ_i /mm	Δ_i^2 /mm^2
1	+2	+2	4	−1	−1	1
2	0	0	0	+2	+2	4
3	−4	−4	16	+8	+8	64
4	+3	+3	9	0	0	0
5	+1	+1	1	−2	−2	4
6	−2	−2	4	−1	−1	1
7	−1	−1	1	+4	+4	16
8	+1	+1	1	−7	−7	49
9	−1	−1	1	+3	+3	9
10	−3	−3	9	−3	−3	9
总和		−4	46		+3	157
中误差	$m_1=\pm\sqrt{\frac{[\Delta^2]}{10}}=\pm 2.1\ \text{mm}$			$m_2=\pm\sqrt{\frac{[\Delta^2]}{10}}=\pm 4.0\ \text{mm}$		

每组观测值中误差是各观测值误差的函数，它的大小表示了每组观测值的精度。第一组观测值的中误差 m_1 小于第二组观测值的中误差 m_2，说明第一组的观测精度高于第二组。

二、相对误差

在某些测量工作中，仅用中误差来衡量观测值的精度不能完全反映出观测结果的质量。例如，用钢尺分别丈量了 300 m 和 500 m 的两段距离，其距离丈量中误差均为±5 cm。此时，认为两者的丈量精度相同是肯定不正确的，这是因为在距离丈量时，误差的大小与距离相关，因此应该用相对误差来说明两者的精度。

观测误差与观测值之比称为相对误差，观测值中误差 m 的绝对值与观测值之比称为相对中误差。它们都是一个无量纲数，在测量中通常将其分子化为 1，即采用 $k=1/M$ 的形式来表示。在上例中，前者的相对中误差为 1/6 000，后者则为 1/10 000，显然相对中误差越小（分母越大）观测结果的精度越高，反之精度越低。

在一般的钢尺量距中进行往、返丈量，通常采用往、返测量值的差值与往、返测量值的平均值之比来衡量测量精度，这是相对误差的另一种形式。它没有计算出观测值的中误差，不同于上述的相对中误差。它反映的是往、返测量结果的符合程度，分数值越小，观测精度越高。

三、极限误差

由偶然误差的有界性可知,在一定的观测条件下,偶然误差的绝对值不会超出一定限度,这个限度就是极限误差,也称容许误差。

由图5-1可知:图中各矩形的面积代表了误差出现在该区间的频率,此时直方图的顶边即形成正态分布曲线。因此,根据正态分布曲线,可表示出误差在微小区间dΔ出现的概率,即

$$p(\Delta)=f(\Delta)\mathrm{d}\Delta \tag{5-7}$$

但实际测量中,观测次数是有限的,可用m代替σ,则式(5-7)可写成

$$P(\Delta)=f(\Delta)\mathrm{d}\Delta=\frac{1}{\sqrt{2\pi}m}\mathrm{e}^{-\frac{\Delta^2}{2m^2}}\mathrm{d}\Delta \tag{5-8}$$

对式(5-8)进行积分,可得到偶然误差在任意区间内出现的概率。若以k倍的中误差作为积分区间,则在该区间内误差出现的概率可表示为

$$P(|\Delta|<km)=\int_{-km}^{km}\frac{1}{\sqrt{2\pi}m}\mathrm{e}^{-\frac{\Delta^2}{2m}}\mathrm{d}\Delta \tag{5-9}$$

用$k=1$、2、3代入式(5-9),即可分别求得偶然误差绝对值不大于1倍中误差、2倍中误差及3倍中误差的概率,即

$$P(|\Delta|<m)=0.683=68.3\%$$
$$P(|\Delta|<2m)=0.954=95.4\%$$
$$P(|\Delta|<3m)=0.997=99.7\%$$

从以上计算可以看出:绝对值大于1倍和2倍中误差的偶然误差出现的概率分别为31.7%和4.6%;而绝对值大于3倍中误差的偶然误差出现的概率仅为0.3%,概率已接近0,误差出现的概率极小。因此通常以3倍中误差作为偶然误差的极限,即

$$\Delta_{允}=3m$$

在精度要求较高的时候,可取2倍的中误差作为极限误差。即

$$\Delta_{允}=2m$$

观测中,当观测值大于极限误差时,应剔除,并重新观测。

§5-3 误差传播定律

一、误差传播定律

(一)线性函数

设有线性函数

$$z=k_1x_1+k_2x_2+\cdots+k_nx_n \tag{5-10}$$

式中,x_1、x_2、…、x_n为独立观测值,其中误差分别为m_1、m_2、…、m_n;k_1、k_2、…、k_n为任意常数。

设x_1、x_2、…、x_n的真误差分别为Δx_1、Δx_2、…、Δx_n,函数z的真误差为Δz,则式(5-10)可表示为

$$z+\Delta z=k_1(x_1+\Delta x_1)+k_2(x_2+\Delta x_2)+\cdots+k_n(x_n+\Delta x_n) \tag{5-11}$$

式中

$$\Delta z = k_1 \Delta x_1 - k_2 \Delta x_2 + \cdots + k_n \Delta x_n \tag{5-12}$$

如对 x_1、x_2、…、x_n 各观测 n 次，得

$$\left.\begin{aligned} \Delta z_1 &= k_1 \Delta x_{11} + k_2 \Delta x_{21} + \cdots + k_n \Delta x_{n1} \\ \Delta z_2 &= k_1 \Delta x_{12} + k_2 \Delta x_{22} + \cdots + k_n \Delta x_{n2} \\ &\vdots \\ \Delta z_n &= k_1 \Delta x_{1n} + k_2 \Delta x_{2n} + \cdots + k_n \Delta x_{nn} \end{aligned}\right\} \tag{5-13}$$

将式(5-13)平方后求和，再除以 n 得

$$\frac{[\Delta z^2]}{n} = \frac{k_1^2[\Delta x_1^2]}{n} + \frac{k_2^2[\Delta x_2^2]}{n} + \cdots + \frac{k_n^2[\Delta x_n^2]}{n} + 2\frac{k_1 k_2[\Delta x_1 \Delta x_2]}{n} + \cdots + 2\frac{k_{n-1} k_n[\Delta x_{n-1} \Delta x_n]}{n} \tag{5-14}$$

由于 x_1、x_2、…、x_n 均为独立观测值的偶然误差，所以乘积 $\Delta x_i \Delta x_j (i \neq j)$ 也必呈现偶然性。由偶然误差的特性可知，当观测次数 $n \to \infty$ 时，式(5-14) 右边非自乘项均等于零。根据中误差的定义，函数 z 的中误差关系式为

$$m_z^2 = k_1^2 m_1^2 + k_2^2 m_2^2 + \cdots + k_n^2 m_n^2 \tag{5-15}$$

式(5-15)是测量值中误差与线性函数中误差的关系式，即误差传播定律。

(二)一般函数

设有一般函数

$$Z = F(x_1, x_2, \cdots, x_n) \tag{5-16}$$

式中，x_1、x_2、…、x_n 为可直接观测的未知量，Z 为不便于直接观测的未知量。

设 $x_i (i=1,2,\cdots,n)$ 的独立观测值为 r_i，其相应的真误差为 Δx_i。Δx_i 的存在使函数 Z 也产生相应的真误差 ΔZ。将式(5-16) 进行全微分，有

$$\mathrm{d}Z = \frac{\partial F}{\partial x_1}\mathrm{d}x_1 + \frac{\partial F}{\partial x_2}\mathrm{d}x_2 + \cdots + \frac{\partial F}{\partial x_n}\mathrm{d}x_n \tag{5-17}$$

因误差 Δx_i 及 ΔZ 都很小，故在式(5-17) 中，可近似用 Δx_i、ΔZ 分别代替 $\mathrm{d}x_i$、$\mathrm{d}Z$，于是有

$$\Delta Z = \frac{\partial F}{\partial x_1}\Delta x_1 + \frac{\partial F}{\partial x_2}\Delta x_2 + \cdots + \frac{\partial F}{\partial x_n}\Delta x_n \tag{5-18}$$

式中，$\frac{\partial F}{\partial x_i}$ 为函数 F 对各变量的偏导数。将 $x_i = r_i$ 代入各偏导数中，即为确定的常数，设

$$\frac{\partial F}{\partial x_i} = f_i$$

则式(5-18)可写成

$$\Delta Z = f_1 \Delta x_1 + f_2 \Delta x_2 + \cdots + f_n \Delta x_n \tag{5-19}$$

为求得函数和观测值之间中误差的关系式，假设对各 x_i 进行了 k 次观测，则可写出 k 个形式类似于式(5-19) 的关系式

$$\left.\begin{aligned} \Delta Z^{(1)} &= f_1 \Delta x_1^{(1)} + f_2 \Delta x_2^{(1)} + \cdots + f_n \Delta x_n^{(1)} \\ \Delta Z^{(2)} &= f_1 \Delta x_1^{(2)} + f_2 \Delta x_2^{(2)} + \cdots + f_n \Delta x_n^{(2)} \\ &\vdots \\ \Delta Z^{(k)} &= f_1 \Delta x_1^{(k)} + f_2 \Delta x_2^{(k)} + \cdots + f_n \Delta x_n^{(k)} \end{aligned}\right\} \tag{5-20}$$

将式(5-20)中各式等号两边平方后,相加得

$$[\Delta Z^2]=f_1^2[\Delta x_1^2]+f_2^2[\Delta x_2^2]+\cdots+f_n^2[\Delta x_n^2]+2\sum_{\substack{i,j=1\\i\neq j}}^{n}f_if_j[\Delta x_i\Delta x_j]$$

上式两端各除以 k,得

$$\frac{[\Delta Z^2]}{k}=f_1^2\frac{[\Delta x_1^2]}{k}+f_2^2\frac{[\Delta x_2^2]}{k}+\cdots+f_n^2\frac{[\Delta x_n^2]}{k}+2\sum_{\substack{i,j=1\\i\neq j}}^{n}f_if_j\frac{[\Delta x_i\Delta x_j]}{k} \tag{5-21}$$

设各 x_i 的观测值 r_i 彼此独立,则 $\Delta x_i\Delta x_j\ (i\neq j)$ 也为偶然误差。根据偶然误差的统计特性,可知当 $k\to\infty$ 时式(5-21)的末项趋近于0,即

$$\lim_{k\to\infty}=\frac{[\Delta x_i\Delta x_j]}{k}=0 \tag{5-22}$$

故式(5-21)可写为

$$\lim_{k\to\infty}=\frac{[\Delta Z^2]}{k}=\lim_{k\to\infty}\left(f_1^2\frac{[\Delta x_1^2]}{k}+f_2^2\frac{[\Delta x_2^2]}{k}+\cdots+f_n^2\frac{[\Delta x_n^2]}{k}\right) \tag{5-23}$$

根据中误差的定义,式(5-23)可写成

$$m_z^2=f_1^2m_{x_1}^2+f_2^2m_{x_2}^2+\cdots+f_n^2m_{x_n}^2 \tag{5-24}$$

式(5-24)是测量值中误差与一般函数中误差的关系式,即误差传播定律。应用误差传播定律求观测值函数的中误差时,可按下述步骤进行:

(1)列出函数式

$$Z=F(x_1,x_2,\cdots,x_n)$$

(2)对函数式进行全微分

$$\mathrm{d}Z=\frac{\partial F}{\partial x_1}\mathrm{d}x_1+\frac{\partial F}{\partial x_2}\mathrm{d}x_2+\cdots+\frac{\partial F}{\partial x_n}\mathrm{d}x_n$$

(3)代入误差传播定律公式

$$m_z=\pm\sqrt{\left(\frac{\partial F}{\partial x_1}\right)^2m_{x_1}^2+\left(\frac{\partial F}{\partial x_2}\right)^2m_{x_2}^2+\cdots+\left(\frac{\partial F}{\partial x_n}\right)^2m_{x_n}^2}$$

应注意,应用误差传播定律公式时,各观测值必须是相互独立的。

二、几种常用函数的中误差

(一)和差函数的中误差

设和差函数为

$$z=x_1\pm x_2\pm x_3\pm\cdots\pm x_n \tag{5-25}$$

$$m_z^2=m_{x_1}^2+m_{x_2}^2+m_{x_3}^2+\cdots+m_{x_n}^2 \tag{5-26}$$

当观测值 x_i 为等精度观测时,即

$$m_{x_1}=m_{x_2}=\cdots=m_{x_n}=m_x$$

因此

$$m_z=\sqrt{n}m_x$$

【例 5-1】水准观测了一条水准路线,共观测了 n 个测站,设各站的高差分布为 h_1、h_2、…、

h_n，则两点的高差为

$$h = h_1 + h_2 + \cdots + h_n$$

设各站高差均为等精度独立观测，且中误差均为 $m_{站}$，则有

$$m_h = \pm\sqrt{m_{h_1}^2 + m_{h_2}^2 + \cdots + m_{h_n}^2} = \pm\sqrt{n}m_{站} \tag{5-27}$$

式(5-27)说明水准测量高差的中误差与测站数 n 的平方根成正比。

在平坦地区，由于各站视线长度大概相等，所以每千米测站数近似，可以认为每千米水准路线的高差中误差大小相等，假设每千米高差中误差为 m_{km}，等测量的水准路线为 $l$km 时，两点的高差中误差为

$$m_h = \pm\sqrt{m_{km}^2 + m_{km}^2 + \cdots + m_{km}^2} = \pm\sqrt{l}m_{km} \tag{5-28}$$

这说明在平坦地区，水准测量高差的中误差与水准路线的长度 l 的平方根成正比。

(二)算术平均值的中误差

1. 求算术平均值

在相同观测条件下，对某一未知量进行了 n 次观测，其观测结果为 L_1、L_2、…、L_n。设该量的真值为 X，观测值的真误差为 Δ_1、Δ_2、…、Δ_n，即

$$\begin{aligned} \Delta_1 &= L_1 - X \\ \Delta_2 &= L_2 - X \\ &\vdots \\ \Delta_n &= L_n - X \end{aligned}$$

将上列各式求和，得

$$[\Delta] = [L] - nX$$

上式两端各除以 n，得

$$\frac{[\Delta]}{n} = \frac{[L]}{n} - X$$

令

$$\frac{[\Delta]}{n} = \delta, \quad \frac{[L]}{n} = x$$

代入上式，移项后，得

$$X = x + \delta \tag{5-29}$$

式中，δ 为 n 个观测值真误差的平均值，根据偶然误差的第四个性质，当 $n \to \infty$ 时，则

$$\delta = \lim_{n\to\infty} \frac{[\Delta]}{n} = 0$$

这时，算术平均值就是某量的真值，即

$$X = x$$

在实际工作中，观测次数总是有限的，只能采用有限次数的观测值来求得算术平均值，即

$$x = \frac{[L]}{n}$$

式中，x 是根据观测值所能求得的最可靠的结果，称为最或是值或算术平均值。

2. 观测值中误差的计算

根据式(5-6)，计算观测值中误差 m 需要知道观测值 L_i 的真误差 Δ_i，但是真误差往往是不

知道的。因此,实际工作中多采用观测值的似真误差来计算观测值的中误差。观测值的似真误差用 $v_i(i=1,2,\cdots,n)$ 表示。由 Δ_i 和 v_i 的定义,得

$$\Delta_i = l_i - X,\ v_i = l_i - x$$

两式相减,得

$$\Delta_i - v_i = x - X$$

由式(5-29)可,得

$$\Delta_i - v_i = \delta$$

对以上 n 个等式两边分别求平方,得

$$\Delta_i\Delta_i = v_i v_i + 2v_i\delta + \delta^2$$

对 n 个等式求和,得

$$[\Delta\Delta] = [vv] + 2\delta[v] + n\delta^2$$

由于

$$[v] = [L] - nx = [L] - n\frac{[L]}{n} = 0$$

所以

$$[\Delta\Delta] = [vv] + n\delta^2$$

等式两边同时除以 n ,得

$$\frac{[\Delta\Delta]}{n} = \frac{[vv]}{n} + \delta^2 \tag{5-30}$$

又因

$$\begin{aligned}\delta^2 &= (x-X)^2 = \left(\frac{[L]}{n} - X\right)^2 = \frac{1}{n^2}(\Delta_1 + \Delta_2 + \cdots + \Delta_n)^2 \\ &= \frac{1}{n^2}(\Delta_1^2 + \Delta_2^2 + \cdots + \Delta_n^2 + 2\Delta_1\Delta_2 + 2\Delta_1\Delta_3 + \cdots) \\ &= \frac{[\Delta\Delta]}{n^2} + \frac{2(\Delta_1\Delta_2 + \Delta_1\Delta_3 + \cdots)}{n^2}\end{aligned} \tag{5-31}$$

因为 Δ_1、Δ_2、$\cdots$、Δ_n 为偶然误差,由偶然误差的特性可知,当 $n \to \infty$ 时,式(5-31)等号右边第二项趋向为 0,则有

$$\frac{[\Delta\Delta]}{n} = \frac{[vv]}{n} + \frac{[\Delta\Delta]}{n^2}$$

即

$$m^2 - \frac{1}{n}m^2 = \frac{[vv]}{n}$$

因此

$$m = \pm\sqrt{\frac{[vv]}{n-1}} \tag{5-32}$$

式(5-32)是用观测值似真误差计算观测值中误差的公式,也称贝塞尔公式。

3. *算术平均值中误差的计算*

设对某角度进行了 n 次等精度观测,其观测值为 α_1、α_2、$\cdots$、α_n,则有

$$\bar{\alpha}=\frac{\alpha_1+\alpha_2+\cdots+\alpha_n}{n}=\frac{1}{n}\alpha_1+\frac{1}{n}\alpha_2+\cdots+\frac{1}{n}\alpha_n$$

$$m_{\bar{\alpha}}^2=\frac{1}{n^2}m_{\alpha_1}^2+\frac{1}{n^2}m_{\alpha_2}^2+\cdots+\frac{1}{n^2}m_{\alpha_n}^2$$

由于各观测为等精度观测，设其观测值中误差为 $m_{\bar{\alpha}}$，则有

$$m_{\bar{\alpha}}=\pm\sqrt{n\times\frac{1}{n^2}m_{\alpha}^2}=\pm\frac{m_\alpha}{\sqrt{n}} \tag{5-33}$$

式(5-33)说明，算术平均值的中误差比观测值中误差缩小了 $\sqrt{n}$ 倍，因此多次观测取平均值能提高测量成果的精度。

【例 5-2】对某水平距离丈量了 8 次，其观测值列入表 5-3，并完成算术平均值、观测值中误差及算术平均值中误差的计算。

表 5-3　按观测值的似真误差计算中误差

观测次数	观测值/m	v/mm	vv/mm^2	算术平均值及中误差计算
1	127.353	+5	25	算术平均值：
2	127.347	−1	1	$\bar{l}=\frac{[l]}{n}=127.348$ m
3	127.348	0	0	
4	127.345	−3	9	观测值中误差：
5	127.349	+1	1	$m_l=\pm\sqrt{\frac{[vv]}{n-1}}=3.2$ mm
6	127.352	+4	16	
7	127.344	−4	16	算术平均值中误差：
8	127.346	−2	4	
总和	1 018.784	0	72	$m_{\bar{l}}=\pm\frac{m_l}{\sqrt{n}}=\pm\sqrt{\frac{[vv]}{n(n-1)}}=1.1$ mm

(三)倍数函数的中误差

设有倍数函数 $z=kx$，则该函数的中误差为

$$m_z=\pm km_x$$

【例 5-3】在比例尺 1∶500 的地形图上，量得某两点间的直线距离 $d=287.354$ mm，其中误差为 $m_d=\pm0.5$ mm，求两点间的实际距离 D 及中误差 m_D。

解：根据比例尺列出两点间实际距离和图上距离间的函数关系式，即

$$D=500\times287.354\ \text{mm}=143.677\ \text{m}$$

$$m_D=\pm500\ m_d=\pm0.25\ \text{m}$$

(四)线性函数的中误差

设有线性函数，$z=k_1x_1\pm k_2x_2\pm\cdots\pm k_nx_n$，则该函数的中误差为

$$m_z=\pm\sqrt{k_1^2m_{x_1}^2+k_2^2m_{x_2}^2+\cdots+k_n^2m_{x_n}^2}$$

【例 5-4】设有某线性函数

$$z=\frac{4}{14}x_1+\frac{9}{14}x_2+\frac{1}{14}x_3$$

式中，x_1、x_2、x_3 分别为独立观测值，它们的中误差分别为 $m_{x_1}=\pm3$ mm、$m_{x_2}=\pm2$ mm、$m_{x_3}=\pm6$ mm，求 Z 的中误差。

解:对上式进行全微分

$$dz=\frac{4}{14}dx_1+\frac{9}{14}dx_2+\frac{1}{14}dx_3$$

由中误差式得

$$\begin{aligned}m_z&=\pm\sqrt{(f_1m_{x_1})^2+(f_2m_{x_2})^2+(f_3m_{x_3})^2}\\&=\pm\sqrt{\left(\frac{4}{14}\times 3\right)^2+\left(\frac{9}{14}\times 2\right)^2+\left(\frac{1}{14}\times 6\right)^2}=\pm 1.6(\text{mm})\end{aligned}$$

思考题与习题

1. 什么是真误差?怎么求算?
2. 什么是系统误差?它有哪些特性?
3. 什么是偶然误差?它有哪些特性?
4. 什么是中误差?为什么这种误差能作为衡量精度的指标?
5. 什么是相对误差和极限误差?
6. 公式 $m=\pm\sqrt{\frac{[\Delta\Delta]}{n}}$ 与 $m=\pm\sqrt{\frac{[vv]}{n-1}}$ 分别适用什么情况?式中 Δ 与 v 有何区别?
7. 等精度观测条件下,用经纬仪对某角观测了 6 个测回,其结果为 145°50′12″、145°49′55″、145°50′07″、145°49′57″、145°50′00″、145°50′11″。试求:

(1)半测回方向值的中误差。

(2)2 个测回角值互差的中误差。

(3)6 测回平均值的中误差。

8. 用 DJ_6 型经纬仪测量水平角,欲使测角精度达到±4″,问需要观测几个测回?
9. 用钢尺丈量某正方形一条边长为 $l\pm m_l$,求该正方形的周长 S 和面积 A 的中误差。
10. 对某基线丈量六次,其结果为 $l_1=246.535$ m、$l_2=246.548$ m、$l_3=246.520$ m、$l_4=246.529$ m、$l_5=246.550$ m、$l_6=246.537$ m。试求:

(1)算术平均值。

(2)每次丈量结果的中误差。

(3)算术平均值的中误差和基线相对误差。

第六章　控制测量

§6-1　概　述

一、控制测量的作用与方法

(一)控制测量的概念

在测区范围内选择若干有控制作用的点(控制点),按一定规律和要求构成的网状几何图形,称为控制网。控制网分为平面控制网和高程控制网。

测定控制点位置的工作,称为控制测量,主要内容有:测定控制点平面位置 x、y 的工作称为平面控制测量,测定控制点高程 H 的工作称为高程控制测量。

按控制网的规模可分为国家控制网、城市控制网、小区域控制网、图根控制网。

国家控制网又称基本控制网,即在全国范围内按统一方案建立的控制网,它是全国各种比例尺测图的基本控制。它通过精密仪器、精密方法测定,并进行严格的数据处理,最后求定控制点的平面位置和高程。

国家控制网按其精度可分为一、二、三、四等四个级别,而且是由高级向低级逐级控制的。就平面控制网而言,先在全国范围内,沿经纬线方向布设一等网,作为平面控制的骨干。在一等网内再布设二等全面网,作为全面控制的基础。为满足其他工程建设的需要,可在二等网的基础上加密三、四等控制网,如图 6-1(a)所示。对于国家高程控制网,首先在全国范围内布设纵、横方向的一等水准路线,在一等水准路线上布设二等闭合或附合水准路线,再在二等水准环路上加密三、四等闭合或附合水准路线,如图 6-1(b)所示。

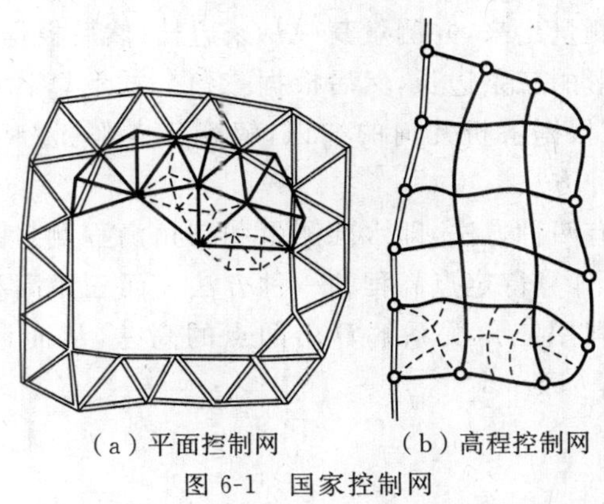

(a)平面控制网　　(b)高程控制网

图 6-1　国家控制网

国家一、二等控制网,除作为三、四等控制网的依据外,还为研究地球形状和大小及其他科学提供依据。

城市控制网是在国家控制网的基础上建立起来的,为城市规划、市政建设、工业与民用建筑设计和施工放样服务。城市控制网建立的方法与国家控制网相同,只是控制网的精度有所不同。为满足不同目的及要求,城市控制网也要分级建立,分为二、三、四等(按城市面积大小,从其中某一等级开始)和一、二、三级,以及直接为测图服务的图根控制网。

国家控制网和城市控制网均由专门的测绘单位承担测量。控制点的平面坐标和高程数据由测绘部门统一管理,为社会各部门服务。

所谓小区域控制网,是指在面积小于 15 km^2 范围内建立的控制网。小区域控制网原则上应与国家或城市控制网相连,形成统一的坐标系和高程系。但当连接有困难时,为满足建设的需要,也可以建立独立控制网。小区域控制网要根据面积大小分级建立,主要采用一、二、三级导线测量,一、二级小三角网测量或一、二级小三边网测量。

直接为测图建立的控制网称为图根控制网,其控制点又称为图根点。图根控制网应尽可能与上述各种控制网连接,形成统一系统;个别地区连接有困难时,也可建立独立图根控制网。由于图根控制专为测图服务,因此图根点的密度和精度要满足测图要求。

(二)控制测量的作用

控制测量的作用是为测图或工程建设的测区建立统一的平面和高程控制网,控制误差的积累,作为进行各种细部测量的基准。

限制测量误差的传播和积累可以保证必要的测量精度,使分区的测图能拼接成整体,整体设计的工程建筑物能分区施工放样。控制测量贯穿在工程建设的各阶段:在工程勘测的测图阶段,需要进行控制测量;在工程施工阶段,要进行施工控制测量;在工程竣工后的营运阶段,为满足建筑物变形观测需要要进行专用控制测量。

控制测量应该遵循的基本原则是:从整体到局部、由高级到低级、先控制后碎部。基本原则说明测量工作首先是建立控制网,进行控制测量,然后在控制网的基础上再进行施工测量、碎部测量等工作。另外还有一层含义,即控制测量是先布设能控制一个大范围、大区域的高等级控制网,然后由高等级控制网逐级加密,直至最低等级的图根控制网。

(三)控制测量的方法

控制测量包括平面控制测量和高程控制测量。

平面控制测量按其测量方法,可分为三角测量、三边测量、导线测量、GPS 测量等。三角测量是将三角形三个内角测量出来,并测量其中一条边长,然后根据三角公式解算出各点的坐标。三边测量是测量三角形的三条边长,然后根据三角公式解算各点坐标。而导线测量则是测量各边的边长及转折角,根据解析几何的知识,解算各点坐标。GPS 测量是利用卫星定位的方法确定各点坐标的一种方法。

高程控制测量常用的有两种方法,即水准测量和三角高程测量。水准测量是利用水准仪测定两点之间的高差,从而计算待定点高程的一种方法。而三角高程测量是利用全站仪测量两点之间的倾角和距离,利用三角关系解算出两点的高差,从而计算出待定点高程的一种方法。

二、平面控制测量

平面控制网采用逐级控制、分级布设的原则,按一、二、三、四等级建立。平面控制网主要由三角测量法布设,在城市或困难地区采用精密导线测量法。目前在我国,GPS 控制测量正逐步取代三角测量。

一等三角锁沿经线和纬线布设成纵横交叉的三角锁系,锁长 200～250 km,构成许多锁环。一等三角锁内由近似等边的三角形组成，如图 6-2 所示。在一等网内再布设二等三角网，作为全面控制的基础，如图 6-3 所示。为满足其他工程建设的需要，再在二等三角网的基础上加密三、四等控制网。

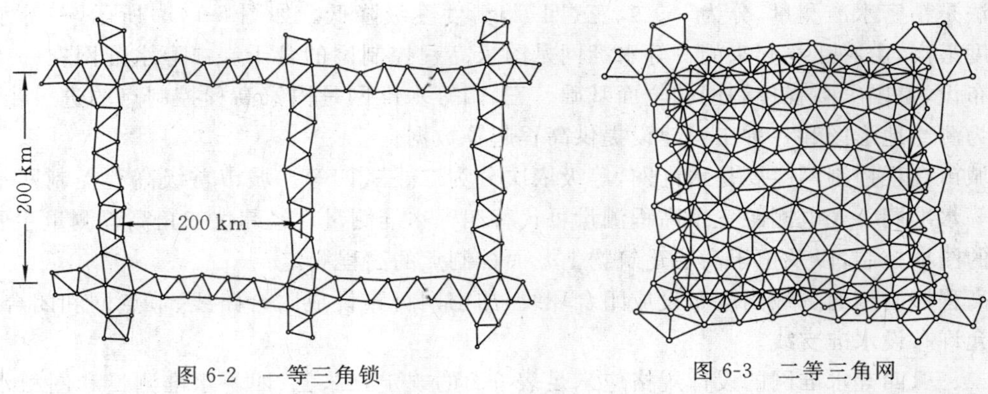

图 6-2　一等三角锁　　图 6-3　二等三角网

国家一、二等网合称为天文大地网，我国天文大地网于 1951 年开始布设，1961 年基本完成，1975 年修补测工作全部结束，全网约有 5 万个大地点。国家三、四等三角网为在二等三角网内的进一步加密。

城市地区为满足大比例尺测图和城市建设施工的需要，布设城市平面控制网。城市平面控制网在国家控制网的控制下，布设三角网(图 6-4)，也可布设导线网(图 6-5)。

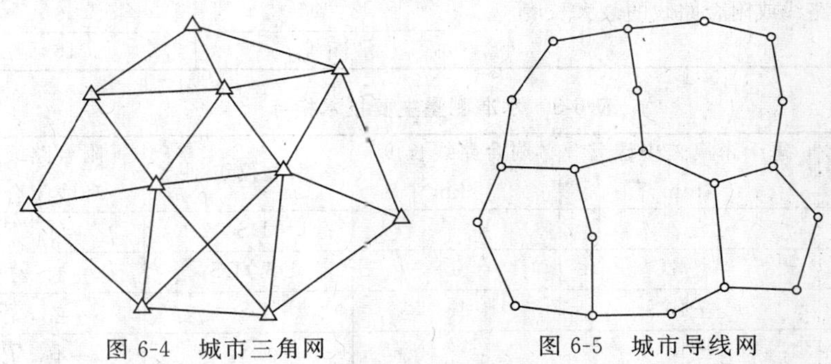

图 6-4　城市三角网　　图 6-5　城市导线网

导线是一种常用的平面控制方法，表 6-1 列出了各等级导线的主要技术指标。

表 6-1　导线主要技术指标

等级	附合导线长度 /km	平均边长 /km	每边测距中误差 /mm	测角中误差 /(″)	方位角闭合差 /(″)	导线全长相对闭合差
三等	14	3	±20	±1.8	$3.6\sqrt{n}$	1/55 000
四等	9	1.5	±18	±2.5	$5\sqrt{n}$	1/35 000
一级	4	0.5	±15	±5	$10\sqrt{n}$	1/15 000
二级	2.4	0.25	±15	±8	$16\sqrt{n}$	1/10 000
三级	1.2	0.1	±15	±12	$24\sqrt{n}$	1/5 000

注：n 为水平角观测个数。

三、高程控制测量

高程控制测量的任务是建立高程控制网,精确测定点的高程。建立国家高程控制网的主要方法是精密水准测量,分为一、二、三、四等,精度逐级降低。如图 6-1(b)所示,一等水准测量精度最高,由它建立起来的一等水准网是国家高程控制网的骨干。二等水准网在一等水准环内布设,是国家高程控制网的全面基础。三、四等水准网是国家高程控制点的进一步加密,主要为测绘地形图和各种工程建设提供高程起算数据。

城市高程控制网主要是水准网,等级依次分为二、三、四等。城市首级高程控制网不应低于三等水准网。光电测距三角高程测量可代替四等水准测量。经纬仪三角高程测量主要用于山区的图根控制,以及位于高层建筑物上平面控制点的高程测定。

高程控制网的首级网应布设成闭合环线,加密网可布设成附合路线、节点网和闭合环,一般不允许布设水准支线。

二、三、四等水准网的设计规格应满足表 6-2 的规定,二、三、四等水准测量和图根水准测量的主要技术要求如表 6-3 所示。

表 6-2 水准测量设计规格 单位:km

水准点间距(或测段长度)	建筑区	1～2
	其他地区	2～4
闭合路线或附合路线的最大长度	二等	—
	三等	50
	四等	16

表 6-3 水准测量主要技术指标

等级	每千米高差中误差 /mm	附合路线长度 /km	水准仪级别	附合路线或环线闭合差
二等	±2	—	DS_1	$\pm 4\sqrt{L}$
三等	±6	50	DS_1/DS_3	$\pm 12\sqrt{L}$
四等	±10	16	DS_3	$\pm 20\sqrt{L}$
图根	±15	—	DS_3	$\pm 40\sqrt{L}$

注:L 为环线或附合路线长度,取以 km 为单位时的数值。

§6-2 直线定向

确定直线方向与标准方向之间的关系称为直线定向。要确定直线的方向,首先要选定一个标准方向作为直线定向的依据,然后测出这条直线方向与标准方向之间的水平角,则直线的方向便可确定。在测量工作中以子午线方向为标准方向。子午线分真子午线、磁子午线和轴子午线三种。

一、标准方向

(1)真子午线方向。通过地面上某点指向地球南北极的方向,称为该点的真子午线方向,它是用天文测量的方法测定的。中央子午线在高斯平面上是一条直线,作为该带的坐标纵轴,而其他子午线投影后为收敛于两极的曲线，地面点的真子午线方向与中央子午线之间的夹角叫子午线收敛角，用 γ 表示，γ 有正有负。在中央子午线以东地区，各点的坐标纵轴在真子午线的东边，γ 为正值；在中央子午线以西地区，γ 为负值。

(2)磁子午线方向。地面上某点在磁针静止时所指的方向，称为该点的磁子午线方向。磁子午线方向可用罗盘仪测定。地球的磁南、北极与地球的南、北极不重合，这个夹角称为磁偏角，用 δ 表示。当磁子午线北端于真子午线以东方向时，称为东偏；当磁子午线北端于真子午线以西方向时，称为西偏；在测量中以东偏为正，西偏为负。磁偏角在不同地点有不同的角值和偏向，我国磁偏角的变化范围在 $+6°$(西北地区)至 $+10°$(东北地区)之间。

(3)轴子午线方向。轴子午线方向是大地坐标系中纵坐标的方向，又称为坐标纵轴线方向。由于地面上各点子午线指向地球的南、北极，所以不同地点的子午线方向不是互相平行的，这就给计算工作带来不便。因此，在普通测量中一般采用纵坐标轴方向作为标准方向，这样测区内地面各点的标准方向都是互相平行的。在局部地区，也可采用假定的临时坐标的纵轴方向作为直线定向的标准方向。

综上所述，不论任何子午线方向，都是指向南、北的，由于我国位于北半球，所以常把北方向作为标准方向。

二、直线方向的表示法

直线方向常用方位角来表示。方位角是以标准方向为起始方向，顺时针转到该直线的水平夹角，所以方位角的取值范围是 0°～360°。

如图 6-6 所示，直线 MB 以真子午线方向为标准方向(简称真北)的方位角称为真方位角，用 A 表示；直线 MB 以磁子午线方向为标准方向(简称磁北)的方位角称为磁方位角，用 A_m 表示；直线 MB 以轴子午线方向为标准方向(简称轴北)的方位角称为坐标方位角，用 α 表示。三种方位角的关系为

$$A = A_m + \delta$$

$$A = \alpha + \gamma$$

每条直线段都有两个端点，若直线段从起点 1 到终点 2 为直线的前进方向，则在起点 1 处的坐标方位角 α_{12} 为正方位角，在终点 2 处的坐标方位角 α_{21} 为反方位角。从图 6-7 中可看出，同一直线段的正、反坐标方位角相差 180°，即

$$\alpha_{12} = \alpha_{21} \pm 180°$$

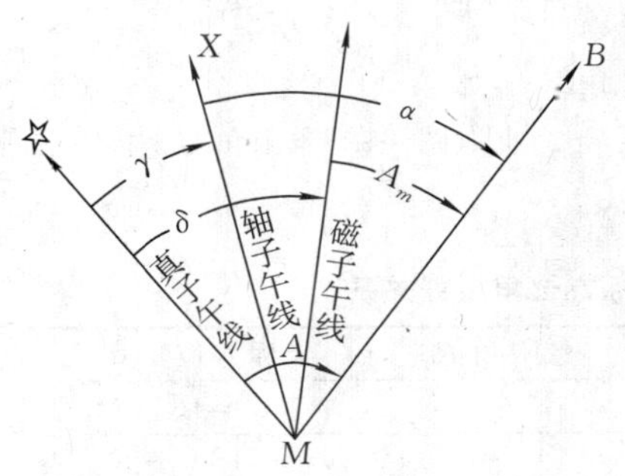

图 6-6　方位角

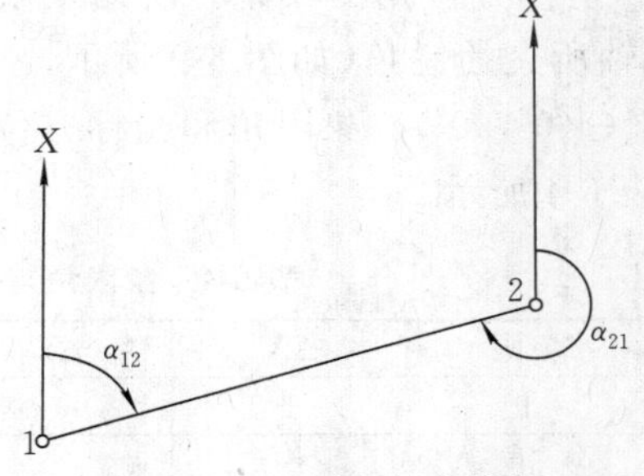

图 6-7　正、反坐标方位角

§6-3 平面控制测量计算原理

平面控制测量方法如前所述,有三角测量、三边测量、导线测量、GPS 测量等。不管何种方法,外业工作之后,都要进行内业计算才能得到待定点的坐标,本节重点介绍导线计算的原理。

一、坐标正算

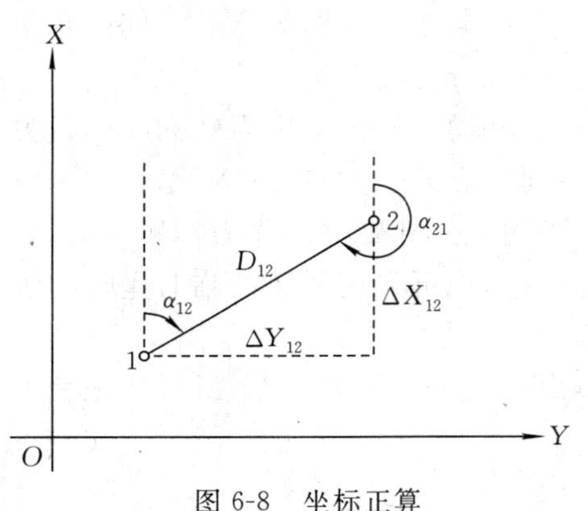

图 6-8 坐标正算

所谓坐标正算,就是知道已知点到待定点的水平距离和坐标方位角,求待定点坐标的计算过程。如图 6-8 所示,已知 1 点坐标值 X_1、Y_1,1 点到 2 点的水平距离 D_{12} 和直线 12 的坐标方位角 α_{12},求 2 点坐标值 X_2、Y_2。

实际测量工作中,D_{12} 是外业测量得到的,α_{12} 是通过测量的水平角推算出来的(方位角的推算在本节后面介绍),1 点坐标(X_1,Y_1)已知,下面给出坐标正算公式,即

$$\left.\begin{aligned}\Delta X_{12}&=D_{12}\cos\alpha_{12}\\\Delta Y_{12}&=D_{12}\sin\alpha_{12}\end{aligned}\right\}\qquad(6\text{-}1)$$

$$\left.\begin{aligned}X_2&=X_1+\Delta X_{12}\\Y_2&=Y_1+\Delta Y_{12}\end{aligned}\right\}\qquad(6\text{-}2)$$

二、坐标反算

所谓坐标反算,就是已知直线两端点坐标,求两端点间水平距离和坐标方位角的计算过程。如图 6-9 所示,已知 O、P 两点坐标(X_O,Y_O)和(X_P,Y_P),求 O 点到 P 点的水平距离 D_{OP} 和直线 OP 的坐标方位角 α_{OP}。

在介绍坐标反算之前,先讲解象限角的概念,以及象限角和坐标方位角的关系。所谓象限角就是直线与 X 轴所夹的锐角,如图 6-9 所示,象限角用 R 表示,$R\in(0°,90°)$。象限角和坐标方位角的换算关系如表 6-4 所示。

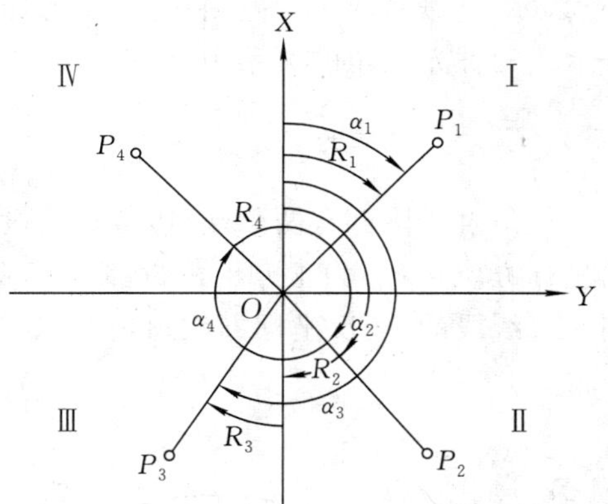

图 6-9 象限角与坐标方位角关系

表 6-4 象限角与坐标方位角换算关系

象限	ΔX	ΔY	象限角 R	坐标方位角 α
Ⅰ	+	+	+	$\alpha_1=R_1$
Ⅱ	−	+	−	$\alpha_2=180°-R_2$
Ⅲ	−	−	+	$\alpha_3=180°+R_3$
Ⅳ	+	−	−	$\alpha_4=360°-R_4$

坐标反算的计算步骤如下：

第一步，计算坐标增量，并判断 O 点到 P 点的方向所在的象限，即

$$\left.\begin{aligned}\Delta X_{OP}&=X_P-X_O\\ \Delta Y_{OP}&=Y_P-Y_O\end{aligned}\right\}\tag{6-3}$$

第二步，计算 O 点到 P 点的象限角和水平距离，即

$$R=\arctan\left|\frac{\Delta Y_{OP}}{\Delta X_{OP}}\right|\tag{6-4}$$

$$D_{OP}=\sqrt{(\Delta Y_{OP})^2+(\Delta X_{OP})^2}\tag{6-5}$$

第三步，根据以上两步计算结果，可知直线 OP 在第几象限和象限角大小，对照表 6-4 即可求出方位角。

【例 6-1】已知 A、B 两点的坐标分别是（45 621.214，22 433.258），（45 548.327，22 548.349），坐标值单位为 m，求 A 到 B 的水平距离和坐标方位角。

计算过程如下：

第一步，计算坐标增量并判断象限，即

$$\Delta X_{AB}=X_B-X_A=-72.887\ \text{m}$$

$$\Delta Y_{AB}=Y_B-Y_A=115.091\ \text{m}$$

由于 X 增量为负，Y 增量为正，所以在第二象限。

第二步，计算象限角和水平距离，即

$$R=\arctan\left|\frac{\Delta Y_{AB}}{\Delta X_{AB}}\right|=\arctan\left|\frac{115.091}{-72.887}\right|=57°39'14''$$

$$D_{AB}=\sqrt{(\Delta Y_{AB})^2+(\Delta X_{AB})^2}=\sqrt{(115.091)^2+(-72.887)^2}=136.229(\text{m})$$

第三步，由以上两步可得

$$\alpha_{AB}=180°-R=180°-57°39'14''=122°20'46''$$

三、坐标方位角推算

为了解决正算问题，即由一点的坐标计算其他点的坐标，需要知道各边的坐标方位角。通常根据起始边的坐标方位角和观测的水平角依次推算出各边的坐标方位角。

如图 6-10 所示，设已知 AM 边的坐标方位角为 α_{AM}，$A1$ 边与 AM 之间观测的水平角为左角 β_A，由图可以看出

$$\alpha_{A1}=\alpha_{AM}+\beta_A$$

从导线的前进方向看，可以认为是从 M 点开始，按 M、A、1、2、… 的顺序前进。因此，α_{AM} 可看成是直线 MA 的反方位角，由正反方位角的关系可知 $\alpha_{AM}=\alpha_{MA}\pm180°$，代入上式，得

$$\alpha_{A1}=\alpha_{MA}+\beta_A\pm180°$$

同理可以推出 12 边的坐标方位角，即

$$\alpha_{12}=\alpha_{A1}+\beta_1\pm180°$$

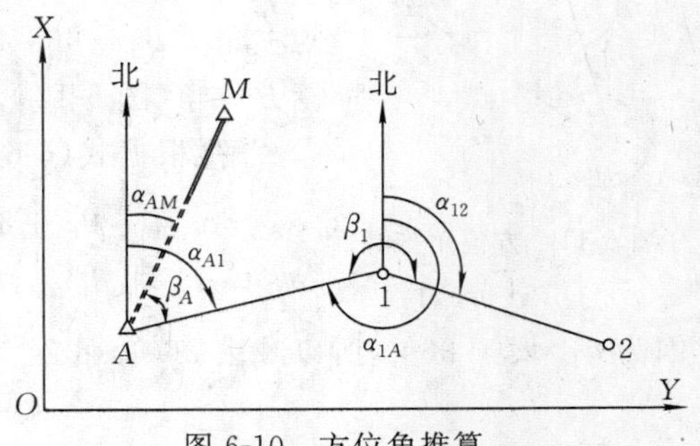

图 6-10　方位角推算

如果测的水平角是右角，则有 $\beta_{左}=360°-\beta_{右}$，

分别代入上两式,可得

$$\alpha_{A1}=\alpha_{MA}-\beta_A\pm180^\circ$$

$$\alpha_{12}=\alpha_{A1}-\beta_1\pm180^\circ$$

归纳上式,可写成坐标方位角推算的普遍形式,即

$$\alpha_{前}=\alpha_{后}+\beta_{左}\pm180^\circ \tag{6-6}$$

$$\alpha_{前}=\alpha_{后}-\beta_{右}\pm180^\circ \tag{6-7}$$

由式(6-6)和式(6-7)可知,前一条边的坐标方位角等于后一条边的坐标方位角加左角或减右角后,再加或减 180°。当后一条边的坐标方位角加左角或减右角后的值大于或等于 180°时,减 180°;反之若小于 180°时,应加上 180°。应注意,边的前、后必须按导线的前进方向进行编号。

四、应用举例

【例 6-2】设平面上一直线 AB,起点 A 的坐标值为 $x_A=2\ 507.687$ m、$y_A=1\ 215.630$ m,AB 距离 $S_{AB}=225.850$ m,AB 的坐标方位角 $\alpha_{AB}=157^\circ00'36''$,求 B 点的坐标值 x_B、y_B。

解:由式(6-1)得

$$x_B=x_A+S_{AB}\cos\alpha_{AB}=2\ 507.687+225.850\times\cos157^\circ00'36''=2\ 299.776(\text{m})$$

$$y_B=y_A+S_{AB}\sin\alpha_{AB}=1\ 215.630+225.850\times\sin157^\circ00'36''=1\ 303.840(\text{m})$$

【例 6-3】 设直线 A、B 两点的坐标值分别为 $x_A=104\ 342.99$ m、$y_A=570\ 525.72$ m,$x_B=102\ 406.50$ m、$y_B=573\ 814.29$ m,求 AB 的距离及坐标方位角。

解:

$$\Delta y_{AB}=y_B-y_A=-3\ 288.57\ \text{m}$$

$$\Delta x_{AB}=x_B-x_A=-1\ 936.49\ \text{m}$$

由坐标增量的符号判断,AB 直线处在第三象限,先算出象限角(不考虑坐标增量的符号),为

$$R_{AB}=\arctan\left|\frac{\Delta y}{\Delta x}\right|=59^\circ30'29''$$

则

$$\alpha_{AB}=180^\circ+R_{AB}=239^\circ30'29''$$

$$S_{AB}=\sqrt{(\Delta x_{AB})^2+(\Delta y_{AB})^2}=3\ 816.371\ \text{m}$$

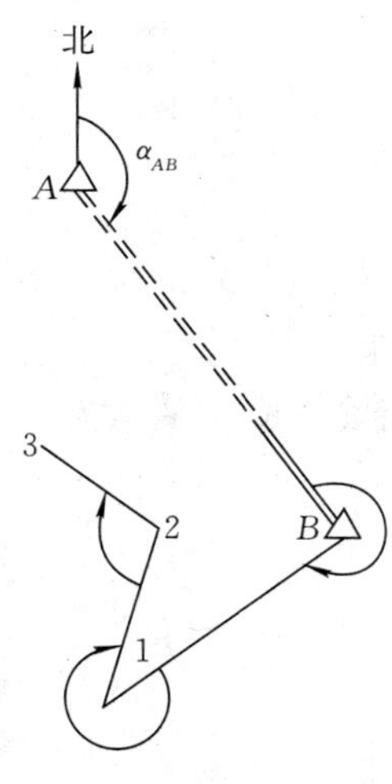

图 6-11 方位角推算

【例 6-4】设已知边 AB 的坐标方位角为 $\alpha_{AB}=143^\circ26'38''$,观测导线的左角为 $\beta_B=260^\circ13'24''$、$\beta_1=333^\circ42'30''$、$\beta_2=107^\circ48'24''$。求各边的坐标方位角(图 6-11)。

解:根据式(6-6),得

$$\alpha_{B1}=\alpha_{AB}+\beta_B\pm180^\circ=143^\circ26'38''+260^\circ13'24''-180^\circ=223^\circ40'02''$$

$$\alpha_{12}=\alpha_{B1}+\beta_1\pm180^\circ=223^\circ40'02''+333^\circ42'30''-180^\circ=377^\circ22'32''$$

因为 α_{12} 大于 360°,所以减去 360°,那么

$$\alpha_{12}=17^\circ22'32''$$

同理

$$\alpha_{23}=17^\circ22'32''+107^\circ48'24''+180^\circ=305^\circ10'56''$$

§6-4　导线测量

一、导线的布设

将测区内相邻控制点用直线连接而构成的折线图形称为导线，构成导线的控制点称为导线点。导线测量的内容是：先依次测定各导线边的长度和各转折角值，再根据起算数据，推算出各边的坐标方位角，进而求出各导线点的坐标。导线测量是建立小地区平面控制网的一种常用方法，特别是在地物分布复杂的建筑区、视线障碍较多的隐蔽区和带状地区，多采用导线测量。

用经纬仪测量转折角，用钢尺测定导线边长的导线，通过这种方式获得的导线称为经纬仪导线。若用光电测距仪测定导线边长，则称为光电测距导线。不管布设什么等级的导线，都要在高一等级的平面控制点的基础上布设，按照与高级控制点连接形式的不同，导线可以布设为下列几种形式。

（一）闭合导线

如图 6-12 所示，导线从高等级控制点 B 出发（方向 BA 已知），经过点 1、点 2、点 3、点 4 最后回到起点 B，形成一个闭合多边形，这样的导线称为闭合导线。闭合导线本身存在着严密的几何条件，具有检核作用。

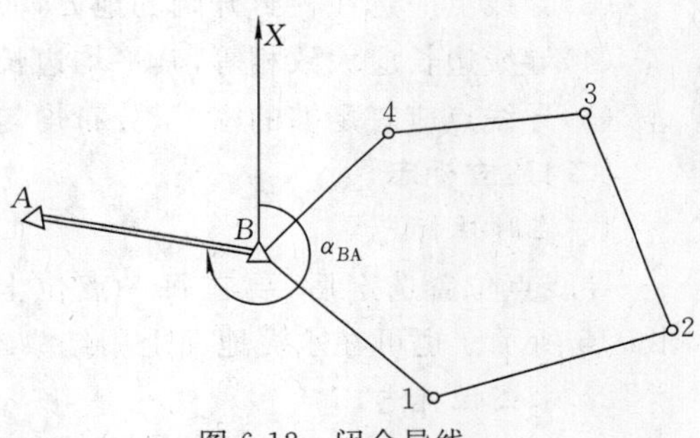

图 6-12　闭合导线

（二）附合导线

如图 6-13 所示，导线从高等级控制点 B 出发（方向 BA 已知），经过点 1、点 2、点 3，最后附合到另一已知高等级点 C（方向 CD 已知），这样的导线称为附合导线。这种布设形式具有检核观测成果的作用。

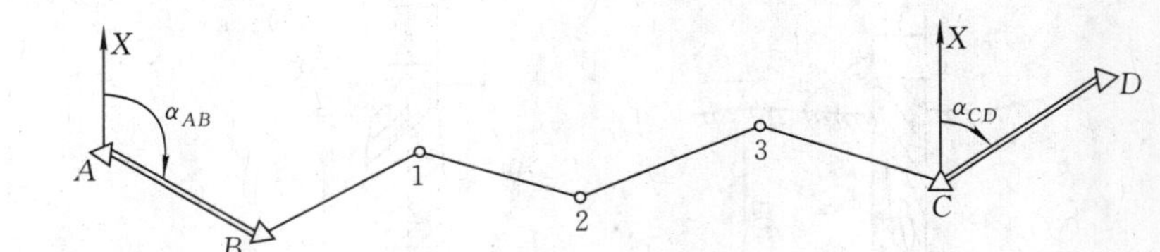

图 6-13　附合导线

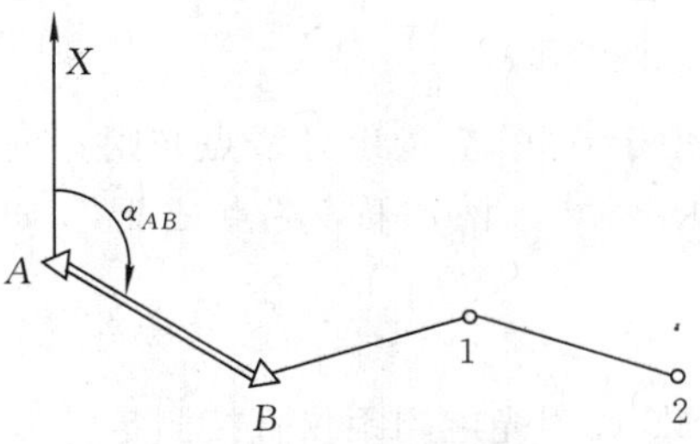

（三）支导线

从一已知点出发，既不附合到另一已知点，又不回到原起始点的导线称为支导线。如图 6-14 所示，B 为已知高等级控制点，BA 为已知方向，点 1、点 2 为支导线点。

图 6-14　支导线

二、导线测量外业工作

不管使用何种等级的导线，导线测量外业工作的内容都是一样的，包括踏勘选点、测角、量边，只是技术标准不同，如表 6-1 和表 6-5 所示。下面以图根导线为例进行介绍。

表 6-5 图根导线测量技术要求

<table>
<tr><th rowspan="2">等级</th><th>测图</th><th>附合导线长度</th><th>平均边长</th><th>测距中误差</th><th>测角中误差</th><th>导线全长</th><th colspan="2">测回数</th><th>方位角闭合差</th></tr>
<tr><th>比例尺</th><th>/m</th><th>/m</th><th>/mm</th><th>/(″)</th><th>相对闭合差</th><th>DJ_2</th><th>DJ_6</th><th>/(″)</th></tr>
<tr><td rowspan="3">图根</td><td>1∶500</td><td>900</td><td>80</td><td rowspan="3">≤15</td><td rowspan="3">30</td><td rowspan="3">≤1/2 000</td><td rowspan="3">1</td><td rowspan="3">1</td><td rowspan="3">$\leqslant 60\sqrt{n}$</td></tr>
<tr><td>1∶1 000</td><td>1 800</td><td>150</td></tr>
<tr><td>1∶2 000</td><td>3 000</td><td>250</td></tr>
</table>

(一)踏勘选点

在选点前,应先收集测区已有地形图和已有高等级控制点的成果资料,将控制点展绘在原有地形图上,然后在地形图上拟定导线布设方案。最后到野外踏勘,核对、修改、落实导线点的位置,并建立标志。

选点时应注意下列事项:

(1)相邻点间应相互通视良好、地势平坦,便于测角和量距。

(2)点位应选在土质坚实,便于安置仪器和保存标志的地方。

(3)导线点应选在视野开阔的地方,便于碎部测量。

(4)导线边长应大致相等,其平均边长应符合表 6-5 的技术要求。

(5)导线点应有足够的密度、分布均匀,便于控制整个测区。

(二)建立标志

1. 临时性标志

导线点位置选定后,要在每一点位上打一个木桩,在桩顶钉一小钉,作为点的标志,如图 6-15 所示。也可在水泥地面上用红漆画一圆,圆内点一小点,作为临时标志。

2. 永久性标志

需要长期保存的导线点应埋设混凝土桩,如图 6-16 所示。桩顶嵌入带"+"的金属标志,作为永久性标志。

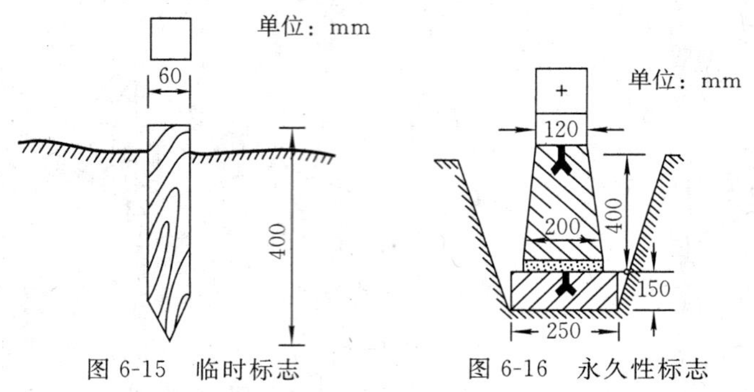

图 6-15 临时标志　　图 6-16 永久性标志

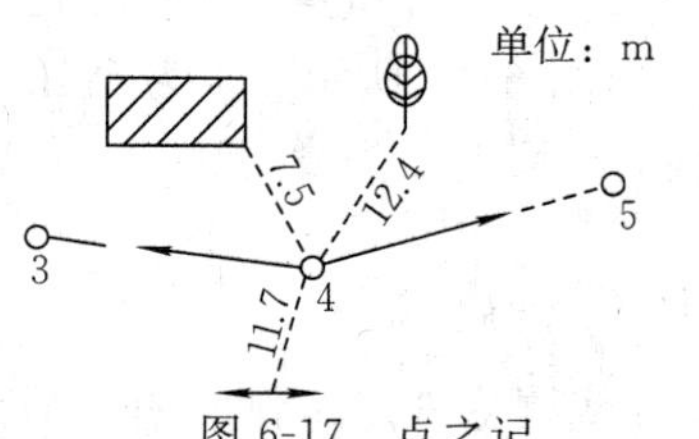

图 6-17 点之记

导线点应统一编号。为了便于寻找,应量出导线点与附近明显地物的距离,绘出草图,注明尺寸。该图称为"点之记",如图 6-17 所示。

(三)导线边长测量

导线边长可用钢尺直接丈量,或用光电测距仪直接测定。

用钢尺丈量时,选用检定过的 30 m 或 50 m 的钢尺,导线边长应往、返各丈量一次,往返丈量相对误差应不超过 1/4 000。

用光电测距仪测量时，要同时观测竖直角，供倾斜改正之用。

（四）转折角测量

导线转折角的测量一般采用测回法观测。在附合导线中，一般测左角；在闭合导线中，一般测内角；对于支导线，应分别观测左、右角。图根导线，一般用 DJ_6 型经纬仪或 5″级全站仪测一测回，当盘左、盘右两半测回角值的较差不超过±40″时，取其平均值。

（五）连接测量

将导线与高等级控制点进行连接，取得坐标和坐标方位角的起算数据，这种测量方法称为连接测量。如图 6-18 所示，A、B 为已知点，点 1 至点 5 为新布设的导线点，连接测量就是观测连接角 β_B、β_1 和连接边 D_{B1}。

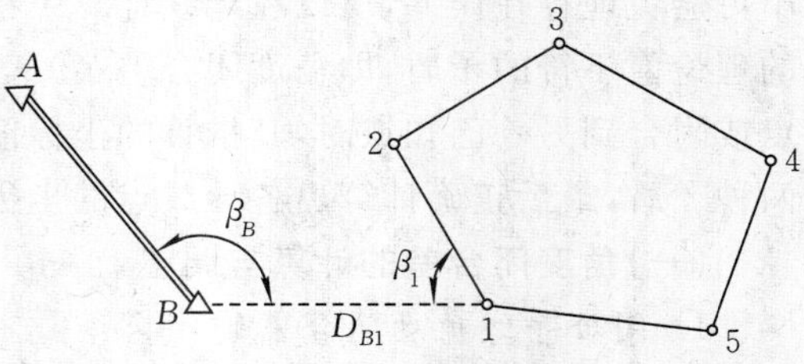

图 6-18　导线连测

如果附近无高级控制点，则应用罗盘仪测定导线起始边的磁方位角，并假定起始点的坐标，作为起算数据。

外业测量导线的角度和边长时，必须做好记录、计算，记录格式如表 6-6 所示。

表 6-6　导线测量原始记录

测站	目标	竖盘位置	水平角观测			距离测量		备注
			水准度盘读数 /(° ′ ″)	水平角值 /(° ′ ″)	平均角值 /(° ′ ″)	边号	边长 /m	
1	4	左	0 37 00	87 25 36	87 25 30	1—4	136.853	已知方位角 $\alpha_{12}=245°30'$
	2		88 02 36					
	4	右	180 37 18	87 25 24		1—2	178.759	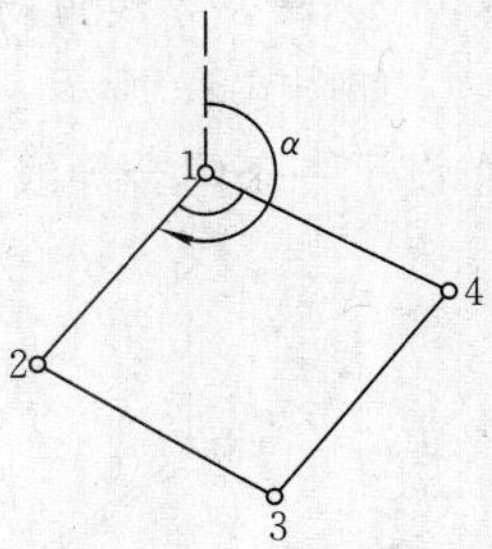
	2		268 02 42					
2	1	左	32 13 30	85 18 00	85 18 06	2—1	178.779	
	3		117 31 30					
	1	右	212 14 00	85 18 12		2—3	125.818	
	3		297 32 12					
3	2	左	95 03 30	98 39 54	98 39 36	3—2	125.812	
	4		193 43 24					
	2	右	275 03 00	98 39 18		3—4	162.910	
	4		13 42 18					
4	3	左	224 34 17	88 36 13	88 36 04	4—3	162.932	
	1		313 10 30					
	3	右	44 34 36	88 35 54		4—1	136.851	
	1		133 10 30					

三、导线测量内业数据处理

导线测量的内业工作就是内业计算，又称导线平差计算，即通过科学的方法处理测量数据，合理地分配测量误差，最后求出各导线点的坐标值。

内业计算之前，必须先对外业记录进行整理与检查，确保原始观测数据的正确性。然后绘制导线略图，图上注明点号和相应的角度、边长，供计算时参考。

为保证计算的正确性和满足一定的精度要求，计算之前应注意两点：①对外业测量成果进行复查,确认没有问题后,方可在专用计算表格上进行计算;②将各项测量数据和计算数据取到足够位数。对小区域和图根控制测量的所有角度观测值及其改正数取到整秒;距离、坐标增量及其改正数和坐标值均取到毫米。取舍原则为四舍六入,五前单进双舍,即保留位数后的数大于五就进,小于五就舍,等于五时则看保留位上的数,是单数就进,是双数就舍。

导线布设的主要形式是闭合导线、附合导线及支导线。由于在导线的边长和角度测量中不可避免地存在误差,所以在导线计算中将会出现两种矛盾:①观测角的总和与导线几何图形的理论值不符的矛盾,即角度闭合差;②从已知点出发,逐点计算各点坐标,最后闭合到原出发点或附合到另一已知点时,其推算的坐标值与已知坐标值不符,即坐标闭合差。合理地处理这两种矛盾,最后正确计算出各导线点的坐标,是导线测量内业计算的主要内容。

(一)角度闭合差的计算与调整

1. 闭合导线角度闭合差的计算

设闭合导线有 n 条边,由几何学可知,平面多边形的内角总和的理论值为

$$\sum \beta_{理} = (n-2) \times 180° \tag{6-8}$$

若闭合导线内角观测值之和为 $\sum \beta_{测}$,则角度闭合差为

$$f_{\beta} = \sum \beta_{测} - \sum \beta_{理} = \sum \beta_{测} - (n-2) \times 180° \tag{6-9}$$

f_{β} 绝对值的大小,表明了角度观测的精度。根据工程测量规范:首级图根控制导线及加密图根控制导线的 f_{β} 的允许值,分别应不超过 $\pm 40'' \sqrt{n}$ 和 $\pm 60'' \sqrt{n}$。

若计算出的 f_{β} 没有超出规定的范围,就可以进行角度闭合差的分配与调整。反之,若计算出的结果,超出规范规定的范围,则应分析、检查原始测量记录,重新观测有问题的测站,查不出原因时,应重新观测所有测站。

2. 附合导线角闭合差的计算

如图 6-19 所示,M、A、B、N 为已知高级控制点,α_{MA}、α_{BN} 为已知方位角,在 A、B 两点间布设了一条附合导线,观测了所有夹角 β_A、β_1、β_2、…、β_B,其中 β_A、β_B 为连接角。

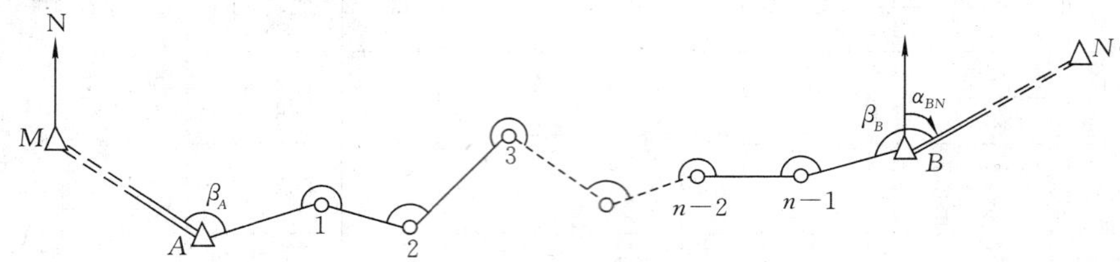

图 6-19 附合导线角闭合差推算

从起始边 MA 的坐标方位角 α_{MA} 开始,依次用导线左角,推出各边的坐标方位角,最终推算出终边 BN 的坐标方位角 α_{BN},即

$$\begin{aligned} \alpha_{A1} &= \alpha_{MA} + \beta_A \pm 180° \\ \alpha_{12} &= \alpha_{A1} + \beta_1 \pm 180° \\ &\vdots \\ \alpha'_{BN} &= \alpha_{NB} + \beta_B \pm 180° \end{aligned}$$

将上列等式两端分别相加,得

$$\alpha'_{BN} = \alpha_{MA} + \sum \beta_{测} \pm n \times 180°$$

式中,$\sum \beta_{测}$ 为所有观测的夹角总和,n 为观测角的个数。

理论上 α'_{BN} 应等于已知的 α_{BN}，但由于导线左角观测值总和 $\sum\beta$ 中含有误差，故两者之间将存在一个差数，此差数即为附合导线的角度闭合差 f_β，即

$$f_\beta=\alpha'_{BN}-\alpha_{BN}=\sum\beta_{测}+\alpha_{MA}-\alpha_{BN}\pm n\times180^\circ$$

写成一般形式，即

$$f_\beta=\sum\beta_{测}+\alpha_{始}-\alpha_{终}\pm n\times180^\circ \tag{6-10}$$

3. 角度闭合差的调整

无论是闭合导线还是附合导线，由于寻线各转折角都是在大致相同的条件下观测的，可认为每个角度的观测值具有同样的误差，因此角度闭合差的分配原则是：将角度闭合差 f_β 以相反的符号平均分配到各观测角中，使改正后的角度之和等于理论值。每个角度的改正数用 v_β 表示，则

$$v_\beta=-\frac{f_\beta}{n} \tag{6-11}$$

当按式(6-11)计算，角度闭合差 f_β 不能整除时，通常对短边的邻角进行多分配，最后使各角改正数的总和等于负的闭合差，即

$$\sum v_\beta=-f_\beta \tag{6-12}$$

将各角度观测值加上相应改正数后，即得改正后的角值，也称为平差角值。

（二）推算导线各边的坐标方位角

不管是闭合导线还是附合导线，各导线边的坐标方位角都是根据已知边的坐标方位角和调整后的转折角，利用式(6-6)或式(6-7)推算的。为检查计算过程中有无错误，最后还必须将各边的坐标方位角推算到起始边的坐标方位角。

（三）坐标增量计算

依据导线各边边长及推算出的坐标方位角，利用式(6-1)计算各边的坐标增量。

（四）坐标增量闭合差的计算及其分配

1. 闭合导线坐标增量闭合差的计算

对于闭合导线，无论边数多少，其纵、横坐标增量的代数和在理论上应等于零，即

$$\left.\begin{aligned}\sum\Delta x_{理}=0\\ \sum\Delta y_{理}=0\end{aligned}\right\} \tag{6-13}$$

在实际工作中，由于边长丈量有误差，平差角值中也仍然含有残余误差。因此，计算的纵、横坐标增量的代数和一般不等于零，即存在纵、横坐标增量的闭合差，分别以 f_x、f_y 表示，即

$$f_x=\sum\Delta x_{测}-\sum\Delta x_{理}$$
$$f_y=\sum\Delta y_{测}-\sum\Delta y_{理}$$

将式(6-13)代入上式后，得

$$\left.\begin{aligned}f_x=\sum\Delta x_{测}\\ f_y=\sum\Delta y_{测}\end{aligned}\right\} \tag{6-14}$$

导线存在坐标增量闭合差，反映了导线没有闭合，其几何意义如图 6-20 所示。图中点 1 至点 1′的距离叫作导线全长闭合差，以 f_S 表示，按几何关系有

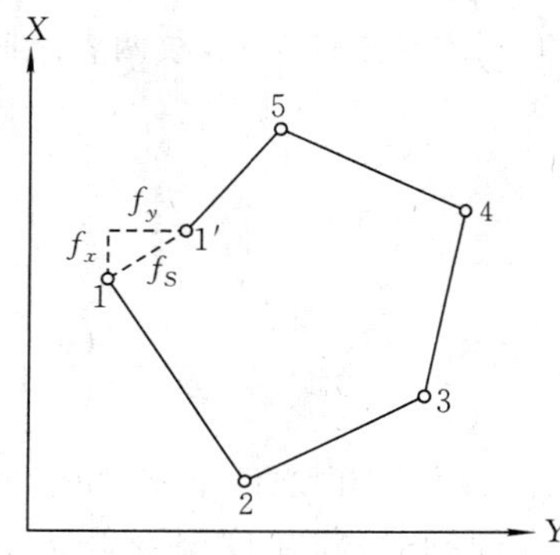

图 6-20　坐标增量闭合差几何意义

$$f_S=\sqrt{f_x^2+f_y^2} \tag{6-15}$$

一般来说,导线越长,误差的累积越大,f_S 也会相应增大,所以衡量导线的精度不能单纯以 f_S 的大小来判断。导线的精度,通常以全长相对闭合差来表示。若以 K 表示导线全长相对闭合差,以 $\sum S$ 表示导线的全长,则有

$$K=\frac{f_S}{\sum S}=\frac{1}{\frac{\sum S}{f_S}} \tag{6-16}$$

全长相对闭合差 K 的分母越大,导线精度越高。导线全长相对闭合差的容许值,根据不同情况,均有具体规定。对于图根导线,规范规定 $K\leqslant 1/2\,000$,在隐蔽或施测困难地区不应超过 $1/1\,000$。若施测导线的计算值相对精度低于上述要求,应首先检查外业观测手簿的记录和全部内业计算结果,如果仍不能发现错误,则应到现场检查或重测。如果全长相对闭合差在容许范围内,那么就可以进行坐标增量闭合差的分配。

2. 附合导线坐标增量闭合差的计算

对附合导线而言,导线各边坐标增量的代数和的理论值应等于终点(图 6-18 中的 B 点)与始点(图 6-18 中的 A 点)的已知坐标值之差,即

$$\left.\begin{aligned}\sum\Delta x_{理}&=x_{终}-x_{始}\\ \sum\Delta y_{理}&=y_{终}-y_{始}\end{aligned}\right\} \tag{6-17}$$

从起始点推算至终点的纵、横坐标增量的代数和与理论值不一致,会产生坐标增量闭合差,即

$$\left.\begin{aligned}f_{\beta}&=\sum\Delta x_{测}-\sum\Delta x_{理}\\ f_{\beta}&=\sum\Delta y_{测}-\sum\Delta y_{理}\end{aligned}\right\} \tag{6-18}$$

计算附合导线全长绝对闭合差及相对闭合差的方法和公式,均与闭合导线相同。

3. 坐标增量闭合差的调整

坐标增量闭合差调整的目的是消除观测结果与理论值不符的矛盾,其常用调整方法是:将 f_x、f_y 反号,并按与边长成正比的原则,分配到各边的坐标增量中。若以 v_x、v_y 分别表示纵、横坐标增量的改正数,则

$$\left.\begin{aligned}v_{x_i}&=-\frac{f_x}{\sum S}S_i\\ v_{y_i}&=-\frac{f_y}{\sum S}S_i\end{aligned}\right\} \tag{6-19}$$

坐标增量改正数要求保留至毫米。由于数字凑整的原因,可能还会有微小的不符值,可调整到长边坐标增量的改正数上,使改正数的代数和满足一定条件,即

$$\left.\begin{aligned}\sum v_x&=-f_x\\ \sum v_y&=-f_y\end{aligned}\right\} \tag{6-20}$$

并以式(6-20)作为计算的检核。

(五)坐标计算

根据已知点的坐标和改正后的坐标增量，根据式(6-2)，依次推算出各点坐标。最后，还需推算出起算点的坐标，其坐标计算值应与已知值完全一致，否则计算有误，应进行改正。

(六)经纬仪导线测量的内业计算举例

【例 6-5】图 6-21 为一闭合导线，已知数据和经整理的观测角值及边长均已列入表 6-7，试计算各导线点坐标。

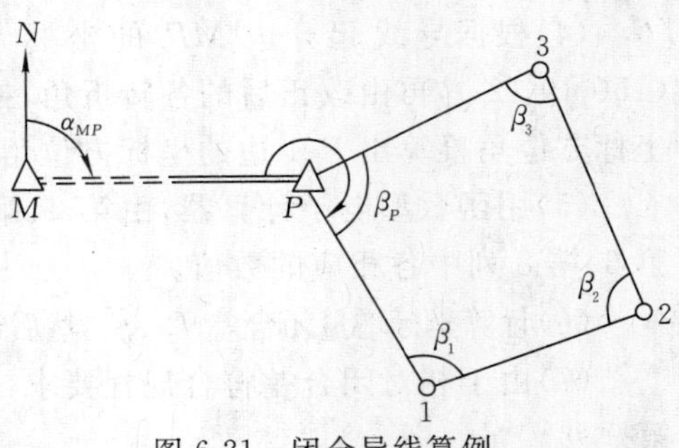

图 6-21 闭合导线算例

表 6-7 闭合导线坐标计算

点号	观测角 /(° ′ ″)	改正数 /(″)	坐标方位角 /(° ′ ″)	边长 /m	坐标增量计算 Δx /m	改正数 /mm	Δy /m	改正数 /mm	X /m	Y /m
1	2	3	4	5	6	7	8	9	10	11
M	连接角		90 39 12							
P	240 10 00								5 609.260	7 130.380
			150 49 12	125.823	−109.855	−26	61.346	−37		
1	98 39 36	+12							5 499.379	7 191.689
			69 29 00	162.924	57.102	−33	152.590	−48		
2	88 36 06	+12							5 556.448	7 344.231
			338 05 18	136.848	126.962	−28	−51.068	−40		
3	87 25 30	+12							5 683.382	7 293.123
			245 31 00	178.765	−74.085	−37	−162.691	−52		
P	85 18 00	+12							5 609.260	7 130.380
			150 49 12							
1										
Σ	359 59 12	+48		604.360	+0.124	−0.124	+0.177	−0.177		
备注	$f_\beta=\sum\beta_{测}-(n-2)\times180°=-48''$ $f_\beta=\pm40''\sqrt{n}=\pm40''\sqrt{4}=\pm80''$ $\lvert f_\beta\rvert<\lvert f_{\beta容}\rvert$ $V_{\beta_i}=-\frac{f_\beta}{n}=+48''/4=+12''$ V_{β_i} 为第 i 角的改正数				$f_x=\sum\Delta x=0.124$　$f_y=\sum\Delta y=+0.177$ $f=\sqrt{f_x^2+f_y^2}=\sqrt{(0.124)^2+(0.177)^2}=0.126$ $K=\frac{1}{\frac{\sum S}{f}}=\frac{1}{\frac{604.360}{0.216}}=\frac{1}{2\,796}<K_{容}$ $(K_{容}=1/2\,000)$					

注：数据下面为单下划线表示该数据为已知数据或已知观测数据。

解：经纬仪导线计算一般在固定的规范计算表格中进行，本例的计算均在表 6-7 中完成，其计算步骤如下：

(1)将起算边 MP 的坐标方位角(90°39′12″)、连接角(240°10′00″)和已知点 P 的坐标抄入导线坐标计算表格的第 4、第 2、第 10、第 11 列。

(2)将经过整理的外业成果中的水平角及水平边长抄入表格第 2 列和第 5 列。

(3)将第 2 列内闭合导线内角求和并求出角度闭合差 $f_\beta=+48''$，再计算出闭合差容许值 $f_{\beta容}=\pm80''$，然后将它们列入备注行。由于 $f_\beta<f_{\beta容}$，故将 f_β 反号平均分配给闭合导线中的各内角，改正数写入第 3 列，并计算出边长总和。

(4)根据导线起算边 MP 的坐标方位角 α_{MP} 和连接角 β_o，计算 P-1 边的坐标方位角(150°49′12″)，再由改正后的各转折角，推算其余各边的坐标方位角。为检核，要从 3-P 边的坐标方位角推算出 P-1 边的坐标方位角。所有坐标方位角值都写入第 4 列。

(5)用函数型电子计算器，由第 4、第 5 列直接或按公式 $\Delta x = S\cos\alpha$、$\Delta y = S\sin\alpha$ 计算出第 6、第 8 列中各相应的数值。

(6)计算坐标增量闭合差 f_x、f_y，然后计算导线全长闭合差 f_S 和相对闭合差 K，并写入备注行。

(7)由于相对闭合差符合规程要求，故按式(6-19)计算坐标增量改正数，并将其写入第 7、第 9 列。

(8)根据已知点 P 的坐标和改正后的坐标增量，依次计算出导线各点的坐标写入第 10、第 11 列。为检核，应要从点 3 的坐标计算点 P 坐标，若与该点的已知坐标相等，说明计算无误。

至此，全部计算完毕。

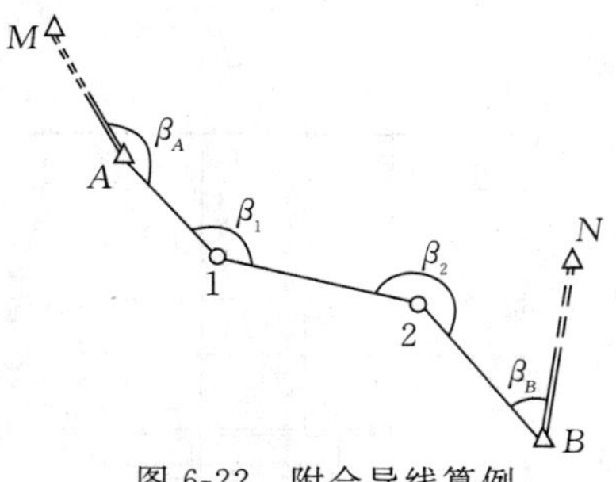

图 6-22　附合导线算例

【例 6-6】　图 6-22 为附合导线，已知数据和经整理的观测角值及边长均已列入表 6-8 中，试计算各导线点坐标。

其解算过程与闭合导线相同，结果如表 6-8 所示。

表 6-8　附合导线坐标计算

点号	观测角 /(° ′ ″)	改正数 /(″)	坐标方位角 /(° ′ ″)	边长 /m	坐标增量计算 Δx /m	改正数 /mm	Δy /m	改正数 /mm	X /m	Y /m
1	2	3	4	5	6	7	8	9	10	11
M										
			149 40 00							
A	168 03 24	−10							806.00	785.00
			137 43 14	236.018	−174.623	−90	158.780	−41		
1	145 20 48	−10							631.287	943.739
			103 03 52	189.109	−42.747	−72	184.214	−32		
2	216 46 36	−10							588.468	1 127.921
			139 50 18	147.616	−112.812	−56	95.204	−25		
B	49 02 48	−11							475.60	1 223.10
			8 52 55							
N										
∑				572.743	−330.182	−0.218	438.198	−0.098		

辅助计算：

$f_\beta = \alpha_{MA} + \sum_{1}^{n}\beta - n\times 180° - \alpha_{BN} = +41''$

$f_\beta = +40''\sqrt{n} = +40''\sqrt{4} = +80''$

$|f_\beta| < |f_{\beta容}|$

$V_{\beta_i} = -\dfrac{f_\beta}{n} = -41''/4 \approx -10''$

V_{β_i} 为第 i 角的改正数

$f_x = -330.182 - (-330.40) = 0.218$

$f_y = 438.198 - (438.100) = 0.098$

$f = \sqrt{f_x^2 + f_y^2} = \sqrt{0.218^2 + 0.098^2} = 0.239$

$K = \dfrac{1}{\dfrac{\sum S}{f}} = \dfrac{1}{\dfrac{572.743}{0.239}} = \dfrac{1}{2\,396} < K_{容}$

($K_{容} = 1/2\,000$)

注：数据下面单下划线表示该数据为已知数据或已知观测数据。

§6-5 交会测量

小地区平面控制网的布设可以用上述的导线测量方法，而当测区内已有控制点的密度不能满足工程施工或测图要求，且需要加密的控制点数量又不多时，可以采用交会法加密控制点，又称为交会定点。交会定点方法分为角度交会和距离交会两类。

一、前方交会

前方交会是角度交会方法的一种，如图 6-23 所示，A、B 为坐标已知的控制点，P 为待定点。在点 A、点 B 上安置经纬仪，测量水平角 α、β，根据 A、B 两点坐标和 α、β 观测角度，可以计算得出点 P 的坐标，此方法为前方交会。

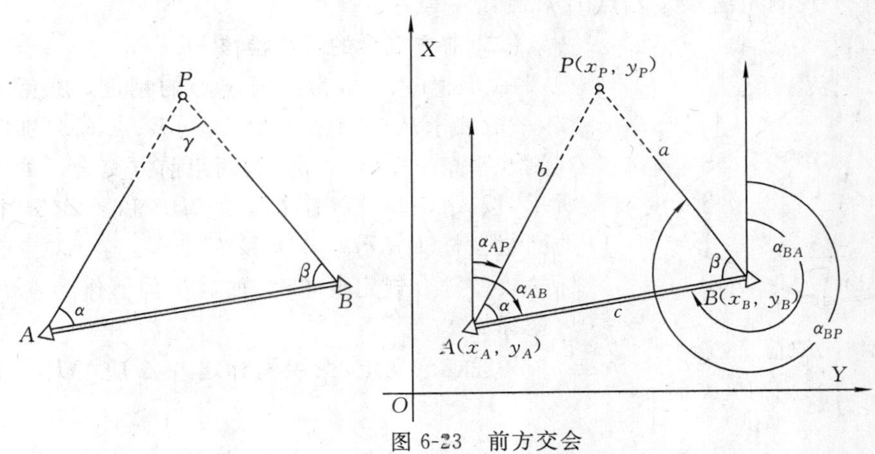

图 6-23 前方交会

(一)前方交会的计算

1. 坐标反算

根据 A、B 两点坐标$(x_A, y_A)(x_B, y_B)$，按坐标反算公式计算两点间边长 D_{AB} 和坐标方位角 α_{AB}。

2. 计算待定边长和方位角

按三角形正弦定律计算待定边 BP、AF 的边长 a、b，即

$$\left.\begin{aligned} a &= \frac{c\sin\alpha}{\sin\gamma} = \frac{c\sin\alpha}{\sin(\alpha+\beta)} \\ b &= \frac{c\sin\beta}{\sin\gamma} = \frac{c\sin\beta}{\sin(\alpha+\beta)} \end{aligned}\right\} \tag{6-21}$$

计算待定边方位角，即

$$\left.\begin{aligned} \alpha_{AP} &= \alpha_{AB} - \alpha \\ \alpha_{BP} &= \alpha_{BA} + \beta = \alpha_{AB} + \beta \pm 180^\circ \end{aligned}\right\} \tag{6-22}$$

3. 计算 P 的坐标

按坐标正算公式，分别从 A、B 两点计算 P 点坐标，两次计算应相等，作为计算检核。坐标计算公式为

$$
\left.\begin{aligned} x_P &= x_A + b\cos\alpha_{AP} \\ y_P &= y_A + b\sin\alpha_{AP} \end{aligned}\right\} \tag{6-23}
$$

$$
\left.\begin{aligned} x_P &= x_B + a\cos\alpha_{BP} \\ y_P &= y_B + a\sin\alpha_{BP} \end{aligned}\right\} \tag{6-24}
$$

4. 直接计算 P 点坐标

P 点坐标值的直接计算公式为

$$
\left.\begin{aligned} x_P &= \frac{x_A\cot\beta + x_B\cot\alpha + (y_B - y_A)}{\cot\alpha + \cot\beta} \\ y_P &= \frac{y_A\cot\beta + y_B\cot\alpha + (x_A - x_B)}{\cot\alpha + \cot\beta} \end{aligned}\right\} \tag{6-25}
$$

式(6-25)适用于计算器计算。应用此式时,要注意已知点和待定点必须按点 A、点 B、点 P 逆时针方向编号,点 A 观测角编号为 α,点 B 观测角编号为 β。

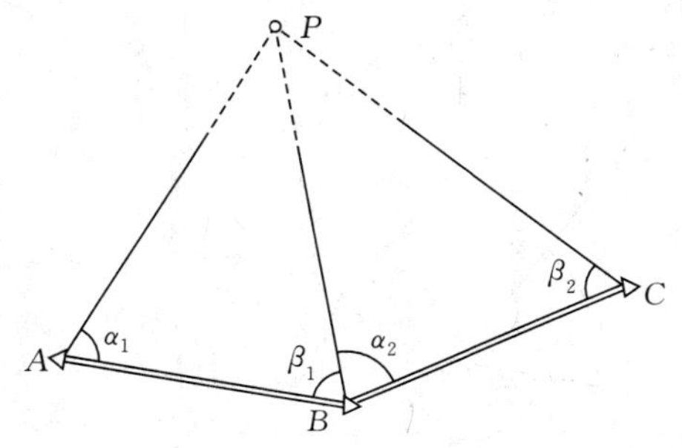

图 6-24　三点前方交会

(二)前方交会的观测检核

在实际工作中,为保证定点的精度,避免测角错误,一般要求从三个已知点 A、点 B、点 C 分别向点 P 观测水平角 α_1、β_1、α_2、β_2,做两组前方交会。如图 6-24 所示,按式(6-25) 分别计算 $\triangle ABP$ 和 $\triangle BCP$ 中 P 点的两组坐标 $P'(x_{P'}, y_{P'})$ 和 $P''(x_{P''}, y_{P''})$。当两组坐标的较差符合规定要求时,取其平均值作为点 P 的最后坐标。

一般规范规定,两组坐标之差 Δ 应不大于 2 倍比例尺精度,公式为

$$
\Delta = \sqrt{\varepsilon_x^2 + \varepsilon_y^2} \leqslant \Delta_{容} \tag{6-26}
$$

式中,$\varepsilon_x = x_P' - x_P''$,$\varepsilon_y = y_P' - y_P''$;$\Delta_{容} = 2 \times 0.1M$ mm,其中 M 为测图比例尺分母。

(三)前方交会计算实例

前方交会可以在表 6-9 中计算,计算时要注意检查。

表 6-9　前方交会计算

<table>
<tr><td rowspan="8">略图</td><td rowspan="8"></td><td rowspan="4">已知数据</td><td>点号</td><td>x/m</td><td>y/m</td></tr>
<tr><td>A</td><td>115.942</td><td>583.295</td></tr>
<tr><td>B</td><td>522.909</td><td>794.547</td></tr>
<tr><td>C</td><td>781.305</td><td>435.018</td></tr>
<tr><td rowspan="4">观测数据</td><td>α_1</td><td colspan="2">59°10′42″</td></tr>
<tr><td>β_1</td><td colspan="2">55°32′54″</td></tr>
<tr><td>α_2</td><td colspan="2">53°48′45″</td></tr>
<tr><td>β_2</td><td colspan="2">57°33′33″</td></tr>
<tr><td>计算结果</td><td colspan="5">(1)由 Ⅰ 计算得:$x_P' = 398.151$ m, $y_P' = 413.249$ m
(2)由 Ⅱ 计算得:$x_P'' = 398.127$ m, $y_P'' = 413.215$ m
(3)两组坐标较差:$\varepsilon_x = 0.024$ m, $\varepsilon_y = 0.034$ m, $\Delta = 0.042$ m, $\Delta_{容} = 2\times0.1\times1\,000 = 0.2$(m)
(4) P 点最后坐标为:$x_P = 398.139$ m, $y_P = 413.232$ m</td></tr>
</table>

二、后方交会

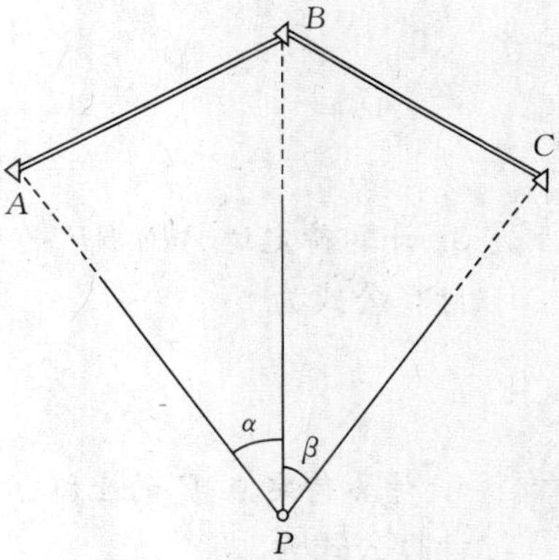

后方交会是角度交会的另一种形式，如图 6-25 所示，A、B、C 点是已知点，P 点是待定点。将经纬仪安置在 P 点上，观测 P 点至 A、B、C 点各方向之间的水平夹角 α、β，然后根据已知点的坐标，即可解算 P 点的坐标，这种方法称为后方交会。后方交会法的计算公式很多，这里只介绍一种。

图 6-25　后方交会

设辅助量 a、b、c、d 为

$$\left.\begin{aligned} a &= (x_B - x_A) + (y_B - y_A)\operatorname{ctan}\alpha \\ b &= (y_B - y_A) - (x_B - x_A)\operatorname{ctan}\alpha \\ c &= (x_B - x_C) - (y_B - y_C)\operatorname{ctan}\beta \\ d &= (y_B - y_C) + (x_B - x_C)\operatorname{ctan}\beta \end{aligned}\right\} \tag{6-27}$$

令 $K = \dfrac{a-c}{b-d}$，则 P 点的坐标为

$$\left.\begin{aligned} x_P &= x_B + \frac{Kb-a}{K^2+1} \\ y_P &= y_B - \frac{Kb-a}{K^2+1} \end{aligned}\right\} \tag{6-28}$$

当 P 点正好落在通过 A、B、C 三点的圆上时，后方交会点无法解算，称为危险圆，即

$$\left.\begin{aligned} a &= c \\ b &= d \\ K &= \frac{a-b}{b-d} = \frac{0}{0} \end{aligned}\right\} \tag{6-29}$$

当满足式(6-29)时，解为不定解。因此，式(6-28)是 P 点落在危险圆上的判别式。

三、测边交会

如图 6-26 所示，A、B 点为已知控制点，P 点为待定点，测量了边长 D_{AP} 和 D_{BP}，根据 A、B 点的已知坐标及边长 D_{AP} 和边长 D_{BP}，通过计算求出 P 点坐标，上述过程就是测边交会，也称距离交会。随着电磁波测距仪的普及、应用，测边交会也成为加密控制点的一种常用方法。

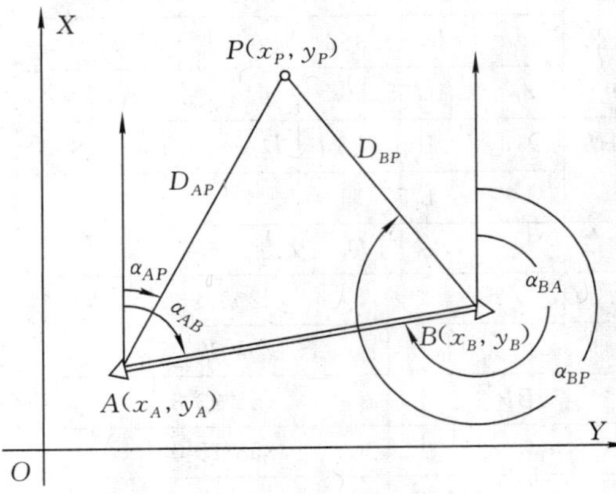

图 6-26　测边交会

(一)测边交会的计算方法

1. 计算已知边 AB 的边长和坐标方位角

与前方交会相同，根据已知点 A、B 的坐标，按坐标反算公式计算边长 D_{AB} 和坐标方位角 α_{AB}。

2. 计算 $\angle BAP$ 和 $\angle ABP$

根据三角形余弦定理，有

$$\left.\begin{aligned}\angle BAP&=\arccos\frac{D_{AB}^2+D_{AP}^2-D_{BP}^2}{2D_{AB}D_{AP}}\\\angle ABP&=\arccos\frac{D_{AB}^2+D_{BP}^2-D_{AP}^2}{2D_{AB}D_{BP}}\end{aligned}\right\}\tag{6-30}$$

3. 计算待定边 AP、BP 的坐标方位角

计算公式为

$$\left.\begin{aligned}\alpha_{AP}&=\alpha_{AB}-\angle BAP\\\alpha_{BP}&=\alpha_{BA}+\angle ABP\end{aligned}\right\}\tag{6-31}$$

4. 计算待定点 P 的坐标

计算公式为

$$\left.\begin{aligned}x_P&=x_A+\Delta x_{AP}=x_A+D_{AP}\cos\alpha_{AP}\\y_P&=y_A+\Delta y_{AP}=y_A+D_{AP}\sin\alpha_{AP}\end{aligned}\right\}\tag{6-32}$$

$$\left.\begin{aligned}x_P&=x_B+\Delta x_{BP}=x_B+D_{BP}\cos\alpha_{BP}\\y_P&=y_B+\Delta y_{BP}=y_B+D_{BP}\sin\alpha_{BP}\end{aligned}\right\}\tag{6-33}$$

以上两组坐标分别从点 A、点 B 推算,所得结果应相同。因此,该推算过程可作为计算的检核。

(二)测边交会的观测检核

在实际工作中,为了保证定点的精度,避免距离测量错误的发生,一般要求测量三个已知点 A、B、C 分别到点 P 的三段水平距离 D_{AP}、D_{BP}、D_{CP},做两组测边交会。计算出点 P 的两组坐标,当两组坐标较差满足式(6-26)时,取其平均值作为点 P 的坐标。

(三)测边交会计算实例

测边交会可以在表 6-10 中计算,计算时要注意检查。

表 6-10 测边交会计算

略图						
	已知数据/m	x_A	1 807.041	y_A	719.853
		x_B	1 545.382	y_B	830.55
		x_C	1 755.500	y_C	998.550
	观测值/m	D_{AP}	105.983	D_{BP}	159.548
		D_{CP}	177.491		

D_{AP} 与 D_{BP} 交会				D_{BP} 与 D_{CP} 交会			
D_{AB} /m		195.155		D_{BC} /m		205.935	
α_{AB}		145°24′21″		α_{BC}		54°39′37″	
$\angle BAP$		54°49′11″		$\angle CBP$		55°23′37″	
α_{AP}		90°35′10″		α_{BP}		358°15′00″	
Δx_{AP} /m	−1.084	Δy_{AP} /m	105.977	Δx_{BP} /m	159.575	Δy_{BP} /m	−4.829
x_P' /m	1 805.957	y_P' /m	825.830	x_P'' /m	1 805.957	y_P'' /m	825.831
x_P /m		1 805.957		y_P /m		825.830	
辅助计算	$\varepsilon_x=0,\varepsilon_y=0.001\text{ m},\Delta=0.001\text{ m},\Delta_{容}=2\times0.1\times1\,000=0.2(\text{m})$						

§6-6　三角高程测量

三角高程测量是高程测量的一种方法，当地形高低起伏较大而不便于实施水准测量时，可采用三角高程测量的方法测定两点间的高差，从而推算各点的高程。

（一）三角高程测量原理

三角高程测量是根据两点间的水平距离和竖直角计算两点间的高差。如图6-27所示，已知点A的高程H_A，欲测定点B的高程H_B，可在点A上安置经纬仪或全站仪，量取仪器高i（即仪器水平轴至测点的高度），并在B点设置观测标志（称为觇标）。用望远镜中丝瞄准觇标的顶部点M，测出竖直角α，量取觇标高v（即觇标顶部点M至目标点的高度），再根据A、B两点间的水平距离D_{AB}，计算A、B两点间的高差h_{AB}，公式为

$$h_{AB}=D_{AB}\tan\alpha+i-v \tag{6-34}$$

再由高差得到点B的高程，即

$$H_B=H_A+h_{AB}=H_A+D_{AB}\tan\alpha+i-v \tag{6-35}$$

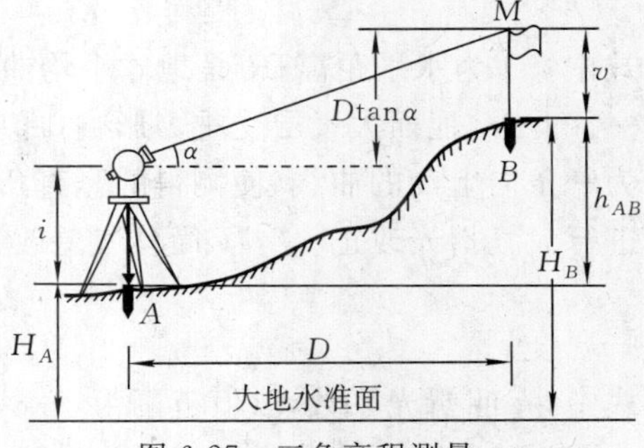

图6-27　三角高程测量

具体应用时要注意竖直角的正负号：竖直角是仰角时为正，相应的$D_{AB}\tan\alpha$也是正值；当竖直角是俯角时为负，相应的$D_{AB}\tan\alpha$也是负值。

仪器设在已知高程点，观测该点与未知高程点之间的高差叫直觇；反之仪器设在未知高程点，观测该点与已知高程点之间的高差叫反觇。

（二）三角高程测量的精度等级

在三角高程测量中，如果A、B两点间的水平距离（或斜距）是用测距仪或全站仪测定的，称为光电测距三角高程，采取一定措施后，其精度可达到四等水准测量的要求。

如果A、B两点间的水平距离是用钢尺测定的，称为经纬仪三角高程，其精度一般只能满足图根高程的要求。

（三）三角高程测量的施测与计算

1. 测量内容与方法

（1）对向观测。为了消除或减弱地球曲率和大气折光的影响，三角高程测量一般应进行对向观测，三角高程测量对向观测所求得的高差较差不应大于$0.4D$（m），其中D为水平距离，单位为km。若符合要求，取两次高差的平均值作为最终高差。

（2）量取仪器高和觇标高。安置仪器在测站A上，用小钢尺量仪器高i和觇标高v，分别量两次，精确至0.5 cm，两次的结果之差不大于1 cm，取其平均值记入表6-10中。

（3）竖直角测量。用十字丝的中丝瞄准点B的觇标顶端，盘左、盘右观测，将读取的竖直度盘读数L和R、计算出的竖直角α记入表6-10中。

（4）距离测量。使用经纬仪时，需用钢尺丈量A、B两点间距离，用测距仪或全站仪时，可直接测量A、B两点间的距离。

当用三角高程测量方法测定平面控制点的高程时，应组成闭合或附合的三角高程路线。对测时，每条边均要进行对向观测。用对向观测所得到的高差平均值，计算闭合或附合路线的

高差闭合差 f_h，高差闭合差的容许值为

$$f_{h容} = \pm 0.05\sqrt{D^2}\ (\mathrm{m}) \tag{6-36}$$

式中，D 为各边的水平距离，单位为 km。

当 f_h 不超过容许值时，按与边长成正比的原则，将 f_h 反符号分配到各高差中，然后用改正后的高差，从起算点开始推算各点高程。

2. 地球曲率和大气折光影响

地球曲率对地面上的水平距离和高差测量有一定影响，对于工程测量和地形测量，若距离在 300 m 以上，地球曲率对高差测量的影响不能忽视。若测量距离在 10 km 以内，可以对水平距离的影响忽略不计。所以，对远距离三角高程测量应进行地球曲率影响改正 (f_1)，简称球差改正。改正值为

$$f_1 = \frac{D^2}{2R} \tag{6-37}$$

式中，D 为水平距离；R 是地球平均曲率半径，取 6 371 km。

此外，地面大气层受重力影响，低层空气密度大于高层空气密度产生折光现象，视线会成为一条向上凸的曲线，使测得的竖直角和高差偏大。所以，进行远距离三角高程测量时，还应进行大气折光改正 (f_2)，简称气差改正。改正值为

$$f_2 = -k\frac{D^2}{2R} \tag{6-38}$$

式中，k 叫折光系数，取值范围为(0.8,2.0)，一般取 1.4。

上述两项的综合改正叫两差改正 (f)，即

$$f = (1-k)\frac{D^2}{2R} \tag{6-39}$$

3. 三角高程计算

表 6-11 为 A、B 点间和 B、C 点间进行的对向三角高程测量计算结果。其中，$D = S\cos\alpha$，$V = S\sin\alpha$，$h = V + i - v + f$。

表 6-11 三角高程计算

测边	AB		BC	
测站	A	B	B	C
目标	B	A	C	B
斜距 S /m	303.393	303.400	491.360	491.333
竖直角 α /(° ′ ″)	11 32 49	−11 33 06	6 41 48	−6 42 04
水平距离 D/km	297.253	297.255	488.008	487.976
平均平距/m	297.254		487.992	
V /m	60.730	−60.756	57.299	−57.334
仪器高 i /m	1.440	1.491	1.491	1.502
觇标高 v /m	1.502	1.400	1.522	1.441
两差改正 f /m	0.006	0.006	0.016	0.016
高差 h /m	60.674	−60.659	57.284	−57.257
平均高差/m	60.666		57.270	

思考题与习题

1. 什么叫导线、导线点、导线边、转折角？

2. 导线的形式主要有哪几种？各在什么情况下采用？

3. 导线测量的目的是什么？其外业工作如何进行？

4. 如何计算闭合导线和附合导线的角度闭合差？

5. 如何根据导线各边的坐标方位角确定坐标增量的正负号？

6. 何谓导线坐标增量闭合差？何谓导线全长相对闭合差？坐标增量闭合差是根据什么原则进行分配的？

7. 闭合导线与附合导线的内业计算有何异同点？

8. 什么是坐标正算？什么是坐标反算？坐标反算时坐标方位角如何确定？

9. 如表 6-12 所示，已知坐标方位角及边长，试计算各边的坐标增量 Δx、Δy。

表 6-12　坐标方位角和边长

边号	坐标方位角 /(° ′ ″)	边长 /m
AB	81 45 37	346.512
BC	94 33 59	523.805
CD	267 21 44	527.024

10. 如表 6-13 所示，已知 P_1 至 P_4 各点坐标，试计算 P_1P_2 和 P_3P_4 的坐标方位角和边长。

表 6-13　各点坐标

点号	x /m	y /m	点号	x /m	y /m
P_1	9 821.071	4 293.387	P_3	9 187.419	2 642.792
P_2	9 590.933	4 043.074	P_4	9 310.541	2 931.040

11. 图 6-28 为附合导线，已知 $x_B = y_B = 200.000$ m，$x_C = 155.371$ m，$y_C = 756.059$ m，$\alpha_{AB} = 45°00'00''$，$\alpha_{CD} = 116°44'48''$，观测数据如表 6-14 所示，试推算各点的坐标。

图 6-28　附合导线

表 6-14　各点观测数据

序号	水平角 /(° ′ ″)	水平边长 /m
B	239 29 52	297.262
1	147 44 20	187.814
2	214 49 52	93.403
C	189 41 22	

12. 如图 6-29 所示闭合导线，起算数据为 $\alpha_{8-1} = 270°00'00''$，$x_1 = y_1 = 200.000$ m。其观测数据如表 6-15 所示，按简易平差进行计算。

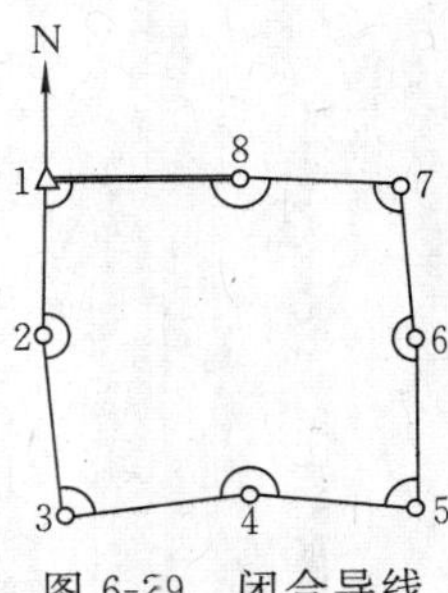

图 6-29　闭合导线

表 6-15 各点观测数据

点号	水平角 /(° ′ ″)	水平边长 /m
1	91 16 57	50.221
2	175 40 19	61.783
3	83 50 55	39.998
4	199 19 18	34.973
5	81 23 04	57.976
6	177 25 20	51.710
7	94 07 08	36.860
8	176 58 04	39.820
1		

13. 置仪器于已知点 A ($x_A=3\ 992.54$ m, $y_A=9\ 674.50$ m)、B ($x_B=4\ 681.04$ m, $y_B=9\ 850.00$ m)处，观测未知点 P，测得角值 $\alpha=53°07'44''$、$\beta=56°06'07''$(图 6-30)，试用前方交会法求点 P 坐标。

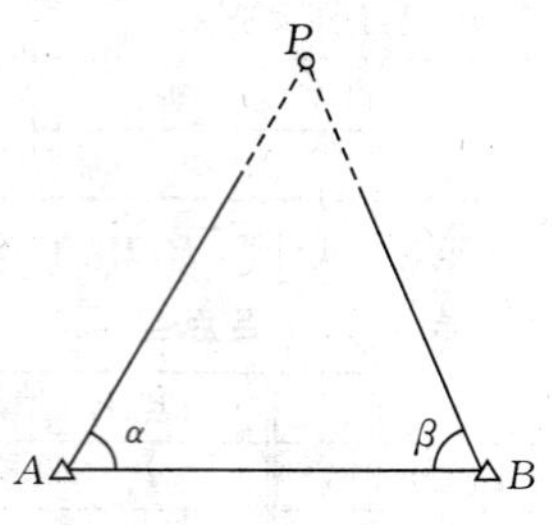

图 6-30 前方交会法

第七章　全站仪与全球导航卫星系统

§7-1　全站仪基本结构

一、全站仪基本构造

全站仪是野外普遍采用的数字化采集设备。全站仪即全站型电子速测仪，是集光、机、电于一体，可以同时进行角度和距离测量的智能化测量仪器。全站仪只要照准测量棱镜，输入目标高度，即可一次性测定水平角度、竖直角、斜距，还能借助内置的软件系统，计算并显示出测边的方位角、水平距离、测点的三维坐标等观测值。更重要的是，全站仪可以实现与计算机的双向通信，不再需要读数和记录，不仅降低了劳动强度，还提高了作业效率，避免了读数和记录中可能出现的错误。

全站仪和经纬仪一样，有照准部、基座、度盘、望远镜、水准器、光学对中器等主要部件，如图 7-1 所示。按其功能分，全站仪又可分为测角系统、测距系统、微处理器及应用软件、输入输出设备、电源等几部分。

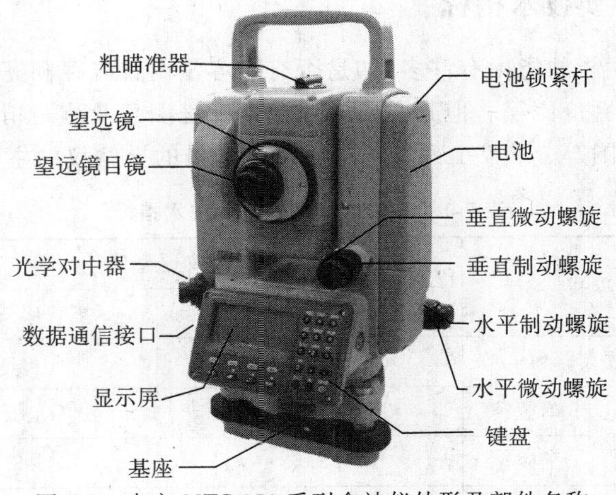

图 7-1　南方 NTS-350 系列全站仪外形及部件名称

(一)测角系统

全站仪对角度的读取是自动完成的，实现度盘读数、记录自动化的方法是：随着仪器的转动，光电扫描装置在特殊的光电度盘上获取电信号，再将电信号转换成角度值。光电度盘按照获取电信号的方式又可分为编码度盘和光栅度盘。

(二)测距系统

全站仪本身内部有光电测距仪，其测距方法是直接或间接地测量电磁波在待测点间往返一次的传播时间 t，然后按公式 $d=\frac{1}{2}ct$ 计算待测距离。式中，c 为光波在真空中传播的速度。

(三)微处理器及应用软件

全站仪内置微处理器,能完成输入指令接收、测量数据接收、计算处理等工作。早期全站仪微处理器的功能较为简单,内置的数据处理软件仅能计算测量坐标、根据斜距和竖直角计算水平距离和高差、计算坐标等,没有内存,测量数据通过电子手簿存储。而现代全站仪在原有基本功能的基础上,增加了大量方便各种工程进行施工测量的设计,开始有大容量内存,不同项目的测量数据可以通过文件形式分别保存、管理,能存储数千到数万个碎部点的测量数据。

(四)输入输出设备

全站仪的输入输出设备主要包括操作键盘、显示屏和数据接口。

全站仪操作键盘用于输入操作指令、数据和设置仪器参数。早期的全站仪操作键盘较小,因为键钮数有限,所以大多数按钮设计为多功能,且按钮的第二、三项功能采用组合输入方式。近期的全站仪操作键盘增大、按钮增多,数字输入不再是组合方式输入而是直按键输入。

显示屏是用于显示全站仪当前工作方式、状态、观测数据和运算结果的窗口。

数据接口是实现全站仪与外部设备(主要指计算机)通信的设备。通常有 PC 卡、传输电缆、USB 接口三种通信方式,其中传输电缆通信是目前最主要的通信方式。这种方式利用通信电缆将全站仪和计算机连接起来,将全站仪内的测量数据输送到计算机,或者将控制点数据由计算机输送到全站仪。

二、全站仪的主要技术指标

衡量一台全站仪性能的指标有许多,如是否有大容量内置内存和完善的测绘软件、功能是否齐全、是否有较高的性价比等。但其主要的技术指标是测角及测距精度、测程的远近和测距时间、双轴倾斜补偿范围等。表 7-1 列出了一些常见型号的全站仪的主要技术指标。

表 7-1 常见全站仪的主要技术指标

指标项目		仪器型号	
		南方 NTS-662	拓普康 GTS-311
望远镜放大倍数		30	30
最大测程/km	单棱镜	1.8	2.7
	三棱镜	2.6	3.5
测距精度/mm		$2+2\times10^{-6}D$	$3+2\times10^{-6}D$
测距时间(精测)/s		3	3
测角精度/(″)		±2	±2
最小显示角度/(″)		1	1
双轴自动补偿范围/(′)		±3	±3
最短视距/m		1.3	1.3

§7-2　全站仪的使用

一、测量准备工作

(一)安置仪器

轻轻地放下箱子，让其盖朝上，打开箱子的锁栓，开箱盖，取出仪器；在测站点上安置全站仪，其步骤和方法与经纬仪类同，包括对中和整平。

(二)开机自检

打开电源开关，仪器会自动进行自检。自检通过后，屏幕显示测量的主菜单。查看显示窗中电池是否有足够的电量，当电池电量不多时，应及时更换电池或对电池进行充电。

(三)进行各种初始设置

初始设置主要包括仪器常数、棱镜常数、指标差、大气改正值、日期时间等的设置。仪器在购买后首次使用时应进行以上内容的设置，如果没有变化，之后的测量中通常不再进行初始设置。

二、距离测量

距离测量的基本操作方法和步骤与光电测距仪类似，先选择测量模式(精测、粗测、跟踪)，然后瞄准反射棱镜，按相应的测量键，几秒之后即显示距离值。

以 NTS-660 系列全站仪为例，说明几种标准测量的过程。图 7-2 为 GTS-660 系列全站仪开机后的初始画面。按下屏幕上 测量 菜单下对应的 F2 键，在接下来屏幕显示的三种测量模式(图 7-3)中选择 距离测量 模式，即进入图 7-4 的距离测量界面，用全站仪望远镜照准棱镜中心，按 平距 下面所对应的 F2 键，即开始水平距离测量。测量结果会显示在屏幕上，如图 7-4 所示，屏幕显示内容从上往下依次为竖盘读数(V)、水平度盘读数(HR)、平距(HD)和高差(VD)。

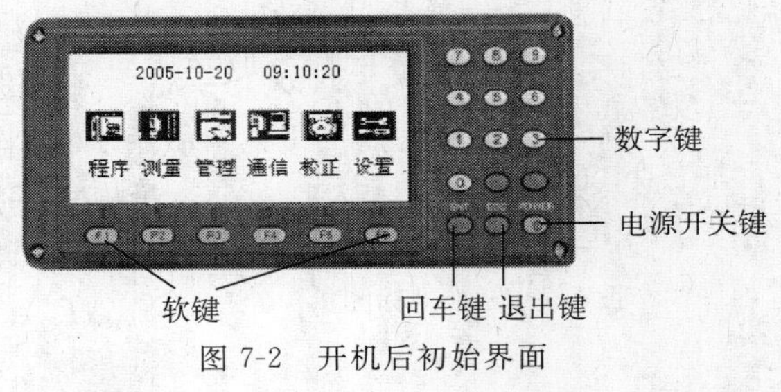

图 7-2　开机后初始界面

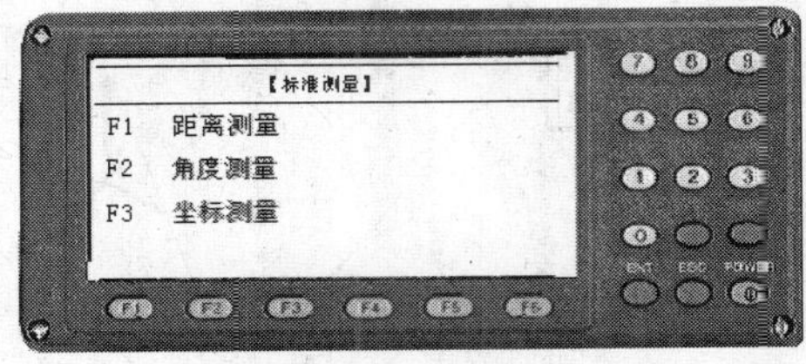

图 7-3　标准测量模式

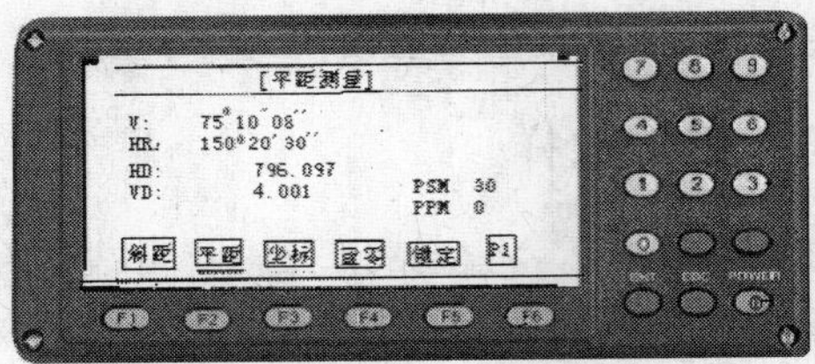

图 7-4　距离测量界面

三、角度测量

选择标准测量模式中的 角度测量 模式，即进入图 7-5 的角度测量界面。如图 7-6 所示，测量 OM、ON 两方向的水平角：在 O 点整置仪器后，照准目标 M，按 F4 (置零)键和 ENT 键，

将 OM 方向的水平读数设置为 $0°00'00''$；旋转仪器照准目标 N，直接显示 ON 方向的水平度盘读数(HR) 和竖直角(V)，ON 方向的水平度盘读数(HR)(同时也是 OM、ON 两方向之间的水平角)。

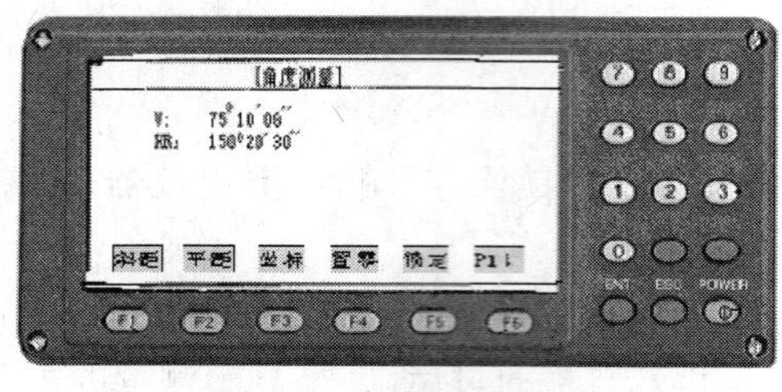

图 7-5　角度测量界面

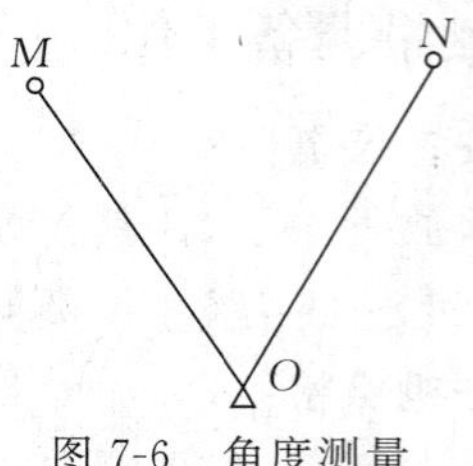

图 7-6　角度测量

四、坐标测量

同样，在进行野外数据采集时可以运用主菜单[测量]下的[坐标测量]功能，进入坐标测量模式。通过输入测站坐标、定向、仪器高和棱镜高，可直接测定未知点的坐标。步骤如下：

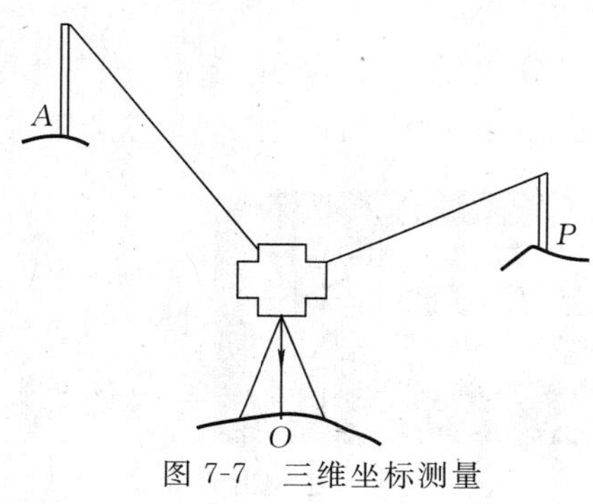

图 7-7　三维坐标测量

(1)设置测站点坐标。如图 7-7 所示，将全站仪安置于测站点 O 上，输入测站点的三维坐标(x_O，y_O，z_O)。

(2) 设置水平方向定向角。照准另一已知点 A，同时在全站仪上将水平度盘读数设置为 OA 的方位角。

(3)设置仪器高和棱镜高。

(4)坐标测量。照准目标点 P 上的反射棱镜；坐标测量模式下按“坐标测量”键，仪器就会利用内存的计算程序，自动计算并瞬时显示出目标点 P 的三维坐标(x_P，y_P，H_P)。计算公式为

$$\left.\begin{aligned} x_P &= x_O + S\cos\alpha\cos\theta \\ y_P &= y_O + S\cos\alpha\sin\theta \\ H_P &= H_O + S\sin\alpha + i - v \end{aligned}\right\} \tag{7-1}$$

式中，S 为仪器至反射棱镜的斜距，α 为仪器至反射棱镜的竖直角，θ 为仪器至反射棱镜的方位角。

五、坐标放样

如图 7-8 所示，将全站仪安置于测站点 O 上。选定三维坐标放样模式后，首先输入仪器高 i、目标高 v、测站点 O 和待测设点 P 的三维坐标(x_O，y_O，z_O)(x_P，y_P，H_P)，并照准另一已知点 A，设定方位角。然后照准竖立在待测设点 P 的概略位置 P_1 处的反射棱镜，按测量键即可自动显示出水平角偏差 $\Delta\beta$、水平距离偏差 ΔD 和高程偏差 ΔH。计算公式为

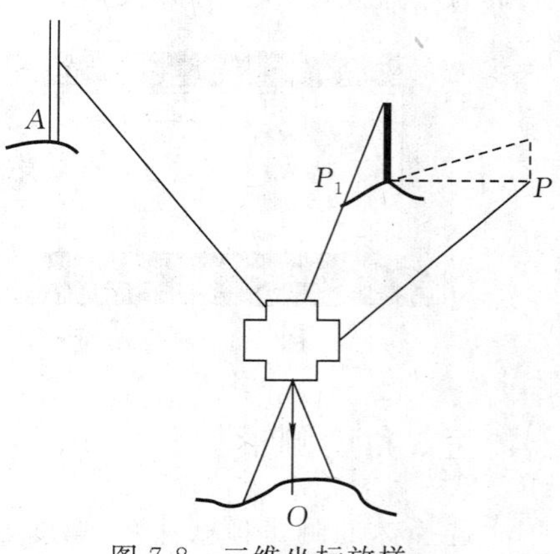

图 7-8　三维坐标放样

$$\left.\begin{aligned}\Delta\beta &= \beta_{测} - \beta_{设} \\ \Delta D &= D_{测} - D_{设} \\ \Delta H &= H_{测} - H_{设}\end{aligned}\right\} \tag{7-2}$$

$$H_{测} = H_C + S\sin\alpha + i - v \tag{7-3}$$

最后，按照所显示的偏差移动反射棱镜，当仪器显示为“0”时即为设计的 P 点位置。

六、悬高测量

所谓悬高测量，就是测定空中某点距地面的高度（图 7-9）。把全站仪安置于适当位置，在选定悬高测量模式后，把反射棱镜设立在欲测高度的目标点 C 的天底 B（过目标点 C 的铅垂线与地面的交点）处，输入反射棱镜高 i，然后照准反射棱镜进行测量。再转动望远镜照准目标点 C，便能实时显示目标点 C 至地面的高度 H。

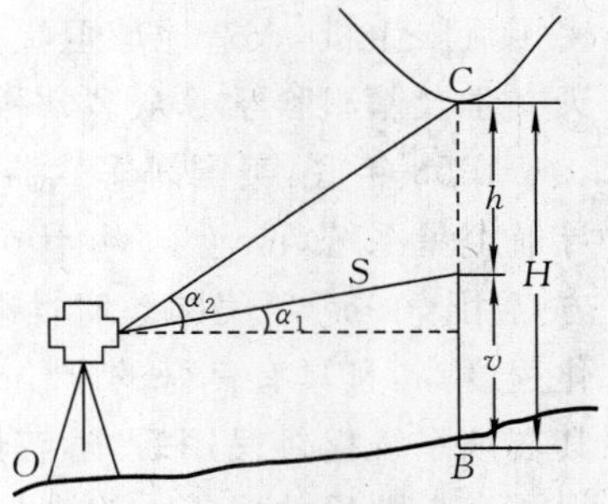

图 7-9　悬高测量

屏幕显示的目标点高度 H，由全站仪自身的计算程序计算而得，即

$$H = h + v = S\cos\alpha_1\tan\alpha_2 - S\sin\alpha_1 + v \tag{7-4}$$

式中，S 为仪器至反射棱镜的斜距，α_1、α_2 为仪器至反射棱镜和目标点 C 的竖直角。

七、对边测量

所谓对边测量，就是测定两目标点之间的平距和高差（图 7-10），即在两目标点 P_1、P_2 上分别竖立反射棱镜。在与通视的任意点 O 安置全站仪后，先选定对边测量模式，然后分别照准 P_1、P_2 上的反射棱镜，进行测量。这时，仪器会自动计算，并显示 P_1、P_2 两目标点间的平距 D_{12} 和高差 h_{12}。计算公式为

$$\left.\begin{aligned}D_{12} &= \sqrt{S_1^2\cos^2\alpha_1 + S_2^2\cos^2\alpha_2 - 2S_1S_2\cos\alpha_1\cos\alpha_2\cos\beta} \\ h_{12} &= S_2\sin\alpha_2 - S_1\sin\alpha_1\end{aligned}\right\} \tag{7-5}$$

式中，S_1、S_2 为仪器至两反射棱镜的斜距，α_1、α_2 为仪器至两反射棱镜的竖直角，β 为 O 与 P_1、P_2 形成的两个方向的水平夹角。

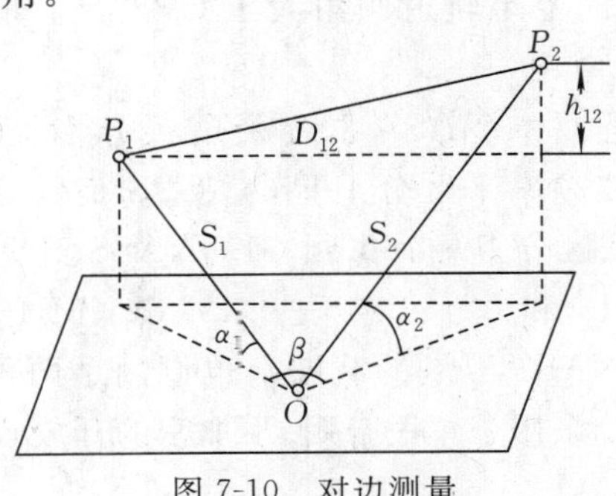

图 7-10　对边测量

但需指出，应用式(7-5)计算地面点 P_1、P_2 间高差的前提条件是 P_1、P_2 两点间的目标高 v 相等。否则，计算公式为

$$h_{12} = S_2\sin\alpha_2 - S_1\sin\alpha_1 + (v_1 - v_2) \tag{7-6}$$

在实际工作中，应尽量使两点的目标高相等，否则应在全站仪显示的高差中加入改正数。

§7-3 全球导航卫星系统的产生、发展与组成

一、全球导航卫星系统的产生和发展

(一)GPS

1957年10月,世界第一颗人造地球卫星发射成功,这是现代科学技术发展的结晶,它使空间科学技术的发展迅速跨入一个崭新的时代。近60多年来,卫星技术的发展为测绘事业带来了无限生机,人造地球卫星技术在通信、气象、资源勘察、导航、遥感、大地测量、地球动力学、天文学及军事科学等众多学科领域得到了广泛应用。

1958年底,美国海军武器实验室着手建立为美国军用舰艇导航服务的卫星系统,即海军导航卫星系统(navy navigation satellite system,NNSS),该系统于1964年建成,并在美国军方启用。1967年美国政府批准该系统解密,并提供民用。该系统不受气象条件的影响,自动化程度高,且具有良好的定位精度,因此它的出现也立即引起了大地测量学者的极大关注。尤其在该系统提供民用后,学者们利用该系统在大地测量方面进行了大量的应用研究与实践,取得了令人瞩目的成就。为满足军事部门和民用部门对连续实时工作和三维导航的迫切要求,1973年美国国防部开始组织海、陆、空三军,共同研究建立新一代卫星导航系统的计划,这就是目前的授时与测距导航系统/全球定位系统(navigation system timing and ranging/global positioning system,NAVSTAR/GPS),通常简称为全球定位系统(GPS)。

GPS的成功建成使测绘行业经历了一场深刻的技术革命。无论是在定位精度、使用条件、应用范围,还是在经济效益等方面都使其产生了巨大的飞跃和进步。

(二)GLONASS系统

格洛纳斯系统(global navigation satellite system,GLONASS)自1982年10月12日开始建设,于1996年建成,1995年初有16颗卫星,1996年1月18日整个系统正常运行。系统构成与GPS相同,只不过各种参数略有不同。

GLONASS系统的卫星星座由24颗卫星组成,均匀分布在3个近圆形的轨道平面上。每个轨道面上有8颗卫星,轨道高度为19 100 km,运行周期为11小时15分,轨道倾角为64.8°。由于GLONASS系统的卫星轨道倾角大于GPS的卫星轨道倾角,所以高纬度地区(50°以上)的可视性更好。

与美国的GPS不同的是GLONASS系统采用频分多址(frequency division multiple access,FDMA)方式,根据载波频率来区分卫星,而GPS是码分多址(code-division multiple access,CDMA),根据调制码来区分卫星。每颗GLONASS卫星发播的两种载波的频率分别为$L1=1\,602+0.562\,5k$ (MHz)和$L2=1\,246+0.437\,5k$ (MHz),其中$k(k=1,2,\cdots,24)$为每颗卫星的频率编号。GLONASS卫星的载波上也调制了两种伪随机噪声码,即S码和P码。俄罗斯对GLONASS系统采用了军民合用、不加密的开放政策。

(三)Galileo系统

Galileo系统计划是欧洲委员会于1999年2月公布、筹建的全球定位导航服务系统,Galileo系统支持各种领域广泛应用,包括实时导航、位置基准、安全与应急跟踪、体育、休闲服务和政府公共事业的需要。Galileo系统在技术结构上以30颗中圆地球轨道(medium earth orbit,MEO)卫星为核心星座,其空间信号等效于GPS卫星上的信号,具有在L频段上与GPS兼

容的多频体制。在经济上，除一般的免费入网用户外，加设有控置收费入网的高完善性安全导航用户及其他增值收费服务。

Galileo 系统是一个民用系统，估计将耗资 32 亿欧元以上，每颗卫星按照 10 年的寿命估计，每年的运行费用将为 2.5 亿欧元。一旦 Galileo 系统建成，它将取代或者超过 GLONASS 系统，并打破美国一统全球定位、导航、定时的垄断地位。

Galileo 系统将由 30 颗轨道卫星组成，到目前为止，在轨卫星共有 26 颗，计划于 2020 年发射完毕。卫星的轨道高度为 24 000 km，倾角为 56°，分布在 3 个轨道面上，每个轨道面部署 9 颗工作星和 1 颗在轨备份星（后调整为 24 颗工作卫星，6 颗备份卫星）。Galileo 系统将为用户提供误差不超过 1 m、时间精确的定位服务。Galileo 系统与 GPS 相比，有较大的不同和优越性，其精度会依次提高，最高精度比 GPS 高 10 倍，即使是免费使用的信号，其精度也达到 6 m。

（四）北斗卫星导航系统

北斗卫星导航系统（BeiDou navigation satellite system，BDS）是中国自主建设、独立运行、与世界其他卫星导航系统兼容共用的全球卫星导航系统，可在全球范围内全天候、全天时地为各类用户提供高精度、高可靠性的定位、导航、授时服务。

北斗卫星导航系统空间段由 5 颗地球静止轨道卫星和 30 颗非地球静止轨道卫星组成，提供两种服务方式，即开放服务和授权服务。开放服务是在服务区免费提供定位、测速和授时服务，定位精度为 10 m，授时精度为 50 ns，测速精度为 0.2 m/s。授权服务是向授权用户提供更安全的定位、测速、授时和通信服务信息。

北斗卫星导航系统与 GPS 和 GLONASS 系统最大的不同在于它不仅能使用户知道自己的所在位置，还可以告诉别人自己的位置，特别适用于需要导航与移动数据通信的场所，如交通运输、调度指挥、搜索营救、地理信息实时查询等。2000 年底，建成北斗一号系统，向中国提供服务；2012 年底，建成北斗二号系统，向亚太地区提供服务；2018 年底，建成北斗三号系统，向全球提供服务。

（五）全球导航卫星系统的产生

20 世纪 90 年代中期，国际民航组织（International Civil Aviation Organization，ICAO）、国际移动卫星组织（International Mobile Satellite Organization，IMSO），以及欧洲空间局（European Space Agency，ESA）等倡导发展完全由民间控制的全球导航卫星系统，该系统将由多卫星导航系统组成。1992 年 5 月，在国际民航组织的未来空中导航系统（future air navigation system，FANS）会议上，全球导航卫星系统（global navigation satellite system，GNSS）被定义为一个全球性的位置和时间测定系统，包括一种或几种卫星星座、机载接收机和系统完备性监视。

全球导航卫星系统致力于弥补第二代卫星导航定位系统存在的不足。其研制开发将分步实施：首先以 GPS/GLONASS 系统为依托，建立由地球同步卫星移动通信导航卫星系统、完备性监视系统，以及接收机完备性监视系统组成的混合系统，以提高卫星导航系统的完备性和服务的可靠性；然后将建成纯民间控制的全球导航卫星系统，该系统由多种中高轨全球导航卫星和既能用于导航定位又能用于移动通信的地球静止轨道卫星构成。此外，在模糊全球卫星导航定位系统（以 GPS 和 GLONASS 为代表）与全球导航卫星系统具有差异的前提下，全球导航卫星系统还泛指各种现存的和正在开发建设的卫星导航定位系统。

二、全球导航卫星系统的组成

全球导航卫星系统主要由三大部分组成：空间星座部分、地面监控部分和用户设备部分。

下面以 GPS 为例说明。

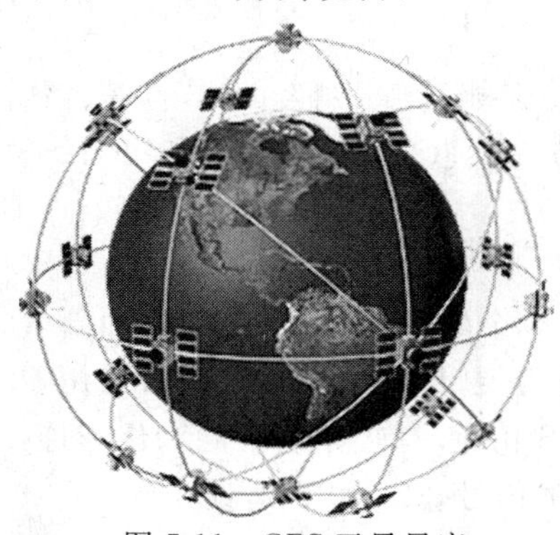

图 7-11 GPS 卫星星座

(一)GPS 卫星星座部分

图 7-11 为 GPS 的空间卫星星座,该星座由 24 颗卫星组成,其中包括 3 颗备用卫星。卫星分布在 6 个轨道面内,每个轨道面上分布有 4 颗卫星。卫星轨道面相对地球赤道面的倾角约为 55°,各轨道平面升交点的赤经相差 60°,在相邻轨道上,卫星的升交角距相差 30°。轨道平均高度约为 20 200 km,卫星运行周期为 11 小时 58 分。因此,同一观测站上,每天出现的卫星分布图形相同,只是每天提前约 4 分钟。每颗卫星每天约有 5 小时在地平线以上,同时位于地平线以上的卫星数目随时间和地点而异,最少为 4 颗,最多可达 11 颗。

GPS 卫星在空间上的配置,确保使用者在地球上任何地点、任何时刻均至少可以同时观测到 4 颗卫星,加之卫星信号的传播和接收不受天气的影响,因此 GPS 是一种全球性、全天候的连续实时定位系统。不过也应指出,GPS 卫星的上述分布,在个别地区仍可能在某一短时间内,只能观测到 4 颗图形结构较差的卫星,无法达到必要的定位精度。

空间部分的 3 颗备用卫星,可在必要时根据指令代替发生故障的卫星,这对 GPS 空间部分正常而高效地工作是极其重要的。

GPS 卫星的主体呈圆柱形,直径约为 1.5 m,重约 774 kg(包括 310 kg 燃料),两侧设有 2 块双叶太阳能板,能自动对日定向,保证卫星正常工作用电。每颗卫星装有 4 台高精度原子钟(2 台铷钟和 2 台铯钟),这是卫星的核心设备。它将发射标准频率信号,为 GPS 定位提供高精度的时间标准。

GPS 卫星的基本功能是接收和存储由地面监控站发来的导航信息,接收并执行监控站的控制指令。主要功能包括:卫星上设有微处理机,进行部分必要的数据处理工作;通过星载的高精度铯钟和铷钟提供精密的时间标准;向用户发送定位信息;在地面监控站的指令下,通过推进器调整卫星的姿态和启用备用卫星。

(二)地面监控部分

GPS 地面监控部分,目前主要由分布在全球的 5 个地面站组成,其中包括卫星监测站、主控站和信息注入站,如图 7-12 所示。

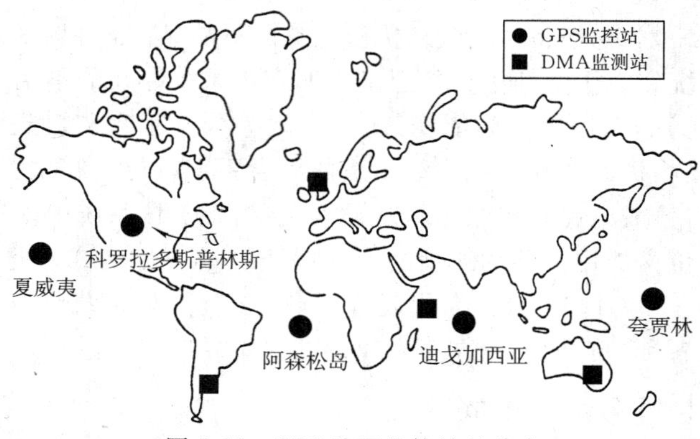

图 7-12 GPS 地面监控站的分布

现有 5 个地面站均具有监测站功能。监测站是在主控站控制下的数据自动采集中心，站内设有双频 GPS 接收机、高精度原子钟、计算机各一台和若干台环境数据传感器。接收机对 GPS 卫星进行连续观测、采集数据和监测卫星的工作状况。原子钟提供时间标准，而环境传感器收集有关当地的气象数据。所有观测资料由计算机进行处理，并储存和传送到主控站，来确定卫星的轨道。

主控站有一个，设在科罗拉多斯普林斯(Colorado Springs)。主控站除协调和管理所有地面监控系统的工作外，其主要任务包括：根据本站和其他监控站的所有观测资料，推算编制各卫星的星历、卫星钟差和大气层的修正参数等，并把这些数据传送到注入站，提供 GPS 的时间基准。各监测站和 GPS 卫星的原子钟均应与主控站的原子钟同步，测出其间的钟差，并把这些钟差信息编入导航电文，送到注入站。主控站调整偏离轨道的卫星，使其沿预定的轨道运行，或启用备用卫星以代替失效的工作卫星。

注入站现有三个，分别设在印度洋的迪戈加西亚(Diego Garcia)、南大西洋的阿森松岛(Ascension Island)和太平洋的夸贾林(Kwajalein)。注入站的主要设备包括一台直径为 3.6 m 的天线、一台 C 波段的发射机和一台计算机。其主要任务是在主控站的控制下，将主控站推算和编制的卫星星历、钟差、导航电文和其他控制指令等注入相应卫星的存储系统中，并监测注入信息的正确性。

整个 GPS 地面监控部分，除主控站外均无人值守，各站间用现代化的通信网络联系。在原子钟和计算机的驱动和精确控制下，各项工作均实现了高度的自动化和标准化。

(三)用户设备部分

GPS 的空间部分和地面监控部分是用户应用该系统进行定位的基础，而用户只有通过用户设备，才能达到定位的目的。

用户设备的主要任务是接收卫星发射的无线电信号，以获得必要的定位信息及观测量，并经数据处理，完成定位工作。

根据用户要求的不同，所需的接收设备也不同。随着卫星定位技术的迅速发展和应用领域的日益扩大，许多国家都在积极研制、开发适用于不同要求的接收机及相应的数据处理软件。例如，现在很多接收机生产厂家都在积极研制、生产既能接收 GPS 卫星信号，又能接收 GLONASS、Galileo 等卫星定位系统信号的接收机，提高卫星定位精度。

用户设备主要由 GPS 接收机硬件、数据处理软件、微处理机及其终端设备组成，而 GPS 接收机(图 7-13)的硬件，一般包括主机、天线和电源。

图 7-13　接收机

§7-4 全球导航卫星系统的基本原理

一、卫星星历与卫星信号

(一)GPS 卫星星历

卫星的星历就是描述卫星运行轨道和状态的各种参数值,它是计算卫星瞬时位置的依据。卫星星历其实就是赋值后的轨道参数,按其来源可分为预报星历(广播星历)和实测星历(精密星历)。

1. 预报星历

卫星将地面监测站注入的、有关卫星运行轨道的信息,通过发射导航电文传递给用户,用户对这些信号进行解码即可获得所需要的卫星星历,这种星历就是预报星历,也称作广播星历。预报星历是一种外推星历。因为卫星在某一参考历元的瞬时轨道参数随着时间的延续,受到摄动力影响,实际轨道将偏离其参考轨道,偏离程度主要取决于观测历元与参考历元间的时间差。不过可以用轨道参数的摄动项,对已知的参考历元星历进行改正,外推出任意观测历元的卫星星历。显然,如果观测历元与所选的参考历元相差很大,势必会损害外推星历的精度。

为了确保预报星历的必要精度,只能限制它的外推时间间隔。因此地面监测站每天都根据其观测资料,计算卫星星历参数的更新值,并且将其注入卫星存储,以便更新卫星的参考轨道。因此,GPS 卫星所发射的预报星历每小时更新一次,供用户使用。

2. 实测星历

实测星历是一些国家根据自己的卫星跟踪站观测资料,经处理后直接计算的卫星星历,它向广大用户提供服务,大大提高了卫星星历的精度。不过这种星历难以在用户观测期间获得,通常是在用户观测后一段时间才能提供,所以它对导航和实时定位的意义不大。

(二)GPS 卫星信号

GPS 卫星播发的信号包括载波信号、测距码、数据码等多种信号分量,能满足多用户系统的导航、高精度定位及军事保密的需要。

GPS 卫星信号所包含的载波、测距码(包括 P 码、C/A 码)、数据码(导航电文,或称 D 码)都是在同一个基本频率 $f_0=10.23$ MHz 的控制下产生的。

1. GPS 载波信号

GPS 卫星信号取无线电波中 L 波段的两种不同频率的电磁波作为载波,它们的频率和波长分别为:L_1 载波 $f_{L_1}=154\times f_0=1\ 575.42$ MHz,波长 $\lambda_1=19.032$ cm;L_2 载波 $f_{L_2}=120\times f_0=1\ 227.6$ MHz,波长 $\lambda_2=24.42$ cm。在载波 L_1 上调制有 C/A 码、P 码和数据码,在载波 L_2 上只调制有 P 码和数据码。

GPS 卫星的测距码和数据码是采用调相技术调制到载波上的,且调制码的幅值只取 0 或 1。当码值取 0 时,对应的码状态为+1;而码值取 1 时,对应的码状态为-1。载波和相应的码状态相乘便实现了载波的调制,此时码信号被加载到载波上,经过播发可供用户接收。

GPS 载波的作用不仅仅是加载和传送码信号,其本身还是一个重要的测量对象。

2. GPS 的测距码

现代数字通信中，普遍使用二进制数（“0”和“1”）及其组合来表示各种信息，称其为码。在二进制中，一位二进制数叫作一个码元或 1 bit，每秒传输的比特数称为数码率。

GPS 卫星所采用的两种测距码，C/A 码和 P 码（或 Y 码）均属于伪随机噪声（pseudorandom noise，PRN）码，这种二进制的数码序列不仅具有良好的自相关特性，还是一种结构确定、可以复制的周期性序列。

C/A 码的码长较短，易于捕获，但码元宽度较大，测距精度较低，所以 C/A 码又称捕获码或粗码。P 码为精密测距码，又称精码。

3. 数据码（D 码）

数据码也称导航电文，它包含卫星星历、卫星工作状态、时间系统、卫星钟运行状态、轨道摄动改正、大气折射改正、由 C/A 码捕获 P 码的信息等。

导航电文也是二进制数码，依规定的格式组成，按帧向外播送，每帧电文的长度为 1 500 bit，播送速率为 50 bit/s。

（三）GPS 信号的结构

图 7-14 是 GPS 卫星信号构成的示意图。图中说明所有信号分量都是根据同一基准频率 f_0 产生的，其中包括载波 L_1、L_2，调制在载波上的调相信号 C/A 码、P 码和数据码，经卫星发射天线发送给用户。发射的信号分量包括 C/A 码信号、L_1-P 码信号和 L_2-P 码信号。

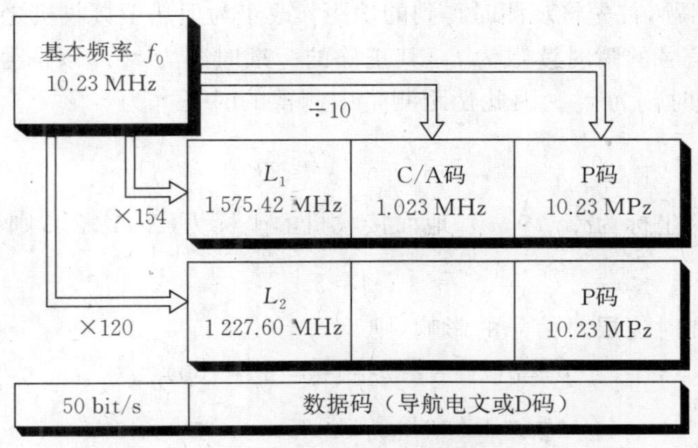

图 7-14　GPS 信号结构

（四）北斗信号结构

北斗卫星在 B1、B2 和 B3 频段发射导航信号，其中 B3 频段上的导航信号为授权服务信号，不对公众开放，因此只对 B1 和 B2 频段上的导航信号做简要介绍。

B1I 信号和 B2I 信号的载波频率在卫星上由共同基准时钟源产生。其中，B1I 信号的标称载波频率为 1 561.098 MHz，B2I 信号的标称载波频率为 1 207.140 MHz。卫星发射信号采用四相移相键控（quadrature phase-shift keying，QPSK）调制。

B1、B2 信号由 I、Q 两个支路的“测距码＋导航电文”正交调制在载波上构成，信号表达式为

$$S^j_{B1}(t)=A_{B1I}C^j_{B1I}(t)D^j_{B1I}(t)\cos(2\pi f_1 t+\varphi^j_{B1I})+A_{B1Q}C^j_{B1Q}(t)D^j_{B1Q}(t)\sin(2\pi f_1 t+\varphi^j_{B1Q}) \tag{7-7}$$

$$S_{B2}^{j}(t)=A_{B2I}C_{B2I}^{j}(t)D_{B2I}^{j}(t)\cos(2\pi f_{2}t+\varphi_{B2I}^{j})+A_{B2Q}C_{B2Q}^{j}(t)D_{B2Q}^{j}(t)\sin(2\pi f_{2}t+\varphi_{B2Q}^{j}) \tag{7-8}$$

式中,上角标 j 表示卫星编号,下角标I表示I支路,下角标Q表示Q支路,A 表示信号振幅,C 表示测距码,D 表示测距码上调制的数据码,f 表示载波频率,φ 表示载波初相。

二、GPS 卫星定位基本工作原理

根据对 GPS 信号的不同观测量,可以分为以下四种定位方法:

(1)伪距定位法:用 GPS 卫星的伪噪声编码信号测定接收机到 GPS 卫星的距离。

(2)多普勒定位法:根据多普勒效应原理,利用 GPS 卫星较高的射电频率,由积分多普勒计数得出伪距差。

(3)载波相位测量:通过测量载波的相位,求得接收机到 GPS 卫星的距离。

(4)卫星射电干涉测量:利用 GPS 卫星射电信号有白噪声的特性,由两个测站同时观测一颗 GPS 卫星,通过测量这颗卫星的射电信号到达两个测站的时间差,可以求得站间距离。

(一)伪距定位基本原理

伪距定位法是利用 GPS 进行低精度测量及导航的最基本方法。它的优点是速度快、无多值性问题,利用增加观测时间可以提高定位精度,足以满足部分用户的需要。另外,伪距测量资料也是载波相位测量中极其有用的辅助资料。

为了解决定位问题,首先将观测时得到的伪距 $\tilde{\rho}$ 改正为卫星至接收机之间的实际距离 ρ。

设卫星钟发出信号的瞬时读数为 t_a,其正确的标准时刻为 τ_a。该信号到达接收机的时间为 t_b,其正确的标准时刻为 τ_b。因此伪距测量中测得的时延 τ 为

$$\tau=t_b-t_a=\frac{1}{c}\tilde{\rho} \tag{7-9}$$

假定空中卫星的坐标为 (x,y,z),地面接收机的坐标为 (X,Y,Z),则有

$$\rho=[(x-X)^2+(y-Y)^2+(z-Z)^2]^{\frac{1}{2}} \tag{7-10}$$

若考虑电离层和对流层对信号的影响,则

$$\begin{aligned}\rho&=c(\tau_a-\tau_b)+(\delta\rho)_{ion}+(\delta\rho)_{trop}\\&=\tilde{\rho}+(\delta\rho)_{ion}+(\delta\rho)_{trop}-cv_{t_a}+cv_{t_b}\end{aligned} \tag{7-11}$$

式中,$(\delta\rho)_{ion}$ 和 $(\delta\rho)_{trop}$ 分别表示电离层折射改正和对流层折射改正,v_{t_a} 和 v_{t_b} 分别为卫星钟差和接收机钟差。

在实用中,将接收机钟差 v_{t_b} 视为未知数,因而在式(7-11)中存在4个未知数,即 X、Y、Z 和 v_{t_b},因此,至少需要接收4颗卫星信号,才能列出4个方程,来求解4个未知数。顾及式(7-10)和式(7-11)可以列出

$$[(x^j-X)^2+(y^j-Y)^2+(z^j-Z)^2]^{\frac{1}{2}}=\tilde{\rho}^j+(\delta\rho^j)_{ion}+(\delta\rho^j)_{trop}-cv_{t_{aj}}+cv_{t_{bj}} \tag{7-12}$$

式中,j 对应卫星编号。

因此,接收卫星颗数越多,解算时的多余观测量就越多,解算精度就越高。

(二)载波相位定位基本原理

伪距测距是以测距码作为量测信号,但测距码的波长较长,难以达到较高的精度。载波相

位测量不使用码信号，不受码控制的影响，属于非码测量系统。载波信号的波长要短得多，其中 L_1 信号的波长为 19 cm，L_2 信号波长为 24 cm。因此，把载波作为量测信号，对载波进行相位测量就可以达到很高的精度，目前的测地型接收机载波相位测量精度一般为 1～2 mm。但是，载波信号是一种周期性的正弦信号，相位测量只能测定其不足一个波长的小数部分，无法测定其整波长个数。因此，载波相位测量存在着整周数的不确定性问题，使解算过程复杂化。

如果在 t_0 时刻接收机产生的基准信号的相位是 $\Phi^0(R)$，接收机接收到的载波信号的相位是 $\Phi^0(S)$，若能测定出二者相位之差 $\Phi^0(R)-\Phi^0(S)$，则由载波波长 λ 就可以求出该瞬间从卫星至接收机的距离，即

$$\rho=\lambda(\Phi^0(R)-\Phi^0(S))=\lambda(N_0+F_\tau^0(\Phi)) \tag{7-13}$$

式中，N_0 为基准信号与接收信号相位差的整周数，$F_\tau^0(\Phi)$ 为相位差中不足一整周的小数部分。

实际上，接收机所接收的 GPS 信号经过解调后，与基准信号进行混频，从而得到一个中频的差频信号，差频信号的相位也就是基准信号与接收信号的相位差值。这就是说，接收机产生的基准信号与接收的载波信号的相位差是通过量测差频信号的相位值得到的。

设接收机本机振荡器产生的基准信号为 $\cos(\omega_1 t+\varphi_1)$，接收到的载波信号为 $\cos(\omega_2 t+\varphi_2)$，混频后可以产生两个新信号，即

$$\cos(\omega_1 t+\varphi_1)\cos(\omega_2 t+\varphi_2)=\frac{1}{2}[\cos((\omega_1+\omega_2)t+(\varphi_1+\varphi_2))+\cos((\omega_1-\omega_2)t+(\varphi_1-\varphi_2))]$$

上式右端第二项就是混频后产生的差频信号，它的相位 $\varphi_1-\varphi_2$ 等于基准信号与接收信号的相位之差。因此，载波相位测量值等于混频后的差频信号的相位值。

把前面的讨论加以归纳可以看出，只要接收机对卫星信号连续跟踪、不中断(失锁)，那么每个完整的载波相位观测值为

$$\varphi=N_0+\tilde{\varphi}=N_0+\mathrm{Int}(\varphi)+F_\tau(\varphi)$$

式中，N_0 是载波相位在传播路径上延迟的整周数；$\tilde{\varphi}$ 为载波相位测量的实际观测值；$\mathrm{Int}(\varphi)$ 是自起始时刻 t_0 至观测时刻 t_i 之间，载波相位变化的整周数，它是 t_0 至 t_i 时间内用计数器逐个累计的差频信号的整周数；$F_\tau(\varphi)$ 是差频信号不足一整周的部分，它是在 t_i 时刻的一个瞬时量测值。

(三)实时差分定位基本原理

在 GPS 定位中，存在着三部分误差：一是多台接收机公有的误差，如卫星钟误差、星历误差；二是传播延迟误差，如电离层误差、对流层误差；三是接收机固有的误差，如内部噪声、通道延迟、多路径效应。实践证明，采用差分定位可完全消除第一部分误差，可大部分消除第二部分误差。

差分 GPS 可分为单基准站差分、具有多个基准站的局部区域差分和广域差分三种类型。

1. 单基准站差分

单基准站差分按基准站发送的信息方式来分，可分为位置差分、伪距差分和载波相位差分三种，其工作原理大致相同。

(1) 位置差分原理。设基准站的精密坐标为(X_0, Y_0, Z_0)，在基准站上的GPS接收机测出的坐标值为X、Y、Z，包含着轨道误差、时钟误差、选择可用性(selective availability，SA)影响、大气影响、多路径效应及其他误差。求出其坐标改正数，即

$$\left.\begin{aligned}\Delta X &= X_0 - X \\ \Delta Y &= Y_0 - Y \\ \Delta Z &= Z_0 - Z\end{aligned}\right\} \tag{7-14}$$

基准站用数据链将这些改正数发送出去，用户接收机在解算时，加入以上改正数，即

$$\left.\begin{aligned}X_P &= X'_P + \Delta X \\ Y_P &= Y'_P + \Delta Y \\ Z_P &= Z'_P + \Delta Z\end{aligned}\right\} \tag{7-15}$$

若顾及用户接收机位置改正值的瞬时变化，式(7-15)可以进一步写为

$$\left.\begin{aligned}X_P &= X'_P + \Delta X + \mathrm{d}(\Delta X)/\mathrm{d}t(t - t_0) \\ Y_P &= Y'_P + \Delta Y + \mathrm{d}(\Delta Y)/\mathrm{d}t(t - t_0) \\ Z_P &= Z'_P + \Delta Z + \mathrm{d}(\Delta Z)/\mathrm{d}t(t - t_0)\end{aligned}\right\} \tag{7-16}$$

该方法的优点是计算简单，适用于各种型号的GPS接收机；缺点是基准站与用户必须观测同一组卫星，这在近距离可以做到，但距离较长时很难满足。

(2) 伪距差分原理。这是应用最广的一种差分。在基准站上，观测所有卫星，根据基准站已知坐标(X_0, Y_0, Z_0)和测出的各卫星的地心坐标(X^j, Y^j, Z^j)，求出每颗卫星每一时刻到基准站的真正距离R^j，即

$$R^j = [(X^j - X_0)^2 + (Y^j - Y_0)^2 + (Z^j - Z_0)^2]^{\frac{1}{2}} \tag{7-17}$$

其伪距为ρ_0^j，则伪距改正数为

$$\Delta\rho^j = R^j - \rho_0^j \tag{7-18}$$

基准站将$\Delta\rho^j$和$\mathrm{d}\rho^j$发送给用户，用户在测出的伪距ρ^j上加改正，求出经改正后的伪距，即

$$\rho_P^j(t) = \rho^j(t) + \Delta\rho^j(t) + \mathrm{d}\rho^j(t - t_0)$$

式中，$\mathrm{d}\rho^j = \Delta\rho^j/\Delta t$。最后计算坐标，即

$$\rho_P^j = [(X^j - X_P)^2 + (Y^j - Y_P)^2 + (Z^j - Z_P)^2]^{\frac{1}{2}} + c\delta t + V_1 \tag{7-19}$$

式中，δt为钟差，V_1为接收机噪声。

伪距差分的优点是基准站提供所有卫星的改正数，用户接收机观测任意四颗卫星，就可完成定位。因提供改正数$\Delta\rho^j$，可满足RTCM SC-104标准。其缺点是差分精度随基准站到用户的距离的增加而降低。

(3)载波相位差分原理。位置差分和伪距差分能满足米级定位精度，已广泛应用于导航、水下测量等，而载波相位差分可使实时三维定位精度达到厘米级。

载波相位差分技术又称RTK(real time kinematic)技术，是实时处理两个测站载波相位观测量的差分方法。载波相位差分方法分为两类：一类是修正法，另一类是差分法。所谓修正法，是将基准站的载波相位修正值发送给用户，改正用户接收的载波相位，再求解坐标。所谓差分法，是将基准站采集的载波相位发送给用户，进行求差解算坐标。可知，修正法属准RTK，差分法为真正的RTK。观测方程为

$$R_0^j+\lambda(N_{P0}^j-N_0^j)+\lambda(N_P^j-N^j)+\varphi_P^j-\varphi_0^j=$$
$$[(X^j-X_P)^2+(Y^j-Y_P)^2+(Z^j-Z_P)^2]^{\frac{1}{2}}+\Delta\mathrm{d}\rho \tag{7-20}$$

式中，N_{P0}^j 表示用户接收机起始相位模糊度，N_0^j 为基准站接收机起始相位模糊度，N_P^j 为用户接收机起始历元至观测历元相位整周数，N^j 为基准站接收机起始历元至观测历元相位整周数，φ_P^j 为用户接收机测量相位的小数部分，φ_0^j 为基准站接收机测量相位的小数部分，$\Delta\mathrm{d}\rho$ 为同一观测历元的各项残差。

这里的关键是求解起始相位模糊度，常用方法有删除法、模糊度函数法、快速求解整周模糊度(fast ambiguity resolution approach，FARA)法、消去法等。

差分定位的关键技术是高波特率数据传输的可靠性和抗干扰问题。单站差分 GPS 的结构和算法简单，技术上较为成熟，主要用于小范围的差分定位工作。

通常把一般的差分定位系统称为 DGPS，局部区域差分定位系统称为 LADGPS，广域差分定位系统称为 WADGPS。

2. *局部区域差分系统*

在局部区域中应用差分技术，应该在区域中布设一个差分 GPS 网，该网由若干个差分 GPS 基准站组成，通常还包含一个或数个监控站。位于该局部区域中的用户根据多个基准站所提供的改正信息，经平差后求得自己的改正数。这种差分 GPS 定位系统称为局部区域差分系统，简称 LADGPS。

局部区域差分技术通常采用加权平均法或最小方差法对来自多个基准站的改正信息(坐标改正数或距离改正数)进行平差计算，求得自己的坐标改正数或距离改正数。其系统有多个基准站，每个基准站与用户之间均有无线电数据通信链。用户与基准站之间的距离一般在 500 km 以内才能获得较好的精度。

3. *广域差分*

(1)基本思路。广域差分的基本思想是对 GPS 观测量的误差源加以区分，并单独对每一种误差源分别加以“模型化”，然后将计算出的每一误差源的数值，通过数据链传输给用户，对用户 GPS 定位的误差加以改正，达到削弱这些误差源、改善用户 GPS 定位精度的目的。

(2)广域差分系统的工作流程。广域差分系统一般由一个中心站、几个监测站及其相应的数据通信网络组成，另外还有覆盖范围内的若干用户。系统的工作流程可以分解为：①在坐标已知的若干监测站上，跟踪、观测 GPS 卫星的伪距、相位等信息；②将监测站上测得的伪距、相位和电离层延迟的双频量测结果全部传输到中心站；③中心站在区域精密定轨计算的基础上，计算出三项误差改正，即卫星星历误差改正、卫星钟差改正及电离层时间延迟改正；④将这些误差改正用数据通信链传输到用户站；⑤用户利用这些数据改正自己观测到的伪距、相位和星历等，计算出高精度的 GPS 定位结果。

4. *连续运行基准站技术*

连续运行基准站(continuously operating reference station，CORS)系统是一个或若干个固定的、连续运行的 GPS 基准站，利用现代计算机技术、数据通信和互联网(LAN/WAN)技术组成网络，实时地向不同类型、不同需求、不同层次的用户自动地提供经过检验的不同类型的 GPS 观测值(载波相位，伪距)、各种改正数据、状态信息，以及其他有关 GPS 服务项目的系统。与传统的 GPS 作业相比，连续运行基准站具有作用范围广、精度高、野外单机作业等众多优点。

目前应用较广的连续运行基准站网技术有虚拟基准站、区域改正数(FKP)和主辅站技术。其各自定位方法的数学模型有一定的差异,但是在基准站架设和改正模型建立方面的基本原理是相同的。

(1)虚拟基准站技术。与常规 RTK 不同,虚拟基准站网络中,各固定基准站不直接向移动用户发送任何改正信息,而是将所有的原始数据通过数据通信线发给控制中心,如图 7-15 所示。同时,移动用户在工作前,先通过 GPRS/CDMA 的上网功能向控制中心发送一个概略坐标,控制中心收到这个位置信息后,根据用户位置,由计算机自动选择一组最佳的固定基准站。根据这些站发来的信息,控制中心对 GPS 的轨道误差,以及电离层、对流层和大气折射引起的误差进行整体改正,再将高精度的差分信号发给流动站。这个差分信号的效果相当于在流动站旁边,生成一个虚拟的基准站,从而解决了 RTK 作业距离上的限制问题,保证了用户的精度。

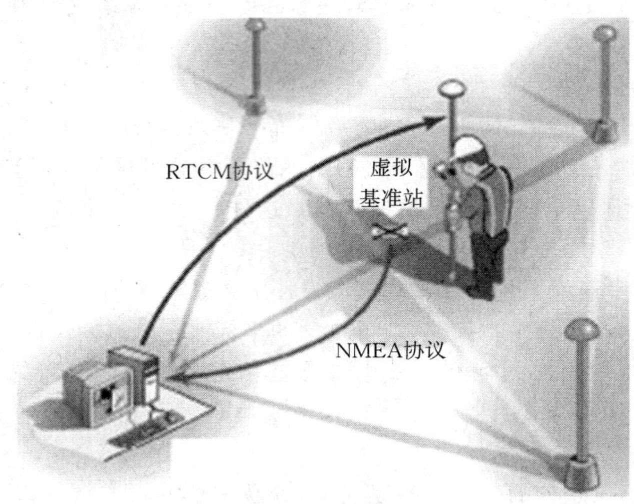

图 7-15　虚拟基准站

其实,虚拟基准站技术是利用各基准站的坐标和实时观测数据解算该区域实时误差模型,然后用一定的数学模型和流动站概略坐标,模拟出一个临近流动站的虚拟基准站的观测数据,建立观测方程,解算虚拟基准站到流动站间这一超短基线。一般虚拟基准站位置就是流动站登录时上传的概略坐标,这时虚拟基准站到流动站的距离一般为几米到几十米之间,如果将流动站发送给处理中心的观测值进行双差处理,再建立虚拟基准站,这一基线长度甚至只需要几米。

对于临近的点,可以只设一个虚拟基准站。开一次机,用户和数据中心通信初始化一次,确定一个虚拟基准站。当流动站和虚拟基准站之间的距离超出一定范围时,数据中心重新确定虚拟基准站。

(2)FKP 技术。FKP 是指利用 GPS 基准站观测数据(相位观测值和伪距观测值等)及基准站已知坐标等信息计算得到基准网范围内与时间或空间相关的误差改正数模型。然后利用测量点的近似坐标内插出测量点的误差改正数,将它应用到观测值中,从而消除各种与时间和空间有关的误差,获得高精度的定位结果。

FKP 与虚拟基准站技术最大的不同在于定位方法,一个是利用虚拟观测值和流动站观测值做单基线解算,一个是利用改正后的观测值加入各基准站做多基线解算。

(3)主辅站技术。主辅站技术是在 FKP 的基础上产生的，数学模型上并没有什么大区别，不过是在基准站播发基准点坐标信息和改正信息时减少了一定的信息量，再有就是“主基准站”的选择，以及加入数个条件较好的“辅基准站”，做多基线解算。如图 7-16 所示，参与解算的基准站不像 FKP 那样用到全部基准站的信息，加入了双向通信可以较好地选择所在的基准站群。

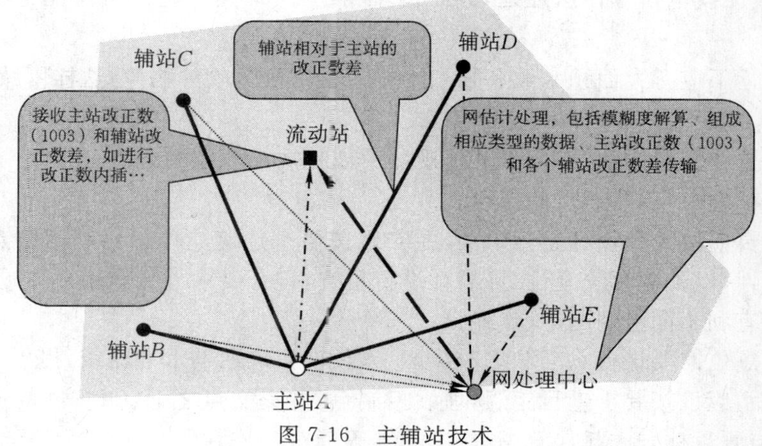

图 7-16　主辅站技术

§7-5　GPS 测量实施与数据处理

一、GPS 测量外业实施

(一)GPS 测量外业准备工作

1. 测区踏勘

踏勘工作主要应了解的内容包括：测区交通情况；测区水系分布情况；植被情况；控制点分布情况；居民点分布情况，包括测区内城镇、乡村居民点的分布，食宿及供电情况等内容。

2. 资料的收集和准备

根据踏勘测区所掌握的情况，应收集下列资料：

(1)各类图件，包括 1∶1 万至 1∶10 万比例尺地形图、大地水准面起伏图、交通图。

(2)各类控制点成果，包括三角点、水准点、GPS 点、多普勒点、导线点及各控制点坐标系统、技术总结等有关资料。

(3)与测区有关的地质、气象、交通、通信等方面的资料。

(4)城市及乡村行政区划表。

3. 设备、器材筹备及人员组织

设备、器材筹备及人员组织包括：筹备仪器、计算机及配套设备；筹备机动设备及通信设备；筹备施工器材、计划油料、消耗的材料等；组建施工队伍，并拟订施工人员名单及岗位；进行详细的投资预算。

(二)选点与标志埋设

各项准备工作完成后,按照图上设计的控制网布设图,到实地进行选点。选点工作还应遵守以下原则:

(1)点位应设在易于安装接收设备、视野开阔的较高点上。

(2)点位目标要显著,视场周围15°以上不应有障碍物,这样可减小GPS信号被遮挡或被障碍物吸收。

(3)点位应远离大功率无线电发射源(如电视台、微波站等),其距离不小于200 m;远离高压输电线和微波无线电信号传送通道,其距离不得小于50 m。这样可避免电磁场对GPS信号的干扰。

(4)点位附近不应有大面积水域和强烈干扰卫星信号接收的物体,这样可减弱多路径效应的影响。

(5)点位应选在交通方便、有利于其他观测手段扩展与联测的地方。

(6)地面基础应稳定,易于点的保存。

(7)选点人员应按技术设计进行踏勘,在实地按要求选定点位。当利用旧点时,应对旧点的稳定性、完好性,以及觇标安全性、可靠性进行检查,符合要求方可利用。

(8)网形应有利于同步观测边、点连接。

(9)当所选点位需要进行水准联测时,选点人员应实地踏勘水准路线,提出有关建议。

选点完成后,应该按要求进行施工,埋设控制点,并提交点之记、GPS网的选点网图、土地占用批准文件与测量标志委托保管书、技术总结等资料。

(三)外业观测

1. 观测工作依据的主要技术指标

根据城市GPS测量规范的要求,其各项指标如表7-2所示。

表7-2 GPS作业技术要求

项目	方法	等级				
		二	三	四	一级	二级
卫星高度角/(°)	相对 快速	≥15	≥15	≥15	≥15	≥15
有效观测卫星数/颗	相对	≥4	≥4	≥4	≥4	≥4
	快速	—	≥5	≥5	≥5	≥5
观测时段数/个	相对	≥2	≥2	≥2	≥2	≥2
重复设站数/个	快速	—	≥2	≥2	≥2	≥2
时段长度/分钟	相对	≥90	≥60	≥45	≥45	≥45
	快速	—	≥20	≥15	≥15	≥15
数据采样间隔/s	相对 快速	10~60	10~60	10~60	10~60	10~60
位置精度衰减因子(PDOP)	相对 快速	<6	<6	<8	<8	<8

2. 开机观测

观测作业的主要目的是捕获GPS卫星信号,对其进行跟踪、处理和量测,以获取所需的信息和观测数据。对接收机的操作一定要按照操作手册的要求进行,仪器操作人员还应注意以下事项:

(1)当确认外接电源、电缆及天线等各项连接完全无误后,方可接通电源,启动接收机,开机后接收机有关指示显示正常并通过自检后,方能输入有关测站和时段控制信息。

(2)在接收机开始记录数据后,应注意查看观测卫星数量、卫星号、相位测量残差、实时定位结果及其变化、存储介质记录等。

(3)在一个时段观测过程中,不允许进行的操作有:关闭又重新启动仪器,进行自测试(发现故障除外),改变卫星高度截止角及采样间隔等内容,改变天线位置等。

(4)在观测过程中,使用对讲机时不要靠近接收机。雷雨季节架设天线,要防止雷击,雷雨过境时应关机停测,并卸下天线。

(5)仪器高一定要按规定,在开始、结束各量测一次,及时输入仪器并记入测量手簿。观测站的全部预定作业项目,应经检查其是否按规定完成,且记录与资料完整无误后方可迁站。

3. GPS 作业模式

在实际工作中,较为普遍采用的作业模式主要有静态相对定位、快速静态相对定位、准动态相对定位和动态相对定位等。因篇幅所限,这里只介绍经典的静态相对定位模式。

(1)作业方法。采用 2 台(或 2 台以上)接收设备,分别安置在一条或数条基线的两个端点,同步观测 4 颗以上卫星,每时段长 45 分钟至 2 小时或更多。

(2)精度。基线的定位精度可达 $5\ \mathrm{mm} + 1\times10^{-6}D$,$D$ 为基线长度(单位为 km)。

(3)适用范围。可建立全球性或国家级大地控制网、地壳运动监测网、长距离检校基线,以及进行岛屿与大陆联测、钻井定位及精密工程控制网建立等。

(4)注意事项。所有已观测基线应组成一系列封闭图形,以便于外业检核,提高成果可靠度,且平差有助于进一步提高定位精度。

二、GPS 测量数据处理

(一)数据传输

大多数 GPS 接收机(如 Ashtech、Trimble 等型号)采集的数据记录在接收机的内存模块上。数据传输是用专用电缆将接收机与计算机连接,并在后处理软件的菜单中选择传输数据选项后,将观测数据传输至计算机。数据传输的同时进行数据分流,生成四个数据文件:载波相位和伪距观测值文件、星历参数文件、电离层参数和协调世界时(coordinated universal time,UTC)参数文件、测站信息文件。

观测值文件是容量最大的文件。观测值记录中有对应的卫星编号、卫星高度截止角和方位角、C/A 码伪距、L_1 和 L_2 的相位观测值、观测值对应的历元时间、积分多普勒记数、信噪比等。星历参数文件包含所有被测卫星的轨道位置信息,根据这些信息可以计算出任一时刻卫星的位置。在电离层参数和 UTC 参数文件中,电离层参数用于改正观测值的电离层影响,UTC 参数用于将 GPS 时间修正为 UTC 时间。测站信息文件包含测站名、测站号、测站的概略坐标、接收机号、天线号、天线高、观测的起止时间、记录的数据量、初步定位成果等。

经数据分流后生成的四个数据文件中,除测站信息文件外,其余均为二进制数据文件。

(二)数据预处理

GPS 数据预处理的目的是:对数据进行平滑滤波检验,剔除粗差;统一数据文件格式,并将各类数据文件加工成标准化文件,找出整周跳变点,并修复观测值;对观测值进行各种模型改正。

(三)基线解算与网平差

基线向量的解算是一个复杂的平差计算过程。解算时要顾及观测时段中信号间断引起的数据剔除、观测数据粗差的发现及剔除、星座变化引起的整周未知参数的增加等问题。不同的数据处理软件,操作方法也各有不同,但处理过程都是一样的。

在各项质量检核符合要求后,所有独立基线组成闭合图形,以三维基线向量及其相应方差协方差矩阵作为观测信息,以一个点的 WGS-84 坐标作为起算依据,进行 GPS 网的无约束平差。无约束平差应提供各控制点在 WGS-84 坐标、各基线向量三个坐标差观测值的总改正数、基线边长及点位和边长的精度信息。

在无约束平差确定的有效观测量基础上,在国家坐标系或城市独立坐标系下进行三维约束平差或二维约束平差。约束点的已知点坐标、已知距离或已知方位可以作为强制约束的固定值,也可作为加权观测值。平差结果应输出观测对象在国家坐标系或城市独立坐标系下的三维或二维坐标、基线向量改正数、基线边长,以及方位及坐标、边长、方位的精度信息和转换参数及其精度信息。

思考题与习题

1. 全站仪的基本功能有哪些?
2. 全站仪主要由哪几部分组成?
3. 衡量全站仪的主要性能指标有哪些?
4. 欲利用全站仪测定空中某点距地面的高度,可用什么方法?
5. 解释概念:GPS、预报星历、实测星历、虚拟基准站技术、差分 GPS、伪距。
6. GNSS 主要由哪些部分组成?
7. 简述伪距定位的基本工作原理。
8. GPS 作业模式有哪些?

第八章　大比例尺地形图的测绘

§8-1　地形图基本知识

地球表面高低起伏，形态各异，为满足科学研究和各项工程建设的需要，将地面上的点位和各种物体沿铅垂线方向投影到水平面上，然后将这水平面上的图形按一定的比例缩绘在图纸上，这样制成的图称为平面图。在图上，不仅要表示地面上各种物体的位置，还要用特定的符号把地面高低起伏的形态表示出来，这种图称为地形图。地形图是将地表的地物和地貌经综合取舍，按比例缩小后用规定的符号和一定的表示方法描绘在图纸上的正射投影图。由于它能比较详细地表示地表信息，所以其应用范围甚广。

一、地形图的比例尺

地形图上某一线段的长度与地面上相应线段的实际水平距离之比，称为该地形图的比例尺。地形图的比例尺又分为数字比例尺和图示比例尺。

(一)数字比例尺

数字比例尺是用分子为 1 的分数形式表示。设某线段图上长度为 d，实际距离为 D，则

$$\frac{d}{D}=\frac{1}{\frac{D}{d}}=\frac{1}{M}$$

式中，M 为比例尺的分母，分母越小，比例尺越大。

数字比例尺常用 1∶100 000、1∶250 000 或 1∶10 万、1∶25 万等形式表示。

(二)图示比例尺

为了用图方便，以及减小由图纸伸缩而引起的误差，在绘制地形图的同时，常在图纸上绘制图示比例尺，最常见的图示比例尺为直线比例尺。

图示比例尺位于图廓线的下方，一般由长 12 cm、相距约 2 mm 的两条平行线组成，2 cm 为一个基本单位，最左端的一个基本单位又分 10 等份。左端第一个基本单位分划处注“0”，其他基本单位分划处根据比例尺的大小，注记相应的数字，所注记的数字是以 m 为单位的实地水平距离。图示直线比例尺能直接读到基本单位的 1/10。图 8-1 为 1∶2 000 的图示比例尺示意图。

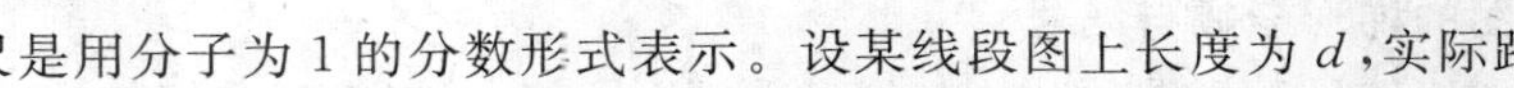

图 8-1　图示比例尺

在测量工作中，通常称 1∶500、1∶1 000、1∶2 000、1∶5 000 比例尺的地形图为大比例尺地形图，称 1∶1 万、1∶2.5 万、1∶5 万、1∶10 万比例尺的地形图为中比例尺地形图，称 1∶20 万、1∶50 万、1∶100 万比例尺的地形图为小比例尺地形图。工程上主要使用的地形

图为大比例尺地形图。

一般人的肉眼能分辨图上最小的距离为 0.1 mm,因此把图上 0.1 mm 所代表的实地水平距离称为地形图精度。设地形图的精度为 ε,比例尺的分母为 M,则

$$\varepsilon = 0.1M(\mathrm{mm})$$

显然,比例尺越大,地形图的精度越高。几种大比例尺地形图的精度列在表 8-1 中。

表 8-1　几种大比例尺地形图的精度

比例尺	1∶500	1∶1 000	1∶2 000	1∶5 000
地形图的精度/m	0.05	0.10	0.20	0.5

在测量工作中,当已知测图比例尺时,可以确定实地量距所需的精度。例如,已知测图比例尺为 1∶2 000 时,实地量距只需精确到 0.2 m。另外,已知工程要求距离达到某一精度时,就可以确定应选择的测图比例尺。例如,某工程要求在图上能反映实地上 0.1 m 距离的精度,则应选用 1∶1 000 的测图比例尺。

二、地形图的分幅与编号

为了便于测绘、拼接、使用和保管地形图,需要将各种比例尺的地形图进行统一分幅和编号。地形图的分幅方法分为两类:一类是按经纬线分幅的梯形分幅法,主要用于国家基本地形图的分幅;另一类是按坐标格网划分的矩形分幅法,主要用于工程建设的大比例尺地形图的分幅。

(一)地形图的梯形分幅与编号

我国的基本比例尺地形图的分幅与编号采用国际统一的规定,它们都是以 1∶100 万比例尺地形图为基础,按规定的经差和纬差划分图幅。

1. 1∶100 万比例尺地形图的分幅与编号

按国际规定,1∶100 万的世界地形图实行统一的分幅和编号,即由赤道向北或向南分别按纬差 4°分成横列,各列依次用 A、E、…、V 表示;自经度 180°开始起算,由西向东按经差 6°分成纵行,各行依次用 1、2、3、…、60 表示。在我国 1∶100 万比例尺地形图的分幅与编号上,每一幅图的编号由其所在的"横列—纵行" 的代号组成。例如,某地的经度为东经 112°24′20″,纬度为北纬 42°56′30″,则所在 1∶100 万比例尺图的图幅编号为 K-49。

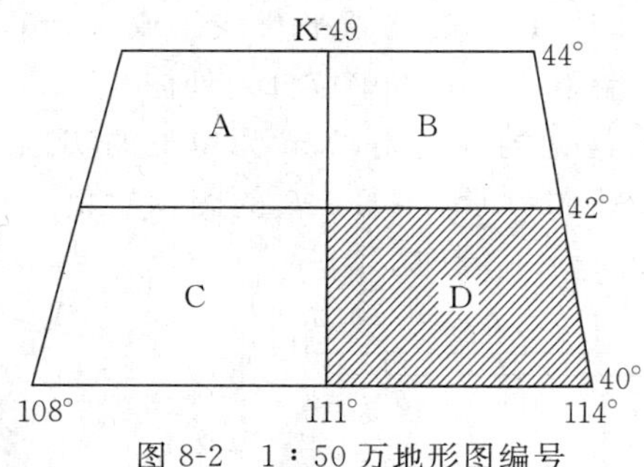

图 8-2　1∶50 万地形图编号

2. 1∶50 万、1∶25 万比例尺地形图的分幅与编号

1∶50 万、1∶25 万地形图的分幅与编号,都是以 1∶100 万地形图的分幅和编号为基础的。将一幅 1∶100 万地形图图幅按纬差 2°、经差 3°划分为 4 个 1∶50 万地形图图幅,并分别以字母 A、B、C、D 表示。如图 8-2 所示,画有斜线的 1∶50 万地形图图幅编号为 K-49-D。

将一幅 1∶100 万地形图图幅按纬差 1°、经差 1°30′划分为 16 个 1∶25 万地形图图幅,并分别以带有方括号的阿拉伯数字[1]、[2]、[3]、…、[16]表示,加在 1∶100 万地形图编号后面,组成 1∶25 万地形图图幅编号。如图 8-3 所示,画有斜线的 1∶25 万地形图的图幅编号为 K-49-[15]。

3. 1∶10 万、1∶5 万、1∶2.5 万比例尺地形图的分幅与编号

1∶10 万、1∶5 万、1∶2.5 万比例尺地形图的分幅与编号都是以 1∶100 万比例尺地形图为基础按照固定的经差和纬差划分，并根据划分的行和列，按从上到下、从左到右的顺序分别用阿拉伯数字表示。

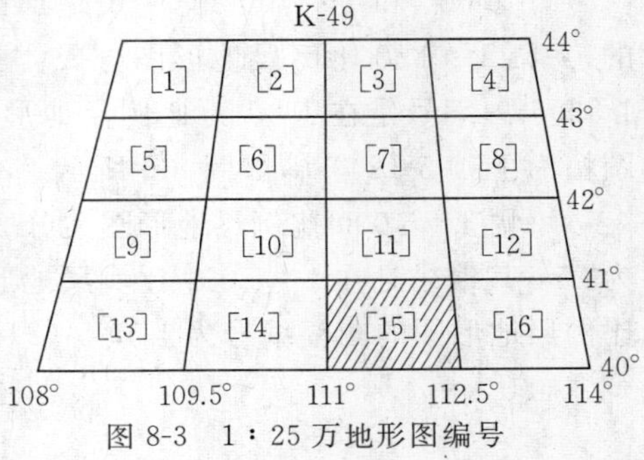

图 8-3　1∶25 万地形图编号

每一幅 1∶100 万比例尺地形图分为 144 幅(即划分为 12 行 12 列)1∶10 万比例尺地形图，则图幅的经差为 30′，纬差为 20′。每一幅 1∶100 万比例尺地形图分为 576 幅(即划分为 24 行 24 列)1∶5 万比例尺地形图，即图幅的经差为 15′，纬差为 10′。每一幅 1∶100 万比例尺地形图分为 2 304 幅(即划分为 48 行 48 列)1∶2.5 万比例尺地形图，则图幅的经差为 7.5′，纬差为 5′。

图 8-4 为位于北纬 39°54′30″、东经 122°28′25″的某地，分别为 1∶10 万、1∶5 万、1∶2.5 万比例尺地形图的分幅示意图。

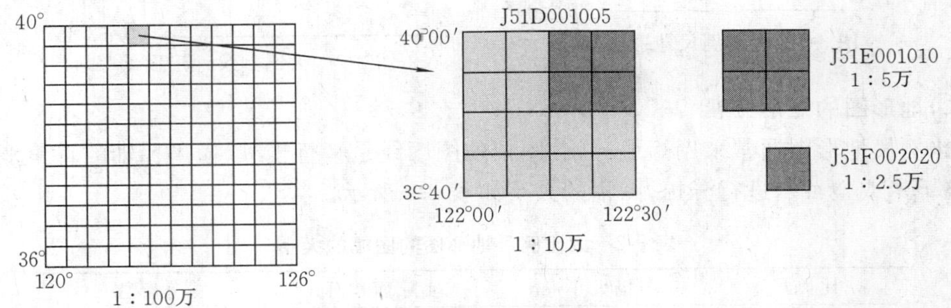

图 8-4　地形图的分幅

4. 1∶1 万比例尺地形图的分幅与编号

一幅 1∶100 万比例尺地形图内有 144 幅 1∶10 万比例尺地形图，以 1、2、…、144 表示，每幅 1∶10 万比例尺地形图划分为 64 幅(即 8 行 8 列)1∶1 万比例尺地形图，以(1)、(2)、…、(64)表示，每幅 1∶1 万比例尺地形图的经差为 3′45″，纬差为 2′30″，其编号为“1∶100 万比例尺地形图编号-1∶10 万比例尺地形图的代号-1∶1 万比例尺地形图的代号”。例如，甲地的编号为 J-50-5-(24)，编号方式如图 8-5 所示。

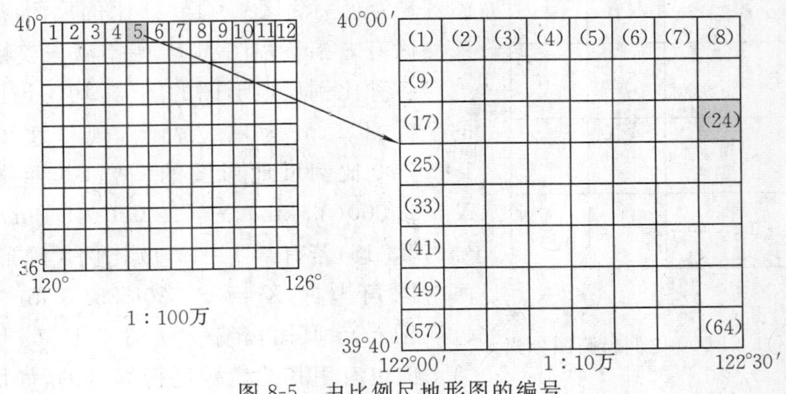

图 8-5　中比例尺地形图的编号

5. 大比例尺地形图的分幅与编号

1∶5 000 和 1∶2 000 比例尺地形图是在 1∶1 万比例尺地形图的基础上进行分幅编号的，每幅 1∶1 万比例尺地形图分成 4 幅 1∶5 000 的比例尺地形图，其纬差为 1′15″，经差为 1′52.5″。编号是在 1∶1 万比例尺地形图编号后加上小写英文字母 a、b、c、d，则某地所在的图幅为 J-50-5-(24)-b，如图 8-6 所示。

每幅 1∶5 000 比例尺地形图又分成 9 幅 1∶2 000 比例尺的地形图，其经差为 37.5″，纬差为 25″，其编号是在 1∶5 000 比例尺地形图的后面加上 1、2、3、4、…、9，如某地所在的 1∶2 000 比例尺地形图的图幅编号为 J-50-5-(24)-b-4，如图 8-7 所示。

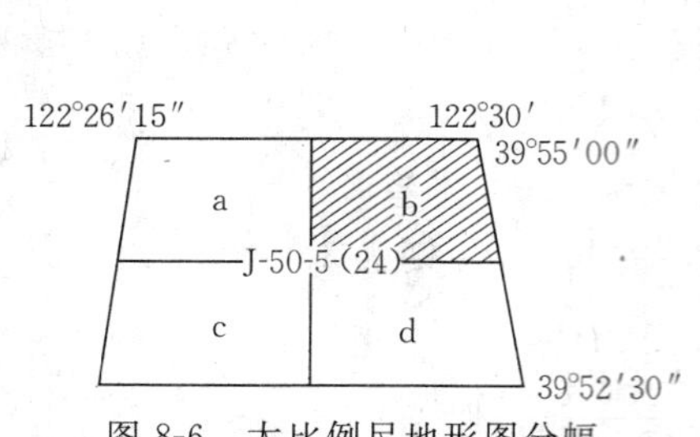

图 8-6 大比例尺地形图分幅

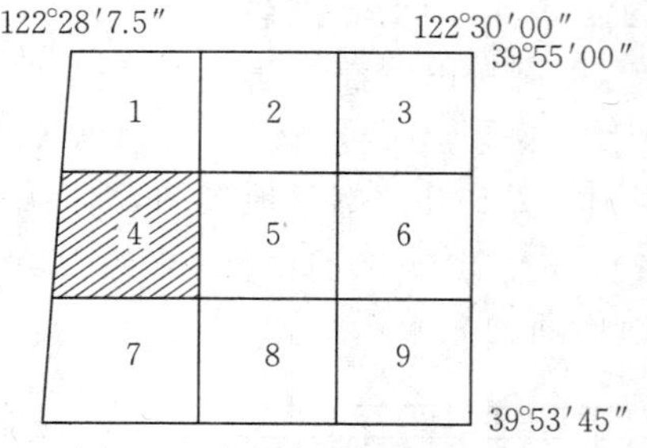

图 8-7 大比例尺地形图编号

(二)地形图的矩形分幅

大比例尺地形图通常采用矩形分幅，图幅的图廓线是平行于纵、横坐标轴的直角坐标格网线，以整千米或整百米进行分幅，图幅的大小如表 8-2 所示。

表 8-2 大比例尺地形图的图幅的大小

比例尺	图幅大小/cm²	实际面积/km²	分解数
1∶5 000	40×40	4	1
1∶2 000	50×50	1	4
1∶1 000	50×50	0.25	16
1∶500	50×50	0.062 5	64

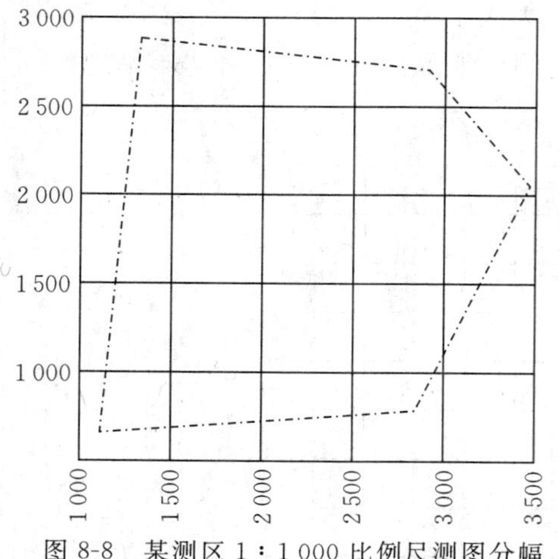

图 8-8 某测区 1∶1 000 比例尺测图分幅

如果测区为狭长带状，为减少图板和接图，也可以采取任意分幅。如果测区范围较大，整个测区需要测绘几幅甚至几十幅图，这时应画一张分幅总图。图 8-8 为某一测区 1∶1 000 比例尺测图时的分幅图，该测区有 8 幅整幅图和 17 幅不满一整幅的破幅图。

各种比例尺地形图的图号，均用该图图廓西南角的坐标、以 km 为单位表示，现举例说明。若有一 1∶2 000 比例尺地形图的图幅，其西南图角坐标为 X=83 000(83 km)，Y=15 000(15 km)，则其图幅编号为 83-15；若有某 1∶1 000 比例尺地形图的图幅，其西南图角坐标 X = 83 500(83.5 km)，Y = 15 500(15.5 km)，其图幅编号为 83.5-15.5。

但也有用其他代号进行编号的，如用工程代号与阿拉伯数字相结合的方法。这是因为大比例尺地形图不少是小面积地区工程设计的施工用图。因此，在分幅编号问题上，要本着从实际出发的原则，根据用图单位的要求和意见，结合作业方便、灵活处理，以测图、用图、管图方便为目的。

三、地形图的图名、图号和图廓

地形图的内容十分丰富。为了能正确测绘和使用地形图，下面简要介绍地形图的基本内容。

(一)图名和图号

图名是本图幅的名称，一般用本幅图内最著名的地名来命名。图号是统一分幅后给每幅图编的号。图名和图号注记在北图廓外的正中央。例如，图名是“长安集”，图号为 L-51-144-D-4。

(二)图廓

图廓分为内图廓、外图廓和分度带(又叫经纬廓)三部分。

内图廓是一幅图的测图边界线，图内的地物、地貌都测至该边线。梯形图幅的内图廓是由上、下两条纬线和左、右两条经线构成。内图廓四个角点的经纬度分别注记在图廓线旁。经度的度数注在经线的左侧，分秒注在经线的右侧；纬度的度数注在纬线的上面，分秒注在纬线的下面。如图 8-9 所示，图中经度为 102°00′13″，纬度为 29°40′00″。

外图廓为图幅的最外边界线，以粗黑线描绘，作为装饰。外图廓线平行于内图廓线。

分度带绘于内、外图廓之间。它画成若干段黑白相间的线条。在 1∶1 万至 1∶10 万比例尺地形图上，每段黑线或白线的长度就是经度或纬度间隔 1′的长度。利用图廓两对边的分度带可建立起地理坐标格网，用来求图内任意点的地理坐标值与任一直线的真方向。

兰 棒 桥	龙　头	化龙回族自治县
挠 力 河		金沙农场
大 主 桥	兴　桥	富　源

17₇ 91　92　93
87 32　102° 00′18₂　10　11　12
29°
40′

图 8-9　基本图的图廓与接图表

(三)公里格网

内图廓中的方格网就是平面直角坐标格网。由于它们之间的间隔是整公里数，因而叫公里格网。在分度带与内图廓间的数字注记是相应的平面直角坐标值，如图 8-9 所示，利用直角坐标格网，可以求得图内任意点的直角坐标与任一直线的坐标方位角。

(四)接图表

地形图图廓外左上角的九个小方格称为接图表，中间绘有晕线的一格代表本幅图，相邻分别注明了相邻图幅的图名(图 8-9)，按接图表可以很方便地拼接邻图。

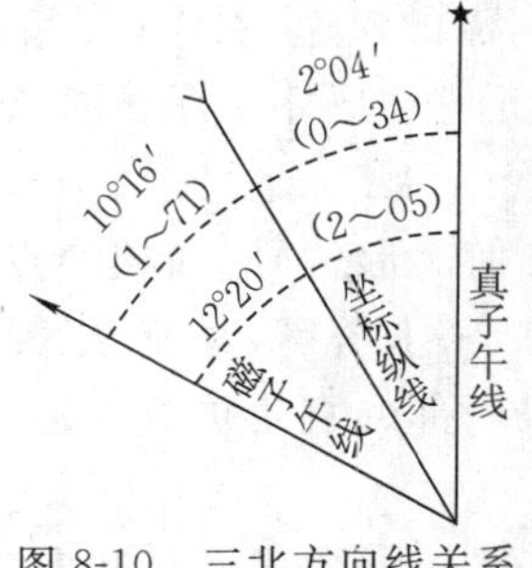

图 8-10　三北方向线关系

(五)三北关系

南图廓下方绘出了真子午线、磁子午线及坐标纵线的三北关系示意(图 8-10)。利用三北关系图，可以对图上任一直线的真方位角、磁方位角和坐标方位角进行计算。

(六)磁北标志

在地形图的南北内图廓线上，各绘有一个小圆圈，分别注有磁北 P' 和磁南 P。这两点的连线方向为该图幅的磁子午线方向,被用来作为磁针的定向。

(七)其他

1. 测图日期

测图日期表明从这个时间以后的地面变化在图上没有反映。

2. 坐标系和高程系

以前国家基本图采用“1954 北京坐标系”和“1956 黄海高程系”,目前已改用“2000 国家大地坐标系”和“1985 国家高程基准”。

3. 等高距

在图廓外左下方注记图的等高距。

4. 图式版本

图中注明图式版本是用图人在阅读地形图时参阅的相应的地形图图式。此外,还应注有保密等级和测图机关。

§8-2 地物与地貌的表示方法

一、地物及地物符号表示

地面上人工修建和自然形成的各种固定性形体称为地物,如房屋、道路、河流等。这些地物在图上是采用中华人民共和国国家标准《国家基本比例尺地图图式 第 1 部分 1∶500、1∶1 000、1∶2 000 地形图图式》(GB/T 20257.1—2017) 中的地物符号来表示的。地物符号分为依比例尺符号、半依比例尺符号和不依比例尺符号,表 8-3 列出了几种常见的地物符号。

(1)依比例尺符号为地物依比例尺缩小后其长度和宽度能依比例尺表示的地物符号。例如,房屋、湖泊、稻田、森林等(表 8-3 中的 1、2、3、4、9、20、21、26 等)。

(2)半依比例尺符号为地物依比例尺缩小后其长度能依比例尺而宽度不能依比例尺表示的地物符号。例如,一些线性地物如铁路、公路、管线、围墙等,其长度按比例缩绘,其宽度不能按比例表示(表 8-3 中的 12b、13 等)。

(3)不依比例尺符号为地物依比例尺缩小后其长度和宽度不能依比例尺表示的地物符号。例如,控制点、井盖、电杆等地物轮廓较小,按比例尺缩小后不能在图上绘出,只能用待定的符号表示它们的中心位置。通常在符号旁标注符号长、宽尺寸值,如表 8-3 中的水准点、导线点、卫星等级定位点、路灯等。

(4)注记符号。当应用上述三种符号还不能清楚表达地物时,如河流的流速、农作物、森林种类等,采用文字、数字加以说明,这种符号称为注记符号。单个的注记符号既不表示位置,也不表示大小,仅起注解说明的作用,如表 8-3 中的 23。

不依比例尺符号的中心位置与实际地物位置的关系有:①规则几何图形符号,如导线点、钻孔等,其图形的几何中心即代表地物的中心位置;②宽底符号,如岗亭、水塔等,其符号底线的中心为地物的中心位置;③底部为直角的符号,如独立树等,其符号底部的直角顶点为地物的中心位置。

依比例尺符号和不依比例尺符号不是一成不变的,其变化主要依据于测图比例尺和实物轮廓的大小而定。某些地物在大比例尺地形图上用比例符号来表示,在较小比例尺的地形图上用非比例符号来表示。

表 8-3　常见地物符号

编号	符号名称	1∶500　1∶1 000	1∶2 000
1	一般房屋 混—房屋结构 3—房屋层数	混3	3
2	简易房屋	简	
3	建筑中的房屋	建	
4	破坏房屋	破	
5	室外楼梯 a—上楼方向	砼8　a	
6	池塘	塘	塘
7	台阶	0.6　1.0　1.0	
8	无看台的露天体育场	体育场	
15	三角点 凤凰山—点名 394.468—高程	3.0　凤凰山/394.468	
16	导线点 I16—等级、点号 84.46—高程	2.0　I16/84.46	
17	埋石图根点 16—点号 84.46—高程	2.0　16/84.46	
18	不埋石图根点 25—点号 62.74—高程	2.0　25/62.74	
19	水准点 Ⅱ京石5—等级、点名、点号 32.804—高程	2.0　Ⅱ京石5/32.804	
20	旱地	1.3　2.5　10.0　10.0	
21	花圃、花坛	1.5　1.5　10.0　10.0	
22	等高线 a—首曲线 b—计曲线 c—间曲线 25—高程	a　0.15　b　1.0　25　0.3　c　6.0　0.15	
23	高程点及其注记 1520.3、−15.3—高程	0.5　·1520.3	·−15.3

编号	符号名称	1∶500　1∶1 000	1∶2 000
9	游泳池	泳	
10	过街天桥		
11	高速公路 a—临时停车点 b—隔离带 c—建筑中的	0.4　b　0.4　a　c　3.0　25.0	
12	乡村路 a—依比例尺 b—不依比例尺	4.0　1.0　a　0.2　8.0　2.0　b　0.3	
13	小路、栈道	1.0　4.0　0.3	
14	内部道路	1.0　1.0	
24	路灯	1.4　1.1　2.8　1.0	
25	独立树 a—阔叶 b—针叶 c—棕榈、椰子、槟榔 d—果树 e—特殊树	a　2.0　1.6　3.0　1.0　b　1.6　3.0　1.0　c　2.0　3.0　1.0　d　1.6　3.0　1.0　e	
26	成林	1.6　松6　10.0　10.0	
27	卫星定位等级点	3.0　B14/495.267	
28	示波线	0.8	
29	梯田坎	2.5　0.5　2.0	

在图式上对符号尺寸的规定如下：

(1)符号旁以数字标注的尺寸值均以 mm 为单位。

(2)符号旁只注一个尺寸值的，用来表示圆或外接圆的直径、等边三角形或正方形的边长。两个尺寸值并列的，第一个数字表示符号主要部分的高度，第二个数字表示符号主要部分的宽度。线状符号一端的数字，单线指其粗度，两平行线指含线划粗的宽度(街道指其空白部分的宽度)。符号上需要特别标注的尺寸值，则用点线引示。

(3)符号线划的粗细、线段的长短和交叉线段的夹角等，没有标明的均以本图式的符号为准。一般情况下，线划粗为 0.15 mm，点的直径为 0.3 mm，符号非主要部分的线划长为 0.5 mm，非垂直交叉线段的夹角为 45°或 60°。

二、地貌及地貌符号表示

地球表面上高低起伏的各种形态称为地貌。根据地表起伏变化的大小，地貌分为平地、丘陵、山地、高山地等。地貌在地形图上用等高线表示。

(一)等高线的概念

地面上高程相等的相邻各点连接而成的闭合曲线称为等高线。自然界中水库内静止的水边线就是一条等高线。如图 8-11 所示，设想水库中有座小岛，开始时水面高程为 75 m，则水面与小岛的交线即为高程 75 m 的等高线；当水库水位升高 5 m，则得到高程为 80 m 的等高线；以此类推，直至到山的顶部得到高程为 100 m 的等高线。将这些等高线沿铅垂线方向投影到水平面上，再按测图比例尺将这些等高线缩绘到图纸上，便得到用等高线表示的小岛地貌的地形图。

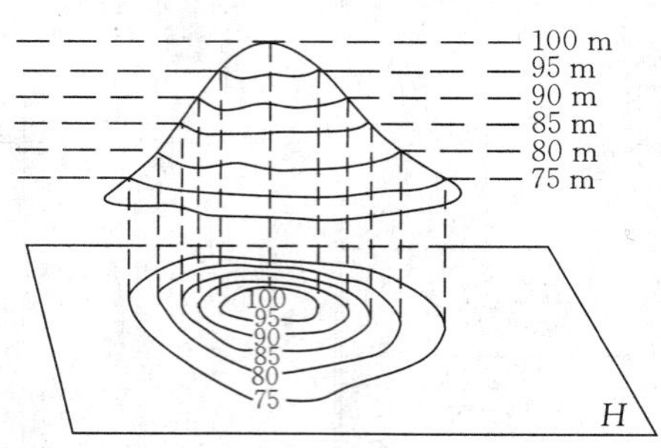

图 8-11 用等高线表示地貌

(二)等高距

相邻两条等高线之间的高差称为等高距，用 h 表示。在同一幅地形图上等高距应该是相等的。地形图上相邻两条等高线间的水平距离称为等高线的平距，用 d 表示。地形图上等高线的疏密程度表明了地面坡度的大小：等高线越密，地面坡度越陡；等高线越稀，地面坡度越缓；等高线平距相等，地面坡度相等。h 与 d 的比值即为地面坡度 i，即

$$i = h/d$$

用等高距表示地貌：等高距越小，地貌表示得越详细，测图工作量越大，图面也会不清晰；等高距越大，测图工作量越小，但地貌表示不够详细。因此，测图时等高距的选择应根据测图比例尺的大小和测区地形情况及工程要求进行综合考虑。既要满足测图精度的要求，又要考虑经济上的合理性，这样选择的等高距称为基本等高距，而根据基本等高距勾绘的等高线称为基本等高线。表 8-4 是几种比例尺地形图常采用的基本等高距。

表 8-4　常用几种比例尺地形图的基本等高距

地形类别	测图比例尺				
	1∶500	1∶1 000	1∶2 000	1∶5 000	1∶10 000
	基本等高距/m				
平地	0.5	0.5	0.5 或 1.0	0.5 或 1.0	0.5 或 1.0
丘陵地	0.5	0.5 或 1.0	1.0	1.0 或 2.0	1.0 或 2.0
山地	0.5 或 1.0	1.0	1.0 或 2.0	2.0 或 5.0	5.5
高山地	1.0	1.0	2.0	5.0	5.0 或 10.0

(三)几种典型地貌的等高线

地貌变化虽然复杂，但都是由山地、盆地、山脊、山谷、鞍部等几种典型的地貌所组成，这几种基本地貌的综合地貌图形及其等高线如图 8-12 所示。

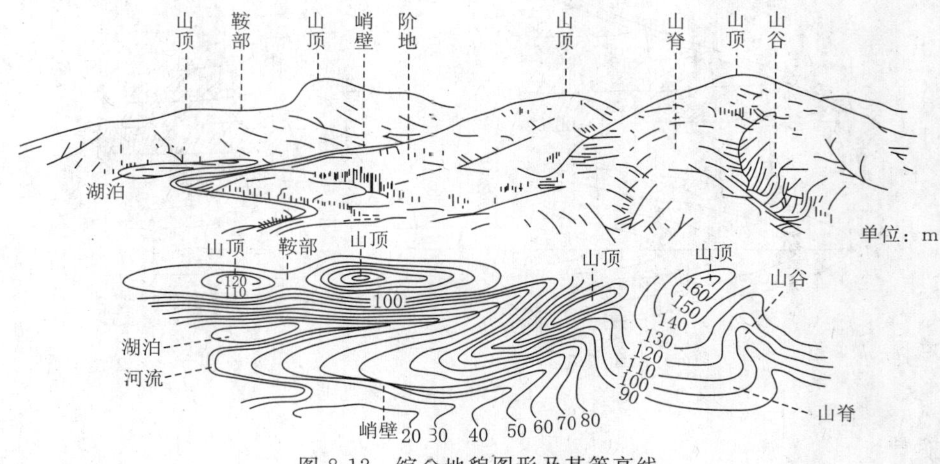

图 8-12　综合地貌图形及其等高线

1. 山丘和洼地

四周低下而中间隆起的地貌称为山。高而大的称为山峰，矮而小的称为山丘，山的最高部称为山顶或山头。山的侧面称为山坡，山坡与平地相连之处称为山脚。四周高而中间低的地貌称为盆地，面积较小的称为洼地。图 8-13 为山丘和盆地的等高线，它们都是一组闭合的曲线。

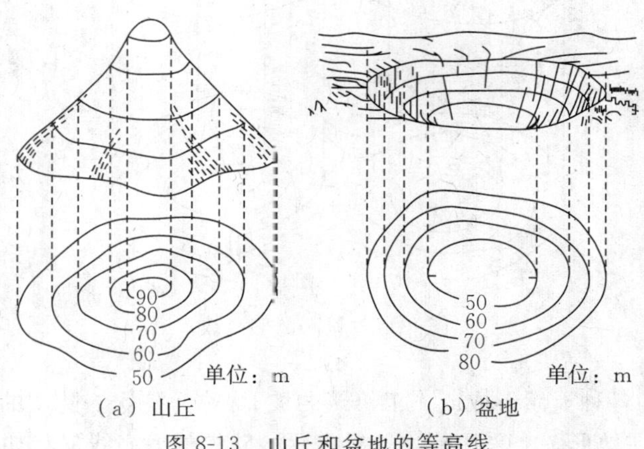

（a）山丘　　（b）盆地

图 8-13　山丘和盆地的等高线

区分山丘和洼地有两种方法。依据等高线上所注记的高程数字,若内圈的高程数字大于外圈的高程数字,则这组等高线表示的地貌为山丘,反之为洼地。若无高程数字注记,一般在等高线上用示坡线区分,如图 8-13 所示。

2. 山脊和山谷

山脊是向某一方向延伸的高地,山脊上最高点的连线称为山脊线。落在山脊线的雨水被山脊分成两部分沿山脊两侧流下,故山脊线又称为分水线。山脊的等高线为一组凸向低处的曲线,如图 8-14(a)所示。

山谷是向某一方向延伸的两个山脊之间的凹地,山谷内最低点的连线称为山谷线。山谷两侧谷壁上的雨水流向谷底,集中在谷底又沿着山谷线向下流,因此山谷线又称为集水线。山谷上的等高线为一组凸向高处的曲线,如图 8-14(b)所示。

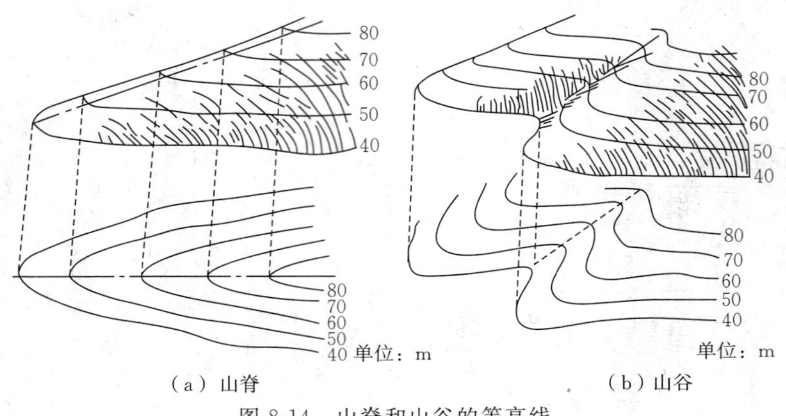

图 8-14　山脊和山谷的等高线

3. 鞍部

鞍部是位于相邻两个山顶之间形似马鞍状的低地,是两个山脊与两个山谷交会的地方,山区道路往往通过鞍部。鞍部的等高线形状如图 8-15 所示。

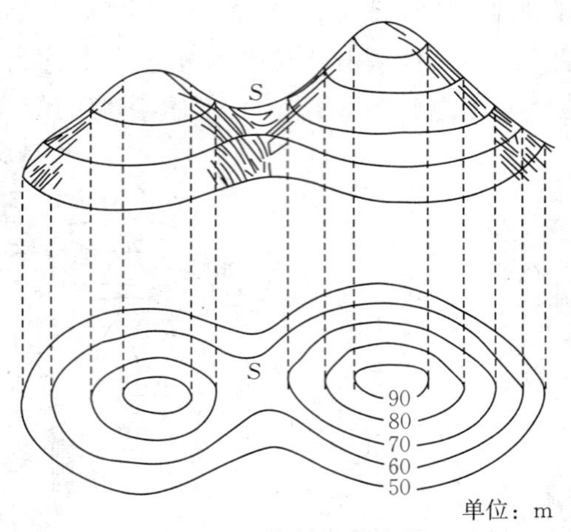

图 8-15　鞍部的等高线

4. 陡坎和陡崖

坡度在 70°以上的各种天然形成或人工修筑的坡、坎称为陡坎。陡坎的等高线非常密集甚至重叠,因此无法描绘,在地形图上采用陡坎符号表示。陡坎的等高线形状如图 8-16(a)所示。

形状壁立难以攀登的陡峭岩壁称为陡崖。陡崖的等高线基本上重合在一起，土质的陡崖用陡坎的符号表示，岩石质的陡崖用一种特定的符号表示。陡崖的等高线形状如图 8-16(b)所示。

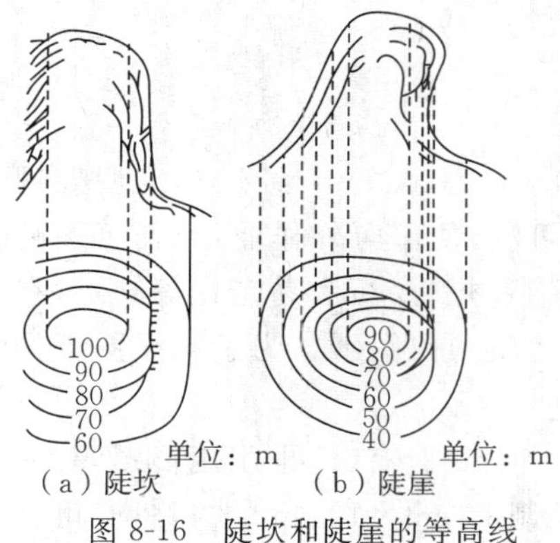

图 8-16　陡坎和陡崖的等高线

(四)等高线的特性

根据以上几种典型地貌的等高线，可总结出等高线的特性如下：

(1)位于同一条等高线上的各点具有相等的高程。

(2)等高线是一条闭合曲线，不在图幅内闭合就在图幅外闭合。凡不在图幅内闭合的等高线，应绘至图边线，不得在图幅内中断。

(3)除陡坎、陡崖外，等高线在图上不能重合或相交。

(4)山脊线、山谷线均与等高线正交。

(5)地形图上等高线的疏密表示地面坡度的缓陡；等高线的平距相等，表示地面坡度相同，因此斜平面上的等高线是一组等距的平行直线。

(五)等高线的分类

1. 首曲线

按基本等高距勾绘的等高线称为首曲线，也称为基本等高线。首曲线用宽度为 0.15 mm 的细实线表示，如图 8-17 中的 102～108 m、112～116 m 等高程区间的各条等高线。

2. 计曲线

为了方便判读，将高程为基本等高距 5 倍整数的等高线加粗描绘，加粗描绘的等高线称为计曲线。计曲线用粗实线(一般为 0.3 mm)表示。设计计曲线是为了方便读图，如图 8-17 中 100 m、110 m 处的等高线。

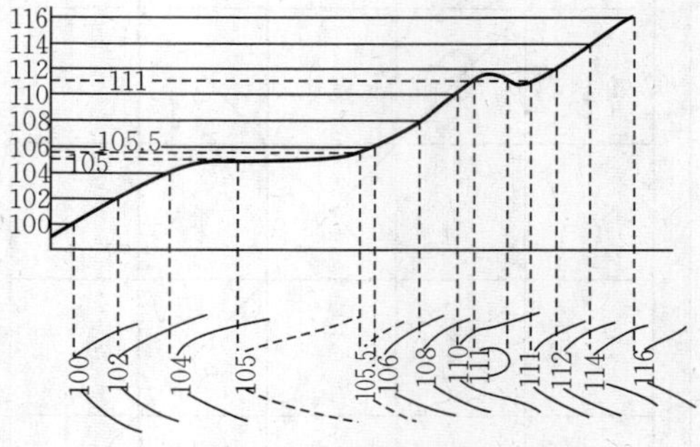

图 8-17　计曲线和间曲线

3. 间曲线

复杂地面的局部地段坡度较缓，当基本等高线不足以显示其地貌特征时，会用 1/2 的基本等高距在 2 条首曲线之间进行加绘，这样的等高线称为间曲线。间曲线用长虚线表示，如图 8-17 中 105 m、111 m 处为间曲线。

4. 助曲线

当间曲线还不能充分表示地貌特征时，会用 1/4 的基本等高距进行描绘，这样的等高线称为助曲线。助曲线用短虚线表示，如图 8-17 中 105.5 m 处为助曲线，间曲线和助曲线可不闭合。

§8-3　大比例尺地形图的测绘

地形图测绘应遵循“由整体到局部，由控制到碎部”的原则，在测区内建立平面及高程控制，然后根据平面和高程控制点测定地物、地貌特征点的平面位置和高程，并按规定的比例尺和符号绘制成地形图,这项工作称为碎部测量或地形测量。在利用大比例尺地形图传统测图法测图前,除做好收集测绘仪器、工具、资料和根据实际情况拟定测图计划等准备工作外,还应着重做好测图前的准备工作,包括准备图纸、绘制坐标格网及展绘控制点等工作。

一、测图前的准备工作

(一)图纸的准备

测绘地形图一般选用聚酯薄膜半透明图纸,其厚度为 0.07～0.1 mm,经过热定型处理后,其伸缩率小于 0.2‰。聚酯薄膜图纸坚韧、耐湿,弄脏后可洗,便于野外作业,也便于图的整饰,可在图纸上着墨后,直接复晒蓝图。但是聚酯薄膜图纸有易燃、易折和易老化等缺点,在测图、使用、保管时要注意。对一些临时性的测图,也可选择优质的白图纸。为了减少图纸伸缩,可将图纸裱糊在铝板上或测图板上。

测图用的标准图幅一般为正方形图幅,其大小为 50 cm×50 cm。有时,也用矩形图幅,其尺寸大小为 40 cm×50 cm。成张的聚酯薄膜图纸一般都已绘制 10 cm×10 cm 的方格网,可直接用于测图。若用白图纸测图则应绘制方格网。

(二)方格网的绘制

方格网绘制通常有对角线法和坐标格网尺法,可根据实际情况选用。本节只讲述对角线法。

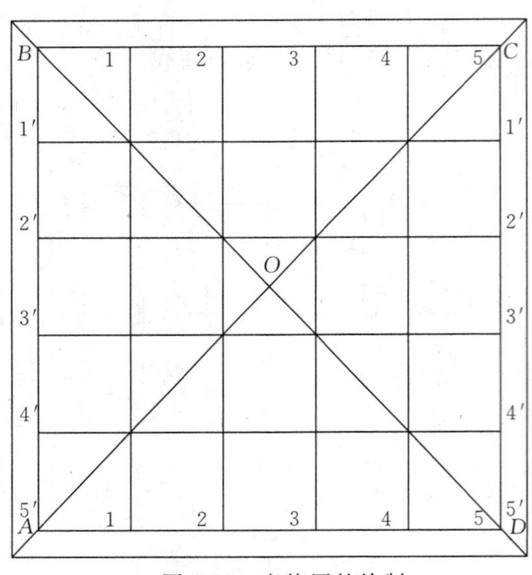

图 8-18　方格网的绘制

对角线法绘制的坐标格网如图 8-18 所示。在正方形或在矩形图纸上,用直尺在图纸上首先绘出 2 条对角线,2 条对角线的交点为 O 点,以 O 点为圆心,以适当长为半径,用杠规在对角线上截取相同的长度,得到 A、B、C、D 4 点,用直尺将 4 点连接成矩形 $ABCD$。然后分别以 A、B 为起点,在 AD、BC 上用直尺每 10 cm 画一短线,得到点 1、点 2、点 3、点 4、点 5。再以 B、C 为起点,在 BA、CD 上,用直尺每隔 10 cm 画一短线,得到点 1′、点 2′、点 3′、点 4′、点 5′。将矩形对边上相应的点连接起来,就得到 50 cm×50 cm 的方格网。应用此方法,还可以绘制 40 cm×40 cm、40 cm×50 cm 的格网。

为确保方格网的精度要求,方格网绘制完毕后,应对边长和对角线矩形进行检查,其要求如下:

(1)方格网边长长度与理论长度(10 cm)之差不能超过 0.2 mm。

(2)图廓边长长度与对角线长度误差不得超过 0.3 mm。

(3)纵横坐标线应严格正交,对角线上各点应在同一直线上,其误差应小于 0.3 mm。

(4)方格网线粗不得超过 0.1 mm。

(三)展绘控制点

方格网绘制好以后,根据划分的图幅,把方格网各格网线的坐标标注上,如图 8-19 所示,然后根据控制点的坐标展绘控制点的位置。

例如，点 A 的坐标值 $X_A=5\ 674.16$ m、$Y_A=8\ 662.72$ m，此点的位置在 $kmnl$ 方格内。根据比例尺自点 m 和点 n 向上量 74.16 m，得 a、b 两点，自点 k 和点 m 向右量 62.72 m，得 c、d 两点，连接 ab 和 cd 两线的交点为 A 点。

用相同方法把所有的控制点展绘完毕后，应对各点进行严格的检查，方法为用比例尺量取各相邻控制点之间的距离，与相应的实际距离比较，其差值不得大于图上的 0.3 mm，否则应重新展点。

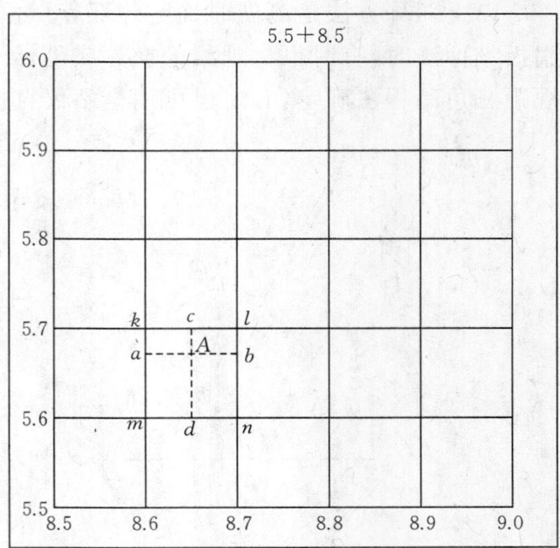

图 8-19　展绘控制点

二、碎部测量

为了在测站上测绘地物和地貌，首先必须确定这些地物、地貌的特征点，也称为碎部点，即实地上地物外轮廓线的转折点，如房角、道路交叉口、山顶、鞍部、山谷等在图上的位置和高程。在图纸上确定地物点的位置，地物的位置也就确定了。虽然地貌形态各异，但通过概括分析可以把实际地面看成是由许多不同坡度的棱线所组成的多面体。这些棱线称为地貌特征线或地性线。地性线的转折点称为地面特征点，简称地貌点。地貌点在图纸上的位置确定了，地性线的位置也就确定了，而由地性线所组成的多面体的位置也就确定了。总之，测图就是测定地物、地貌点的位置。地物和地貌的总称为地形，地物点和地貌点的总称为碎部点。地形测图就是测定这些碎部点的平面位置和高程，测定碎部点空间位置的工作统称为碎部测量。

碎部测量是观测碎部点与地面上已建立的控制点之间的相对位置关系数据，然后以此观测数据，根据已展绘在图纸上的控制点，把碎部点在图纸上标定出来。这样展绘在图纸上的地形和地物，就是实际地形和地物的缩绘，且保持着相似的关系。

(一)测定碎部点的基本方法

1. 极坐标法

如图 8-20(a)所示，根据已知控制点 A、B，测出角度 β 和距离 d，据此确定碎部点 P 的位置。

2. 方向交会法

如图 8-20(b)所示，根据控制点 A、B 和 C、D 测得角度 β_A 和 β_B，由 β_A、β_B 的另一条边交会出碎部点 p 的位置。

3. 距离(边长)交会法

如图 8-20(c)所示，根据已知控制点 A、B，分别在 A、B 点设站。测得 AP 和 BP 的边长 D_1、D_2，并且换算为水平距离，并按测图比例尺缩绘为图上距离 d_1、d_2，然后利用测图工具在图纸上利用边长交会出 P 点的点位 p。

4. 直角坐标法

如图 8-20(d)所示，以实地已知控制点 A、B 的方向为 x 轴，并找出 P 点在 AB 连线上的垂足 P_0，然后测量出 $AP_0(x)$ 和 $PP_0(y)$，再按测图比例尺缩绘到图上。最后借助测图工具，用几何方法求得 P 点的点位 p。

以上四种方法是测图时确定碎部点点位的主要方法,其中极坐标法的应用更广泛。在使用极坐标法时,有时也将观测值换算成坐标,再根据坐标确定点位。碎部点的高程绝大部分用视距三角高程法确定,有时也可用全站仪直接测定。

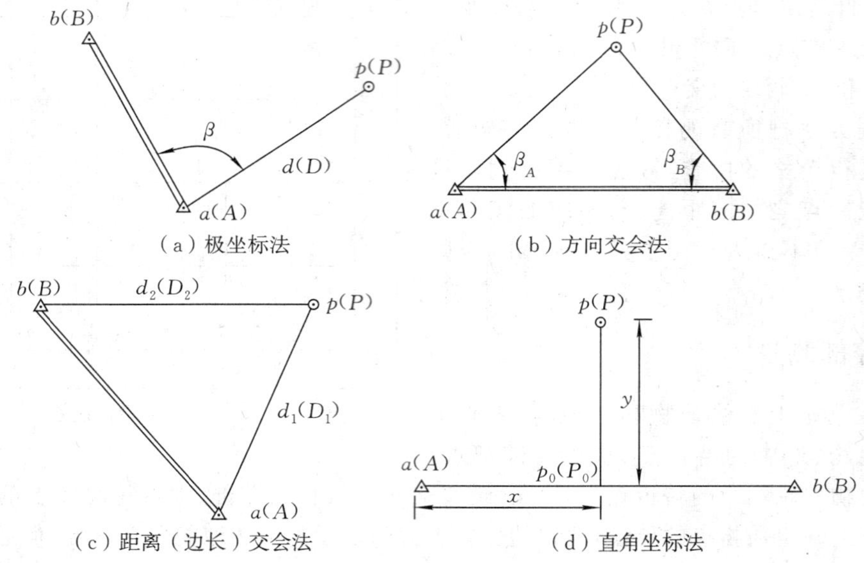

图 8-20 测定碎部点的基本方法

(二)地形图的精度要求

碎部点的测量精度直接影响地形图的精度,地形图精度是以地物点相对于邻近图根点的位置中误差和等高线相对于邻近图根点的高程中误差来衡量的,这两种误差应不大于表 8-5 中规定的数值。

表 8-5 地形图的精度要求

测区类别	图上地物点的位置中误差		等高线的高程中误差(等高距)		
	轮廓明显地物 /mm	轮廓不明显地物 /mm	6°以下	6°~15°	15°以上
一般地区	±0.6	±0.8	1/3	1/2	1
城市建筑区	±0.4	±0.6			

(三)碎部测量的综合取舍

地形图是实际地形的缩绘,因此在测图时就应根据测图比例尺及用图要求,对错综复杂的地形进行综合取舍,合理选择,恰如其分地反映在图纸上,达到图面清晰易读、符号位置正确、地形主次分明的效果。测图比例尺不同,取舍要求也不一样:大比例尺测图就要测得多些,舍去得少些;小比例尺测图相对来说就要测得少些,舍得多些。成图质量的优劣与合理取舍有很大的关系,取舍不当不是使图面不清晰,就是使图面失真。地物地貌的取舍没有严格的统一标准规定,一般地形测图可参照下列要求取舍:

(1)主要建筑物轮廓线的凸凹在图上大于 0.4 mm 时要表示出来,简易建筑物凸凹小于 0.6 mm 时可以用直线连接起来。

(2)在图上宽度小于 1 mm 的带状地物,可以用单线表示,也可以用规定的符号描绘。

(3)山头最高点、鞍部、洼地的最低点,山脊线、山谷线的坡度变化点和方向变化点,地面坡脚线的转折点等地面特征点都要测定。

(4)无明显坡度变化的地面,图上地形点间隔约为 3 cm,表 8-6 列出了在几种大比例尺测图中,一般情况下地形点应间隔的实地距离。

表 8-6　地形点间距和最大视距

比例尺	地形点间距/m	最大视距		备注
		主要地物点之间/m	次要地物及地貌点之间/m	
1∶500	15	60	100	
1∶1 000	15	100	150	
1∶2 000	50	180	250	
1∶5 000	100	300	350	

(四)测图最大视距长度的规定

无论是用极坐标法还是用距离交会法确定碎部点点位,测定距离 d 值的传统方法为视距法,视距的精度一般为 1/200～1/300。为保证碎部点的精度,视距长度要有一个限制,表 8-6 列出了几种大比例尺测图的最大视距的长度值。

三、地物和地貌的测绘

(一)地物的测绘

地物一般分为两大类:一类是自然地物,如河流、湖泊、森林、草地、独立岩石等;另一类是经过人类物质生产活动改造了的人工地物,如房屋、高压输电线、铁路、公路、水渠、桥梁等。所有这些地物都要在地形图上表示出来。

地物测绘主要是测绘地物特征点的位置和高程,并在图纸上用地物符号把地物形象地表示出来。但是地物是多种多样的,各类地物都有其组成的特殊规律和特点,因此在测绘不同类型的地物时,又要根据其特点,采用灵活、多样的方法进行处理。

地物在地形图上的表示原则:凡是能依比例尺表示的地物,则将它们水平投影位置的几何形状相似地描绘在地形图上,如房屋、双线河沆、运动场等;或是将它们的边界位置表示在图上,边界内再绘上相应的地物符号,如森林、草地、沙漠等;对于不能依比例尺表示的地物,在地形图上是以相应的地物符号表示在地物的中心位置上,如水塔、烟囱、纪念碑、单线道路、单线河流等。

1. 居民地的测绘

居民地中各类建筑物、构筑物及主要附属设施应按实地轮廓准确测绘。房屋以墙基角为准,房屋、围墙凸凹部分在图上小于 0.4 mm 时,可连接成直线。居民地内的独立房屋和排列杂乱的房屋,一般需测三个房角点才能准确绘出其位置。对于外廓凸凹转折角多的房屋,测绘其主要的凸凹点,其他角点用皮尺量取尺寸,并绘制房屋草图,然后用三角板和比例尺按草图的尺寸将其绘制在图纸上。对于规划的居民地,其房屋排列整齐,可实地量取最前排和最后排房屋上的角点,再用皮尺量取各排房屋的宽度和排与排之间的间距,在图上用推平行线的方法绘出。若各排房屋的地面高程不同,还应测出其高程。

对于底部立尺不通视或底部不能达到的圆形地物,如水塔、烟囱、储油罐等,可采用方向交会法测出其中心位置,然后用皮尺量取该圆形地物的周长,计算出该地物的半径,并在图上用圆规绘出圆形地物的轮廓线。也可以按三点定圆的方法测定其圆周上的三点,进行定位。

2. 道路的测绘

道路包括铁路、公路、简易公路、大车路、乡村路、小路等。对于铁路,测绘时如果测图比例尺能把路宽表示出来,立尺时把尺子立在一侧铁轨上,另一侧铁轨按实量宽度绘出。若不能在图上表示路宽,把尺子立在铁路的中心线上,再按铁路符号描绘,并在图上每隔 10～15 cm 注记轨面高程。

公路应测其实际位置,立尺时把尺子立在公路的中心或公路的一侧,根据量取的路宽绘出公路的形状,图上每隔 10～15 cm 注记路面高程,并加注路面铺设材料,路面材料变化处应加点线分隔。

乡村大路宽度一般不均匀,测绘时把尺子立在路的中心,按平均宽度绘出路的形状,公路与乡村路平交时,公路符号不中断,乡村路中断。

测绘田间小路时,把尺子立在小路的交叉点、拐点、直线段的端点等位置,按规定符号绘于图上。小路弯曲较多时,应根据实际情况适当取舍,原则上取舍后的小路位置与实地位置的距离差值不应大于图上的 0.4 mm。

3. 水系测绘

水系包括河流、湖泊、溪流、水库、池塘、沟渠、海岸等,测绘时要准确反映水系类型、形态分布状况,以及水系之间、水系与其他要素之间的关系。

河流应测出河岸线和水涯线,水库、湖泊、溪流、池塘等均应绘出水涯线。水涯线按测图时的水位测定,并标注测图时间,如需测出洪水水位,应先做调查,然后测准高程。小河、溪沟、渠道及涵、闸、渡槽等水工建筑物要测绘底部高程。河流、沟渠宽度在图上小于 0.5 mm 时,用单线绘出;大于 0.5 mm 时,依比例尺用双线绘出,并注明水流方向。对堤坝等挡水建筑物要测出其顶部高程,必要时应测出比高。

4. 植被测绘

植被包括各种树林、苗圃、灌木丛、散树、独立树、行树、竹林、经济林、草原、芦苇地,以及人工种植的稻田、旱地、菜地、经济作物等。测绘时要正确反映出各植被的分布情况,先测外轮廓点,然后用地类界符号绘出其范围,界内描绘植被符号和注记植被种类。若地类界与道路、河流、田坎、垣栅等线状为重合,则省略不绘。

道路和城镇主要道路两旁的行树按行列测绘,耕地周围和山坡上及河堤上的树木以散树符号表示其概略位置。

5. 输电及通信线路测绘

测绘输电、通信线路时,一般要测出各线路上的电杆、电线塔的位置。同一线路上的电杆之间要连线,并根据高、低压线路和通信线路的种类,在绘图时按图式规定的符号绘出,使线路类型分明。当同一杆上架有多种线路时,表示其主要线路。沿铁路、公路并行的输电、通信线路和城市建设区内的输电、通信线路,在图上可不连线,但应在杆架处绘出连线方向,线路与河流、道路相交时不应中断。

(二)地貌测绘

地貌是地表的起伏形态,几种典型的地貌比较容易测绘。在山区和丘陵地区的实际地表,绝大部分为各种典型地貌组合而成的综合性地貌。测绘综合性地貌时,要认真、仔细分析各地性线间的相互位置关系,综合取舍、选择和测定合理的地貌特征点,然后连接地性线,再按等高线的特性,按照实地情况描绘等高线。勾绘等高线分以下几步。

1. 测定地貌特征点

地貌特征点是指：山顶的最高点，鞍部的最低点，山谷的起始点、谷会点、谷口点，山脊线的分岔点与转折点，陡坎和陡崖上下边缘的转折点，山脚的转折点，洼地的最低点等。这些地貌特征点可以采用极坐标法和方向交会法测定，在图上用小点表示其位置，在点的右侧注记该点高程，或以此点作为小数点注记该点的高程。

2. 连接地性线

测定地貌特征点后，绘图员应根据实地情况先连接地性线，再勾绘等高线。一般以实线连接山脊线，以虚线连接山谷线。地性线要随测随连，避免连接错误，确保其能反映出实际地貌形态。

3. 勾绘等高线

在图上测得一定数量的地貌特征点，在连接地性线后，就可勾绘等高线。由于地面点的高程不一定等于等高线的高程，因此需要在地貌特征点之间确定等高线通过的位置。地貌特征点是地表坡度变化的点，也就是说相邻两地貌点之间的坡度是一致的，这样就可以用内插法确定同一坡度上的两地貌点间等高线通过的位置。如图 8-21(a)所示，A、B 两点高程分别为 62.6 m 和 66.2 m，等高距为 1 m，在 AB 直线上必有高程为 63 m、64 m、65 m、66 m 的 4 条等高线通过，根据直线内插法原理可求得各条等高线的位置。如图 8-21(a)所示，AB 为倾斜线，AB' 为 AB 的平距，BB' 为 A、B 两点的高差。

由图 8-21(a)知，1 m 高差对应的平距应为

$$d_1=\frac{AB'}{66.2-62.6}=\frac{AB'}{3.6}$$

63 m 等高线比 A 点高 0.4 m，66 m 等高线比 B 低 0.2 m，则它们对应的平距分别为

$$A1'=0.4d_1=0.087\,AB'$$

$$4'B=0.2d_1=0.056\,AB'$$

其他各条等高线之间的平距为

$$\overline{1'2}=\overline{2'3'}=\overline{3'4'}=d_1=0.28\,AB'$$

在图上量出 AB' 的长度，代入上式即可算出每条线段在图上的长度。用相同方法还可求出其他相邻两地面点之间等高线通过的位置，将高程相同的内插点参照实际地形用光滑的曲线连接起来，如图 8-21(b)所示，即得到所要勾绘的等高线。

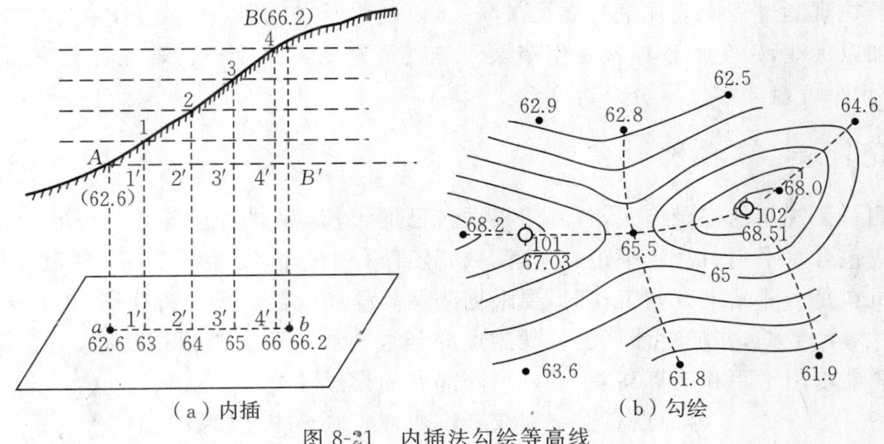

(a) 内插　　(b) 勾绘

图 8-21　内插法勾绘等高线

§8-4 地形图的测绘方法

地形图测绘的方法有多种,其区别在于所使用的测绘仪器、碎部点测量方法及绘制方法的不同。一般来说,可以分为解析测图法和数字测图法。解析测图法包括平板仪测图、经纬仪配合小平板测图、水准仪配合小平板仪测图、经纬仪测图等方法,数字测图法主要有数字测记测图、电子平板测图、遥感影像或航空摄影测量成图及三维立体激光扫描成图等方法。本节重点讨论经纬仪测图法,数字测图法将在后续章节进行讨论。

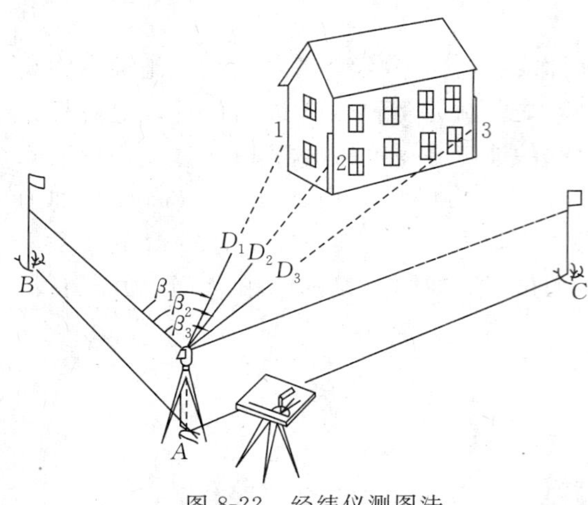

图 8-22 经纬仪测图法

经纬仪测图法是根据极坐标确定碎部点点位的一种测图方法。如图 8-22 所示,将经纬仪安置在测站点上,观测有关数据,图板放在测站旁边作为绘图桌,用半圆仪或展点器展绘碎部点。该方法野外工作的分工主要有立尺、观测、记录计算和绘图。

一、立 尺

立尺员持尺,根据地形情况,参照测图的综合取舍要求,选择地物、地貌的特征点立尺。选点立尺是一项技术性较强的工作,立尺员要根据测图比例尺和地形的具体情况,既要使立尺点最少,又要逼真地反映出实地地形来。地形复杂时,立尺员还要绘制草图,供绘图时参考。

二、观 测

(1)准备工作。观测员在测站上安置好仪器,量取仪器高后,照准另一图根点作为后视方向(定向),并将水平度盘(盘左)置于零度零分,因此也称此项工作为置零。

(2)观测。观测员松开照准部,照准立尺员所立的标尺,读水平角、视距、竖盘和中丝读数。在每次读竖盘之前,要注意使竖盘指标水准管气泡居中。

观测员在观测过程中要注意与立尺员联系,以判明所立地形点的类型,并及时告知记录员或绘图员加以标注,以免地物连接发生错误。一般每测 20～30 个点,观测员要重新照准后视点,以检查水平度盘的零度零分是否变动。

三、记 录

碎部测量无规定的记录格式,各部门根据自己的习惯,编制适合自己使用的记录表格,但记录内容应包含水平角、视距、平距、竖盘读数、竖直角、中丝读数、初算高差、高程等栏目。

记录员在每个测站上开始工作时,要根据测站高程和仪器高算出视线高,然后记下观测员对每一点的观测数据,并随时计算出各观测点的竖直角和视距。再根据视距、竖直角,利用视距表或计算器求出平距和初算高差,计算出碎部点的高程,即

$$碎部点高程=视线高+初算高差-中丝读数$$

竖直角为正值时,初算高差为正;竖直角为负值时,初算高差为负。碎部点的高程取至厘

米即可。

四、绘　图

绘图常用方法为半圆仪展点法。绘图员在每个测站上应面向北方，这样可以使图纸的南北、东西方向与实地相对应，便于绘图时对照，画上后视方向线(一般只画测站点和后视点连线的一小段)后就可以用半圆仪展点。半圆仪(图 8-23)是专用量角器，直径长度约为 25 cm，其圆心处有一小孔，在直径上有毫米刻划，每 1 cm 处有注字，圆心为零，刻度由圆心向两边增加，且圆心两边的注记分别为红、黑两种颜色。半圆仪的圆周上每隔 20′或 30′一个刻划，其刻划有两圈为反时针增加的注记，外圈为 0°～180°，内圈为 180°～360°，每 10°有注记，且内外两圈注记分别为红、黑两种颜色。

展点时，小针穿过半圆仪小孔后，垂直插在图纸上的测站点上。半圆仪可以转动，将半圆仪上等于水平角观测值的分划对准后视方向线，这时半圆仪上的零度分划线就是所测碎部点所在的方向。在此方向上从圆心开始，按比例尺截取水平距离，得到立尺点在图上的点位。截取距离时，如果半径的长度不够，可用比例尺量取，且截取时要注意方向。如果对准后视方向线的水平角度数是黑色注记，则截取距离时，也用直径上的黑色数字部分截取，反之红色亦然。在图纸上确定了碎部点点位后，在点位的右边注记该点的高程，也可以用碎部点的点位作为高程数字的小数点，高程注记到 0.1 m。当测图基本等高距为 0.5 m 时，高程要注记到 0.01 m。绘图员在标定点位的同时，要注意将相关的地物点用规定的线条连接起来，并初步勾绘等高线。

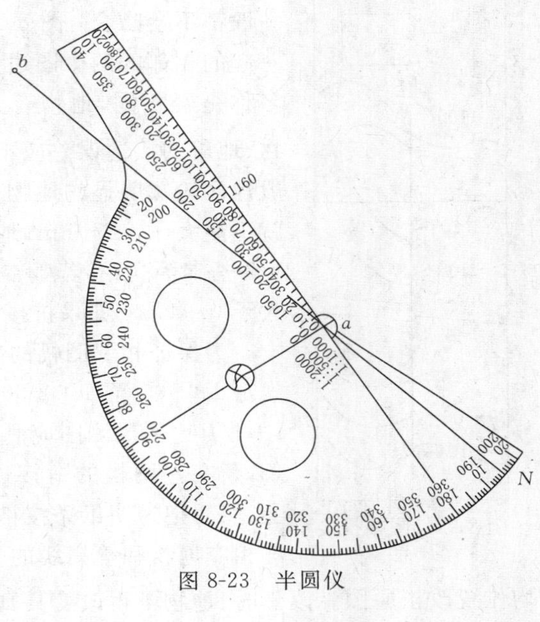

图 8-23　半圆仪

在进行碎部测量时，在一个测站观测完毕后，绘图员要及时将本站所测绘的地形与实地对照，对于漏测、测错、绘错的地方要进行补测和纠正，然后再迁站。

在测图过程中，地形错综复杂，已有的图根点往往不能满足需求。当碎部测量在一个测站上工作结束后，如发现该站附近需增加测站，可以不动仪器，在观测现场临时增加测站点。增加测站点最常用的方法是布设单点支导线，其连接角可以观测一个测回，高程和边长要进行往返观测。用视距法观测时，往返观测边长的相对误差不应大于 1/200，高差往、返之差不应超过 1/7 基本等高距，支导线的最大边长和测量方法应符合表 8-7 的要求。

表 8-7　支导线最大边长及测量方法

比例尺	最大边长/m	测量方法
1∶500	50	实量
1∶1 000	100	实量
	70	视距
1∶2 000	160	实量
	120	视距

§8-5 成果的检查与图幅整饰

地形图图式规定了地物、地貌的各种绘制符号和注记方法，在外业工作中，当碎部点展绘在图上后，通过现场对照实地随时描绘地物和等高线。如果测区较大，地形图要由多幅图拼接而成，因此还应及时对各图幅衔接处进行拼接检查，经过检查与整饰，才能获得合乎要求的地形图。

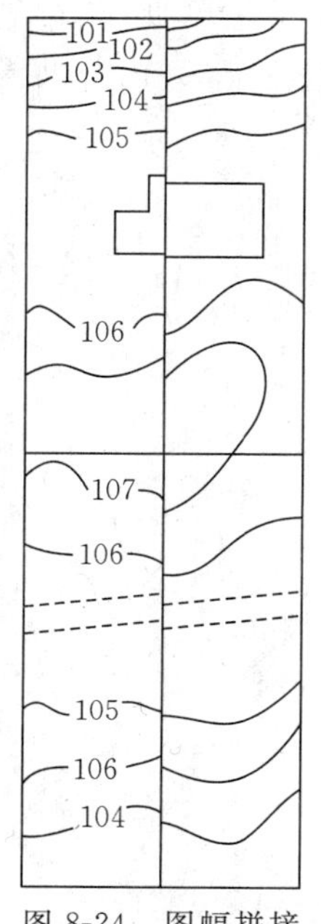

图 8-24 图幅拼接

(一)地形图的拼接

当测区面积较大时，整个测区必须分成若干图幅进行测绘。在相邻图幅的连接处，由于测量误差和绘图误差，无论是地物轮廓线还是等高线一般都不会吻合，图 8-24 为左右图幅在边界处的衔接情况。对于接合在一起的相邻的两个图边，要注意检查相应地物和等高线的错位大小，注记名称是否相同，地物有无遗漏，取舍是否相同，地形总貌是否吻合。地物、地貌的接边误差应不大于表 8-8 中规定的中误差的 $2\sqrt{2}$ 倍。例如，一般地区轮廓明显的地物点的位置中误差为图上 0.6 mm，则其接边误差就不能大于 1.7 mm；地貌坡度小于 6°的地区，等高线的高程中误差为 1/3 基本等高距，若基本等高距为 1 m，则其等高线的接边中误差就不能大于 0.94 m。如果拼接误差在允许范围内，则可进行取中修改。

为保证相邻图幅的拼接，每幅图各接边应测出图廓外一定宽度，规范规定 1∶500 至 1∶2 000 比例尺测图应测至图廓外 5 mm；1∶5 000 和 1∶1 万比例尺测图应测至图廓外 4 mm。拼接时，用 3～4 cm 的透明纸条，蒙在左图幅的衔接边上，把格网线、地物、等高线等都描绘在透明纸上，然后把透明纸条按格网线位置蒙在右图幅的衔接边上，这样即可检查出相应地物和等高线的偏差情况。如果偏差不超过上述要求，则可取平均位置改正原图。改正时，地物不得改变其真实形状，地貌不得产生变形。如果拼接偏差超过规范规定，则须到野外复测、纠正。

测图时，若采用聚酯薄膜，可直接将相邻图幅的拼接边上下重叠拼接，并检查是否满足上述要求。测图时也可将相邻聚酯薄膜图幅的拼接边上下拼接好，再进行施测，这样就直接解决了图幅的拼接问题。

表 8-8 图的接边误差限制

地区类别	点位中误差(图上)/mm	相邻地物间距中误差(图上)/mm	等高线高程中误差(等高距)			
			平地	丘陵地	山地	高山地
山地、高山地和实测困难的旧街坊内部	0.75	0.6	1/3	1/2	2/3	1
城市建筑区和平地、丘陵地	0.5	0.4				

(二)地形图的检查

为了确保地形图质量，除施测过程中加强检查外，在地形图测完后，必须对成图质量做全面检查。地形图的检查包括图面检查、野外巡视和设站检查。

1. 图面检查

检查图面上各种符号、注记是否正确,包括地物轮廓线有无矛盾、等高线是否清楚、等高线与地形点的高程是否相符、有无矛盾可疑的地方、图边拼接有无问题、名称注记是否弄错或遗漏。如发现错误或疑点,应到野外进行实地检查、修改。

2. 外业检查

野外巡视检查要根据室内图面检查情况,有计划地确定巡视路线,进行实地对照查看。野外巡视中发现的问题,应当场在图上进行修正或补充。

设站检查即根据室内检查和巡视检查发现的问题,到野外设站进行检查,除对发现问题进行修正和补测外,还要对本测站所测地形进行检查,看所测地形图是否符合要求。如果发现点位的误差超限应按正确的观测结果修正。

(三)地形图的整饰与验收

地形图经过拼接、检查和修正后,还应进行清绘和整饰,使图面更清晰、美观。地形图整饰的次序是先图框内、后图框外,先注记、后符号,先地物、后地貌。图上的注记、地物符号及高程等均应按规定的地形图图式进行描绘和书写。最后,在图框外应按图式要求写出图名、图号、接图表、比例尺、坐标系统及高程系统、施测单位、测绘者及测绘日期等各项内容。

经过以上步骤得到的地形图要上报当地测绘成果主管部门。在当地测绘成果主管部门组织的成果验收通过之后,对图纸进行备案,该地形图才能在工程中使用。

思考题与习题

1. 何谓测图比例尺精度？它对测图和用图有何作用？
2. 何谓地物和地貌？地形图图式中的地物符号分为哪几类？试举例说明。
3. 地物符号分为哪几类？等高线分为哪几类？
4. 简述等高线的特性。
5. 如何区分山头与洼地、山脊与山谷？
6. 如何用对角线法绘制方格网？如何展绘控制点？
7. 简述经纬仪测图法在一个测站上的主要工作内容。
8. 简述大比例尺测图的方法。

第九章　数字化测图方法

随着电子技术和计算机技术日新月异的发展及其在测绘领域的广泛应用，20世纪80年代电子速测仪、电子数据终端将内业机助制图系统进行结合，形成了一套可实现从野外数据采集到内业制图全过程的、数字化和自动化的测量制图系统，人们通常称这种测图方式为数字化测图，简称数字测图或机助成图。广义的数字测图主要包括地面(野外)数字测图、地图数字化成图、摄影测量和遥感数字测图；狭义的数字测图指地面数字测图。

§9-1　数字化测图概述

一、数字测图的有关概念

(一)数字地图

数字地图以数字形式表示地图的内容。地图内容由地图图形和文字注记两部分组成，地图图形可以分解为点、线、面三种图形元素，而点是最基本的图形元素。数字测图就是要实现以数字坐标表示地物和地貌点的空间位置，以数字代码表示地形符号、说明注记和地理名称注记的过程。

(二)数字图形的表示

计算机中图形数据按照数据获取和成图方法，可区分为矢量数据和栅格数据两种。对应的图形通常称为矢量图形和栅格图形。

栅格图形是把空间分成一系列单元，每个单元代表有限但确定的地球表面。栅格图形的特点是对图形的存储较为简单，只需按行、列顺序记下各像元的值(如空白用“0”，黑色用“1”)。栅格图形的特点是不能精确定位，图形进行放大、缩小、旋转等变化较为复杂。

矢量图形假定地理空间连续，它能够精确定位空间位置。其中，点用独立的空间坐标对表示，线用一系列坐标对表示，面是由首尾相连的线构成的多边形。矢量图形的特点是图形上的每点均是用坐标表示，便于函数计算，且进行放大、缩小、旋转等变化都不会使图形产生变形。

二、数字测图系统的构成

数字测图系统是指实现数字化测图功能的所有因素的集合。从广义来说，数字测图系统是硬件、软件、人员和数据的总合。

(一)数字测图系统的硬件

数字测图系统的硬件主要有两大类：测绘类硬件和计算机类硬件。测绘类硬件主要指用于外业数据采集的各种测绘仪器，如全站仪；计算机类硬件包括用于内业处理的计算机及外部设备，如显示器、打印机、数字化仪、扫描仪等。

(二)数字测图软件

软件是数字测图系统中一个极其重要的组成部分，通常包括数字化成图工作用到的所有软件，即各种系统软件(如操作系统 Windows)、支撑软件(如计算机辅助设计软件 AutoCAD)和实现数字化成图功能的应用软件(如南方测绘仪器公司的 CASS 软件)。

数字测图软件是数字测图系统的关键，软件的优劣直接影响数字测图系统的效率、可靠性、成图精度和操作的难易程度。选择一种成熟的、技术先进的数字测图软件是进行数字化测图工作的关键问题。

目前，市场上比较成熟的数字测图软件主要有以下几种：

(1)南方测绘仪器有限公司的数字化地形地籍成图系统 CASS。

(2)清华山维新技术开发公司的 GIS 数据采集处理与管理系列软件。

(3)北京威远图公司的 CitoMap 地理信息数据采集软件。

(三)数字测图系统的人员与数据

数字测图系统的人员指参与完成数字化成图任务的所有工作与管理人员。数字化测图对人员提出了较高的技术要求，他们应是既掌握了现代测绘技术，又具有一定的计算机操作能力和维护经验的综合性人才。

数字测图系统中的数据主要指系统运行过程中的数据流。它包括采集(原始)数据、处理(过渡)数据和数字地形图(产品)数据。数字测图系统中数据的主要特点是结构复杂、数据量庞大。

三、数字测图的基本过程

数字测图的过程主要有数据采集、数据处理、图形编辑和图形输出。一般经过数据采集和编码、计算机处理、自动绘制几个阶段。数据采集和编码是计算机绘图的基础，这一工作主要在外业期间完成。内业数据图形处理是在人机交互方式下进行的图形编辑，并生成图形文件，由绘图仪输出地形图。图 9-1 是数字测图系统的工作流程。

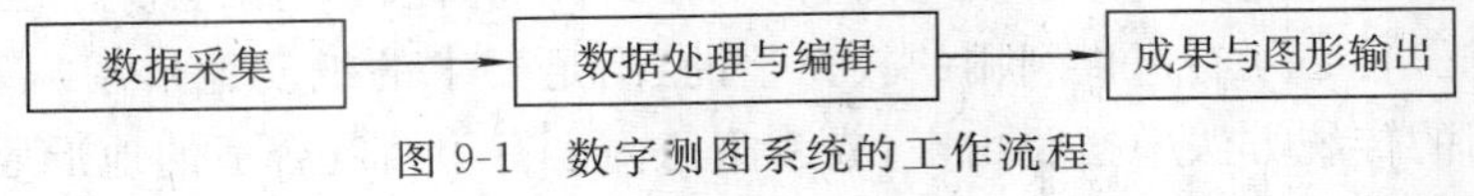

图 9-1　数字测图系统的工作流程

(一)数据采集

数据采集的目的是获取数字化成图所必需的数据信息，包括描述地形图实体的空间位置和形状所必需的点的坐标和连接方式，以及地形图实体的地理属性。数字化测图中，依据采集数据的设备，数据采集方式又可分为大地测量仪器法、GPS RTK 法、图形数字化法、航测法等。前两者是在野外完成地形图的数据采集工作，后两者是在室内采集数据。实际制图过程中，地形图、航空航天遥感像片、图形数据或影像数据、统计资料、野外测量数据或地理调查资料等都可以作为数字测图的信息源。

(二)数据处理与编辑

数据处理阶段通常是指在数据采集后到图形输出之前对图形数据进行的各种处理过程。主要是将采集到的数据处理为成图所需数据，包括建立地图符号库、数据预处理、数据转换、数据计算、图形生成及文字注记、图形编辑与整饰、图形裁减、图幅接边、图形信息的管理与应用等。数据处理通常通过计算机软件来实现，最后生成可进行绘图输出的图形文件。在这个过程中，计算机是进行数据编辑、处理的主要设备,而专业的数字化成图软件则是系统的核心。

(三)成果与图形输出

经过人机交互编辑生成数字地形图的图形文件,即数字地图。数字地图由磁盘或光盘进行永久性保存。可以将该数字地图转换成地理信息系统的图形数据,来建立和更新地理信息系统图形数据库,也可将数字地图通过绘图仪绘出。

四、数字测图的作业模式

作业模式是数字测图内外业作业方法、接口方式和流程的总称。由于数字测图不同作业方法的特点主要体现在数据采集阶段,所以其作业模式主要根据数据采集的方法进行划分。目前就地面数字测图而言,可分为数字测记模式(简称测记式)、电子平板测绘模式(简称电子平板)和地图数字化模式三种。

(一)数字测记模式

数字测记模式是一种野外数据采集、室内成图的作业方法。根据编码、草图来描述、记录连接关系和地形图实体的地理属性。根据野外数据采集硬件设备,该模式又可分为全站仪数字测记模式和 GPS RTK 数字测记模式。这种作业模式的特点是精度高,内、外业分工明确,便于人员分配,具有较高的成图效率。

(二)电子平板测绘模式

电子平板是一种基本将所有工作都放在外业完成的数字化成图方法。它用装有绘图软件的便携机模拟测图平板将其与全站仪连接在一起,实现数据采集、数据处理、图形编辑的现场同步完成。这种作业模式的特点是精度高、现场成图,实现了"所见即所测",实现了内外业一体化,从而具有较高的可靠性。

(三)地图数字化模式

地图数字化模式是指用数字化仪或扫描仪,在室内对测区原有纸质地形图数据进行采集的模式。这种作业模式充分利用了现有的、精度较高、现势性较好的地形图,工作较简单,效率较高,但精度较低,且必须有可供利用的较完整的、满足要求的纸质地形图。假如用户暂时还难以从平板测图的传统方法中摆脱出来,或者测区内已有了精度合适的地形原图,就可以采用内业数字化作业模式。这种模式的优点是将外业测图和内业计算机处理较明显地分开,便于人员配置,放宽了大部分作业人员的技术要求。但得到的数字图的精度与模拟图是一致的。

近几年出现了视频全站仪和三维激光扫描仪等快速数据采集设备。这些设备通过在全站仪上安装数字相机(视频全站仪)或三维激光扫描仪的方法,可在对被测目标进行摄影的同时,测定相机的摄影姿态,利用计算机对数字影像进行处理,得到数字地形图或数字景观图。这种快速测绘数字景观的成图模式可能会成为今后建立数字城市的主要手段。

§9-2 外业数据采集

野外数据采集通常利用全站仪或 GPS RTK 接收机等测量仪器在野外直接测定地形特征点的位置,并记录地物的连接关系及属性,为内业成图提供必要的信息。它是数字测图的基础工作,直接决定成图质量和效率。

一、测图前的准备工作

测图前的准备工作主要包括控制测量、仪器设备与资料准备等。

(一)控制测量

等级控制点尽量选在制高点处。对于图根控制点,可采用"辐射法"和"一步测量法"。辐射法即用极坐标测量的方法,按全圆方向观测方式一次测定周围几个图根点,这种方法不需要平差计算可直接测出坐标。所谓一步测量法就是指同时进行图根导线作业与碎部测量作业。

(二)仪器设备与资料准备

实施数字测图前,应准备好仪器、设备、控制点成果和作业规范等。仪器设备主要包括全站仪、对讲机、便携机、备用电池、花杆、棱镜、草图本等。

在测图前,最好将测区已知成果资料录入便携机或自带内存的全站仪中,方便现场调用。

二、测记法野外数据采集

测记法就是用全站仪或 GPS RTK 在野外测量地形特征点的点位,用电子手簿或仪器自带内存存储测点的定位信息,用人工编制的草图、笔记或简码记录其他属性信息,回到室内将外业采集的数据通过专门的传输软件传输到计算机,最后经人机交互编辑成图。根据数据采集仪器的不同其作业方式又可分为全站仪测记法测图(图 9-2)和 GPS RTK 测记法测图。

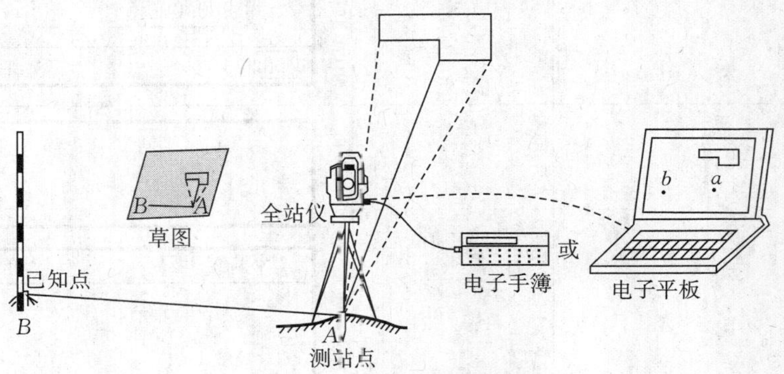

图 9-2　全站仪测记法测图

(一)全站仪测记法数据采集

下面以 NTS-660 全站仪为例,具体介绍全站仪的数据采集过程。

1. 设置测站点坐标

在角度测量模式下,其具体操作步骤如表 9-1 所示。

表 9-1　设置测站点坐标

操作步骤	按键	显示
①按[F3](坐标)键	[F3]	【角度测量】 V :　87° 56′ 09″ HR:　120° 44′ 38″ 斜距　平距　坐标　置零　锁定　P1↓

续表

操作步骤	按键	显示
②按[F6](P1↓)键进入第2页	[F6]	【坐标测量】 N ： < E: Z: PSM 30 PPM 0 (m) * F. R 测量 模式 角度 斜距 平距 P1↓ 记录 高程 均值 m/ft 设置 P2↓
③按[F5](设置)键,显示以前的数据	[F5]	【设置测站点】 N: 12345.670 m E: 12.436 m Z: 10.445 m 退出 左移
④输入新的坐标值并按[ENT]键	输入N坐标 [ENT] 输入E坐标 [ENT] 输入Z坐标 [ENT]	【设置测站点】 N ： 1000.000 m E: 1000.000 m Z: 1000.000 退出 左移
⑤测量开始		完成! 【坐标测量】 N ： < E: Z: PSM 30 PPM 0 (m) * F. R 记录 高程 均值 m/ft 设置 P2↓

2. 设置仪器高和棱镜高

在角度测量模式下,其具体操作步骤如表9-2所示。

表9-2 设置仪器高棱镜高

操作步骤	按键	显示
①按[F3](坐标)键	[F3]	【角度测量】 V ： 87° 56′ 09″ HR: 120° 44′ 38″ 斜距 平距 坐标 置零 锁定 P1↓

续表

操作步骤	按键	显示
②在坐标观测模式下，按[F6]（P1↓）键进入第2页	[F6]	【坐标测量】 N： E： Z：　PSM 30 PPM 0 (m) *F.R 测量 模式 角度 斜距 平距 P1↓ 记录 高程 均值 m/ft 设置 P2↓
③按[F2]（高程）键，显示以前的数据	[F5]	【高程设置】 仪器高：0.000 m 棱镜高：0.000 m 退出 左移
④输入仪器高，按[ENT]键	仪器高 [ENT]	【高程设置】 仪器高：1.630 m 棱镜高：1.450 m 退出 左移
⑤输入棱镜高，按[ENT]键 显示返回到坐标测量模式	棱镜高 [ENT]	【坐标测量】 N：　＜ E： Z：　PSM 30 PPM 0 (m) *F.R 记录 高程 均值 m/ft 设置 P2↓

3. 坐标测量的操作

在进行坐标测量时，由于前面输入过测站坐标、仪器高和棱镜高，因此可直接测定未知点的坐标。具体步骤如表9-3所示。

表9-3　坐标测量

操作步骤	按键	显示
①设置测站坐标和仪器高、棱镜高		【角度测量】 V：87°56′09″ HR：120°44′38″ 斜距 平距 坐标 置零 锁定 P1↓
②设置已知点的方向角		
③照准目标点		
④按[F3]（坐标）键	[F3]	【坐标测量】 N：　＜ E： Z：　PSM 30 PPM 0 (m) *F.R 测量 模式 角度 斜距 平距 P1↓

续表

操作步骤	按键	显示
⑤显示测量结果		【坐标测量】 N： 14235.458 E： -12344.094 Z： 10.674 PSM 30 PPM 0 (m) F.R 测量 模式 角度 斜距 平距 P1↓

(二)GPS RTK 法数据采集

1. 架设基准站

在测区一个位置较高、视野开阔的已知点上整置基准站 GPS 接收机(天线),在其附近(3 m 以外)架设数传电台的天线,连接有关电缆,量取基准站仪器(天线)高,打开 GPS 接收机和数传电台。

2. 设置和启动基准站

启动 GPS 工作手簿(控制器),首先建立新任务,然后进行坐标系有关设置、坐标及高程转换参数设置,或直接测定转换参数(分为一点、两点和三点校正法,最好选择三点校正法),再进行电台广播格式、仪器天线高、天线类型、通信参数等项目设定,随后用测站点(基准站)坐标启动基准站。

3. 设置和启动流动站

在基准站附近连接好流动站设备,再在工作手簿中设置流动站有关项目,如广播格式(一定要与基准站一致)、对中杆天线高度、天线类型、存储方式等,然后立直对中杆并启动流动站接收机。如果无线电台和卫星信号接收正常,流动站开始初始化,随后确定整周模糊度。通常在 1 分钟内得到固定解。

4. 采集碎部点

工作手簿显示固定解后,可进行碎部测量。将流动站对中杆立于地形特征点上,稳定 2～3 s,待显示的固定解数据稳定后,记录存储点位信息。

三、电子平板法野外数据采集

电子平板法野外数据采集主要作业流程包括控制点坐标输入、通信参数设置、测站设置、碎部测图。不同的测图系统,有不同的操作方法。下面简要介绍利用测图精灵(掌上电子平板)进行数据采集的过程。

(一)新建图形

在测站点整置全站仪,用专用电缆连接 PDA,打开全站仪和 PDA,点击“开始”菜单下的测图精灵图标,进入“Mapping Genius”主界面,如图 9-3 所示。点击“文件”菜单下的“新建图形”,创建一个作业项目。

(二)控制点录入

施测之前要先输入控制点。控制点的输入有手工输入和自动录入两种方式。以用手工输入方式为例来输入几个点：点击“手工输入”，弹出“坐标输入”对话框（图 9-4），在类别栏里输入该点的属性，在编码栏用户可输入自定义编码；输入后点击右上角“×”键退出，可以看到，输入的 3 个点都已显示在屏幕上（图 9-5）。

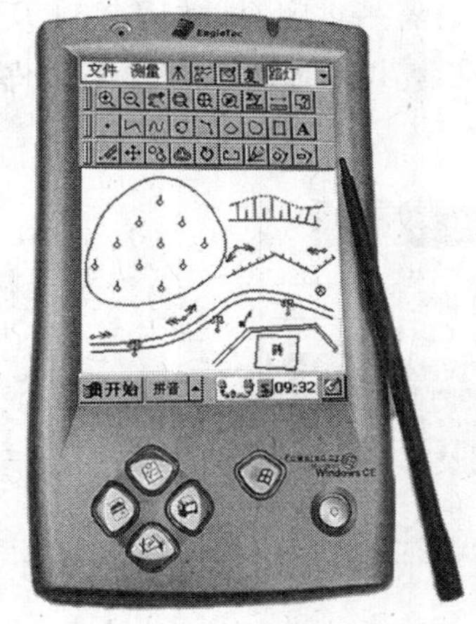

图 9-3　PDA 测图主界面

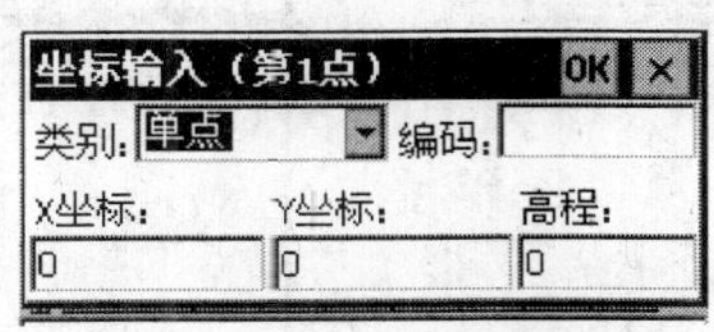

图 9-4　“坐标输入”对话框

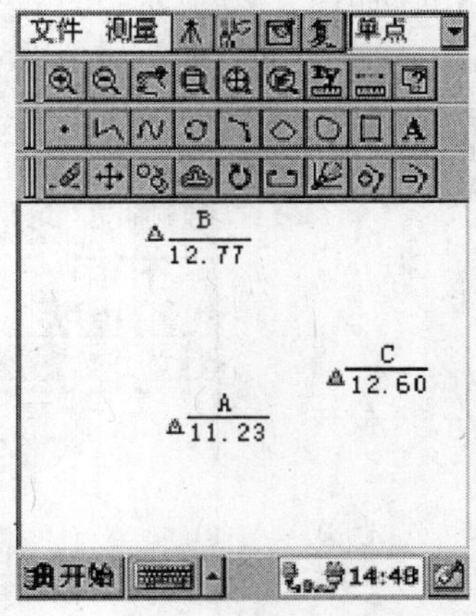

图 9-5　控制点分布

（三）测站定向

依次点击菜单“测量”→“测站定向”会弹出一个“测站定向”对话框，如图 9-6 所示。测站定向提供了两种方式：点号定向和方位角定向。选择“点号定向”方式，分别输入测站点点号、定向点点号、起始角、仪器高，然后按“确定”键。测站定向完成之后，可以在屏幕上看到一个“木5”符号，标示这一点为测站点。

（四）选择仪器类型

这里以拓普康全站仪为施测仪器，依次点击菜单“文件”→“仪器类型”，会弹出“全站仪设置”对话框，如图 9-7 所示。选择好所使用的全站仪后，按“OK”键返回。

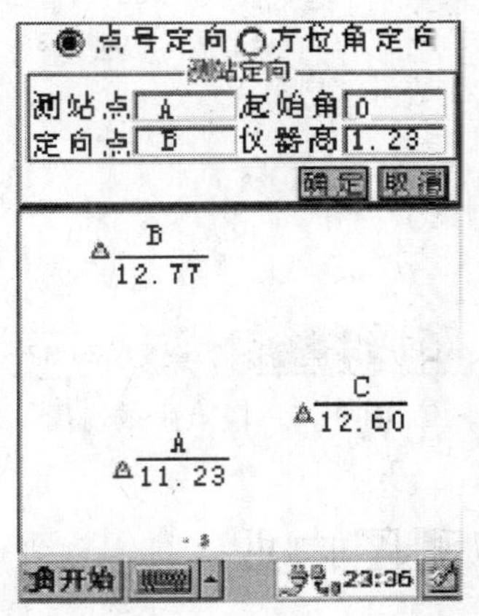

图 9-6　“测站定向”对话框

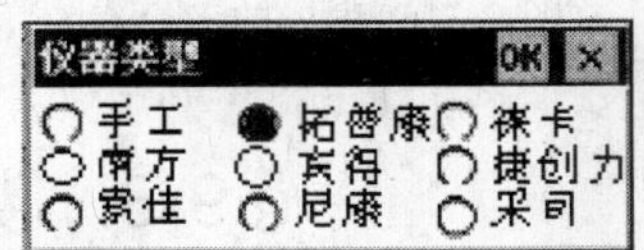

图 9-7　“全站仪设置”对话框

（五）启动掌上平板开始测量

点击第一排工具栏上的木图标进入掌上平板，如图 9-8 所示。

首先，在第一排的两个下拉窗内设置所测地物的属性。以测一个房屋为例：先在第一个下拉窗内选择“居民地层”,然后在第二个下拉窗内选择“简单房屋”;点击“新地物”,然后点击“连接”,进入同步通信面板(SCB),如图 9-9 所示;在同步通信面板中,“水平角”“垂直角”“斜距”栏内将同步显示全站仪所测得的数值;此时可看到测得的第 11 点,然后依次测得第 12 点、第 13 点,如图 9-10 所示;房屋三点测好后,点击“隔合”键,则房屋自动隔一点闭合,如图 9-11 所示。以此方法测得地面上其他地物。测完后,点击“保存图形”,在弹出的对话框中输入文件名,点击“OK”按钮即可实现测量成果的保存。

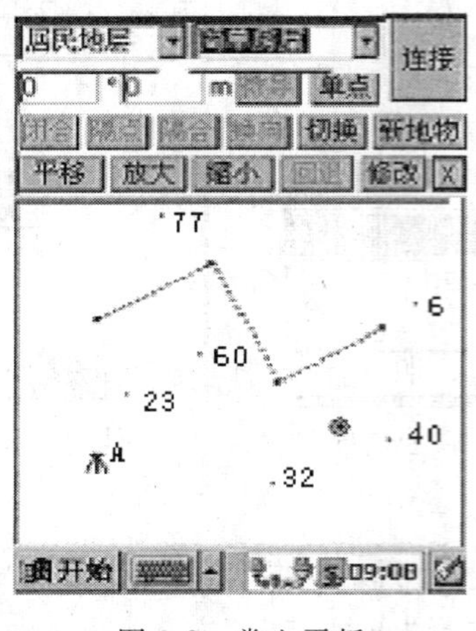

图 9-8　掌上平板

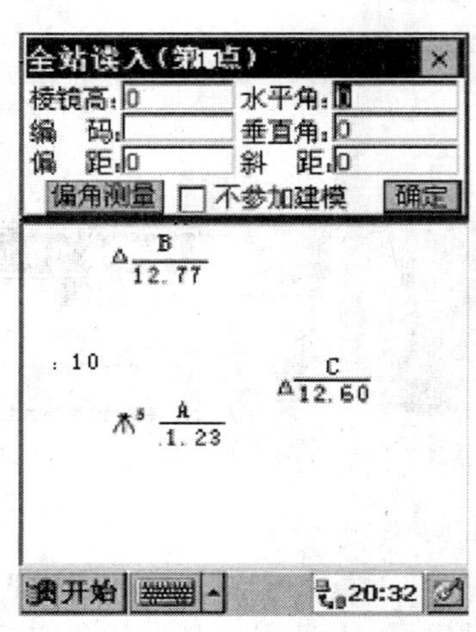

图 9-9　同步通信面板(SCB)

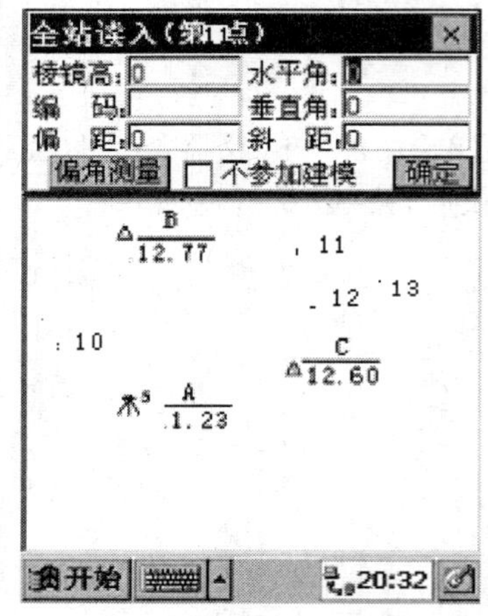

图 9-10　房屋的三个点

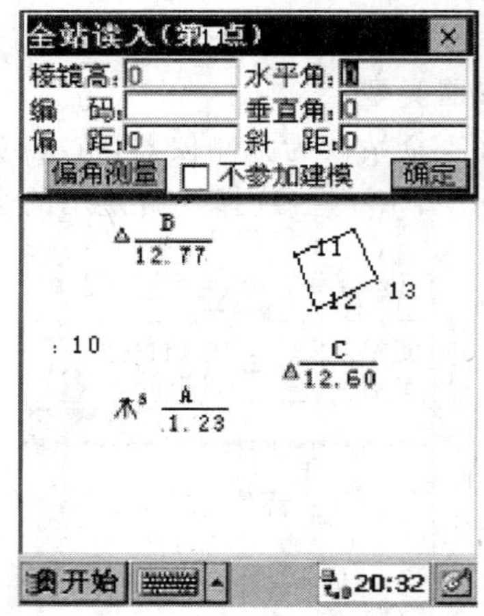

图 9-11　隔点生成房屋

§9-3　数字测图内业

数字测图的内业必须借助专业的数字测图软件来完成,数字测图软件是数字测图系统的重要的组成部分。CASS 地形地籍成图软件是我国南方测绘仪器公司开发的基于 AutoCAD 平台的数字测图系统,它具有完备的数据采集、数据处理、图形生成、图形编辑、图形输出等功能,能方便灵活地完成数字测图工作,广泛用于地形地籍成图、工程测量、GIS

空间数据建库等领域。

一、CASS 数字测图系统操作主界面简介

单击“开始”按钮，选择“程序”项，再选择“CASS 成图系统”组中的“南方 CASS2008 测绘系统”项，即可启动 CASS 成图系统。软件启动后，弹出的主界面如图 9-12 所示。CASS2008 的操作界面主要由下拉菜单、CAD 工具栏、CASS 实用工具栏、屏幕菜单、图形编辑区等组成。标有符号“▶”的下拉菜单表示有下一级菜单，菜单中每项均以对话框或命令行提示的方式与用户交互应答。

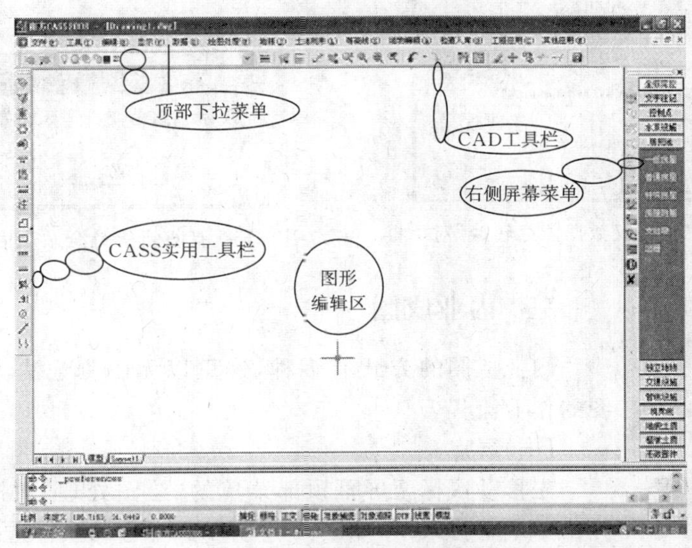

图 9-12　CASS 操作主界面

二、数据传输

每次外业数据采集完成之后应该及时将全站仪内存中或 GPS RTK 中的数据传输到计算机，并存储为 CASS 软件的专用格式。这样既可以保证下次作业时仪器有足够的存储空间，又降低了数据丢失的可能性。下面以全站仪为例，说明数据传输的步骤。

首先在全站仪与计算机的串口之间用 RS-232C 电缆连上，利用数据线将全站仪与计算机正确连接，打开全站仪，查看仪器的相关通信参数设置。然后打开计算机进入 Windows 系统，双击 CASS2008 图标可进入 CASS 系统，此时屏幕上会出现系统的操作界面。

移动鼠标至“数据”处按左键，便出现图 9-13 所示的下拉菜单。

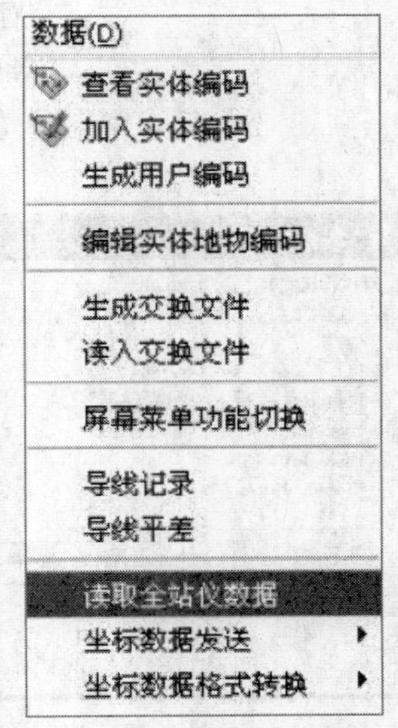

图 9-13　“读取全站仪数据”下拉菜单

移动鼠标至“读取全站仪数据”项，该处以深蓝显示，按左键，便出现图 9-14 所示的对话框。在对话框中选择对应仪器的型号，设置通信参数（通信口、波特率、校验、数据位、停止位），与全站仪

内部通信参数设置相同,并选中“联机”选项。在对话框最下面的“CASS坐标文件”标题下的空栏里输入想要保存的文件名,点“转换”按钮,弹出图9-15所示对话框。根据对话框提示按顺序操作,命令区会逐行显示点位坐标信息,直至通信结束。

图9-14 “全站仪数据内存转换”对话框

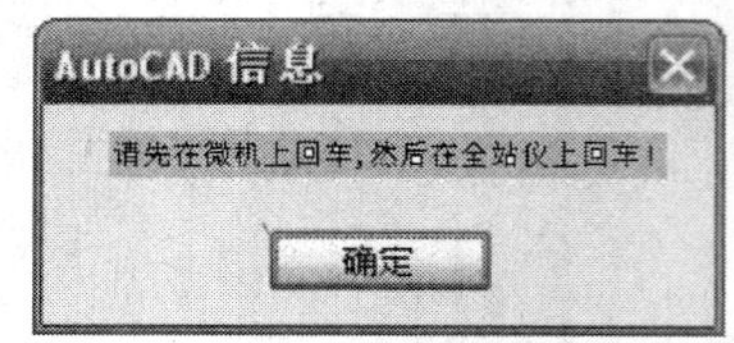

图9-15 计算机等待全站仪信号提示

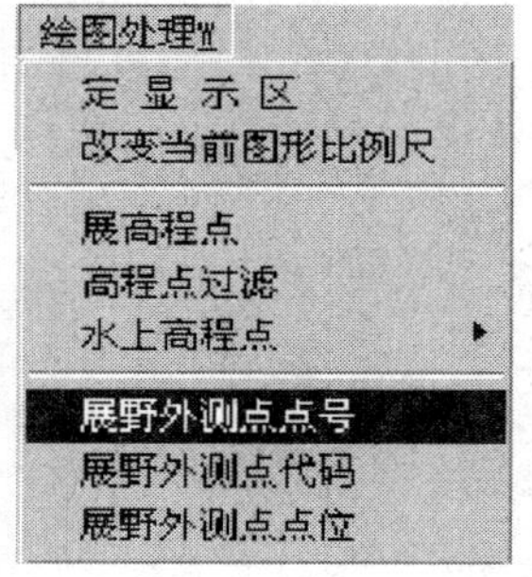

图9-16 “绘图处理”下拉菜单

三、内业成图

内业成图的方式有多种,这里以无码测记法为例,说明内业成图的作业流程。

(一)展点

先移动鼠标至屏幕顶部菜单的“绘图处理”项按左键,这时系统弹出一个下拉菜单,如图9-16所示。再移动鼠标选择“展野外测点点号”项,按左键,出现图9-17所示的对话框。输入对应的坐标数据的存储路径(D:\地形图测绘\华科中院.dat)后,便可在屏幕上显示出野外测点的点号,如图9-18所示。

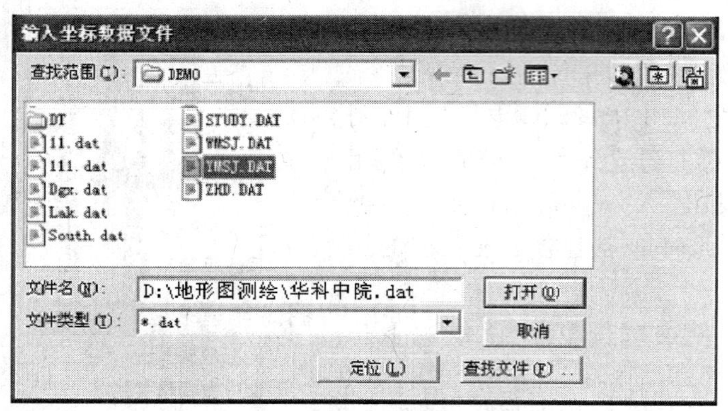

图9-17 “输入坐标数据文件”对话框

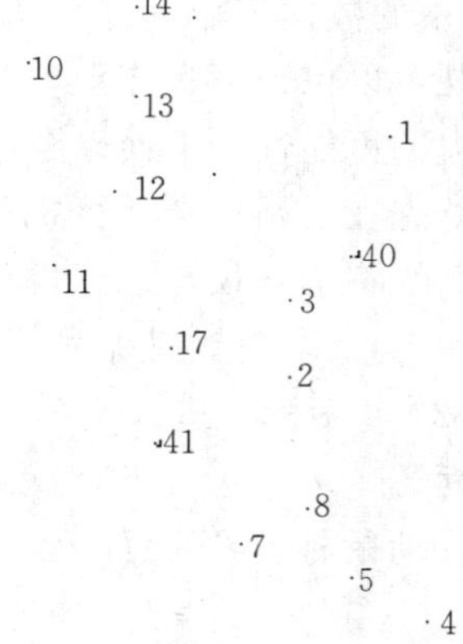

图9-18 “华科中院.dat”部分展点

(二)选择“测点点号”屏幕菜单

如图 9-19(a)所示,在右侧屏幕菜单的一级菜单“定点方式”中选取“测点点号”,系统将弹出一个对话窗,提示选择点号对应的坐标数据的存储路径(D:\地形图测绘\华科中院.dat)。输入外业所测的坐标数据文件并单击“打开”后,系统会将所有数据读入内存,同时命令行显示如下:

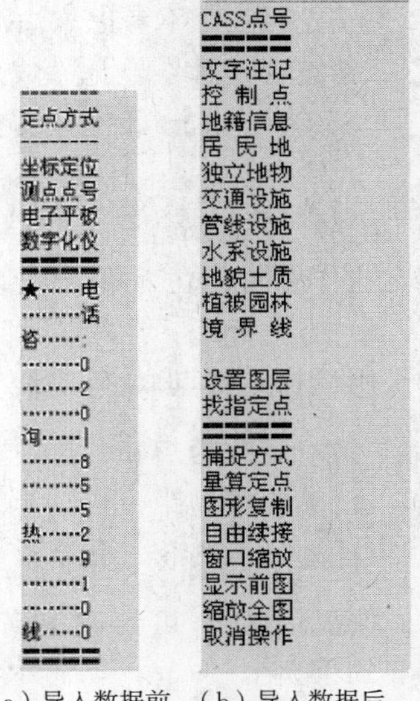

(a) 导入数据前　(b) 导入数据后

图 9-19　右侧屏幕菜单

读点完成!共读入 120 个点

导入完成后,右侧屏幕菜单转换为图 9-19(b)所示菜单。

(三)绘平面图

下面以绘矩形类普通房屋为例说明操作方法。

将图 9-18 中的 5、8、7 号点连成一间普通房屋。移动鼠标至右侧菜单“居民地/一般房屋”处按左键,在系统弹出的对话框中按左键选“四点房屋”的图标。图标变亮表示该图标已被选中,然后移动鼠标至“确定”按钮处,按左键,这时命令区提示如下:

1. 已知三点/2. 已知两点及宽度/3. 已知四点〈1〉:回车
点 P/〈点号〉输入 5,回车
点 P/〈点号〉输入 8,回车
点 P/〈点号〉输入 7,回车

这样可把 5、8、7 三点连成一个矩形房屋,如图 9-20 所示。

重复以上操作,分别利用右侧屏幕菜单绘制其他地物。平面图做好后,效果如图 9-21 所示。

(四)绘等高线

1. 建立数字地形模型

要建立数字地形模型(digital terrain model,DTM)首先用鼠标左键点取“等高线”菜单下“建立 DTM”,如图 9-22 所示,会弹出数据文件的对话框,找到路径“D:\地形图测绘\华科中院.dat”,选择“OK”选项,命令区提示如下:

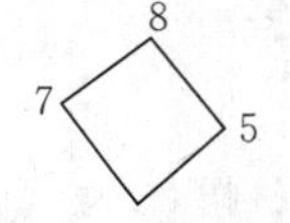

图 9-20　普通房屋

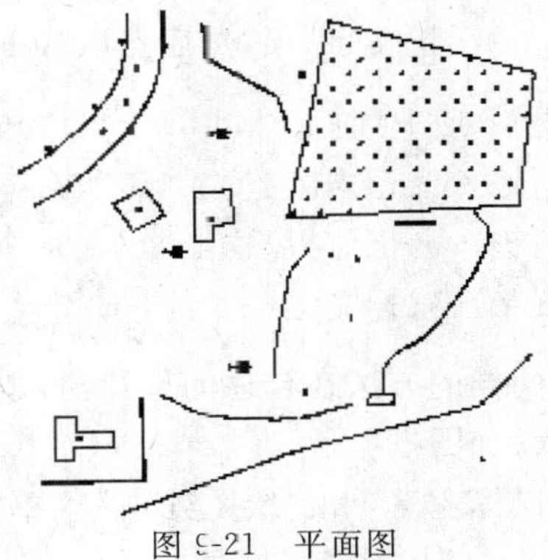

图 9-21　平面图

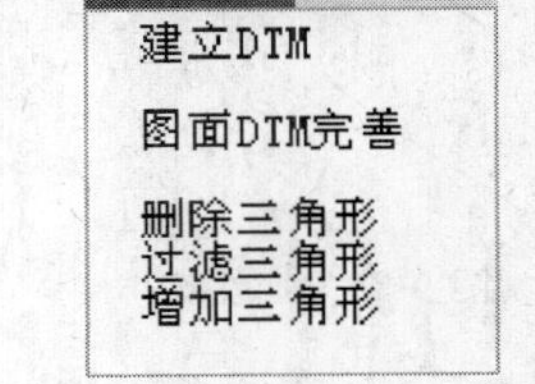

图 9-22　“等高线”下拉菜单

请选择：1.不考虑坎高 2.考虑坎高〈1〉：回车(默认选 1)

请选择地性线：(地性线应过已测点，如不选择直接回车)

Select objects：回车(没有地性线)

请选择：1.显示建三角网结果 2.显示建三角网过程 3.不显示三角网〈1〉：回车(默认选 1)

这样参与建立三角网的点连接成三角网，如图 9-23 所示。

2. 绘等高线

用鼠标左键点取“等高线”菜单下的“绘等高线”，命令区提示如下：

最小高程为 490.400 米，最大高程为 500.228 米

请输入等高距〈单位：米〉：输入 1，回车

请选择：1.不光滑 2.张力样条拟合 3.三次 B 样条拟合 4.SPLINE〈1〉：输入 3，回车

按提示操作，可绘制等高线。再选择“等高线”菜单下的“删三角网”，这时屏幕显示如图 9-24 所示。

执行“等高线\等高线修剪”下“切除指定二线间等高线”或“切除指定区域内等高线”命令，程序将自动进行等高线的修剪。

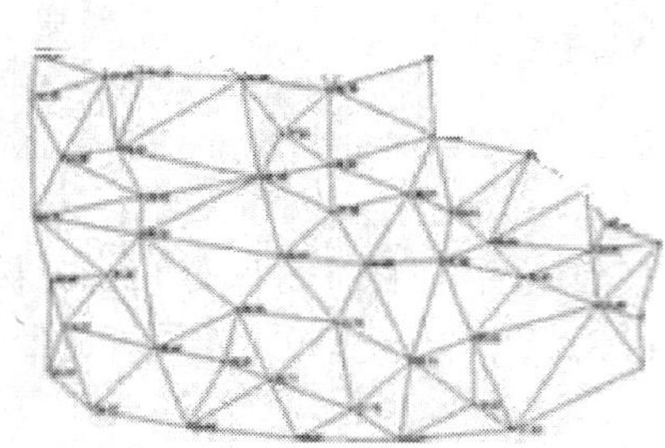

图 9-23 建立数字地形模型

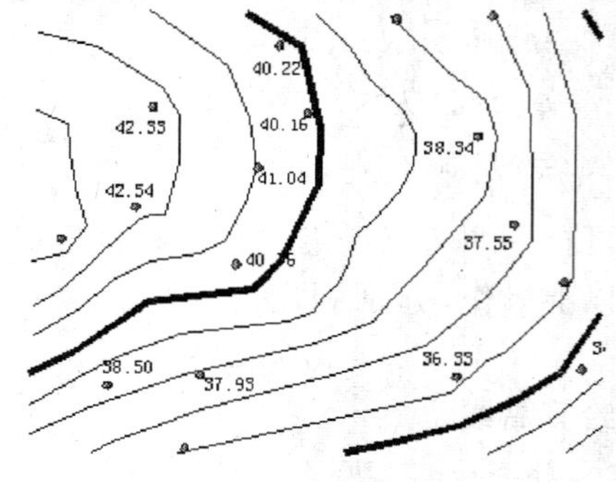

图 9-24 绘制等高线

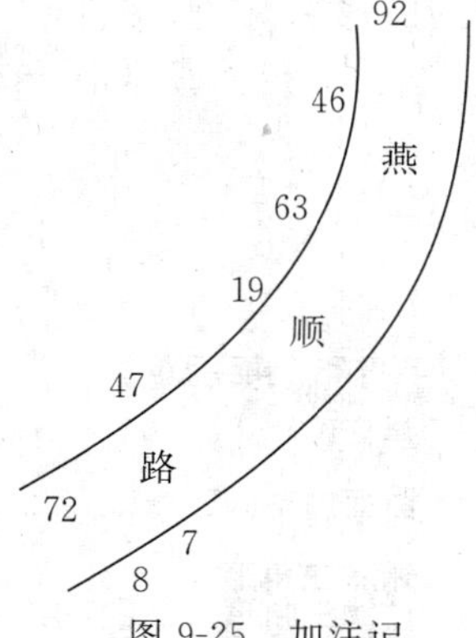

图 9-25 加注记

(五)加注记

下面演示在平行等外公路上加“燕顺路”三个字的操作过程，如图 9-25 所示。用鼠标选择屏幕菜单中的“文字注记”功能项。

单击“注记文字”项，然后点取“OK”选项，命令区提示如下：

请输入图上注记大小(mm)〈3.0〉：回车(默认 3 mm)

请输入注记内容：输入“燕”，回车

请输入注记位置(中心点)：在平行等外公路两线之间的合适的位置单击鼠标左键

用同样的方法在合适的位置输入“顺”“路”二字。

(六)加图框

用鼠标左键单击“绘图处理”菜单下的“标准图幅(50×40)”，弹出“图幅整饰”对话框界面(图 9-26)。在“图名”栏里输入“建设新村”，在“测量员”“绘图员”

“检查员”各栏里分别输入“张三”“李四”“王五”，在“左下角坐标”的“东”“北”栏内分别输入“53073”“31050”，在“删除图框外实体”栏前打勾。上述输入完成后单击“确认”，输出结果如图 9-27 所示。

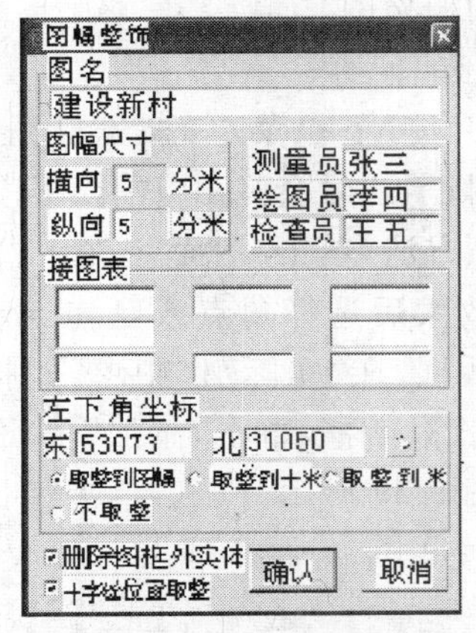

图 9-26　输入图幅信息

图 9-27　灵山地形图

(七)出图

用鼠标左键点取“文件”菜单下的“用绘图仪或打印机出图”进行绘图。按上述的操作提示，可得到一份成果图。

(八)注意事项

绘图过程中注意及时存盘。

§9-4　地图数字化

一、地图数字化概念

在实际生产中，需要将大量的纸质地形图通过图形数字化仪或扫描仪等设备输入到计算机中，再用专用软件进行处理和编辑，将其转换成计算机能存储和处理的数字地形图。这一过程称为纸质地形图的数字化，简称地图数字化，也称原图数字化。目前，常用的地形图数字化方法有手扶跟踪数字化法和扫描屏幕数字化法两种。

数字化仪的原理是将图纸平铺到数字化板上，然后用定标器将图纸逐一描入计算机，得到一个以“.dwg”为扩展名的图形文件，这种方式所得的图形精度较高，但工作量较大，尤其是自由曲线(如等高线)较多时，工作量明显增大。扫描矢量化软件原理是先将图纸通过扫描仪录入图纸的光栅图像，再利用扫描矢量化软件提供的一些便捷功能，对该光栅图像进行矢量数字化，最后转换成一个以“.dwg” 为扩展名的图形文件。与手扶跟踪数字化方法相比，它具有作业速度快、精度高等优点，本节重点介绍地图扫描矢量化方法。

二、CASS 软件矢量化工作步骤

利用 CASS 系统的“光栅图像”处理工具可以直接对扫描的栅格图像进行图形的纠正，并利用屏幕菜单进行图像矢量化，其主要操作步骤如下。

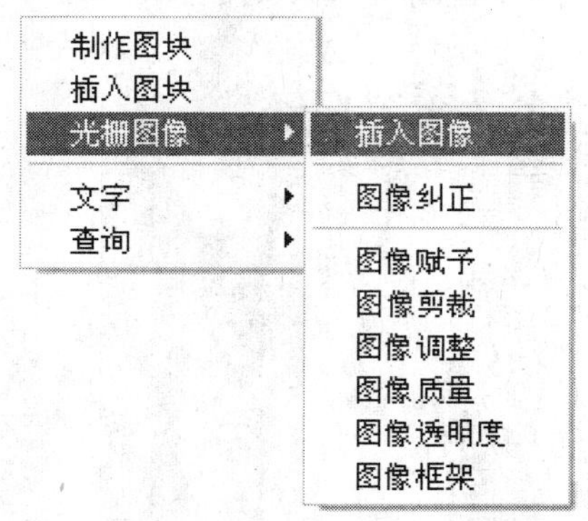

图 9-28 “光栅图像”处理命令

(一)插入光栅图像

选择“工具”菜单下的“光栅图像”→“插入图像”项(图 9-28)，在弹出“图像管理”对话框中选择“附着(A)…”按钮，选择要矢量化的光栅图，单击“打开(O)”按钮，依据命令行插入一幅扫描好的栅格图。

(二)图像纠正

插入图形之后，用“工具”下拉菜单的“光栅图像”→“图像纠正”对图像进行纠正，这时会弹出“图像纠正”对话框。选择“线性变换”纠正方法，单击“图面”一栏中“拾取”按钮，回到光栅图，局部放大后选择角点或已知点。此时自动返回“图像纠正”对话框，在“实际”栏中单击“拾取”，再次返回光栅图。选取控制点图上实际位置，返回“图像纠正”对话框，单击“添加”选项，添加此坐标。完成一个控制点的输入后，依次拾取输入各点，如图 9-29 所示。最后单击“纠正”按钮，实现图像纠正。

(三)交互矢量化

屏幕菜单可以进行图像的矢量化工作。选择“坐标定位”屏幕菜单进行绘图，其操作方法是操作鼠标在屏幕显示的光栅图像上采集点。作业时，将图像放大到合适位置。对于点状符号，要找到点状符号图像的中心位置；对于线形符号，要沿着图像线条灰度最大的地方进行矢量化；对于需要填充的区域，调用符号进行填充。

当矢量化工作完成后，检查是否遗漏，再选中图像边缘，用 “Delete”命令将光栅图像删除，并将生成的矢量化数据成果及时保存。

图 9-29 采集控制后“图像纠正”对话框

§9-5 摄影测量与遥感影像成图

一、摄影测量成图

摄影测量是利用光学摄影机获取像片，经过处理后获取所摄取地物的形状、大小、位置特性及其相互关系的技术。而摄影测量成图是利用获取的地物之间的相互位置关系，进行地形图测绘的一种方法。这种方法可将大量外业测量工作改到室内完成，且具有成图快、精度均匀、成本低、不受气候季节限制等特点。1∶1 万国家基本比例尺地形图及 1∶5 000、1∶2 000 甚至 1∶1 000 及 1∶500 的大比例尺地形图均可采用这种方法测制。

目前，摄影测量技术已经由模拟法摄影测量、解析法摄影测量发展到数字摄影测量阶段。数字摄影测量是指从摄影测量所获取的数据中，采用数字摄影影像或数字化影像，在计算机中进行各种数值、图像的处理，从而研究目标的几何和物理特性，获得各种形式的数字化产品和目视化产品。

按照瑞士苏黎世联邦理工大学 Grun 教授的报道，截至 1996 年 7 月已有 18 个商用数字摄影测量系统问世，如徕卡公司的 Helave 数字测量系统工作站、德国蔡司厂推出的 PHODIS 数字摄影测量工作站等。目前，国内的数字摄影测量软件有由中国测绘科学研究院研制的微机数字摄影测量系统 JX-4A(DPW)，该系统是由一台奔腾 PROducts-200 或奔腾Ⅱ-266 以上微机和两台显示器及相应的数字摄影测量软件组成。该系统采用闪闭法液晶眼镜和红外同步器原理实现立体观察，用专用的立体显示卡实现影像的漫游、放大和缩小，使作业员能从显示屏幕上看到计算机的计算结果，保证了计算过程和计算结果的可视化，并配备手轮、脚盘、脚踏板进行立体量测。

国内的数字摄影测量软件还有由原武汉测绘科技大学(现武汉大学测绘学院)研制的数字摄影测量系统 VirtuoZo NT ，如图 9-30 所示。系统采用与解析测图仪相类似的手轮和脚盘及相应的接口设备进行立体量测，并用软件实现图像的平滑、快速漫游，提高立体量测的性能。立体观察有两种部件，即反光立体镜和液晶闪闭立体眼镜，能用于 1∶5 万、1∶1 万、1∶1 000、1∶500 等各种比例尺的数字测图与地理信息数据采集。图 9-31 是 VirtuoZo NT 数字摄影测量系统进行地图制作的工作流程。

图 9-30　Virtuozo NT 数字摄影测量系统

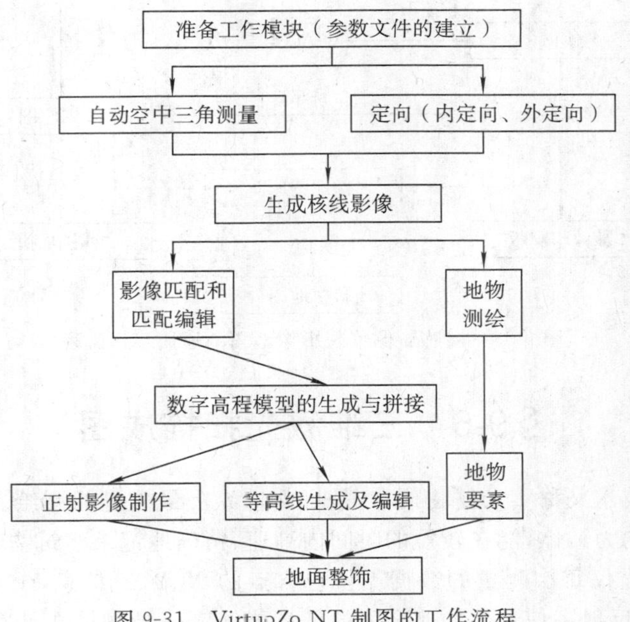

图 9-31　VirtuoZo NT 制图的工作流程

二、遥感影像成图

遥感是遥远感知的意思,泛指从远处探测、感知物体或事物的技术。遥感指不直接接触物体本身,从远处通过仪器(传感器)探测和接收来自目标物体的信息(如电场、磁场、电磁波等信息),经过信息传输、加工处理及分析解译,来识别物体和现象的属性及空间位置分布等特征与变化规律的理论与技术。图 9-32 为遥感原理示意图。

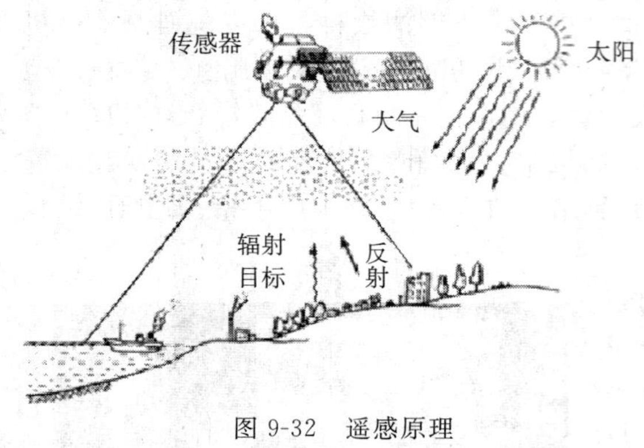

图 9-32 遥感原理

近年来卫星遥感信息的获取技术和信息的地面处理技术获得了快速发展,运用卫星遥感技术可以在最短时间内获得最新的地面现势性数据。卫星遥感影像覆盖范围广、分辨率高,某些卫星数据的分辨率已经达到了米级甚至亚米级,可以与航空像片媲美,这些数据的出现为我们制作大、中比例尺的正射影像图提供了一条新途径。与传统测图方法相比,遥感影像制图节省人力,缩短工作时间,提高工作效率。

图 9-33 以卫星影像为例,制作了影像图的通用工作流程。

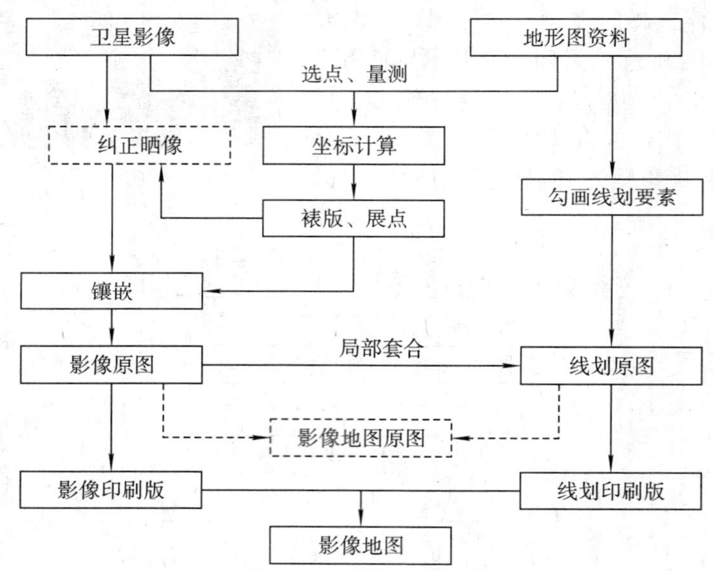

图 9-33 遥感影像编制影像地图的通用工作流程

§9-6 三维激光扫描成图

三维激光扫描技术又称实景复制技术,是目前世界上最先进的测绘新技术之一。三维激光扫描仪集光、机、电为一体,能在较短的时间内高速、精确地记录建筑物(或景观)的三维空间位置。三维激光扫描仪每次测量的数据不仅包含点的 X、Y、Z 信息,还包括 R、G、B 颜色信息,同时还有物体的反射率信息。如此全面的信息能给人一种物体在计算机里进行真实再现的感觉，是一般测量手段无法做到的。因此，三维激光扫描技术的应用范围越来越广泛，可用在文物保护、桥梁修建、工程测量、地形测量及隧道验收等方面。图 9-34 是徕卡公司的 HDS4400 三维激光扫描仪。

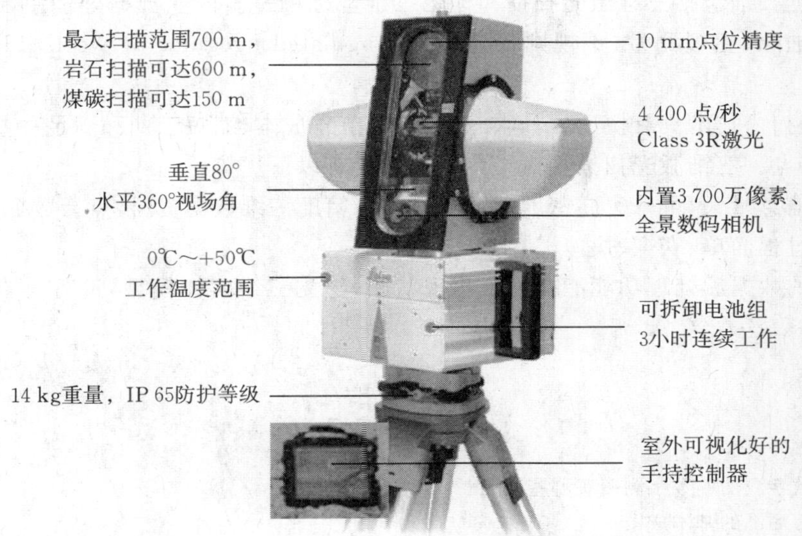

图 9-34　徕卡公司的 HDS4400 三维激光扫描仪

三维激光扫描仪利用激光测距原理，结合对横向和纵向转角的精确记录，可推算被测点与扫描仪之间的相对位置。扫描仪或其内置部件在横、纵两个方向上旋转，与此同时，激光发射器以高频率不断发光，完成对实物的扫描工作。扫描数据通过电缆传入计算机，并记录在硬盘上。高密度的扫描数据点有序地排列于三维虚拟空间中，成为带有坐标的影像图，称为“点云”，如图 9-35 所示。

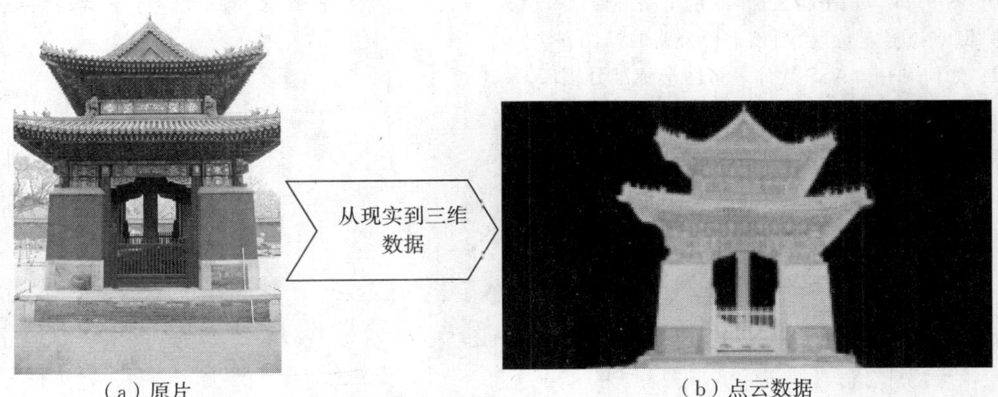

（a）原片　（b）点云数据

图 9-35　三维激光扫描系统在文化遗产修复中的应用

由于扫描对象受客观环境制约，一般项目需要扫描几站才能覆盖研究对象，有的则需要几十站，乃至几百站。因此，需要将几十站，乃至上百站的扫描点云严丝合缝地拼接成一幅点云图。目前，所有的设备厂商都为用户提供了拼接工具——标靶，每站扫描至少设置三个标靶，再利用全站仪获得标靶的空间位置，可将两站的扫描点云拼接到一起，用这种方法可以把各个测站的点云全部拼接在同一幅点云图上。

三维激光扫描数据采集及数据处理流程主要分为外业数据采集和内业数据处理两大部分。外业数据采集包括控制测量和数据扫描两部分工作,控制测量包括平面控制测量和高程控制测量,数据扫描包括三维激光扫描和标靶三维坐标测量。内业数据处理主要包括扫描数据拼接、数据抽隙、虚拟测量、不规则三角网(triangulated irregular network,TIN)构网和成图等。

三维激光扫描技术具有快速、精确、三维实景、节省成本、缩短工期和满足一些工程项目的特殊要求的特点。三维激光扫描相对于传统测量具有以下优势:

(1)采集信息量大,可采集高密度、高清晰度、高精度三维数据资料,点云数据形象直观。

(2)采集过程简单、安全、快速。

(3)强大的数据后处理功能能提供工程现状图,建立三维实体模型,进行三维实体几何分析等。

思考题与习题

1. 什么是数字测图?数字测图有哪些优点?

2. 简述数字测图的基本成图过程。

3. 数字测图大致有哪几种作业模式?

4. 简述使用 NTS-660 全站仪实施数据采集的步骤。

5. 简述测图精灵电子平板野外数据的采集过程。

6. 全站仪的数据通信参数设置一般包括哪些内容?

7. 简述测记法测定碎部点的作业过程。

8. CASS 软件矢量化工作步骤是怎样的?

9. CASS 软件的右侧屏幕菜单有哪几种定点方式?屏幕菜单主要功能是什么?

10. 图 9-36 为一平行公路,测定了路一侧 12、13、14、15、16、17、19 七个点,同时丈量了路宽,试写出用屏幕菜单"测点点号定位"绘制该平行公路的操作方法。

11. 如何利用 CASS 软件进行图形标准分幅(50×50)?

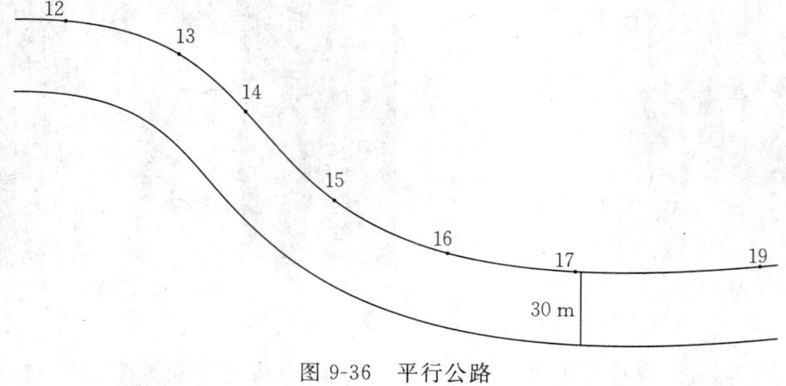

图 9-36 平行公路

第十章　地形图应用

§10-1　地形图应用的基本内容

一、在地形图上量测点的坐标

在工程建设中，需要了解某些点的坐标时，可借助于图上的坐标格网来量取其坐标，从而确定其平面位置。例如，图 10-1 是一幅 1∶1 000 地形图，为确定图上点 A 的坐标，过点 A 做平行于 x 轴和 y 轴的两条直线 cc' 和 bb'，然后用比例尺分别量取得 $db=70.4$ m、$dc=63.5$ m，则

$$x_A=x_d+db=7\,100+70.40=7\,170.40(\mathrm{m})$$
$$y_A=y_d+dc=1\,100+63.50=1\,163.50(\mathrm{m})$$

为进一步校核，还要量出 be 和 cd'，它们的长度分别为 29.60 m 和 36.50 m。

由于图纸伸缩，在图纸上量得的方格边的长度往往与方格边的理论长度 l 不相等，为消除图纸伸缩对量测坐标的影响，点 A 的坐标为

$$\left.\begin{aligned}x_A&=x_d+\frac{dbl}{db+be}\\y_A&=y_d+\frac{dcl}{dc+cd'}\end{aligned}\right\}\tag{10-1}$$

另外，也可用坐标展点器直接量取地形图上任意点的坐标。

二、在地形图上量测两点间的水平距离

（一）在图上直接量取

用两脚规在图 10-1 上直接卡出线段 AB 的长度，然后与地形图上直线比例尺进行比较，从而得出 A、B 两点之间的平距，当精度要求不高时，也可以用三棱比例尺直接量取。

（二）量测两点的坐标计算两点间的平距

如图 10-1 所示，要求出直线 AB 的距离 D_{AB}，首先用上述方法分别量得 A、B 两点的坐标 (x_A,y_A) 与 (x_B,y_B)，然后计算出 AB 的距离，即

$$D_{AB}=\sqrt{(x_B-x_A)^2+(y_B-y_A)^2}\tag{10-2}$$

或先反算坐标方位角 α_{AB}，再计算距离 D_{AB}，即

$$D_{AB}=\frac{y_B-y_A}{\sin\alpha_{AB}}=\frac{x_B-x_A}{\cos\alpha_{AB}}\tag{10-3}$$

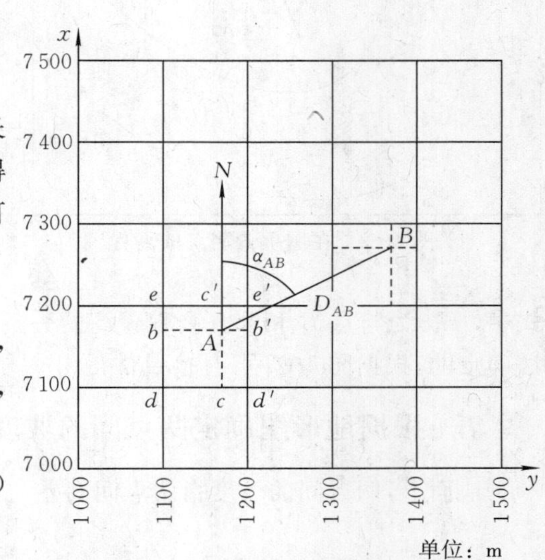

图 10-1　在图上量测点的坐标和距离

三、根据地形图确定直线的方位角

(一)直接量测

如图 10-1 所示，为了量测直线 AB 的坐标方位角，过 A、B 两点分别做平行于纵轴的直线，然后用量角器量出 AB 和 BA 的坐标方位角 α_{AB} 和 α_{BA}，量测时各量测两次取平均值。α_{AB} 和 α_{BA} 应相差 180°，由于图纸伸缩及量测误差的影响，一般来说，两者不会正好相差 180°，即 $\alpha_{AB} \neq \alpha_{BA} \pm 180°$。设 $\delta = \alpha_{BA} \pm 180° - \alpha_{AB}$，求出 δ 值后，在 α_{AB} 的量测值上加改正数$\dfrac{\delta}{2}$，再以此作为直线 AB 的坐标方位角。

(二)量测直线两端的坐标，反算直线的方位角

按上述方法量测出 A、B 的坐标(x_A, y_A) 和(x_B, y_B)，则

$$\tan\alpha_{AB} = \frac{y_B - y_A}{x_B - x_A} = \frac{\Delta y_{AB}}{\Delta x_{AB}} \tag{10-4}$$

根据式(10-4)，按坐标反算求出 α_{AB} 。

四、在地形图上确定点的高程

根据地形图确定点的高程时，点的位置有两种情况：如图 10-2 所示，点 A 恰好在 26 m 等高线上，那么该点的高程就等于该等高线的高程；若所求点在两条等高线之间，该点的高程应根据相邻的两条等高线的高程用内插法求得。图中点 B 位于 27 m 与 28 m 两条等高线之间，求其高程时，过点 B 做与两相邻等高线大致垂直的直线，交两等高线于点 m、点 n，量出 mn 和 nB 的平距分别为 d 和 e。设所求点 B 相对高程较高的一条等高线的高差为 h_x，地形图的等高距为 h，则

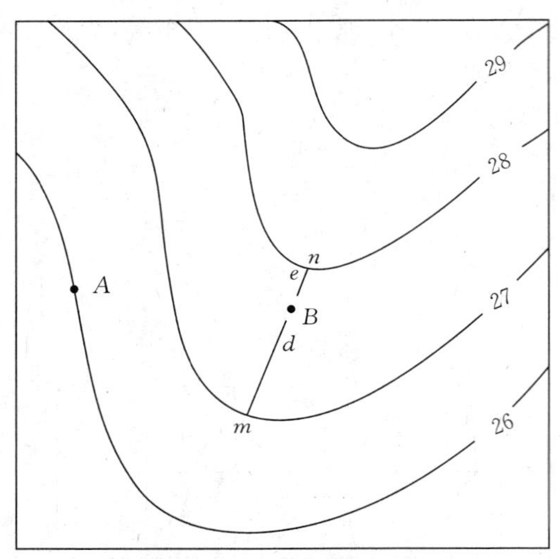

图 10-2　在图上量测点的高程

$$\frac{d}{e} = \frac{h}{h_x}$$

故

$$h_x = \frac{e}{d}h$$

$$H_B = H_0 - \frac{e}{d}h \tag{10-5}$$

式中，H_0 为与点 B 相邻且高程较高的一条等高线的高程。在实际工作中，h_x 通常是用目估法确定的，根据图 10-2 可直接目估得出 H_B =27.6 m。

五、根据地形图确定两点间的坡度

地面上，两点间的坡度指两点间高差与其水平距离之比，通常以 i 表示，即

$$i = \frac{h}{D} = \tan\alpha \tag{10-6}$$

根据上述方法，在图上量测出两点间的距离 D 和两点的高程，即可算出高差 h，再代入式

(10-6)，就可以求出两点间的坡度 i。坡度 i 通常以百分率或千分率来表示，式(10-6)中的 α 表示地面上两点连线相对于水平线的倾角。

当两点间的地面坡度一致而无高低起伏时，按式(10-6)算出的坡度值表示这条直线方向上的地面坡度值。

§10-2　地形图在工程设计中的应用

在工程建设规划设计中，应用地形图的地方很多，而且不同工程其应用的内容也不相同，这里只介绍地形图在一般工程设计中的主要应用。

一、利用地形图选线

道路、渠道、管线等工程在规划设计阶段，往往要根据工程本身的特点及对地形的要求，先在地形图上选择若干条线路。然后进行方案比较，从而择其最佳线路，作为最后的确定路线。

线路工程设计一般要求在限定的坡度条件下经过的路程最短，因此在地形图上也应遵循这一原则选线。

图 10-3 是一幅 1∶2 000 地形图，等高距为 1 m，现从点 A 到点 B 选择一条坡度不超过 5%的线路。选线时，先以 5%的坡度，求出对应 1 个等高距的平距，即

$$D=\frac{h}{i}=\frac{1}{0.05}=20(\mathrm{m})$$

式中，D 为实地距离，按比例尺换算为图上距离 d，即

$$d=\frac{20}{2\,000}=0.01(\mathrm{m})=1(\mathrm{cm})$$

然后用两脚规以点 A 为圆心，以 1 cm 为半径，画弧与 50 m 等高线的交点点 1，再以点 1 为圆心，依次定出点 2、点 3、点 4、…、点 8 等，直到点 B 附近为止，然后把这些点用光滑的曲线逐一连接起来，得到坡度不大于 5%的坡度线。同理可定出点 1′、点 2′、…、点 8′等多点确定的线路，根据多条线路进行比较，选择一条作为最后的最佳线路。

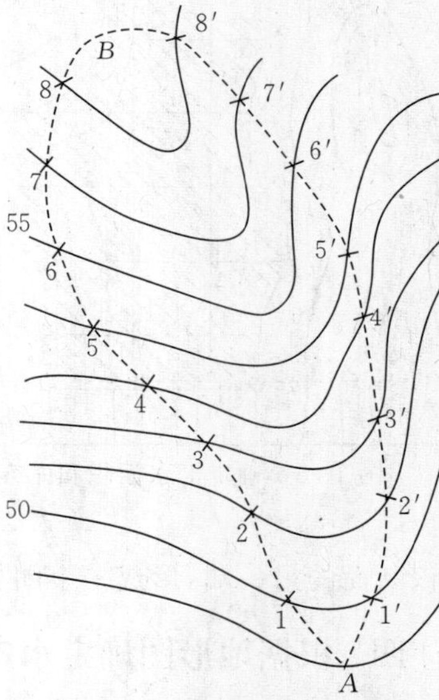

图 10-3　利用地形图选线

二、根据地形图绘制纵断面图

在道路、渠道工程设计中，为了进行土石方量的计算及确定合理的线路纵坡，都要了解沿线路方向的地形变化的情况。为此可以利用地形图绘制线路的纵断面图。

在图 10-4 中，欲绘制 AP 方向的断面图，先用直线连接 AP，并找出它与图上等高线的交点 b、c、…、p、q，另外再找出直线与山脊线、山谷线和坡度变化线的交点，如图 10-4 中的点 f'。各点距点 A 的水平距离可以在图上量得，并可以根据等高线确定出这些点的高程。绘图时先在厘米方格纸上做一条水平线 AB，作为横轴，在 AB 上截取 AP 线段，再过 A 做 AH 垂直于 AP，作为纵轴。以 AP 表示距离，AH 表示高程。自 A 点起沿 AP 方向，截取等于点 A 至等高线交点的距离，得到对应的若干点，并从这些点做垂直于 AP 的垂线，在垂线上量取相应

高程的点,将相邻的点依次连接,形成的光滑曲线即为 AP 线路的纵断面图。

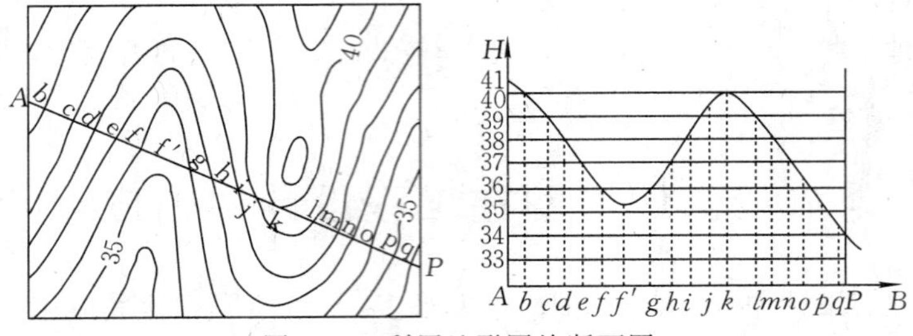

图 10-4 利用地形图绘断面图

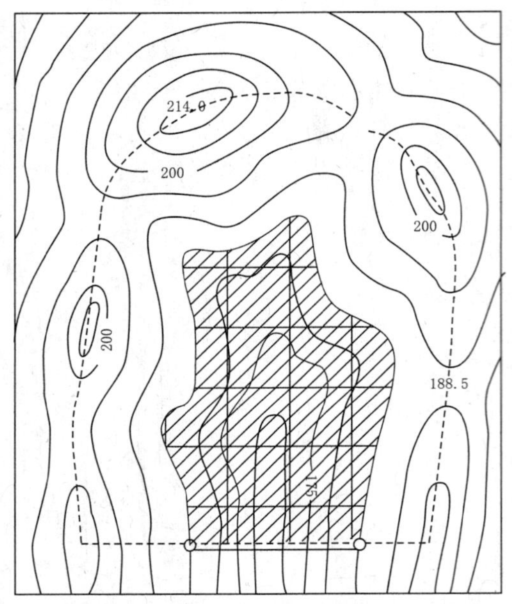

图 10-5 确定汇水面积和库容水库

为了能明确地显示出沿线地势高低变化的情况,做图时高程的比例尺往往要比水平距离的比例尺大 10～20 倍。图 10-4 中的横向比例尺为 1∶2 000,纵向比例尺为 1∶100。

三、根据地形图确定汇水面积的边界线

在修建水库、桥梁、涵洞时,都要计算上游来水量的大小,以便确定建筑物各部分的尺寸,为此要了解某水库坝址或某断面的汇水面积。确定汇水面积,首先要确定汇水面积的边界,图 10-5 的虚线是断面 AB 汇水面积的边界线,它由一系列分水线连接而成。在勾绘汇水面积的边界线时,应注意以下几点:

(1)边界线要处处与等高线垂直。

(2)边界线要通过山头、鞍部及等高线凸向低处的拐点。

(3)边界线由某一断面的一端开始,最后终止在该断面的另一端,形成一个闭合环线,环线所围成的面积,即是该断面的汇水面积。

四、根据地形图确定水库库容

进行水库设计时,需要计算水库库容。库容计算是以地形图上的等高线为依据,当水库溢洪道的高程确定后,就可以根据地形图确定水库的淹没面积。图 10-5 所示的水库溢洪道的高程为 185 m,因此当水库蓄满水时,185 m 等高线就是淹没线了。185 m 等高线和大坝所围成的面积称为淹没面积,淹没面积以下的蓄水量,即为水库库容。

计算库容时,先求出淹没线及其以下各条等高线所围成的面积,然后求出各相邻等高线之间的体积,其总和为库容。

设各条等高线与大坝所围成的面积分别为 A_1、A_2、…、A_n、A_{n+1},等高线的等高距为 h,则各相邻等高线间的体积 V_i 为

$$V_1 = \frac{1}{2}(A_1 + A_2)h$$

$$V_2=\frac{1}{2}(A_2+A_3)h$$

$$\vdots$$

$$V_n=\frac{1}{2}(A_n+A_{n+1})h$$

$$V_n'=\frac{1}{3}A_{n-1}h'$$

式中，V_n'为库底体积。则水库库容为

$$V_{总}=V_1+V_2+\cdots+V_n+V_n{}'=\left(\frac{A_1}{2}+A_2+A_3+\cdots+A_n+\frac{A_{n+1}}{2}\right)h+\frac{1}{3}A_{n+1}h'$$

式中，h' 为最低一条等高线与库底的高差。

有时，溢洪道的高程不一定正好等于地形图上某一条等高线的高程，这时就要用内插法求出水库淹没线的高程，然后再求水库库容。

五、在地形图上确定土坝坡脚线

土坝坡脚线是指土坝建成后，土坝上、下游的坡面与地面的交线，当土坝设计完后，根据土坝的设计轴线、坝宽、坝顶高程和上、下游坡度等数据，可在地形图上画出土坝坡脚线。

如图 10-6 所示，设坝顶高程为 73 m，下游坡面的坡度为 1∶3，上游坡面的坡度为 1∶2，地形图等高线的等高距为 5 m。绘坡脚线时，根据设计数据先将坝轴线画在地形图上，再按坝顶宽画出坝顶位置。然后根据坝顶高程及上、下游坡度画出与地面等高线的等高距相适应的坝面等高线，如图 10-6 中一组平行虚线。坝面等高线应画到与地面同高程的等高线相交为止，然后把坝面等高线与地面等高线的交点连接成一个闭合的曲线，这就是土坝坡脚线。

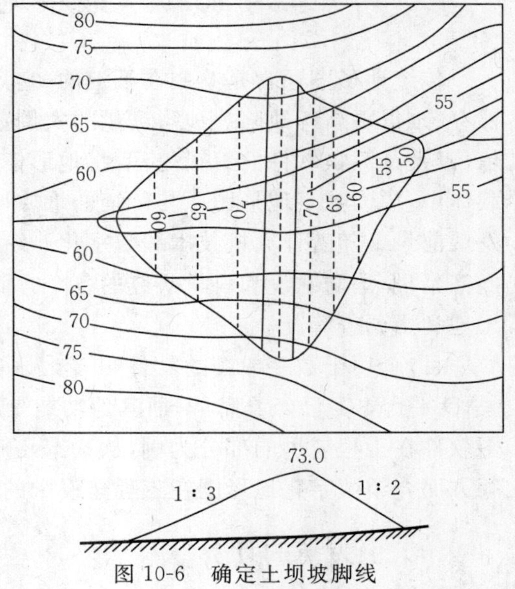

图 10-6　确定土坝坡脚线

六、应用地形图量算面积

在工程建设中使用地形图时，经常需要确定图上某些范围的面积。下面介绍几种在地形图上确定面积的常用方法。

(一)量测坐标法

当在地形图上确定多边形的面积时，可以根据图上的坐标格网线，量取多边形各顶点的坐标，然后计算面积，即

$$P=\frac{1}{2}\sum_{i=1}^{n}x_i(y_{i+1}-y_{i-1})=\frac{1}{2}\sum_{i=1}^{n}y_i(x_{i+1}-x_{i-1}) \tag{10-7}$$

在实际计算中，按顺时针编写点号，且 $y_{n+1}=y_1$、$y_0=y_n$ 或 $x_{n+1}=x_1$、$x_0=x_n$。式(10-7)中各点的 x、y 方向坐标，如果由在野外根据图根点直接测量、计算出的数值代入计算，其结果的精度要高很多。

(二)量测边长法

将所求面积的多边形划分成若干个三角形或划分成若干个矩形和三角形,量取各三角形的边及矩形的长和宽,应用海伦公式及矩形的面积计算公式,算出每个三角形及矩形的面积,然后累加起来,即得到所求面积的总和。

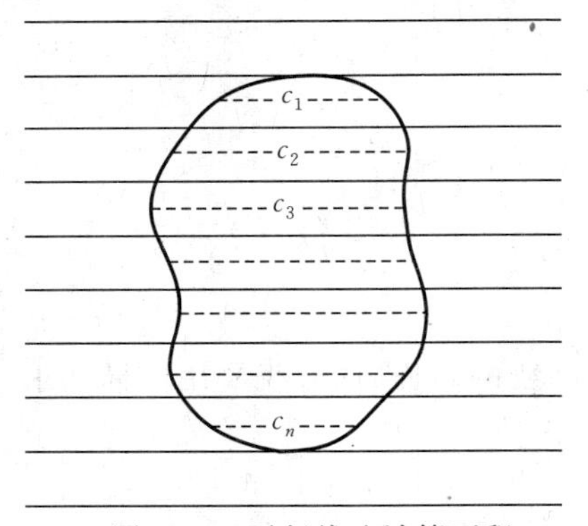

图 10-7 平行线法计算面积

(三)平行线法

如图 10-7 所示,在透明薄片(透明纸)上绘上间隔为 h(一般取 $h=2$ mm)的平行线,将该片覆盖在欲求面积的图形上。图形边界与平行线所组成的图形,可以近似看成若干个梯形,量取所有梯形的中线(图上虚线)长 c,将其累加后乘以梯形的高 h,即得到所求的面积,即

$$P=h\sum_{i=1}^{n}c_i \tag{10-8}$$

平行线法对于不规则的曲线图形使用起来尤其方便,其量算面积的精度与平行线的间隔 h 有一定的关系,h 值小,精度越高。

§10-3 数字地形图在工程中的应用

传统地形图通常是绘制在纸上的,它具有直观性强、使用方便等优点,但也存在易损、不便保存、难以更新等缺陷。地形测量的实例数据经过全站仪等数据采集设备与计算机的数据通信,以及计算机软件的编辑处理,将地形信息形成地形图,并以数字形式存储于磁盘或光盘等载体中,成为数字地形图。与传统的纸质地形图相比,数字地形图具有明显的优越性和广阔的发展前景。随着计算机技术和数字化测绘技术的迅速发展,数字地形图已广泛地应用于国民经济建设、国防建设和科学研究的各个方面,如工程建设的设计、交通工具的导航、环境监测和土地利用调查等。

目前,用于数字成图的软件很多,大多数都具有在工程中应用的某些功能。有些功能是CAD平台本身已经具备的,而其他功能是通过二次开发实现的。本节以南方CASS数字化成图软件在工程应用的部分为例,从基本几何要素的查询、土方量计算、断面图绘制和面积应用等方面介绍数字化地形图在工程建设中的应用。

一、土方量的计算

CASS2008“工程应用”下拉菜单提供了五种土方量相关的计算方法:DTM法土方计算、断面法土方计算、方格网法土方计算、等高线法土方计算、区域土方量平衡。其中,DTM法土方计算是目前较好的一种方法。下面重点介绍用CASS软件进行DTM法土方计算的原理及操作方法。

(一)DTM法计算土方量的原理

由DTM模型来计算土方量通常是根据实地测得的地面离散点坐标(X,Y,Z)和设计高程来计算的。该方法直接利用野外实测的地形特征点(离散点)进行三角构网,组成不规则三角网。三角网构建好之后,用生成的三角网来计算每个三棱柱的填挖方量,最后累积得到指定范围内填方和挖方分界线。三棱柱体上表面用斜平面拟合,下表面为水平面或参考面。如

图 10-8 所示，A、B、C 为地面上相邻的高程点，垂直投影到某一个平面上，对应的点为 a、b、c。此外，S 为三棱柱的底面积，h_1、h_2、h_3 为三角形角点的填挖高差。因此，填、挖方计算公式为

$$V=\frac{h_1+h_2+h_3}{3}S \tag{10-9}$$

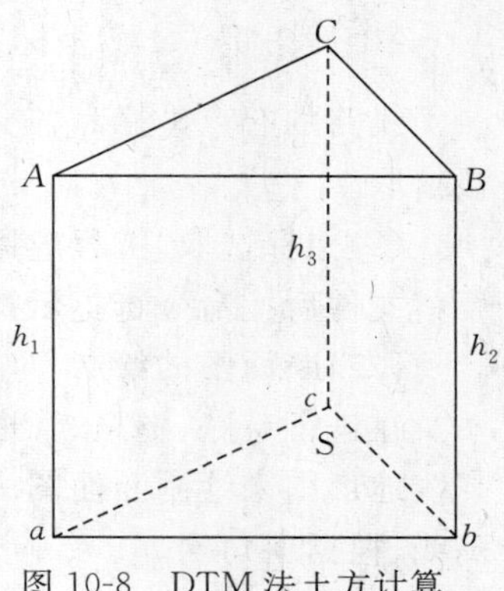

图 10-8　DTM 法土方计算

(二)DTM 法计算土方方法

根据不同的数据格式，DTM 法土方计算在 CASS 软件中提供了三种计算模式：根据坐标文件计算、根据图上高程点计算、根据图上三角网计算。前两种模式包含重新建立三角网的过程，第三种方法直接采用图上已有的三角形，不再重建三角网。

DTM 法土方计算首先执行下拉菜单中“绘图处理”→“展高程点”命令，将坐标文件中的碎部点三维坐标展绘到当前图形中，再用复合线 Pline 根据工程要求绘制一条闭合折线作为土方计算的边界。最后执行下拉菜单中“工程应用”→“DTM 法土方计算”→“根据坐标文件”命令，按提示选择边界线后在对话框中显示区域面积，接着输入平场设计标高与边界插值间隔(系统默认 20 m)或进行边坡设置(图 10-9)后，会在对话框中显示挖放量和填方量，且在系统默认的 dtmtf. log 文件中详细记录每个三角形地块的挖放量和填方量数值。同时，在指定表格左下角所在位置后，CASS 软件将在指定点处绘制一个如图 10-10 所示的土方均衡计算表格。

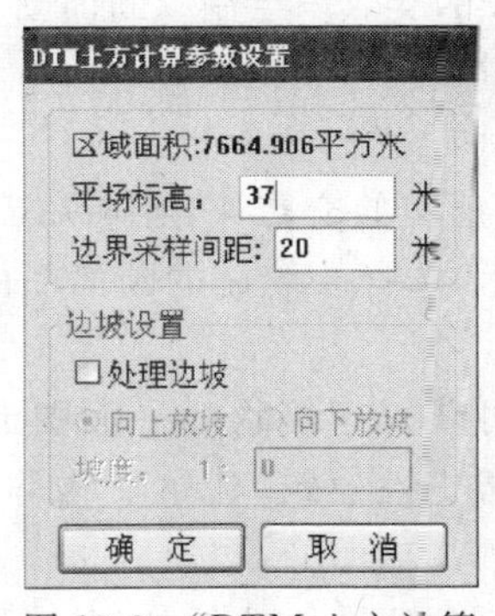

图 10-9　“DTM 土方计算参数设置”对话框

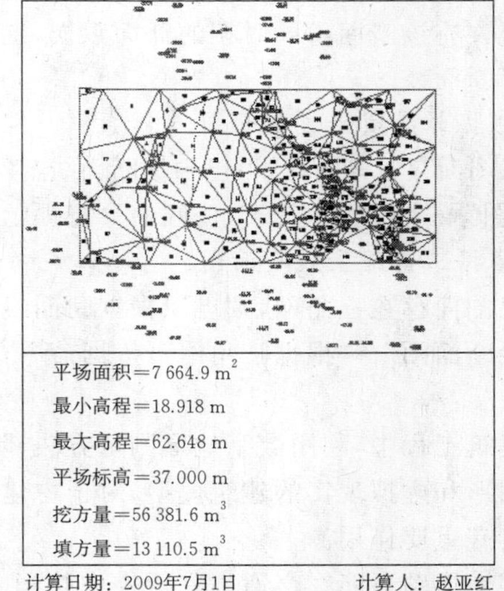

图 10-10　DTM 土方均衡计算表格

二、数字地形图在线路勘察设计中的应用

(一)线路曲线设计

CASS 软件提供了进行线路曲线设计的基本计算功能，可进行单个交点和多个交点的处理，得到平曲线要素和逐桩坐标成果表.现以多交点的线路曲线设计为例，简要说明其计算方法。

(1)鼠标选取“工程应用”→“公路曲线设计”→“要素文件录入”，命令行提示如下：

①偏角定位；②坐标定位：选择坐标定位则弹出曲线要素录入对话框

线路的起点坐标和各交点坐标可以直接输入，或者用鼠标在已设计好的线路的中线上直接拾取。

(2)鼠标选取“工程应用”→“公路曲线设计”→“曲线要素处理”，弹出相应的对话框。输入要素文件后按命令行提示操作，显示线路图和相应成果表。

(二)断面图的绘制

在进行道路、隧道、管道等工程设计时，往往需要了解线路的地面起伏情况，这时可根据等高线地形图来绘制断面图。绘制断面图的方法有四种：根据已知坐标、根据里程文件、根据等高线、根据三角网。

1. 根据已知坐标生成断面图

首先在数字地形图上用复合线画出断面方向线，单击“工程应用”→“绘断面图”→“根据已知坐标”。按命令行提示选择断面线，输入高程点数据文件名。在绘制纵断面图对话框(图)中输入采样点的间隔，输入起始里程、横向比例、纵向比例、隔多少里程绘一个标尺等，在屏幕上显示所选断面线的断面图。

一个里程文件通常包含多个断面的信息，此时可一次绘出多个断面，里程文件的一个断面信息内允许有该断面时，可以同时绘出实际断面线和设计断面线。

2. 根据里程文件生成断面图

一个里程文件可包含多个断面的信息，此时可一次绘出多个断面。里程文件的一个断面信息内允许有该断面不同时期的断面数据，这样在绘制这个断面时就可以同时绘出实际断面线和设计断面线。

3. 根据等高线生成断面图

如果图面存在等高线，可以根据断面线与等高线的交点来绘制纵断面图，单击“工程应用”→“绘断面图”→“根据等高线”，按照命令行提示进行操作。

4. 根据三角网生成断面图

如果图面存在三角网，则可以根据断面线与三角网的交点来绘制纵断面图，单击“工程应用”→“绘断面图”→“根据三角网”，依据命令行提示，选择要绘制的断面图的断面线，这里不详细介绍。

在建筑工程中，利用数字地形测量方法，除了可获得建筑物的平面图形外，还可以得到三维立体图形和虚拟现实的建筑模型，对于古建筑、历史性建筑、建筑文物等的勘察、修复、资料保存等具有重要作用。

数字地形图还能在交通工具行进中接通 GPS，将目前所处的位置显示在图上，并指明前进路线和方向。在航海中数字地形图可以将船的位置实时显示在地图上，并能随时提供航线和航向。

另外，根据数字地形图可建立数字地形模型，而数字高程模型是数字地形模型的一个重要组成部分，因此可以利用数字地形模型制作坡度图、坡向图和地形剖面图。此外，数字地形图还是地理信息系统的一个重要信息数据来源，可以进行图与图、数与图、数与数之间的跨平台变换等。

数字地形图还在土地规划管理、农业、气象、防洪救灾、军事指挥等方面发挥着重大作用。

思考题与习题

1. 在 1∶2 500 地形图上，有 A、B 两点(图 10-11)，用图解法试解出以下问题。

(1) 求 A、B 两点的高程及连线的坡度。

(2) 从 A 到 B 选一条路线使规定路线的坡度为 5%。

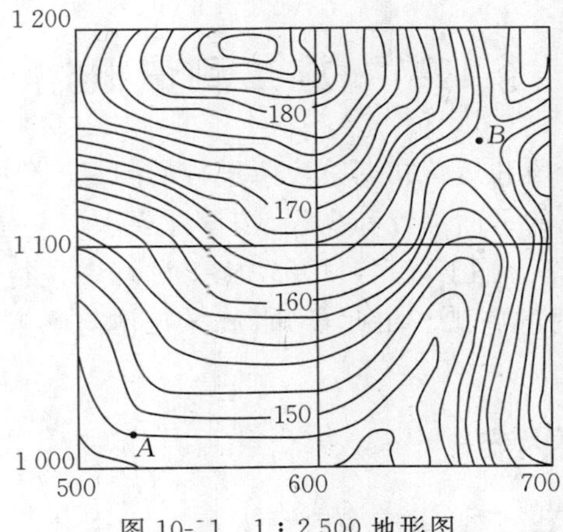

图 10-11　1∶2 500 地形图

2. 按图 10-12 地形图做出 AB 方向的纵断面图。

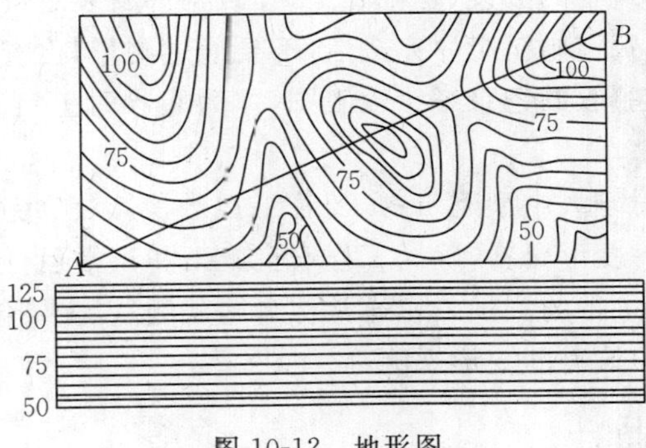

图 10-12　地形图

第十一章　施工测量基本原理

§11-1　施工测量概述

各种工程建设的施工阶段和运营初期阶段所进行的测量工作称为施工测量。其目的是把在图纸上设计的建(构)筑物的平面位置和高程,按设计要求以一定精度测设在地面或不同的施工部位,并设置明显标志作为施工依据,以及在施工过程中进行一系列的测量工作,来指导和衔接各施工阶段和工种间的施工。由此可知,放样工作与施工联系密切,它既是施工的先导,又贯穿整个施工过程。

一、施工测量的主要内容

施工测量贯穿于整个施工过程,其主要内容如下:

(1)施工前施工测量控制网的建立。

(2)场地平整、建(构)筑物的测设、基础施工、建筑构件安装定位等测量工作。

(3)检查、验收工作。每道施工工序完成后,都要通过测量,检查工程各部分的实际位置和高程是否符合要求。实测验收的记录编绘竣工图,作为验收时鉴定工程质量和工程运营管理好坏的依据。

(4)变形观测工作。对于大中型建筑物,随着工程进展,须测定建筑物在水平方向和高程方向的位移,收集整理各种变形资料,确保工程安全施工和正常运行。

各种工程在施工阶段进行的测量工作通常称为施工测量,主要包括施工控制网的建立、工程放样、竣工测量及建(构)筑物的变形观测等。

二、施工测量的精度

施工测量是直接为施工服务的,它必须与施工组织计划相协调。测量人员应与设计、施工人员密切联系,了解设计内容、性质及对测量精度的要求,随时掌握工程进度及现场的变动,使测设精度和速度满足施工的要求。

施工测量的精度主要取决于建(构)筑物的大小、性质、用途、材料、施工方法等因素。例如,施工控制网的精度一般高于测图控制网的精度,高层建筑测设精度高于低层建筑,装配式建筑测设精度高于非装配式,连续性自动设备厂房测设精度高于独立厂房,钢结构建筑测设精度高于钢筋混凝土结构、砖石结构。施工测量精度不够将造成质量事故,精度要求过高,则会导致人力、物力及时间的浪费。因此,应选择合理的施工测量精度。

(一)施工控制网的精度

施工控制网的精度要求应以工程建筑物建成后的允许偏差(建筑限差)来确定。正确确定施工控制网的精度具有重要的意义:精度要求高会造成测量工作量的增加,拖延工期;反之,会影响放样精度,无法满足施工的需要,造成质量事故。施工控制(方格)网的主要任务是用来测设系统工程各组成单元的中心线，以及各组成单元连接建筑物的中心线的。例如，测设厂房、高炉和焦炉的中心线，皮带通廊、铁路或管道的中心线。这些中心线的测设精度比各单元工程的内部精度要低一些。对于单元工程内部精度要求较高的大量中心线的测设，可单独建立局部的单元工程施工控制网。这些单元工程施工控制网不是在整个厂区控制网基础上加密的，而是根据厂区控制网测设的单元工程中心线，再建立较高精度的单元工程局部控制网进行加密。

工业建筑的自流管道（如生活下水及雨水管道）对测量的精度要求最高，在150 m距离时，横向的允许偏差为48 mm，允许的横向相对误差为1/3 100。而铁路中心线在50 m距离时，允许的横向偏差为30 mm，允许的横向相对误差为1/1 700。这些都是竣工后的极限误差，通常认为竣工时的误差是由构件制作误差、施工误差和测量误差联合影响造成的。通过分析计算，以要求最严的自流管道为例，在150 m的距离上，控制网的边长相对误差应不大于1/18 750，与之相应的角度测量中误差应优于±10.3″。也就是说，最低一级方格网的边长相对中误差只要不大于1/20 000，测角中误差应优于±10″，即可满足最严格的精度要求。而实际工作中，测量精度要求并非都与自流管道的精度要求相同。

（二）建筑物中心轴线的测设精度

建筑物中心轴线的测设精度是指所测设的建筑物与控制网、建筑红线或周围原有建筑物相对位置的精度，除自动化和连续生产车间外，一般要求较低。

（三）建筑物细部放样精度

建筑物细部放样精度是指建筑物各部分相对于主要轴线的放样精度。这种精度的高低取决于建筑物的材料、用途和施工方法等。例如，高层建筑和连续生产的工业建筑的测设精度要求较高，一般建筑的细部测设精度要求较低。细部测设的精度应根据工程的性质和设计的要求来确定，不应片面追求高精度，导致人力、物力、财力及时间的浪费；也不应过低，影响施工质量，甚至造成工程事故。通常长度测设精度应优于1/2 000～1/5 000，角度测设精度应优于±（40″～20″）。

三、施工测量的原则与工作要求

施工测量和其他测量工作一样，也要遵循“先控制、后碎部”的原则。首先，要建立统一的施工控制网，这种为施工需要而布设的控制网称为施工控制网。然后，再根据该控制网标定建筑物的主要轴线。随着工程的进展，再以此为基础测设建（构）筑物的各个细部。

一个合理的设计方案要通过精心施工来实现，而放样精度会直接影响到建（构）筑物位置、尺寸和形状的正确性，对施工起到举足轻重的作用，必须予以高度重视。

在施工测量前，测量人员应熟悉设计图纸，验算与测量有关的数据，核对图上的坐标、高程及有关的几何关系，确保放样数据的准确性。同时，还需要对放样使用的控制点及其成果进行检查，对所用仪器、工具进行检校。放样之后，还要经过适当检查，才能施工。

有些工程竣工后，还需要对各种新建成的建筑物或构筑物进行竣工测量，测出竣工图。对一些高大或特殊的建（构）筑物，在建成后，有时还要定期进行沉降和变形观测，以便积累资料，为建（构）筑物的设计、维护和使用提供依据。

各种工程的施工测量方法将在后续章节中介绍，本章仅介绍施工测量的基本工作。

§11-2 测设的基本工作方法

施工放样是按设计的要求将建(构)筑物各轴线的交点、道路中线、桥墩等点位标定在相应的地面上。这些点位是根据控制点或已有建筑物的特征点与放样点之间的角度、距离和高差等几何关系,用仪器和工具标定出来的。因此,测设已知水平距离、已知水平角、地面点平面位置和已知高程是施工测量的基本工作。

一、测设已知水平距离

测设已知水平距离是从地面一已知点开始,沿已知方向测设出给定的水平距离,以确定第二个端点的工作。根据测设精度要求,可分为一般方法和精确方法。

(一)钢尺测设已知水平距离

1. 一般方法

如图 11-1 所示,在地面上,由已知点 A 开始,沿给定方向 AP,用钢尺量出已知水平距离 D 确定点 B'。为了校核与提高测设精度,在起点 A 处改变读数(10～20 cm),按相同方法量出已知距离 D 确定点 B''。由于量距有误差,B' 与 B'' 两点一般不重合,其相对误差在允许范围内时,则取两点的中点 B 作为最终位置。

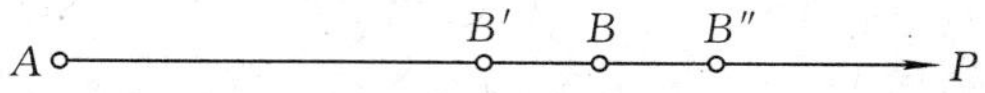

图 11-1 用钢尺测设已知水平距离

2. 精确方法

当水平距离的测设精度要求较高时,按照一般方法在地面测设出的水平距离,还应再加上尺长、温度和高差三项改正,但改正数的符号与精确量距时的符号相反,即

$$l = D - \Delta l_d - \Delta l_t - \Delta l_h$$

【例 11-1】如图 11-2 所示,欲测设水平距离 AB,已知钢尺量出的水平距离 $D=60$ m,所使用钢尺的尺长方程式为

$$l_t = 30.000 + 0.003 + 1.25 \times 10^{-5} \times 30.000(t - 20)$$

测设时的温度为 5℃,AB 两点之间的高差为 1.2 m,试计算测设时实地长度是多少?

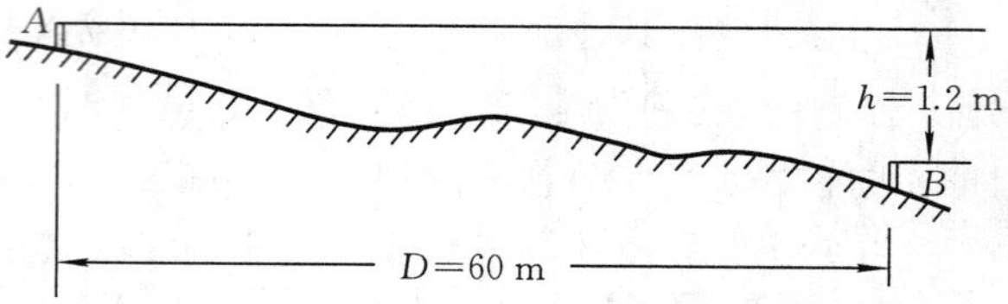

图 11-2 已知水平距离测设

解:根据精确量距公式算出三项改正。

(1)尺长改正为

$$\Delta l_d = \frac{\Delta l}{l_0} D = \frac{0.003}{30} \times 60 = 0.006(\text{m})$$

(2)温度改正为

$$\Delta l_t = \alpha D(t - t_0) = 1.25 \times 10^{-5} \times 60 \times (5 - 20) = -0.011(\text{m})$$

(3)倾斜改正为

$$\Delta l_h = -\frac{h^2}{2D} = -\frac{1.2^2}{2 \times 60} = -0.012(\text{m})$$

(4)实地测设水平距离为

$$l = D - \Delta l_d - \Delta l_t - \Delta l_h = 60 - 0.006 + 0.011 + 0.012 = 60.017(\text{m})$$

测设时，自线段的起点 A 沿给定的 AB 方向量出 l，确定终点 B，即得到设计的水平距离 D。为了检核，通常再放样一次，若两次放样之差在允许范围内，则取平均位置作为终点 B 的最后位置。

(二)光电测距仪测设已知水平距离

用光电测距仪测设已知水平距离的方法与用钢尺测设方法大致相同。如图 11-3 所示，光电测距仪安置于点 A，棱镜沿已知方向 AB 移动，使仪器显示的距离大致等于待测设距离 D，定出点 B'，测出点 B' 棱镜的竖直角及斜距，计算出水平距离 D'。再计算出 D' 与需要测设的水平距离 D 之间的改正数 $\Delta D = D - D'$。根据 ΔD 的符号，在实地沿已知方向用钢尺由点 B' 量出 ΔD，从而确定点 B，AB 即为测设的水平距离 D。

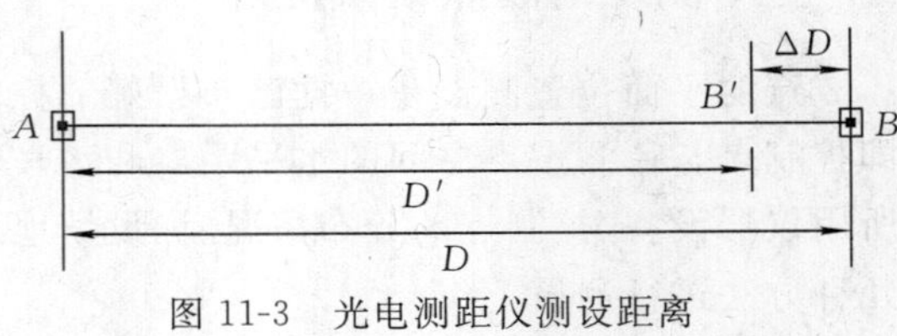

图 11-3　光电测距仪测设距离

用全站仪瞄准位于点 B 附近的棱镜后，能够直接显示出全站仪与棱镜之间的水平距离 D'，因此可以通过前后移动棱镜使其水平距离 D' 等于待测设的已知水平距离 D 时，即可定出点 B。

为了检核，将棱镜安置在点 B，测量 AB 的水平距离，若误差不符合要求，则再次改正，直到在允许范围之内。

二、测设已知水平角

测设已知水平角就是根据一已知方向测设出另一方向，使它们的夹角等于给定的设计角值。按测设精度要求，分为一般方法和精确方法。

(一)一般方法

当测设的水平角精度要求不高时，可采用一般方法，即盘左、盘右取平均值的方法。

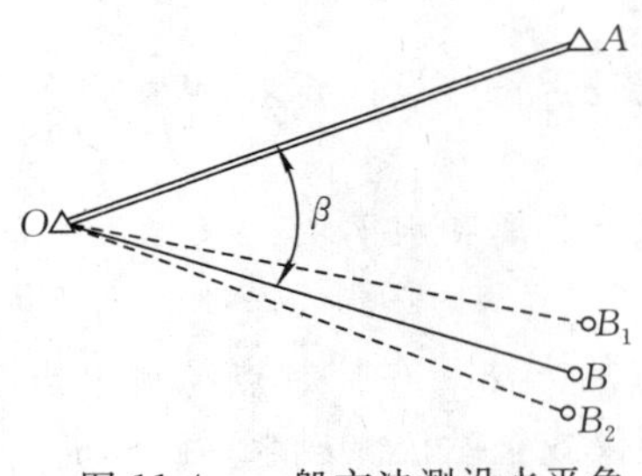

图 11-4　一般方法测设水平角

如图 11-4 所示，设 OA 为地面上已知方向，欲测设水平角 β。在点 O 安置经纬仪，以盘左位置瞄准点 A，配置水平度盘读数为 0。转动照准部使水平度盘读数恰好为 β，在视线方向定出点 B_1。然后用盘右位置，重复上述步骤定出点 B_2(OB_1 与 OB_2 等距)，取 B_1 和 B_2 中点 B，则 $\angle AOB$ 即为测设的 β 角。该方法也称为盘左盘右分中法。

(二)精确方法

当测设精度要求较高时，可采用精确方法测设已知水平角。如图 11-5 所示，安置经纬仪于 O 点，按照上述一般方法测设出已知水平角 $\angle AOB'$，定出 B' 点。然后较精确地测量出 $\angle AOB'$ 的角值，一般采用若干测回取平均值的方法。设平均角值为 β'，测量出 OB' 的距离，计算点 B' 处线段 OB' 的垂距 $B'B$，即

$$B'B = \frac{\Delta\beta}{\rho''}OB' = \frac{\beta - \beta'}{206\ 265''}OB'$$

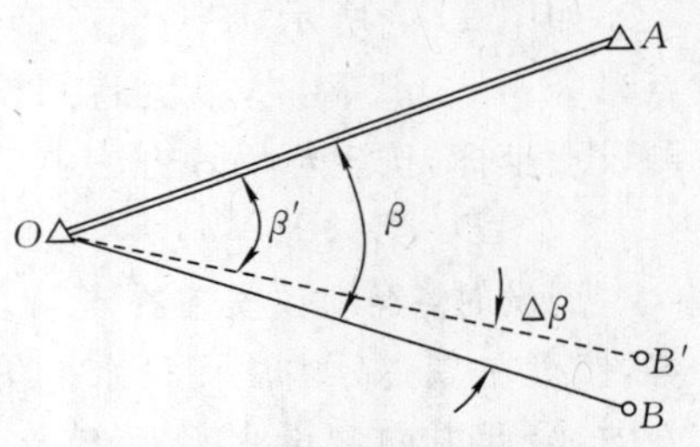

图 11-5　精确方法测设水平角

然后，从点 B' 沿 OB' 的垂直方向调整垂距 $B'B$，调整

后的$\angle AOB$即为β角。如图11-5所示，若$\Delta\beta>0$，则从B'点往外调整$B'B$至B点；若$\Delta\beta<0$，则从B'点往内调整$B'B$至B点。

三、测设地面点平面位置

点的平面位置测设是根据已布设好的控制点的坐标和待测设点的坐标，反算出测设数据，即控制点与待测设点之间的水平距离和水平角，再利用上述测设方法标定出设计点位。根据所用仪器设备、控制点的分布情况、测设场地地形条件及测设点精度要求等条件，可采用以下几种方法进行测设工作。

(一)直角坐标法

直角坐标法是建立在直角坐标原理基础上的一种点位测设方法。当建筑场地已建立相互垂直的主轴线或建筑方格网时，一般采用此法。

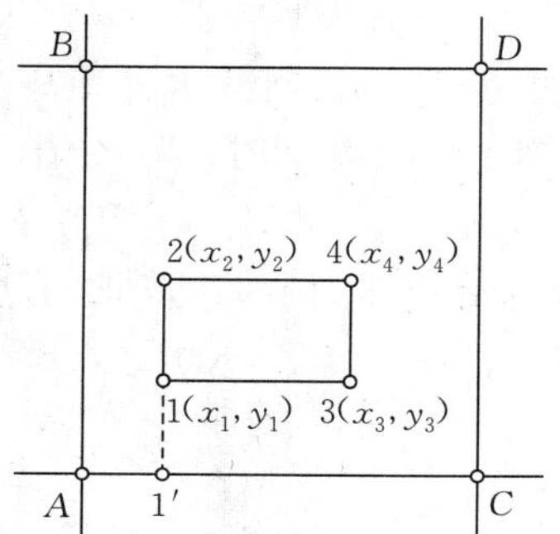

图11-6　直角坐标法测设点位

如图11-6所示，A、B、C、D为建筑方格网或建筑基线控制点，点1、点2、点3、点4为待测设建筑物轴线的交点，建筑方格网或建筑基线分别平行或垂直于待测设建筑物的轴线。根据控制点的坐标和待测设点的坐标可以计算出两者之间的坐标增量。下面以测设点1、点2为例，说明测设方法。

首先计算点A与点1、点2之间的坐标增量，即

$$\Delta x_{A1}=x_1-x_A,\Delta y_{A1}=y_1-y_A$$

$$\Delta x_{A2}=x_2-x_A,\Delta y_{A2}=y_2-y_A$$

测设点1、点2平面位置时，在点A安置经纬仪，照准点C，沿视线方向从A向C测设水平距离Δy_{A1}定出点1′。再安置经纬仪于点1′，盘左照准点A(或点C)，转90°确定视线方向，沿此方向通过分别测设水平距离Δx_{A1}和Δx_{12}来确定1、2两点。同理以盘右位置再测定1、2两点，取1、2两点盘左和盘右的中点即为所求点的位置。采用同样方法可以测设点3、点4的位置。

检查时，可通过在已测设的点上架设经纬仪来检测各个角度是否符合设计要求，并丈量各条边长。

如果待测设点位的精度要求较高，可以利用精确方法测设水平距离和水平角。

(二)极坐标法

极坐标法是根据控制点、水平角和水平距离测设点平面位置的方法。在控制点与测设点间便于进行钢尺量距的情况下，采用此法较为适宜。而利用测距仪或全站仪测设水平距离时，则没有此项限制，且工作效率和精度都较高。

如图11-7所示，$A(x_A,y_A)$、$B(x_B,y_B)$为已知控制点，$1(x_1,y_1)$、$2(x_2,y_2)$为待测设点。根据已知点坐标和测设点坐标，按坐标反算方法求出测设数据，即

$$D_1,D_2,\beta_1=\alpha_{A1}-\alpha_{AB},\beta_2=\alpha_{A2}-\alpha_{AB}$$

测设时，经纬仪安置在点A，照准后视点B，置度盘为零，按盘左盘右分中法测设水平角β_1、β_2，定出点1、点2的方向，沿此方向测设水平距离D_1、D_2，则可以在地面标定出设计点1、2。

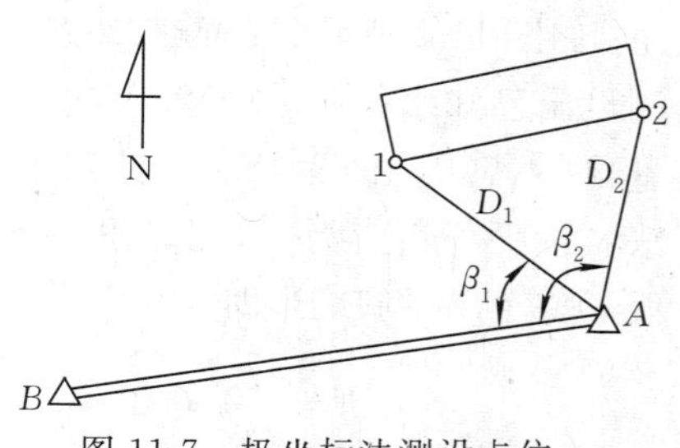

图11-7　极坐标法测设点位

检核时，可以将实地丈量的1、2两点之间的水平边长与1、2两点设计坐标反算出的水平边长进行比较。

如果待测设点1、2的精度要求较高，可以利用前述的精确方法来测设水平角和水平距离。

(三)角度交会法

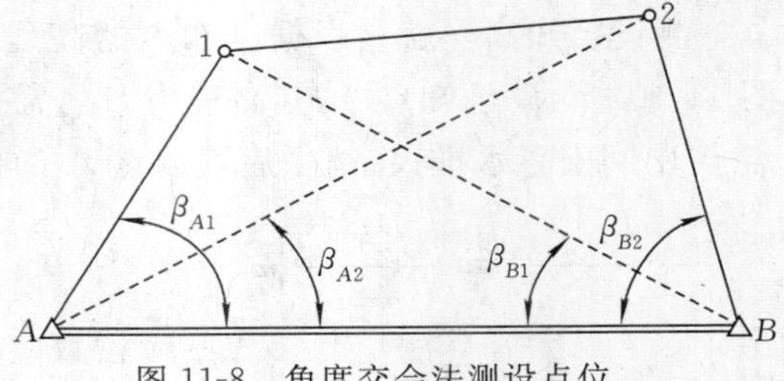

图 11-8　角度交会法测设点位

角度交会法是在两个控制点上分别安置经纬仪，根据相应的水平角测设出相应的方向，根据两个方向交会定出点位的一种方法。此法适用于测设点离控制点较远或量距有困难的情况。

如图11-8所示，根据控制点 A、B 和测设点1、2的坐标，反算出测设数据 β_{A1}、β_{A2}、β_{B1} 和 β_{B2}。将经纬仪安置在点 A，瞄准点 B，利用 β_{A1}、β_{A2} 按照盘左盘右分中法，定出 $A1$、$A2$ 的方向线，并在其方向线上的1、2两点附近分别打上两个木桩(俗称骑马桩)，桩上钉小钉以表示此方向，并用细线拉紧。然后，在点 B 安置经纬仪，同法定出 $B1$、$B2$ 的方向线。根据 $A1$ 和 $B1$、$A2$ 和 $B2$ 的方向线可以分别交会得到1、2两点，即所求待测设点的位置。

当然，也可以利用两台经纬仪分别在 A、B 两个控制点同时设站，测设出方向线后，标定出1、2两点。

检核时，在1、2两点通视的情况下，可以将丈量出的1、2两点之间的实际水平距离，与1、2两点的设计坐标反算出的水平距离进行比较。

(四)距离交会法

距离交会法是从两个控制点利用两段已知距离进行交会定点的方法。当建筑场地平坦且便于量距时，用此法较为方便。

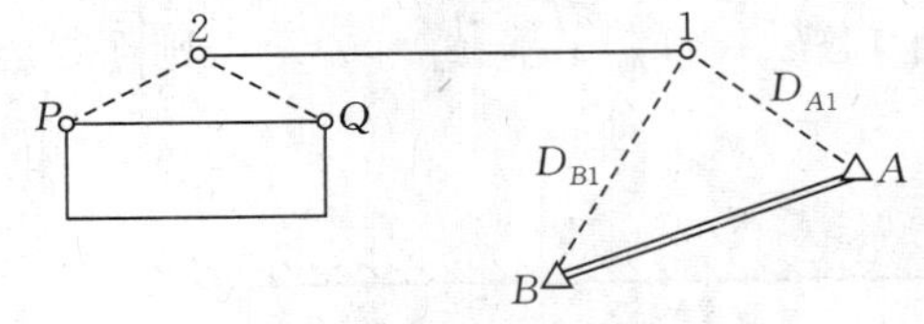

图 11-9　距离交会法测设点位

如图11-9所示，A、B 为控制点，点1为待测设点。首先，根据控制点和待测设点的坐标反算出测设数据 D_{B1} 和 D_{A1}，然后用钢尺从 A、B 两点分别测设两段水平距离 D_{A1} 和 D_{B1}，其交点即为所求点1的位置。

同理，点2的位置可由附近的地形点 P、Q 交会出。

检核时，可以将实地丈量的1、2两点之间的水平距离与1、2两点设计坐标反算出的水平距离进行比较。

(五)全站仪坐标测设法

全站仪不仅具有测设精度高、速度快的优点，还可以直接测设点的位置，且在施工放样中受天气条件和地形条件的影响较小，从而在生产、实践中得到了广泛应用。

全站仪坐标测设法是根据控制点和待测设点的坐标定出点位的一种方法。首先，仪器安置在控制点上，使仪器置于测设模式，然后输入控制点和测设点的坐标，一人持反光棱镜立在待测设点附近，用望远镜照准棱镜，按坐标测设功能键，全站仪显示出棱镜位置与测设点的坐标差。根据坐标差值，移动棱镜位置，直到坐标差值等于零，此时棱镜位置即为测设点的点位。

为了能够发现错误，每个测设点位置确定后，可以再次测定其坐标作为检核。

四、测设已知高程与坡度

(一)已知高程的测设

1. 水准尺测设法

测设已知高程就是根据已知点的高程，通过引测，把设计高程标定在固定的位置上。如图 11-10 所示，已知点 A，其高程为 H_A，需要在点 B 标定出已知高程为 H_B 的位置。在点 A 和点 B 中间安置水准仪，精平后读取点 A 的标尺读数为 a，则仪器的视线高程为

$$H_i = H_A + a$$

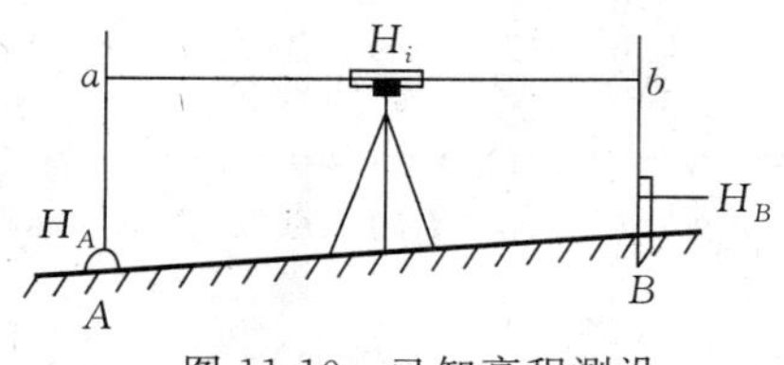

图 11-10　已知高程测设

由图 11-10 可知，测设已知高程为 H_B 的点 B 的标尺读数应为

$$b = H_i - H_B$$

将水准尺紧靠点 B 木桩的侧面，并上下移动，直到尺上读数为 b 时，沿尺底画一横线，此线为设计高程 H_B 的位置。测设时应始终保持水准管气泡居中。

在建筑设计和施工中，为计算方便，通常把建筑物的室内设计地坪高程用±0 表示，建筑物的基础、门窗等高程都是以±0 为依据进行测设。因此，首先要在施工现场利用测设已知高程的方法测设出室内地坪高程的位置。

在地下坑道施工中，高程点位通常设置在坑道顶部。通常规定当高程点位于坑道顶部，在进行水准测量时水准尺均应倒立在高程点上。如图 11-11 所示，点 A 是高程为 H_A 的已知水准点，点 B 是高程为 H_B 的待测设点，由于 $H_B = H_A + a + b$，则在 B 点的标尺读数为 $b = H_B - (H_A + a)$。因此，将水准尺倒立并紧靠 B 点木桩上下移动，直到尺上读数为 b 时，在尺底画出设计高程 H_B 的位置。

同理，对于多个测站的情况，也可以采用类似的解决方法。如图 11-12 所示，点 A 是高程为 H_A 的已知水准点，点 C 是高程为 H_C 的待测设点，由于 $H_C = H_A - a - b_1 + b_2 + c$，则在 C 点的标尺读数为 $c = H_C - (H_A - a - b_1 + b_2)$。

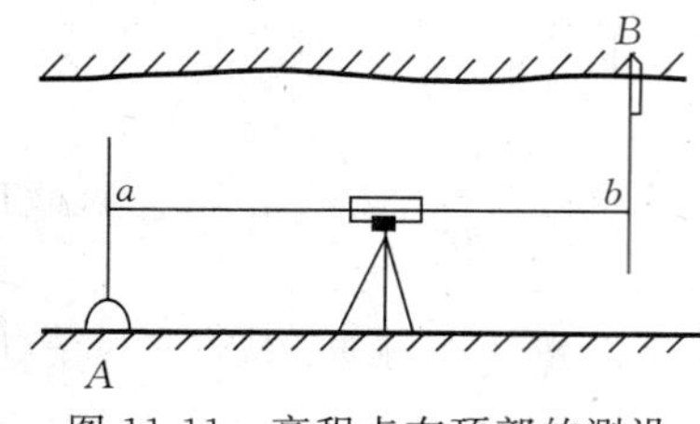

图 11-11　高程点在顶部的测设

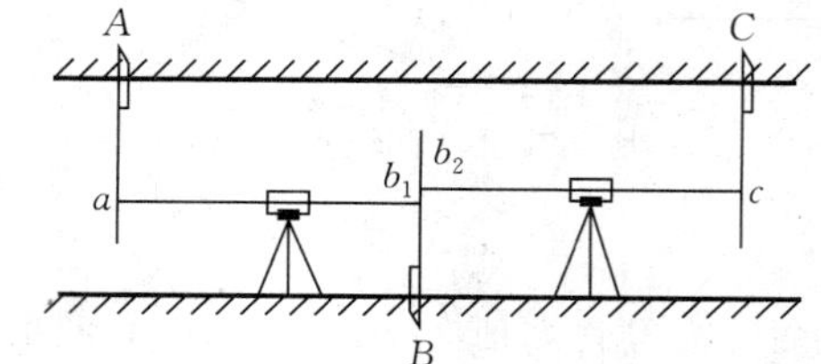

图 11-12　多个测站高程点测设

2. 水准尺与钢尺联合测设法(高程的传递)

在建筑物基坑内进行高程放样时，设计高程点 B 通常远远低于视线，使安置在地面上的水准仪看不到立在基坑内的水准尺。此时可借助钢尺，并配合水准仪进行，放样时使用两台水准仪，其中一台安置在地面上，另一台安置在基坑内，同时进行观测。利用同样的方法可将高程从低处向高处引测。

当待测设点与已知水准点的高差较大时，可以采用悬挂钢尺的方法进行测设。

如图 11-13 所示，钢尺悬挂在支架上，零端向下，并挂一重物，点 A 是高程为 H_A 的已知水准点，点 B 是高程为 H_B 的待测设点。在地面和待测设点位附近安置水准仪，分别在标尺和钢

尺上读出 a_1、b_1 和 a_2。由于 $H_B = H_A + a_1 - (b_1 - a_2) - b_2$，则可以计算出点 B 处标尺的读数 $b_2 = H_A + a_1 - (b_1 - a_2) - H_B$。同理，图 11-14 所示情况可采用类似方法进行测设，即计算出前视读数 $b_2 = H_A + a_1 + (a_2 - b_1) - H_B$，再画出高程 H_B 的标志线。

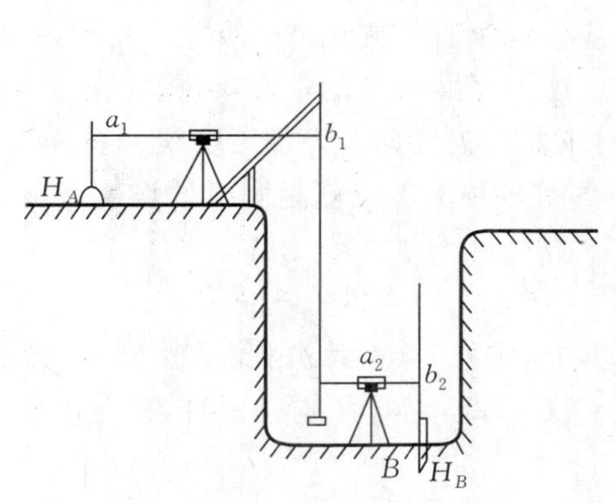

图 11-13　测设建筑基底高程

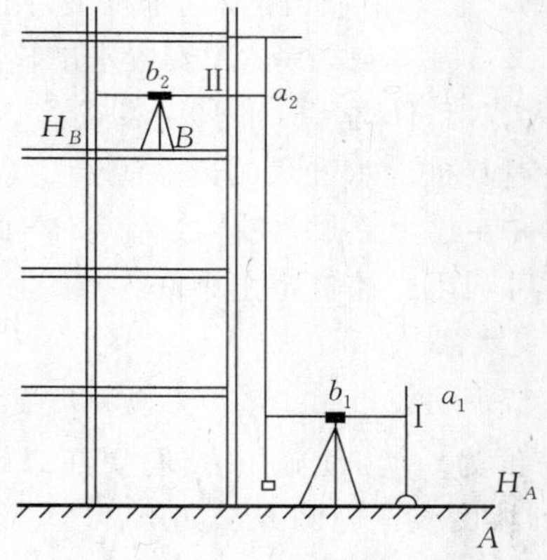

图 11-14　测设建筑楼层高程

(二)已知坡度线的测设

在施工过程中，往往由于排水或者其他需要，要求地坪要有一定的高度和坡度。坡度的大小一般用百分比表示。例如，水平距离为 100 m，高差变化为 1 m(升高或者降低)，其坡度记为 1%(上坡时为正，下坡时为负)。坡度的放样实质上是高程的放样，可以根据设计的坡度和前进的水平距离计算点位间的高差，进而求得放样点的高程。如图 11-15 所示，其坡度的计算公式为

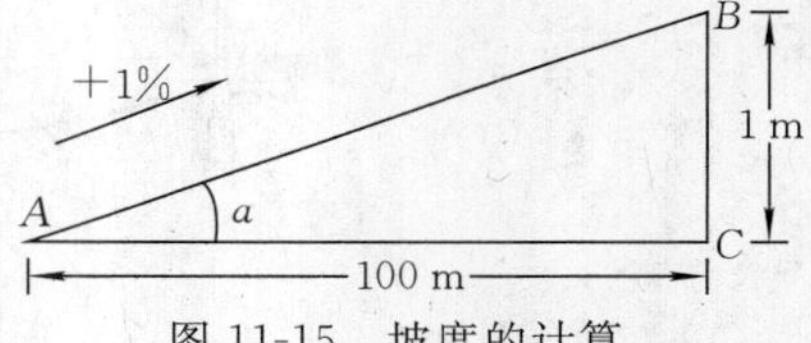

图 11-15　坡度的计算

$$i = \tan\alpha = \frac{h_{AB}}{D_{AB}}$$

1. 倾斜视线法

已知坡度线的测设就是在地面上定出一条直线，其坡度值等于已给定的设计坡度。在交通线路工程、排水管道施工和敷设地下管线等工作中经常涉及该问题。如图 11-16 所示，设地面上点 A 的高程为 H_A，A、B 两点之间的水平距离为 D，要求从点 A 沿 AB 方向测设一条设计坡度为 i 的直线 AB，即在 AB 方向上定出 1、2、3、4、B 各桩点，使各个桩顶面连线的坡度等于设计坡度 i。

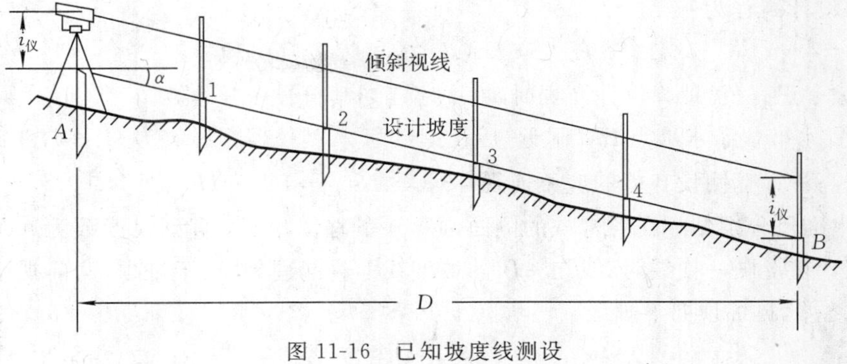

图 11-16　已知坡度线测设

具体测设时，先根据设计坡度 i 和水平距离 D 计算出点 B 的高程，即

$$H_B = H_A + iD$$

计算点 B 高程时，注意坡度 i 的正、负，在图 11-16 中 i 应取负值。然后，按照前述方法测设已知高程，把点 B 的设计高程测设到木桩上，则 A、B 两点连线的坡度等于设计坡度 i。为了在 AB 间加密 1、2、3、4 等点，在点 A 安置水准仪时，应使一个脚螺旋在 AB 的方向线上，另两个脚螺旋的连线大致与 AB 垂直，量取仪器高 $i_{仪}$。用望远镜照准点 B 的水准尺，旋转在 AB 方向上的脚螺旋，使点 B 桩上水准尺的读数等于 $i_{仪}$，此时仪器的视线即为设计坡度线。在 AB 中间各点打上木桩，并在桩上立尺，使读数皆为 $i_{仪}$，此时各桩桩顶的连线就是测设的坡度线。当设计坡度较大时，可利用经纬仪定出中间各点。

2. 水平视线法

如图 11-17 所示，点 A、点 B 为设计坡度线的两个端点，其设计高程分别为 H_A、H_B，直线 AB 的设计坡度为 i。为使施工方便，要在 AB 方向上，每隔距离 d 定一木桩，并在木桩上标定出坡度为 i 的坡度线。施测方法如下：

(1) 沿 AB 方向，标定出间距为 d 的点 1、点 2、点 3 的位置。

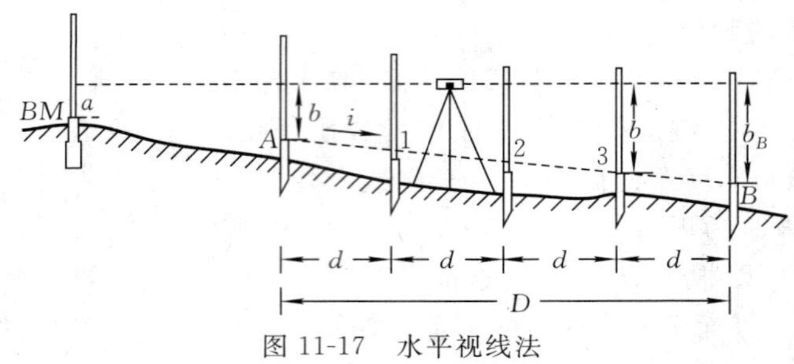

图 11-17 水平视线法

(2)计算各桩点的设计高程。

第 1 点的设计高程为

$$H_1 = H_A + id$$

第 2 点的设计高程为

$$H_2 = H_1 + id$$

第 3 点的设计高程为

$$H_3 = H_2 + id$$

B 点的设计高程为

$$H_B = H_3 + id \text{ 或 } H_B = H_A + iD \text{(检核)}$$

式中，坡度 i 有正有负，计算设计高程时，坡度应连同其符号一并运算。

(3) 安置水准仪于水准点 BM 附近，后视读数为 a，则仪器视线高为 $H_i = H + a$，然后根据各点的设计高程计算测设各点的应读前视标尺读数 $b_{应} = H_i - H_{设}$。

(4)将水准尺分别贴靠在各木桩的侧面，并上、下移动尺子，直到尺读数为 $b_{应}$ 时，利用水准尺底面在木桩上画一横线，该线在 AB 的坡度线上。同理，立尺于桩顶，读前视读数 b，再根据 $b_{应}$ 与 b 之差，自桩顶向下画线。

思考题与习题

1. 试述施工测设的基本要求和基本工作内容。

2. 试述使用光学经纬仪精确放样的基本步骤。

3. 如图 11-18 所示，已知点 A、点 B 和待测设点 P 的坐标为 A 的坐标值为 $x_A=2\ 250.346$ m，$y_A=4\ 520.671$ m；B 的坐标值为 $x_B=2\ 786.386$ m，$y_B=4\ 472.145$ m；P 的坐标值为 $x_P=2\ 285.834$ m，$y_P=4\ 780.617$ m。写出按极坐标法在点 A 测设点 P 的工作步骤。

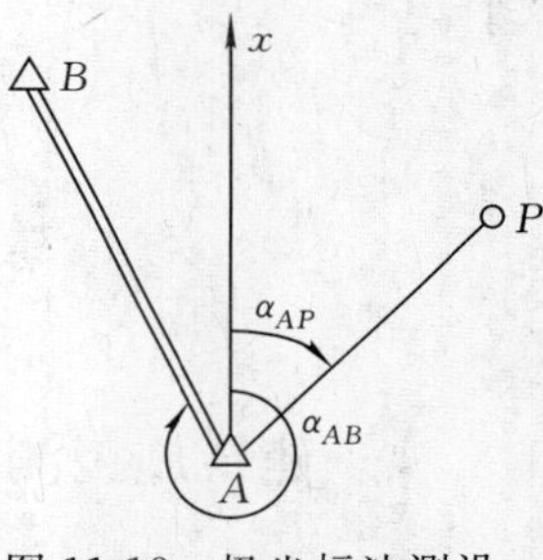

图 11-18　极坐标法测设

4. 测设点的平面位置有哪些方法？各适用于什么范围？

5. 简述精密测设水平角的方法、步骤。

6. 水准测量法高程放样的设计高差为 $h=-1.500$ m，设站观测，后视标尺 $a=0.657$ m，高程放样点 b 的计算值为 2.157 m，画出高差测设的图形。

7. 已知某钢尺的尺长方程式为 $l=30-0.003\ 5+1.25\times10^{-5}\times30(t-20)$，用它测设 22.500 m 长的水平距离 AB。若测设时温度为 25℃，施测时所用拉力与检定钢尺时的拉力相同，测得 A、B 两桩点的高差 $h=-0.60$ m，试计算测设时地面上需要量出的长度。

8. 设用一般方法测设出 $\angle ABC$ 后，精确地测得 $\angle ABC$ 为 $45°00'24''$（设计值为 $45°00'00''$），BC 长度为 120 m，问怎样移动 C 点才能使 $\angle ABC$ 等于设计值？请绘出示意图。

9. 已知水准点 A 的高程 $H_A=20.355$ m，若在点 B 处的墙面上测设出高程为 21.000 m 的位置，设在点 A、点 B 中间安置水准仪，后视点 A 的水准尺读数为 $a=1.452$ m，问怎样测设才能在点 B 处墙面上得到设计标高？

10. 设地面上点 A 高程已知，为 $H_A=32.785$ m，现要从点 A 沿 AB 方向修筑一条坡度为 2% 的道路，AB 的水平距离为 120 m，每隔 20 m 打一中间点桩，试计算各桩顶标高。

第十二章　建筑施工测量

§12-1　施工控制网的建立

一、建筑施工测量的特点

建筑施工测量工作的特殊性如下：

(1)施工控制网的精度要求以工程建筑物建成后的允许偏差(建筑限差)确定。一般来说，施工控制网的精度高于测图控制网的精度。

(2)测设精度的要求取决于建(构)筑物的大小、材料、用途和施工方法等因素。一般来说，高层建筑物的测设精度高于低层建筑物，钢结构厂房的测设精度高于钢筋混凝土结构厂房，装配式建筑物的测设精度高于非装配式建筑物。

(3)施工测量工作应满足工程质量要求和工程进度要求。测量人员必须熟悉图纸，了解定位依据和定位条件，掌握建筑物各部件的尺寸关系与高程数据，了解工程全过程，能及时掌握施工现场变动，确保施工测量的正确性和即时性。

(4)各种测量标志必须埋设在能长久保存、便于施工的位置，并对其进行妥善保护和检查。施工现场工种多，交叉作业频繁，并有土、石方填挖和机械震动，因此应尽量避免测量标志被破坏。如有破坏，要及时恢复，并向施工人员交底。

(5)为保证各种建筑物、管线等的相对位置能满足设计要求，便于分期、分批进行测设和施工，施工测量必须遵守布局上“从整体到局部”、精度上“从高级到低级”、工作程序上“先控制后碎部”的工作原则。

二、施工平面控制网的建立

(一)施工控制网的特点

与勘测阶段的测图控制网相比，施工控制网有如下特点：

(1)控制点的密度大，精度要求较高，使用频繁，受施工干扰多。这就要求控制点的位置应分布合理且稳定，使用方便，并能在施工期间保持桩点不被破坏。因此，控制点的选择、测定及桩点的保护等各项工作应与施工方案、现场布置统一考虑、确定。

(2)在施工控制测量中，局部控制网的精度要求往往比整体控制网的精度要求高，如有些重要厂房矩形控制网的精度常高于整个工业场地的建筑方格网或其他形式的控制网。在安装一些重要设备时，也经常要建立高精度的施工控制网。因此，大范围的控制网只是给局部控制网传递一个起始点的坐标和起始方位角，而局部控制网可以布设成自由网。

(二)建筑施工场地平面控制网的形式

施工平面控制网经常采用的形式有三角网、导线网、建筑基线或建筑方格网。其布设应综合考虑建筑总平面图和施工地区的地形条件、已有测量控制点情况及施工方案等因素确定布网形式。对于地形起伏较大的山区和丘陵地区，宜采用三角网形式或边角网形式布设控制网；对于地形平坦、通视困难的地区（如改、扩建的施工场地）或建筑物分布很不规则的地区，可采用导线网；对于地形平坦而简单的小型建筑场地，常布置一条或几条建筑基线，组成简单的图形作为施工放样的依据；对于地势平坦、建筑物分布比较规则和密集的大、中型建筑施工场地，一般布设建筑方格网。

采用三角网作为施工控制网时，常布设两级：一级为基本网，以控制整个场地为主，可按城市测量规范的一级或二级小三角测量的技术要求建立；另一级为测设三角网，它在基本网上加密，直接控制建筑物的轴线及细部位置。当场区面积较小时，可采用二级小三角网一次布设。

采用导线网作为施工控制网时，也常布设成两级：一级为基本网，多布设成环形，可按城市测量规范的一级或二级导线测量的技术要求建立；另一级为测设导线网，用来测设局部建筑物，可按城市二级或三级导线的技术要求建立。

（三）建筑基线

1. 施工坐标系统

设计和施工部门为了工作方便，常采用一种独立坐标系统来表示建筑物的平面位置，称为施工坐标系（也称建筑坐标系）。施工坐标系通常与建筑物的主轴线方向或主要道路、管线方向一致，坐标原点设在设计总平面图的西南角上，纵轴记为 A 轴，横轴记为 B 轴。

如果建筑基线或建筑方格网的施工坐标系与测图坐标系不一致，则应在测设前，将建筑基线或建筑方格网主点的施工坐标换算成测图坐标，然后再进行测设。如图 12-1 所示，o-AB 为施工坐标系，O-XY 为测图坐标系，设点 F 为建筑基线的主点，它在施工坐标系中的坐标值为 A_P、B_P，而 x_o、y_o 是施工坐标原点在测图坐标系中的坐标值，α 为 X 轴和 A 轴的夹角。将点 P 的施工坐标转化为测图坐标，则公式为

$$\left.\begin{aligned} x_P &= x_o + A_P\cos\alpha - B_P\sin\alpha \\ y_P &= y_o + A_P\sin\alpha + B_P\cos\alpha \end{aligned}\right\} \tag{12-1}$$

2. 建筑基线的布设要求

建筑基线是建筑场地施工控制的基准线，一般由纵向的长轴线和横向的短轴线组成，适用于总平面图布置比较简单的小型建筑物。根据建（构）筑物的分布及场地情况，建筑基线通常布设形式有“一”字形、“L”形、“T”字形和“十”字形，如图 12-2 所示。

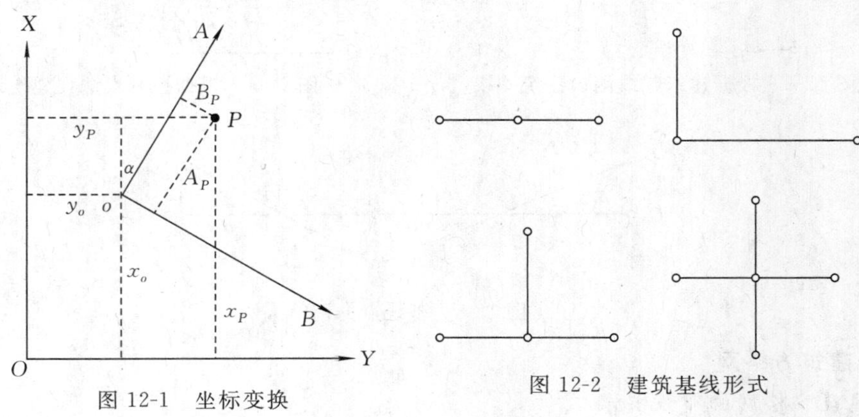

图 12-1　坐标变换

图 12-2　建筑基线形式

建筑基线布设的要求如下。

(1)主轴线应尽量位于建筑区中心、中央通道的边沿上,其方向应与主要建筑物的轴线平行。为检查建筑基线的点位有无变动,主轴线上的主轴点(定位主轴线的点)数不应少于3个,边长为100～400 m。

(2)基线点位应选在通视良好、不易破坏、易于保存的地方,并埋设永久性混凝土桩。

3. 建筑基线的测设

根据建筑场地的情况,建筑场地的测设方法主要有以下两种:

(1)根据建筑红线确定基线。在老建筑区,城市规划部门在测设建筑时用地边界线(建筑红线)作为测设建筑基线的依据。如图12-3所示,点M、点O、点N是建筑红线桩,点A、点B、点C是选定的建筑基线点。如果建筑基线与建筑红线平行,则$\angle MNO=90°$,因此可在现场利用经纬仪和钢尺推出平行线,得到建筑基线。标定点位后,在A点安置经纬仪,精确观测$\angle BAC$,若角值与90°之差超过±20″,则应对点A、点B、点C按水平角精确测设的方法进行调整。

(2)根据测图控制点测设基线。测设前,利用式(12-1)将施工坐标化为测图坐标,求得图12-4中A、B、C 3个建筑基线点的测图坐标,计算测设基线点数据通常采用极坐标放样方法(图12-4),在实地定出基线点点位(图12-5中的点A、点B、点C)。尚需在点B'安置经纬仪,精确测出$\angle A'B'C'$。若此角与180°之差超过±10″,则应对点位进行调整。调整时,将点A'、点B'、点C'沿与基线垂直的方向移动一个调整值δ,且点B'与A'、C'两点的移动方向相反。调整值δ为

$$\delta=\frac{ab}{a+b}\left(90°-\frac{1}{2}\angle A'B'C'\right)\frac{1}{\rho''} \tag{12-2}$$

式中,ρ''为206 265″、δ为各点的调整值,单位为m;a、b为AB、BC的长度值,单位为m。

除了调整角度之外,还应调整点A、点B、点C之间的距离。先用钢尺检查AB、BC的距离,若丈量长度与设计长度的相对误差大于1/10 000,则以点B为准,按设计长度调整A、C两点的距离。

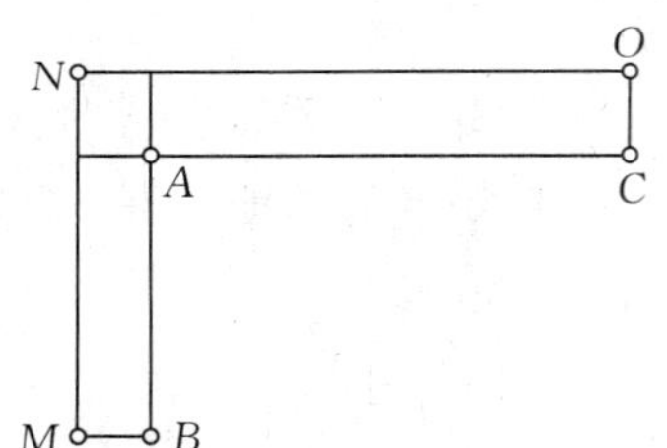

图12-3 根据建筑红线测设建筑基线

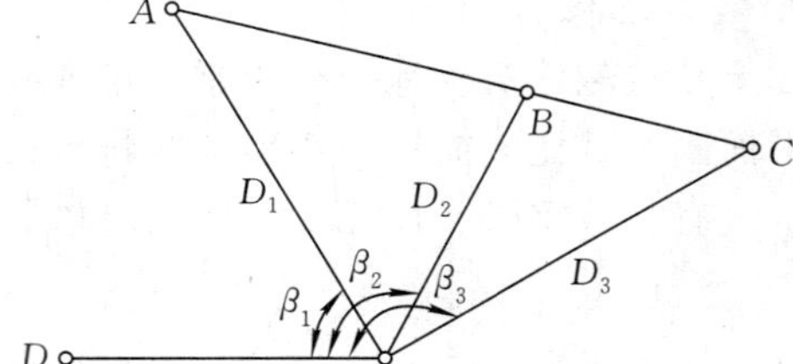

图12-4 根据控制点测设建筑基线

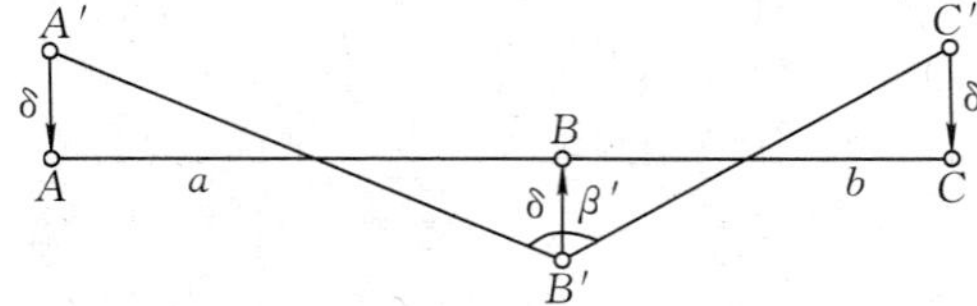

图12-5 基线点的调整

(四)建筑方格网

1. 建筑方格网的布设要求

建筑场地的施工平面控制网布设成与建筑物主要轴线平行或垂直的矩形、正方形格网,称

为建筑方格网，如图 12-6 所示。建筑方格网中的两组互相垂直的轴线组成建筑坐标系，便于用直角坐标法对各建筑物进行定位，且精度高。

布设建筑方格网时，应根据建筑物、道路、管线的分布，结合场地的地形等因素，先选定主轴线点，再全面布设方格网。布设要求与建筑基线布设要求基本相同，但还应考虑以下几个方面：

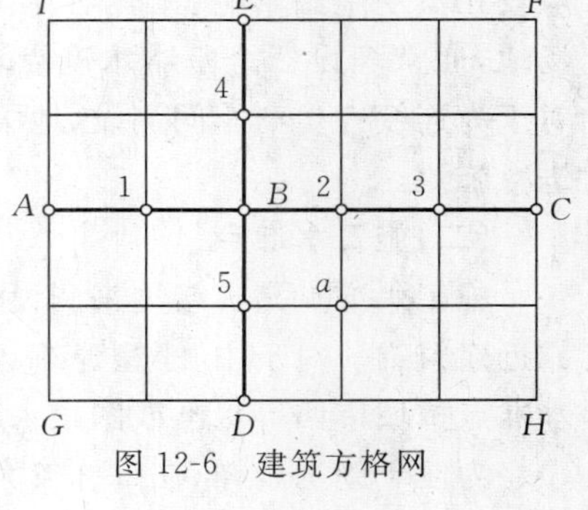

图 12-6　建筑方格网

(1)主轴线点应接近精度要求较高的建筑物。

(2)方格网的轴线应严格垂直，方格网点之间应能长期保持通视。

(3)在满足使用的情况下，方格网点数应尽量少。

(4)当场区面积较大时，方格网常分两级。首级可采用"十"字形、"口"字形或"田"字形，然后再加密方格网。

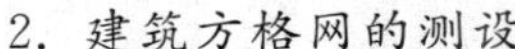
2. 建筑方格网的测设

(1)主轴线点的测设。首先根据原有控制点坐标和主轴线点坐标计算出测设数据，然后测设主轴线点。如图 12-7 所示，按建筑基线点的测设方法先测设长主轴线 AC，然后测设与 AC 垂直的另一主轴线 DE。测设主轴线 DE 的步骤为：在点 B 安置经纬仪，瞄准点 C，顺时针依次测设 90°、270°，并根据主轴点间的距离，在地面上定出 E'、D' 两点。精确检测 $\angle CBD'$ 和 $\angle CBE'$，然后求出 $\Delta\beta_1=\angle CBD'-270°$ 及 $\Delta\beta_2=\angle CBE'-90°$。若较差超过 $\pm 10''$，计算方向调整值，即

$$l_i=\frac{L_i\Delta\beta''_i}{\rho''} \tag{12-3}$$

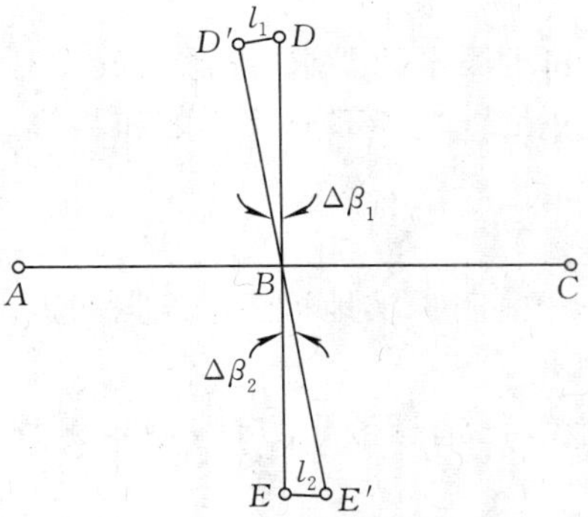

图 12-7　主轴线的调整

将 D' 点沿垂直于 BD' 方向移动距离 $D'D=l_1$，E' 点沿垂直于 BE' 方向移动距离 $E'E=l_2$。$\Delta\beta_i$ 为正时，逆时针改正点位，反之顺时针改正点位。点位改正后，应检测两主轴线交角与 90°的较差是否超限，另外还需校核主轴线点间的距离，一般精度应达到 1/10 000。

(2)方格网点的测设。如图 12-6 所示，沿纵横主轴线精密丈量各方格网边长，定出点 1、点 2、点 3、点 4、点 5 等点，并按设计长度检核，精度应达到 1/10 000。然后，将经纬仪分别安置在点 2、点 5 处，精确测出 90°，用交会法定出方格网点 a，并标定点位。同理可测设其余方格网点，校核后埋设永久性标志。

三、施工高程控制网的建立

对施工场地高程控制网的要求如下：

(1)水准点密度应尽可能在施工场地放样时满足安置一次仪器即可测设所有需要的高程点。

(2)在施工期间，高程点的位置应保持稳定。当场地面积较大时，高程控制网可分为首级网和加密网两级，相应的水准点称为基本水准点和施工水准点。

(一)基本水准点

基本水准点是施工场地的首级高程控制点,用来检核其他水准点高程是否有变动,其位置应设在不受施工影响、无震动、便于施工、能永久保存的地方,并埋设永久性标志。在一般建筑场地,通常埋设三个基本水准点,布设成闭合水准路线,按城市四等水准测量要求进行施测。对于为连续性生产车间测设、地下管道测设而设立的基本水准点,需要采用三等水准测量要求进行施测。

(二)施工水准点

施工水准点是直接用来测设建筑物高程的。为使用方便和减少误差,施工水准点应尽量靠近建筑物。对于中、小型建筑场地,施工水准点应布设成闭合路线或附合路线,并根据基本水准点按城市四等水准或图根水准要求进行测量。

为便于施工放样,在每栋较大的建筑物附近,还要测设幢号或±0.000水平线,其位置多选在较稳定的建筑物外墙立面或柱的侧面,用红漆绘成上边为水平线的"▼"形。

§12-2 民用建筑施工测量

一、建筑物测设前的准备工作

在进行施工测量之前,应先检校所使用的测量仪器。根据施工测量需要,还需做好以下准备工作。

(一)熟悉、校对图纸

设计图纸是施工测量的依据。测量人员应了解工程全貌和对测量的要求,熟悉与放样有关的建筑总平面图、建筑施工图和结构施工图,并检查总的尺寸是否与各部分尺寸之和相符、总平面图尺寸与大样详图尺寸是否一致。

(二)校核定位平面控制点和水准点

对建筑场地上的平面控制点,使用前必须检查、校核点位是否正确,实地检测水准点高程。

(三)制定测设方案

先要考虑设计要求、控制点分布、现场和施工方案等因素,再选择测设方法,制定测设方案。

(四)准备测设数据

(1)从建筑总平面图上,查出或计算出设计建筑物与原有建筑物、测量控制点之间的平面尺寸和高差,并以此作为测设建筑物总体位置的依据。

(2)在建筑物平面图上,查取建筑物的总尺寸和内部各定位轴线之间的尺寸。它们是施工测量的基础资料。

(3)从基础平面图上,查出基础边线与定位轴线的平面尺寸,以及基础布置与基础剖面的位置关系。

(4)从基础详图(基础大样图)上,查取基础立面尺寸、设计标高,以及基础边线与定位轴线的尺寸关系。它们是基础高程测设的依据。

(5)从建筑物的立面图和剖面图上,查取基础、地坪、楼板等的设计高程。它们是高程测设的主要依据。

(五)绘制测设略图

根据设计总平面图和基础平面图绘制测设略图,如图 12-8 所示,图上要标定拟建建筑物定位轴线间的尺寸和定位轴线控制桩。

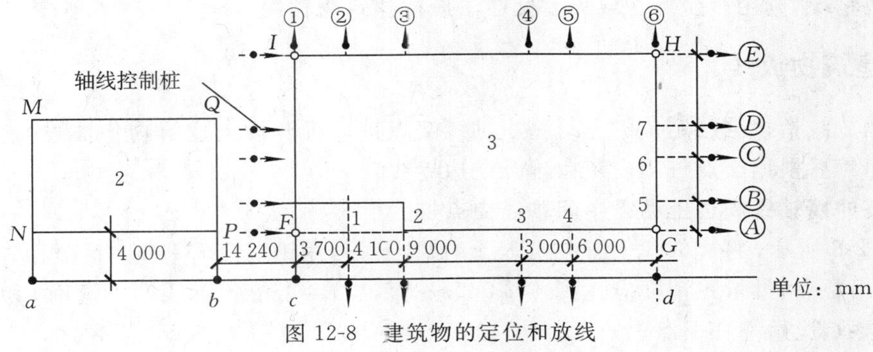

图 12-8　建筑物的定位和放线

二、建筑物主轴线的定位测量

一般建筑物的轴线指墙基础或柱基础沿纵轴方向布置的中心线。这里将控制建筑物整体形状的纵、横轴线或起定位作用的轴线,称为建筑物的主轴线,多为建筑物外墙轴线,外墙轴线的交点称为角桩。所谓定位就是把建筑物的主轴线交点标定在地面上,并以此作为建筑物放线的依据。由于设计条件不同,定位方法也不同,一般包括下面几种。

(一)根据与现有建筑物的位置关系放样主轴线

如图 12-8 所示,欲将 3 号拟建房屋的外墙轴线交点测设于地面上,其步骤如下:

(1) 用钢尺紧贴已建的 2 号房屋的 MN 边和 QP 边,各量出 4 m(距离大小根据实地地形而定),得 a、b 两点,打入木桩,桩顶钉上铁钉标志。

(2) 把经纬仪安置在点 a,瞄准点 b,沿 ab 方向量取 14.240 m,得点 c,再继续量取 25.800 m,得点 d。

(3)将经纬仪分别安置在点 c、点 d 上,再瞄准点 a,按顺时针方向精确测设 90°,并沿此方向用钢尺量取已知距离,得到点 F、点 G,再继续量取一段已知距离,得到点 I、点 H,而 F、G、H、I 4 点即为拟建房屋外墙轴线的交点。用钢尺检测各角桩之间的距离,其值与设计长度的相对误差不应超过 1/2 000。如房屋规模较大,则不应超过 1/5 000。在 4 个交点上架设经纬仪,检测各个直角,被检测直角与 90°之差不应超过±40″,否则应进行调整。

(二)根据建筑红线放样主轴线

在城镇建造房屋时,要按统一规划进行,建设用地边界或建筑物轴线位置由规划部门的拨地单位于现场直接测定。拨地单位直接测设的建筑用地边界点称建筑红线桩。若建筑红线与建筑物的主轴线平行或垂直,可利用直角坐标法放样主轴线,并检核各纵、横轴线间的关系及垂直性。然后,还要在轴线的延长线上加打引桩,以便在开挖基槽后作为恢复轴线的依据。

(三)根据建筑方格网放样主轴线

通过施工控制测量建立了建筑方格网或建筑基线后,根据方格网和建筑物坐标,利用直角坐标法可以定出建筑物的主轴线,最后检核各顶点边、角关系及对角线长。一般角度误差不超过±20″,边长误差则根据放样精度要求来决定,一般不低于 1/5 000。此方法测设的各轴线点均设在基础中间,在挖基础时,大多数要被挖掉。因此,在建筑物定位时,要在建筑物边线外侧定一排控制桩。

(四)根据控制点放样主轴线

在山区或建筑场地障碍物较多的地方,一般采用导线点或三角点作为放样的控制点。还可根据现场情况,利用极坐标法或角度交会法放样建筑物轴线。

三、建筑物放线

建筑物放线指根据已定位的建筑物主轴线交点桩详细测设出建筑物各轴线的交点桩(或称中心桩),然后根据交点桩用白灰撒出开挖边界线。

(一)在外墙轴线周边上测设中间轴线交点桩

如图 12-8 所示,将经纬仪安置在点 F 上,瞄准点 G,用钢尺沿 FG 方向量出相邻两轴线间的距离,定出各点,且量距精度应达到 1/2 000～1/5 000。丈量各轴线间距离时,为避免误差积累,钢尺零端应始终在一点上。

由于基槽开挖后,角桩和中心桩将被挖掉,为了便于在施工中恢复各轴线位置,应把各轴线延长到槽外安全地点,并做好标志。其方法有测设轴线控制桩和设置龙门板两种。

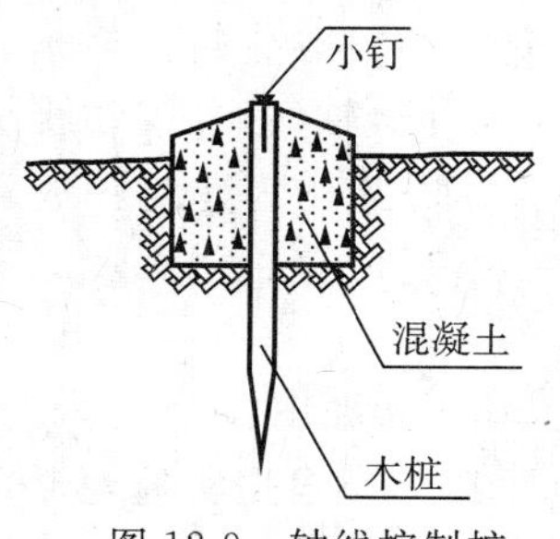

图 12-9 轴线控制桩

(二)测设轴线控制桩(引桩)

如图 12-8 所示,将经纬仪安置在角桩上,瞄准另一个角桩,沿视线方向用钢尺向基槽外量取 2～4 m,打入木桩,用小钉在木桩顶准确标出轴线位置,并用混凝土包裹木桩,如图 12-9 所示。如有条件也可把轴线引测到周围原有的地物上,并做好标志,以此来代替引桩。

(三)设置龙门板

在一般民用建筑中,常在基槽开挖线外一定距离处设置龙门板,如图 12-10 所示。其设置步骤和要求如下:

(1)在建筑物四角和中间定位轴线的基槽开挖线外约 1.5～3 m 处(根据土质和基槽深度而定)设置龙门桩,桩要竖直、牢固,桩外侧应与基槽平行。

(2)根据场地内水准点,用水准仪将±0.000 的标高测设在每一个龙门桩的侧面,并用红笔画一横线。

(3)沿龙门桩上测设的±0.000 线钉设龙门板,使板的上缘恰好为±0.000。若现场条件不允许,也可测设比±0.000 高或低一整数的高程,测设龙门板的高程允许误差为±5.0 mm。

(4)如图 12-10 所示,将经纬仪安置在点 F,瞄准点 G,沿视线方向在点 G 附近的龙门板上引测出一点,钉上小钉标志(也称轴线钉)。倒转望远镜,沿视线在点 F 附近的龙门板上钉一小钉。同理可将各轴线引测到各自的龙门板上。引测轴线点误差的绝对值小于 5.0 mm。

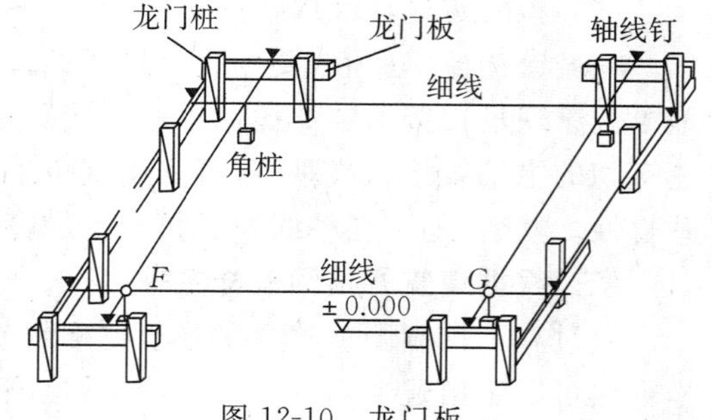

图 12-10 龙门板

(5)用钢尺沿龙门板顶面检查轴线钉之间的距离,其精度应达到 1/2 000～1/5 000。检核合格后,以轴线钉为准,将墙边线、基础边线、基槽开挖边线等标定在龙门板上。标定基槽上口开挖宽度时,应按有关规定考虑放坡的尺寸要求。

(四)撒出基槽开挖边界白灰线

在轴线两端，根据龙门板标定的基槽开挖边界标志拉直线绳，并沿此线绳撒出白灰线，施工时按此线开挖。

四、基础工程施工测量

基础工程施工测量主要是控制基坑(槽)宽度、坑(槽)底和垫层的高程等。涉及的主要工作如下。

(一)控制基槽开挖深度

在即将挖到槽底设计标高时，用水准仪在槽壁各拐角和每隔 3～5 m 的地方测设一些水平小木桩(又称水平桩，如图 12-11 所示)，使木桩的上表面离槽底设计标高为一个固定值，来控制挖槽深度。为了方便施工，必要时可沿水平桩的上表面拉白线或向槽壁弹墨线，作为基坑内高程控制线。

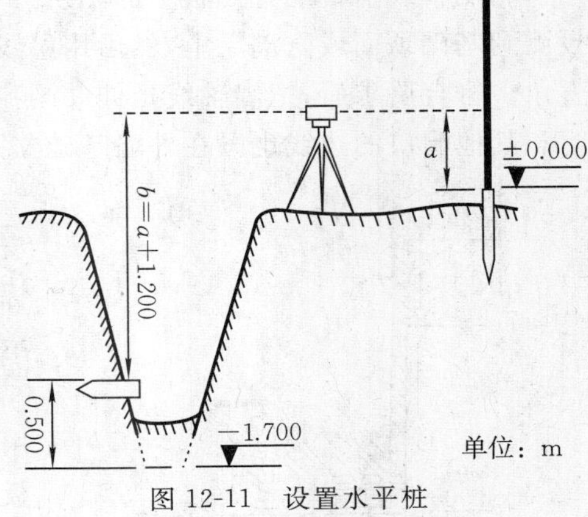

图 12-11　设置水平桩

(二)在垫层上投测基础墙中心线

基础垫层打好后，根据龙门板上的轴线钉或轴线控制桩，用经纬仪或拉线绳挂垂球的方法，把轴线投测到垫层上(图 12-12)，并用墨线弹出基础墙体的中心线和基础墙边线，以便砌筑基础墙。

(三)基础墙体标高控制

房屋基础墙(±0.000 以下的墙体)的高度是利用基础皮数杆来控制的。基础皮数杆是一根木制的杆子(图 12-13)，事先在杆上按照设计的尺寸，在砖、灰缝的厚度处画出线条，并标明±0.000、防潮层等的标高位置。立皮数杆时，先在立杆处打一木桩，用水准仪在木桩侧面定出一条比垫层标高高出某一数值的水平线，然后将皮数杆上标高相同的一条线与木桩的同高水平线对齐，并用大铁钉把皮数杆和木桩钉在一起，作为基础墙砌筑时的依据。

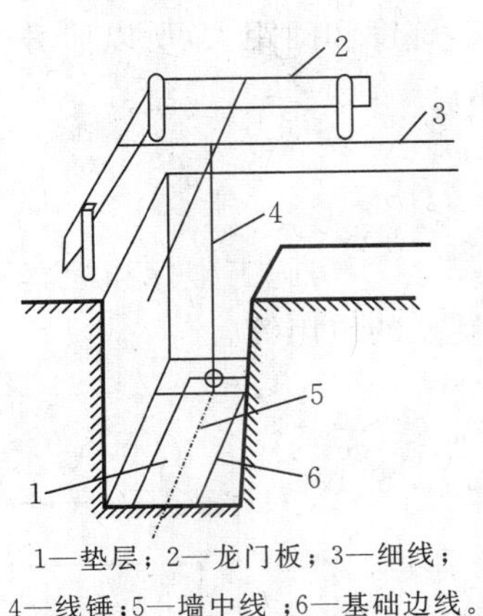

1—垫层；2—龙门板；3—细线；
4—线锤；5—墙中线；6—基础边线。

图 12-12　垫层上投测基础中心线

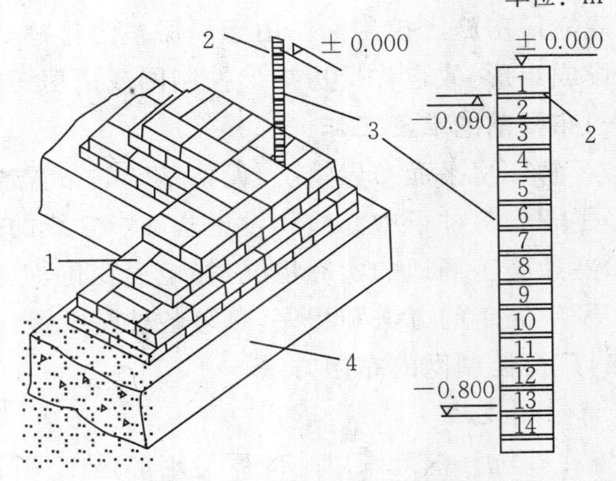

1—大放脚；2—防潮层；3—皮数杆；4—垫层。

图 12-13　基础皮数杆的使用

(四)基础墙顶标高检查

基础施工结束后，应检查基础墙顶面的标高是否符合设计要求。可用水准仪测出基础顶面上若干点的高程,并与设计高程比较,允许误差为±10 mm。

五、墙体工程施工测量

利用轴线引桩或龙门板上的轴线钉和墙边线标志,用经纬仪或拉线吊垂球的方法,将轴线投测到基础顶面或防潮层上,然后用墨线弹出墙中心线和墙边线。检查外墙轴线交角是否为直角。符合要求后,把墙轴线延伸并画在基础墙侧面,作为向上投测轴线的依据。同时把门、窗和其他洞口的边线也画在外墙基础立面上。

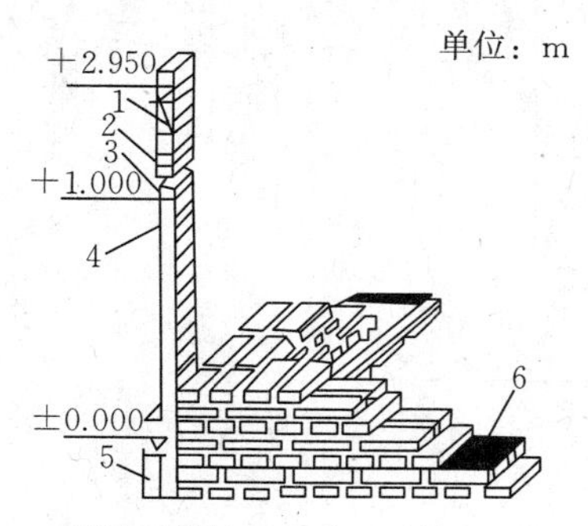

1—二层地面楼板;2—窗口过梁;3—窗口;4—窗口出砖;5—木桩;6—防潮层。

图 12-14 墙身各部件高程控制

在墙体施工中,墙身各部件也用皮数杆控制。墙身皮数杆上根据设计尺寸,在砖、灰缝厚度处画有线条,并标明±0.000、门、窗、楼板的标高位置,如图 12-14 所示。一般墙身砌筑 1 m 高后就在室内砖墙上定出 0.50 m 的标高,并弹墨线标明,供室内地坪抄平和装修用。当进行第二层以上墙体施工时,可用水准仪测出楼板面四角的标高,取平均值作为本层的地坪标高,并以此作为本层立皮数杆的依据。

当精度要求较高时,可用钢尺沿墙身自±0.000 起直接丈量至楼板外侧,确定立杆标志。框架式结构的民用建筑,墙体砌筑在框架施工结束后进行,因此可在柱面上刻线代替皮数杆。

§12-3 工业建筑施工测量

一、工业厂房施工控制网的测设

工业建筑场地的施工控制网建立后,为对每个厂房或车间进行施工放样,还需对每个厂房或车间建立厂房施工控制网。由于厂房多为排柱式建筑,跨度和间距大,所以厂房施工控制网多数布设成矩形,故也称厂房矩形控制网或厂房矩形网。

(一)布网前的准备工作

(1)了解厂房平面布置情况、设备基础的布置情况。

(2)了解厂房柱子中心线和设备基础中心线的有关尺寸、厂房施工坐标和标高等。

(3)熟悉施工场地的实际情况,如地形变化、放样控制点的应用等。

(4)了解施工的方法和程序,熟悉各种图纸资料。

(二)厂房控制网的布网方法

1. *角桩测设法*

布置在基坑开挖范围以外的厂房矩形控制网的四个角点,称为厂房控制桩。角桩测设法就是根据工业建筑厂区的方格网,利用直角坐标法直接测设厂房控制网的四个角点(图 12-15)。用木桩标定后,检查角点间的角度和距离关系,并做必要的误差调整。一般来说,角度误差不应超过±10″,边长误差不得超过

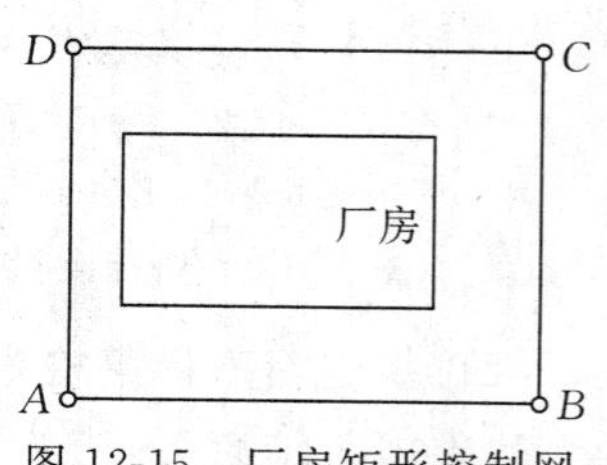

图 12-15 厂房矩形控制网

1/10 000。这种形式的厂房矩形控制网适用于精度要求不高的中、小型厂房。

2. 主轴线测设法

厂房主轴线指厂房长、短两条基本轴线，一般为互相垂直的主要柱列轴线或设备基础轴线。它是厂房建设和设备安装平面控制的依据。主轴线测设方法、步骤如下：

(1)首先根据厂区控制网定出厂房矩形网的主轴线，如图 12-16 所示。其中 AB 为主轴线点，它们可根据厂区控制网或原有控制网测设，并通过适当调整使三点在一条直线上。然后在点 O 测设 OC 和 OD 方向，并按水平角测设方法进行方向改正，使两主轴线严格垂直，其交角限差为 $\pm(3''\sim5'')$。轴线方向调整好后，以点 O 为起点精密量距，确定主轴线端点位置，主轴线边长精度不低于 1/30 000。

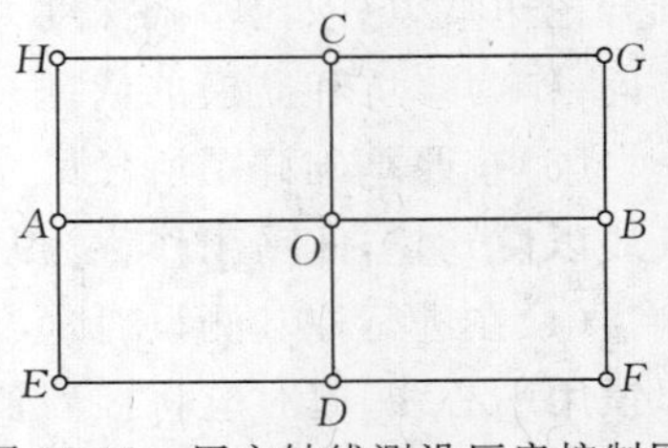

图 12-16　用主轴线测设厂房控制网

(2)根据主轴线测设矩形控制网。如图 12-16 所示，分别在点 A、点 B、点 C、点 D 处安置经纬仪，后视点 O，测设直角，交会出 E、F、G、H 各厂房控制桩，然后再对 AH、AE、GB、BF、CH、CG、DE、DF 进行精密丈量，其精度要求与主轴线相同。若量距所得交点位置与角度交会所得点的位置不一样，可适当进行调整。

二、厂房柱列轴线的测设和柱基的施工测量

(一)柱列轴线的测设

根据厂房平面图上所注的柱间距和跨距尺寸，用钢尺沿矩形控制网各边量出各柱列轴线控制桩的位置，如图 12-17 中的点 1′、点 2′、…、点 9′所示，并打入大木桩，桩顶用小钉标出点位，作为柱基测设和施工安装的依据。丈量时，应以相邻的两个距离指标桩为起点分别进行，便于检核。距离指标桩可在测设矩形控制网 $PQRS$ 的同时进行测设(如图 12-17 中的点 3′、点 3″、点 7′、点 7″)。

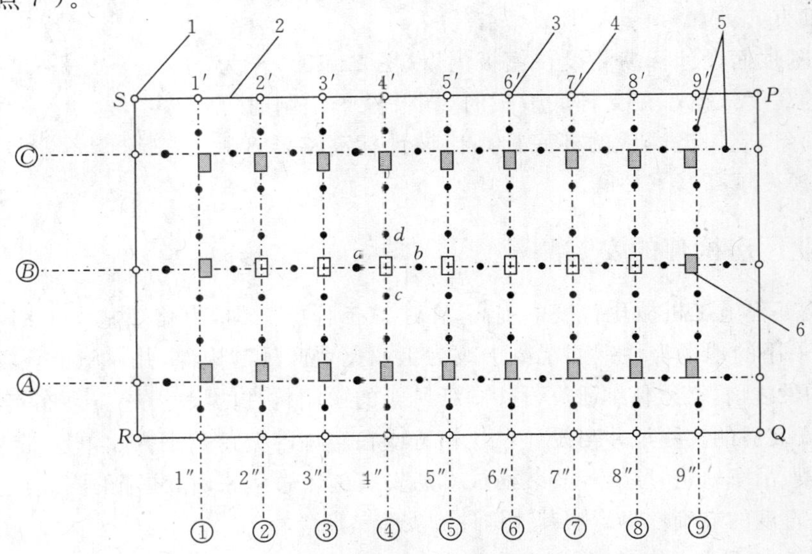

1—厂房控制桩；2—厂房矩形控制网；3—柱列轴线控制桩；
4—距离指标桩；5—定位小木桩；6—柱基础。

图 12-17　厂房柱列轴线和柱基测量

(二)柱基定位和放线

(1)安置两台经纬仪,在两条互相垂直的柱列轴线控制桩上,沿轴线方向交会出各柱基的位置(即柱列轴线的交点),此项工作称为柱基定位。

(2)在柱基的四周轴线上,打入4个定位小木桩 a、b、c、d,如图12-17所示,其桩位应在基础开挖边线以外、比基础深度大1.5倍的地方。桩顶采用统一标高,并在桩顶用小钉标明中线方向,作为修坑和立模的依据。

(3)按照基础详图所注尺寸和基坑放坡宽度,用特制角尺,放出基坑开挖边界线,并撒出白灰线以便开挖,此项工作称为基础放线。

(4)在进行柱基测设时,应注意,柱列轴线不一定都是柱基的中心线,而一般立模、吊装等习惯用中心线,此时应将柱列轴线平移,定出柱基中心线。

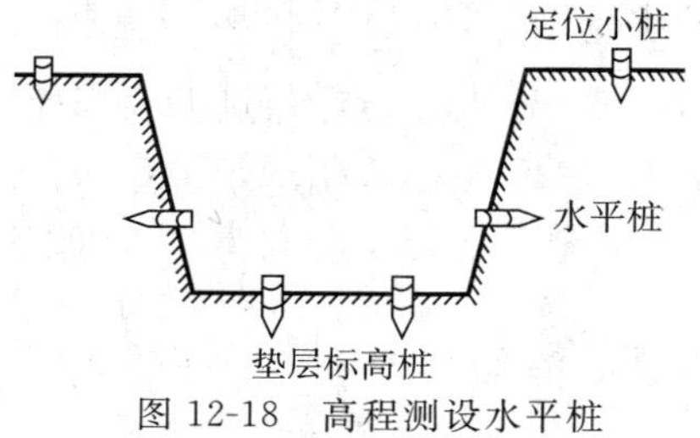

图12-18 高程测设水平桩

(三)柱基施工测量

1. 基坑开挖深度的控制

当基坑挖到一定深度时,应在基坑四壁,离基坑底设计标高0.5 m处,测设水平桩,作为检查基坑底标高和控制垫层的依据。此外,还应在坑底边沿及中央打入小木桩,使桩顶高程等于垫层设计高程,以便在桩顶拉线打垫层,如图12-18所示。

2. 杯形基础立模测量

杯形基础立模测量有以下三项工作:

(1)基础垫层打好后,根据基坑周边定位小木桩,用拉线吊锤球的方法,把柱基定位线投测到垫层上,弹出墨线,用红漆画出标记,作为柱基立模板和布置基础钢筋的依据。

(2)立模时,将模板底线对准垫层上的定位线,并用锤球检查模板是否垂直。

(3)将柱基顶面设计标高测设在模板内壁(图12-19),作为浇灌混凝土的高度依据。在支杯底模板时,顾及柱子预制时可能有超长的现象,应使浇灌后的杯底标高比设计标高略低3~5 cm,以便拆模后填高修平杯底。

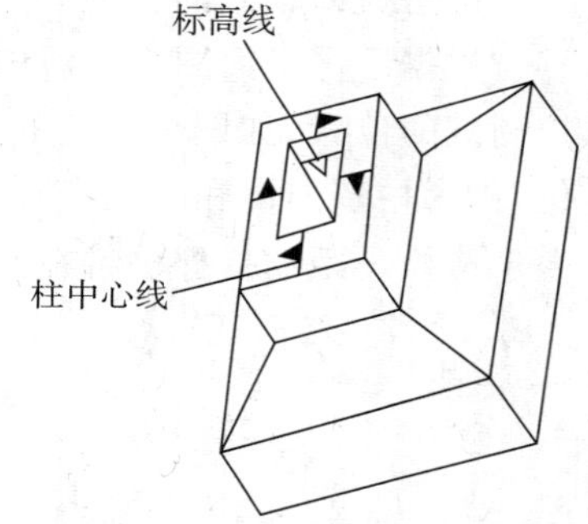

图12-19 测设杯内标高

三、工业厂房构件的安装测量

随着建筑工程施工机械化程度的提高,在建筑工程施工中,为缩短施工工期,确保工程质量,将以往所采用的现场浇注钢筋混凝土改为工业化生产预制构件,并在施工现场安装主要构件。在安装构件之前,必须仔细研究设计图纸所给的预制构件的尺寸,检查预制实物尺寸,考虑作业方法,使安装后的实际尺寸与设计尺寸相符或在容许的偏差范围内。单层工业厂房主要是由柱子、吊车梁、吊车轨道、屋架等安装而成。从安装施工过程来看,柱子的安装最为关键,它的平面、标高、垂直度的准确性将影响其他构件的安装精度。

(一)柱子安装测量

1. 柱子安装应满足的基本要求

柱子中心线应与相应的柱列轴线一致,其允许偏差为±5 mm。牛腿顶面和柱顶面的实际标高应与设计标高一致，其允许误差为±(5～8)mm，柱高大于5 m时允许误差为±8 mm。柱身垂直允许误差：当柱高不超过5 m时，为±5 mm；当柱高为5～10 m时，为±10 mm；当柱高超过10 m时，则为柱高的1/1 000，但不得大于±20 mm。

2. 柱子安装前的准备工作

柱子安装前的准备工作包括以下几项：

(1)在柱基顶面投测柱列轴线。柱基拆模后，用经纬仪根据柱列轴线控制桩，将柱列轴线投测到杯口顶面上，如图12-20所示，并弹出墨线，用红漆画出"▼"标志，作为安装柱子时确定轴线的依据。如果柱列轴线不通过柱子的中心线，应在杯形基础顶面上加弹柱中心线。用水准仪，在杯口内壁，测设一条一般为－0.600 m的标高线(一般杯口顶面的标高为－0.500 m)，并画出"▼"标志(图12-20)，作为杯底找平的依据。

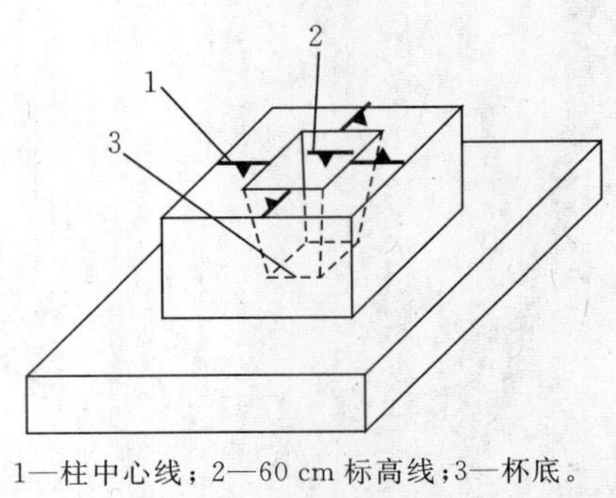

1—柱中心线；2—60 cm标高线；3—杯底。

图12-20　杯形基础

(2)柱身弹线。柱子安装前，应将每根柱子按轴线位置进行编号。如图12-21(a)所示，在每根柱子的三个侧面弹出柱中心线，并在每条线的上端和下端近杯口处画出"▼"标志。根据牛腿面的设计标高，从牛腿面向下用钢尺量出－0.600 m的标高线，并画出"▼"标志。

(3)杯底找平。先量出柱子的－0.600 m标高线至柱底面的长度，再在相应的柱基杯口内，量出－0.600 m标高线至杯底的高度，并进行比较，确定杯底找平厚度。用水泥沙浆根据找平厚度，在杯底进行找平，使牛腿面符合设计高程。

3. 柱子的吊装测量

柱子安装测量的目的是保证柱子平面和高程位置符合设计要求。

(1)预制的钢筋混凝土柱子插入杯口后，应使柱子三面的中心线与杯口中心线对齐，如图12-21(a)所示，再用木楔或钢楔临时固定。

(2)柱子立稳后，立即用水准仪检测柱身上的±0.000 m标高线，其容许误差为±3 mm。

(3)如图12-21(a)所示，将两台经纬仪分别安置在柱基纵、横轴线上，离柱子的距离不小于柱高的1.5倍。先用望远镜瞄准柱底的中心线标志，固定照准部后，再缓慢抬高望远镜观察柱子偏离十字丝竖丝的方向，指挥用钢丝绳拉直柱子，直至从两台经纬仪中观测到的柱子中心线都与十字丝竖丝重合。

(4)在杯口与柱子的缝隙中浇入混凝土，以固定柱子的位置。

(5)在实际安装时，一般是一次把许多柱子都竖起来，然后进行垂直校正。这时，可把两台经纬仪分别安置在纵、横轴线的一侧，这样一次可校正几根柱子，如图12-21(b)所示，但仪器偏离轴线的角度，应在15°以内。

4. 柱子安装测量的注意事项

(1)由于安装施工现场场地有限，安置的经纬仪离目标较近，照准柱身上部目标时仰角较大。为了减小经纬仪横轴不垂直于竖轴所造成的倾斜面投影的影响，仪器必须进行检验、校正，尤其应注意横轴垂直于竖轴的检验。当发现经纬仪存在这种误差时，必须进行校正或换一台满足条件的经纬仪。

(2)由于仰角较大，仪器如不严格整平，竖轴可能不铅垂，使仪器产生倾斜误差。此时，远处高目标照准投影误差较大，因而仪器安置必须严格整平。

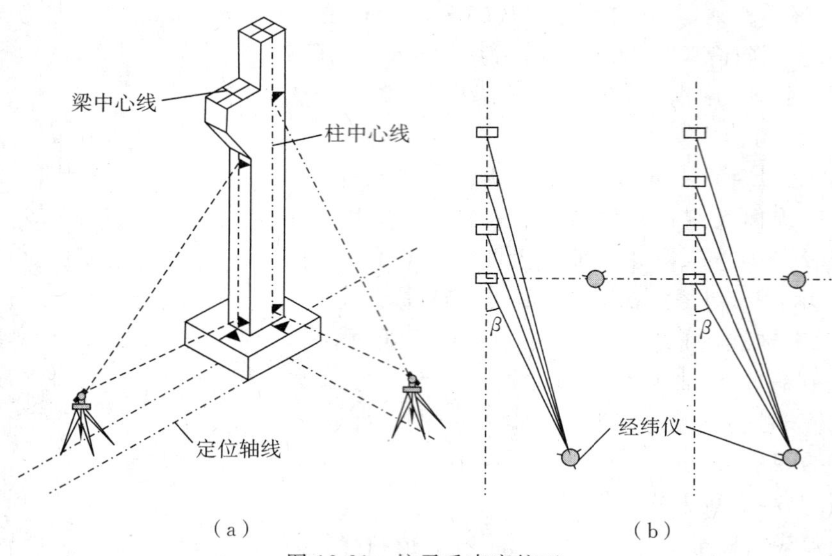

图 12-21 柱子垂直度校正

(3)在强阳光下安装柱子,要考虑各侧面受热不均匀产生的柱身弯曲变形的影响。其规律是柱子向背阴的一面弯曲,使柱身上部中心位置产生水平位移。因此,应选择适合的安装时间,一般选择早晨或阴天。

(4)为校正柱子上部偏离中心线位置,用锤敲打下部杯口木楔或钢楔。校正时,不应使柱子下部有位移,要保证柱脚中心线标记与杯口上的中心线标记一致,只使柱身上部做倾斜移位。

(二)吊车梁安装测量

吊车梁安装测量主要是保证吊车梁中线位置和吊车梁的标高满足设计要求。

1. 吊车梁安装前的准备工作

(1)在柱面上量出吊车梁顶面标高。根据柱子上的±0.000 m 标高线,用钢尺沿柱面向上量出吊车梁顶面设计标高线,作为调整吊车梁面标高的依据。

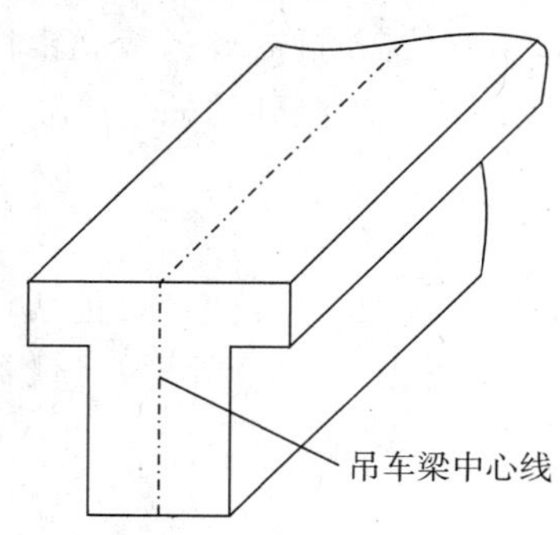

图 12-22 吊车梁上的中心线

(2)在吊车梁上用墨线弹出梁的中心线。如图 12-22 所示,在吊车梁的顶面上和两端面上用墨线弹出梁的中心线,作为安装定位的依据。

(3)在牛腿面上弹出梁的中心线。根据厂房中心线,在牛腿面上投测出吊车梁的中心线,投测方法为:如图 12-23(a)所示,利用厂房纵轴线 A_1A_1,根据设计轨道间距,在地面上测设出吊车梁中心线(也是吊车轨道中心线)$A'A'$ 和 $B'B'$,在吊车梁中心线的一个端点 A'(或 B')上安置经纬仪,瞄准另一个端点 A'(或 B'),固定照准部,抬高望远镜,即可将吊车梁中心线投测到每根柱子的牛腿面上,并用墨线弹出梁的中心线。

2. 吊车梁的安装测量

安装时,首先使吊车梁两端的梁中心线与牛腿面梁中心线重合,误差不超过±5 mm,这是吊车梁的初步定位。然后采用平行线法,对吊车梁的中心线进行检测,校正方法如下:

(1)如图12-23(b)所示，在地面上，从吊车梁中心线，向厂房中心线方向量出长度 $a=1$ m，得到平行线 $A''A''$ 和 $B''B''$。

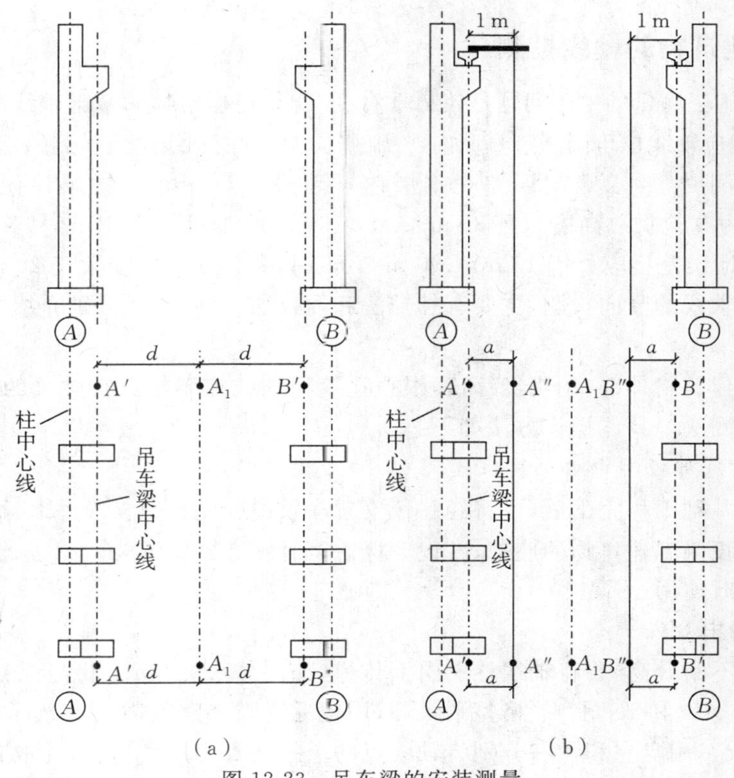

图12-23 吊车梁的安装测量

(2)在平行线一端点 A''(或 B'')上安置经纬仪，瞄准另一端点 A''(或 B'')，固定照准部，抬高望远镜进行测量。

(3)此时，另外一人在梁上移动横放的木尺，当视线对准尺上1 m刻划线时，尺的零点应与梁面上的中心线重合。如不重合，可用撬杠移动吊车梁，使吊车梁中心线到 $A''A''$(或 $B''B''$)的间距等于1 m。

吊车梁安装就位后，先按柱面上定出的吊车梁设计标高线对吊车梁面进行调整，然后将水准仪安置在吊车梁上，每隔3 m测一点高程，并与设计高程比较，误差应在±5 mm以内。

(三)吊车轨道安装测量

吊车安装前，依然采用平行线方法检测梁上吊车轨道中心线。轨道安装完毕后，应进行以下几项检查：

(1)中心线检查。安置经纬仪于轨道中心线上，检查轨道面上的中心线是否都在一条直线上，误差不超过±3 mm。

(2)跨距检查。用检定后的钢尺悬空丈量轨道中心线间的距离，并加上尺长、温度及其他改正。它与设计跨距之差不超过±5 mm。

(3)轨道标高检查。用水准仪根据吊车梁上的水准点检查，在轨道接头处各测一点，允许误差为±1 mm，中间每隔6 m测一点，允许偏差为±2 mm，两根轨道相对标高允许偏差为±10 mm。

§12-4 高层建筑施工测量

一、高层建筑物的轴线投测

高层建筑物施工测量的主要问题是控制垂直度,就是将建筑物的基础轴线准确地向高层引测,并保证各层相应轴线位于同一竖直面内,控制竖向偏差,使轴线向上投测的偏差值不超限。

轴线向上投测时,要求竖向误差在本层内不超过±5 mm,全楼累计误差值不应超过$2H/10\,000$(H为建筑物总高度),且30 m<H≤60 m时,累计误差不应大于10 mm;60 m<H≤90m时,累计误差不应大于15 mm;90 m<H时,累计误差不应大于20 mm。

高层建筑物轴线的竖向投测,主要有外控法和内控法两种,下面分别介绍这两种方法。

(一)外控法

外控法是在建筑物外部,利用经纬仪,根据建筑物轴线控制桩进行轴线的竖向投测,也称作经纬仪引桩投测法。具体操作方法如下。

1. *在建筑物底部投测中心轴线位置*

高层建筑的基础工程完工后,可将经纬仪安置在轴线控制桩A_1、A'_1、B_1和B'_1上,把建筑物主轴线精确地投测到建筑物的底部,并设立标志,如图12-24中的a_1、a'_1、b_1和b'_1,供下一步施工与向上投测时使用。

2. *向上投测中心线*

随着建筑物不断升高,要将轴线逐层向上传递,如图12-24所示,将经纬仪安置在中心轴线控制桩A_1、A'_1、B_1和B'_1上,严格整平仪器,用望远镜瞄准建筑物底部已标出的轴线点a_1、点a'_1、点b_1和点b'_1,用盘左和盘右分别将轴线点向上投测到每层楼板上,并取其中点作为该层中心轴线的投影点,如图12-24中的点a_2、点a'_2、点b_2和点b'_2。

3. *增设轴线引桩*

当楼房逐渐增高,而轴线控制桩距建筑物又较近时,望远镜的仰角较大,使操作不便,投测精度也会降低。因此,要将原中心轴线控制桩引测到更远的安全地方,如附近大楼的顶面。具体做法是:将经纬仪安置在已经投测上去的较高层(一般高于十层)楼面的轴线$a_{10}a'_{10}$上,如图12-25所示,瞄准地面上原有的轴线控制桩点A_1和点A'_1,用盘左盘右分中法,将轴线延长到远处点A_2和点A'_2,并用标志固定其位置,点A_2、点A'_2即为新投测的轴线控制桩。而引测更高各层的中心轴线时,可将经纬仪安置在新的引桩上,按上述方法继续进行投测。

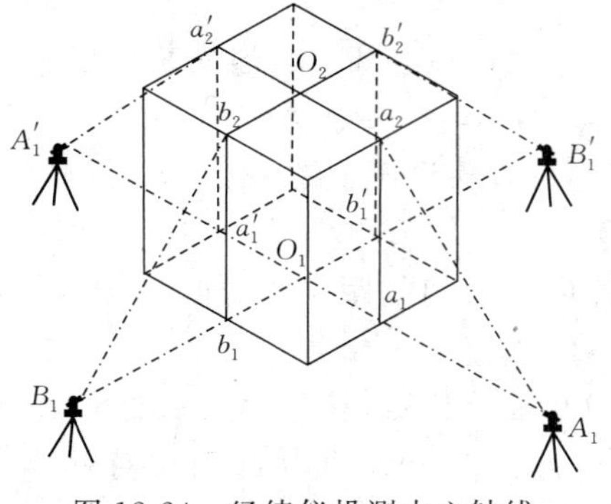

图 12-24 经纬仪投测中心轴线

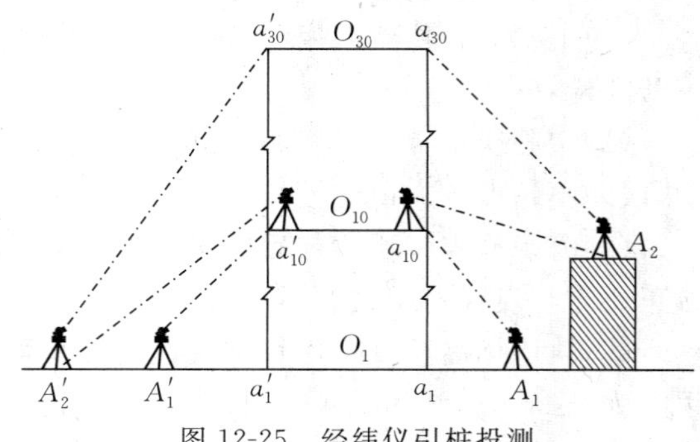

图 12-25 经纬仪引桩投测

(二)内控法

内控法是在建筑物内±0.0平面设置轴线控制点，并预埋标志，随后在各层楼板相应位置上预留200 mm×200 mm的传递孔，在轴线控制点上直接采用吊线坠法或激光铅垂仪法，通过预留孔将其点位垂直投测到任一楼层。

1. 内控法轴线控制点的设置

基础施工完毕后，在±0首层平面上的适当位置设置与轴线平行的辅助轴线。辅助轴线距轴线500～800 mm为宜，并在辅助轴线交点或端点处埋设标志，如图12-26所示。

2. 吊线坠法

吊线坠法是利用钢丝悬挂重锤球的方法进行轴线竖向投测。这种方法一般用于高度在50～100 m的高层建筑施工中，锤球的重量为10～20 kg，钢丝的直径为0.5～0.8 mm。投测方法为：首先在预留孔上安置十字架，挂上锤球，对准首层预埋标志。当锤球线静止时，固定十字架，并在预留孔四周做出标记，作为以后恢复轴线及放样的依据。此时，十字架中心即为轴线控制点在该楼面上的投测点。

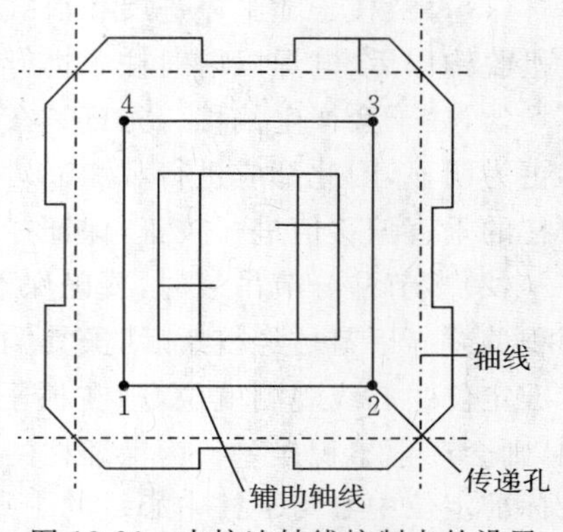

图12-26　内控法轴线控制点的设置

用吊线坠法实测时，要采取一些必要措施，如用铅直的塑料管套着坠线或将锤球沉浸于油中，以减少摆动。

二、高层建筑物的高程传递

在多层建筑施工中，要由下层向上层传递高程，以便使楼板、门窗口等的标高符合设计要求。高程传递的方法有以下几种。

1. 利用皮数杆传递高程

一般建筑物可用墙体皮数杆传递高程。在皮数杆上自±0标高线起，门窗口、过梁、楼板等构件的标高都已注明，一层砌好后，接着从这一层的皮数杆起一层一层向上接，以此传递高程。

2. 利用钢尺直接丈量

对于高程传递精度要求较高的建筑物，通常用钢尺直接丈量来传递高程。对于二层以上的各层，每砌高一层，就从楼梯间用钢尺从下层的"+0.500 m"标高线，向上量出层高，再测出上一层的"+0.500 m"标高线，然后用钢尺逐层向上引测。

3. 吊钢尺法

用悬挂钢尺代替水准尺，用水准仪读数，从下向上传递高程。

4. 全站仪天顶测高法

利用高层建筑中的垂准孔，在底层控制点上安置全站仪，置平望远镜(屏幕显示竖直角为0°或天顶距为90°)，然后将望远镜指向天顶(屏幕显示天顶距为0°或竖直角为90°)，在需要传递高程的层面垂准孔上安置反射棱镜，即可测得仪器横轴至棱镜横轴的垂直距离，加仪器高，减棱镜常数(棱镜面至棱镜横轴的高度)，就可以算得高差。

三、框架结构吊装测量

近年来我国高层民用建筑越来越多地采用装配式钢筋混凝土框架结构。高层建筑中有的采用中心筒体为钢筋混凝土结构,而其周边梁柱、框架均采用钢结构。这些预制构件在建筑场地进行吊装时,应进行吊装测量控制,进行构件的定位、水平和垂直校正。其中,柱子的定位和校正是重要环节,它直接关系整个结构的质量。柱子的观测校正方法与工业厂房柱子的定位和校正相同,但难度更高,操作时还应注意以下几点:

(1)每根柱子随工序进展和荷载变化需重复进行多次校正和垂直偏移值观测。先是在起重机脱钩以后、电焊以前对柱子进行初校。在多节柱接头电焊、梁柱接头电焊时,因钢筋收缩不均匀,柱子会产生偏移。尤其是在吊装梁及楼板后,柱上增加了荷载,若荷载不对称,柱的偏移更为明显,因此都应进行观测。对数层一节的长柱,在多层梁、板吊装前后,都需进行观测和对柱的垂直偏移值进行校正,保证柱的最终偏移值控制在容许范围内。

(2)多节柱分节吊装时,要确保下节柱的位置正确,否则可能会导致上层形成无法矫正的累积偏差。下节柱经校正后,虽其偏差在容许范围内,但仍有偏差,此时吊装上节柱时:若根据标准定位中心线观测就位,则在柱子接头处的钢筋往往对不齐;若按下节柱的中心线观测就位,则会产生累积误差。为保证柱的位置正确,一般采用的方法是上节柱的底部就位时,应对准标准定位中心与下柱中心线的中点;在校正上节柱的顶部时,仍应以标准定位中心为准。吊装时,按此法向上进行观测校正。

(3)对高层建筑和柱子垂直度有严格控制的工程,柱子校正宜在阴天、早晨或夜间无阳光影响时进行。

§12-5 建筑物的变形观测

一、变形观测概述

随着高大建(构)筑物的不断兴建,建筑物的变形观测越来越受到人们的重视。各种大型的建(构)筑物,如水坝、高层建筑、大型桥梁、隧道在其施工和运营过程中,都会不同程度地出现变形。这些变形总有一个由量变到质变的过程,最终酿成事故。因而需及时对建(构)筑物进行变形观测,掌握变形规律,以便及时分析、研究和采取相应措施。同时检验设计的合理性,为提高设计质量提供科学依据。

(一)建筑物产生变形的原因

建筑物产生变形的原因主要有两方面:一是自然条件及其变化,即建筑物地基的工程地质、水文地质及土壤的物理性质等;二是建筑物本身的原因,即建筑物本身的荷重,以及建筑物的结构、型式和动荷载(如风力、震动等)。此外,勘测、设计、施工及运营管理等方面工作做得不合理还会引起建筑物的额外变形。所谓变形观测就是用测量仪器或专用仪器测定建(构)筑物及其地基在建(构)筑物荷载和外力作用下随时间变形的工作。变形是一个总体概念,既包括地基沉降回弹,也包括建筑物的裂缝、位移及扭曲等。变形按时间长短可分为长时间变形(建筑物自重引起的沉降和变形)、短周期变形(温度变化引起的变形)和瞬时变形(风震引起的变形等),按类型可分为静态变形和动态变形两类。静态变形是时间的函数,观测结果只表示在某一期间内的变形；动态变形是指在外力影响下而产生的变形，这是以外力为函数表示，其观测结果表示在某一时刻的瞬时变形。

变形观测的任务是周期性地对观测点进行重复观测，求得其在两个观测周期间的变化量。而为了求得瞬时变形，应采用多种自动记录仪器记录其瞬时位置，本节主要说明静态变形的观测方法。

(二)变形观测的精度要求及内容

变形观测的精度要求取决于工程建筑的预计允许变形值的大小和进行观测的目的。若为建(构)筑物的安全监测，其观测中误差一般应小于允许变形值1/10～1/20；若是研究建(构)筑物的变形过程和规律，则精度要求还要高。通常以当时达到的最高精度为标准进行观测。根据国家标准《工程测量规范(附条文说明)》(GB 50026—2007)，变形观测的等级划分及精度要求如表12-1所示。

表12-1　变形测量的等级划分及精度要求

等级	垂直位移测量		水平位移测量	适用范围
	高程中误差/mm	相邻点高差中误差/mm	变形点的点位中误差/mm	
一等	±0.3	±0.1	±1.5	变形特别敏感的高层建筑、工业建筑、高耸建筑物、重要古建筑物、精密工程设施等
二等	±0.5	±0.3	±3.0	变形比较敏感的高层建筑、工业建筑、高耸建筑物、重要古建筑物、重要工程设施和重要建筑场地的滑坡监测等
三等	±1.0	±0.5	±6.0	一般性的高层建筑、工业建筑、高耸建筑物、滑坡监测等
四等	±2.0	±1.0	±12.0	观测精度要求较低的建筑物、构筑物和滑坡监测等

变形观测的内容有建(构)筑物的沉降观测、倾斜观测、水平位移观测、裂缝观测和挠度观测等。变形观测和观测周期，应根据建(构)筑物的特征、变形速率、观测精度要求和工程地质条件等因素综合考虑。在观测过程中，应根据变形量的大小适当调整观测周期。根据观测结果，对变形观测的数据进行分析，得出变形的规律和变形的大小，以判定是建筑物趋于稳定还是变形继续扩大。如果变形继续扩大，且速率加快，则说明变形超出允许值，会妨碍建筑物的正常使用。如果变形量逐渐减小，说明建筑物趋于稳定，变形减小达到一定程度，即可终止观测。

二、建筑物的沉降观测

建筑物沉降观测采用水准测量方法，周期性地观测建筑物上的沉降观测点和水准基点之间的高差变化。

(一)水准基点和沉降观测点的布设

1. 水准基点的布设

水准基点是沉降观测的基准，因此它的构造与埋设必须保证稳定不变和长久保存。水准基点应埋设在建筑物沉降影响之外、距沉降观测点20～100 m、观测方便且不受施工影响的地

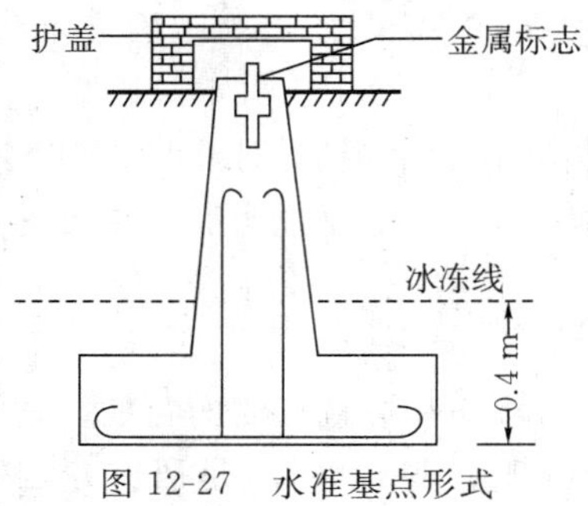

图 12-27　水准基点形式

方。为了互相检核,水准基点最少应布设 3 个。对于拟测工程规模较大者,基点要统一布设在建筑物周围,便于缩短水准路线,提高观测精度。图 12-27 是水准基点的一种形式,在有条件的情况下,基点可筑在基岩或永久稳固建筑物的墙角上。

城市地区的沉降观测水准基点可用二等水准与城市水准点联测。

2. 沉降观测点的布设

沉降观测点应布设在最有代表性的地点,埋设时要与建筑物连接牢靠,使观测点的变化能真正反映建筑物的沉降情况。对于民用建筑,通常在它的四角点、中点、转角处布设观测点,沿建筑物的周边每隔 10～20 m 布置一个观测点;设有沉降缝的建筑物,在其两侧布设观测点;对于宽度大于 15 m 的建筑物,当其内部有承重墙和支柱时,应尽可能布设观测点;对于一般的工业建筑,除了在转角、承重墙及柱子上布设观测点外,在主要设备基础、基础形式改变处、地质条件改变处也应布设观测点。

沉降观测点的埋设形式如图 12-28 和图 12-29 所示,图 12-28 分别为承重墙和柱上的观测点,图 12-29 为基础上的观测点。

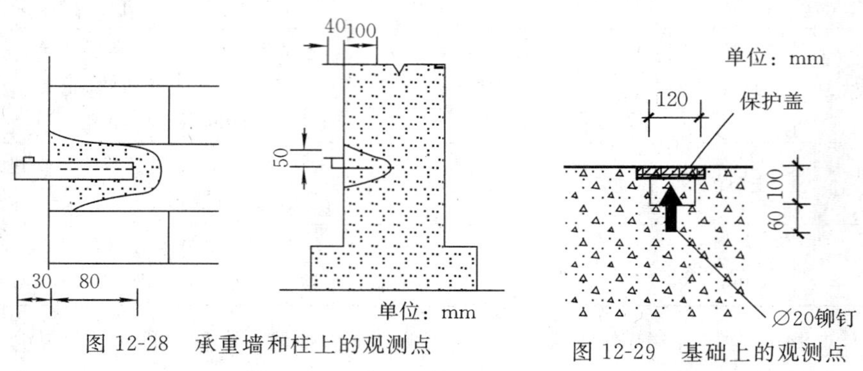

图 12-28　承重墙和柱上的观测点

图 12-29　基础上的观测点

(二)沉降观测

在建筑物变形观测中,进行最多的是沉降观测。对中、小型厂房和建筑物,可采用普通水准测量;对大型厂房和高层建筑物,应采用精密水准测量方法。沉降观测的水准路线(从一个水准基点到另一个水准基点)应形成附合线路。与一般水准测量相比,沉降观测的视线长度较短,一般不大于 25 m,一次安置仪器可以有几个前视点。为提高观测精度,可采用“三固定”的方法,即固定人员、固定仪器和固定施测路线、镜位与转点。由于观测水准路线较短,其闭合差一般不会超过 1～2 mm,闭合差可按测站平均分配。

当埋设的观测点稳固后,即可进行第一次观测。施工期间,一般建筑物每升高 1～2 层或每增加一次荷载,就要观测一次。如果中途停工时间较大,应在停工时和复工前各观测一次。在发生大量沉降或严重裂缝时,应进行逐日或几天一次的连续观测。竣工后应根据沉降量的大小来确定观测周期。开始时可隔 1～2 个月观测一次,每次以沉降量在 5～10 mm 为限,否则应增加观测次数。以后,随着沉降量的减少,再逐渐延长观测周期,直至沉降稳定为止。

(三)沉降观测的成果整理

1. 整理原始记录

每次观测结束后,应检查记录的数据和计算是否正确,精度是否合格,然后调整闭合差,推算各沉降观测点的高程。

2. 计算沉降量

计算各观测点的本次沉降量(用各观测点本次观测所得的高程减去上次观测高程)和累计沉降量(每次沉降量相加),并将观测日期和荷载情况一并记入沉降量观测记录表(表 12-2)。

表 12-2　沉降量观测记录表

观测次数	观测时间	各观测点的沉降情况							施工进展情况	荷载情况 /(t/m^2)
		1			2			…		
		高程 /m	本次下沉 /mm	累计下沉 /mm	高程 /m	本次下沉 /mm	累计下沉 /mm	…		
1	2001.1.10	50.454	0	0	50.473	0	0	…	一层平口	
2	2001.2.23	50.448	−6	−6	50.467	−6	−6	…	三层平口	40
3	2001.3.16	50.443	−5	−11	50.462	−5	−11	…	五层平口	60
4	2001.4.14	50.440	−3	−14	50.459	−3	−14	…	七层平口	70
5	2001.5.15	50.438	−2	−16	50.456	−3	−17	…	九层平口	80
6	2001.6.4	50.434	−4	−20	50.452	−4	−21	…	主体完	110
7	2001.8.30	50.429	−5	−25	50.447	−5	−26	…	竣工	
8	2001.11.6	50.425	−4	−29	50.445	−2	−28	…	使用	
9	2002.2.28	50.423	−2	−31	50.444	−1	−29	…		
10	2002.5.6	50.422	−1	−32	50.443	−1	−30	…		
11	2002.8.5	50.421	−1	−33	50.443	0	−30	…		
12	2002.12.25	50.421	0	−33	50.443	0	−30	…		

注:附图为图 12-30,其中水准点高程:$BM1$ 为 49.538 m、$BM2$ 为 50.132 m、$BM3$ 为 49.776 m。

3. 绘制下沉曲线

为了预计下一次观测点沉降的大约数值和沉降过程是否渐趋稳定或已经稳定,可分别绘制时间—沉降量关系曲线及时间—荷载关系曲线。如图 12-30 所示,时间—沉降量关系曲线以沉降量 s 为纵轴,时间 t 为横轴。根据每次观测日期和相应的沉降量按比例画出各点位置,然后将各点连接起来,并在曲线一端注明观测点号码,构成 s-t 曲线图。同理,时间 — 荷载关系曲线是以荷载 F 为纵轴,时间 t 为横轴,根据每次观测时间和相应荷载画出各点,将各点连接起来,构成 F-t 曲线图。

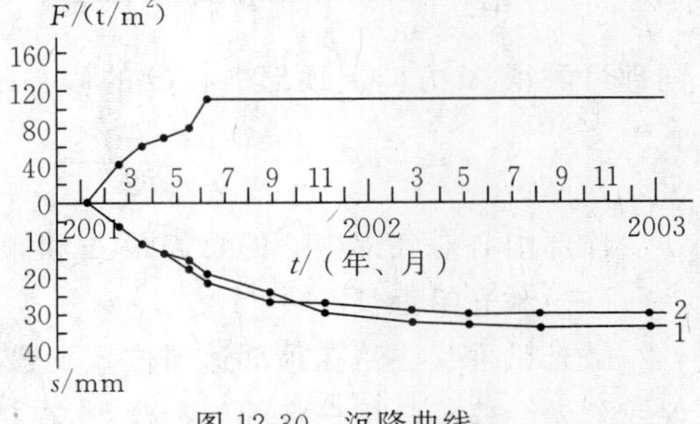

图 12-30　沉降曲线

三、建筑物的倾斜观测

测定建筑物倾斜度随时间变化的工作称为倾斜观测。测定方法有两类:一类是直接测定法,另一类是通过测定建筑物基础的相对沉降确定其倾斜度。

(一)一般建筑物的倾斜观测

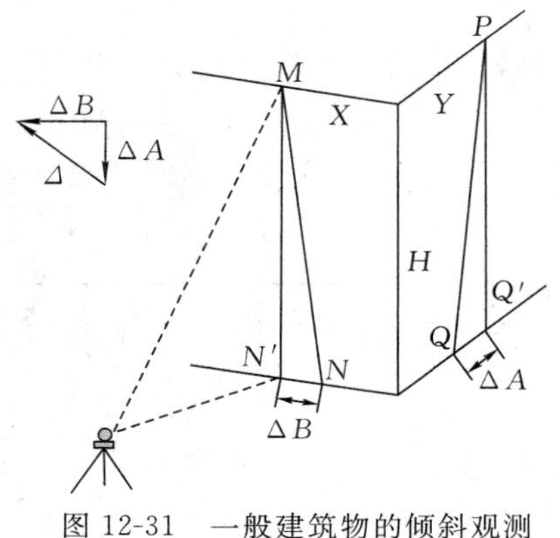

图 12-31　一般建筑物的倾斜观测

如图 12-31 所示,将经纬仪安置在离建筑物距离大于其高度的 1.5 倍的固定测站上,瞄准上部的观测点 M,用盘左盘右分中法定出下面的观测点 N。用同样方法,在与原观测方向垂直的另一方向,定出上观测点 P 和下观测点 Q。相隔一段时间后,在原固定测站上安置经纬仪,分别瞄准上观测点 M 和 P,仍用盘左盘右分中法得 N' 与 Q',若 N' 与 N、Q' 与 Q 不重合,说明建筑物发生了倾斜。用尺量出倾斜位移分量 ΔA、ΔB,然后求得建筑物的总倾斜位移量 Δ,即

$$\Delta=\sqrt{(\Delta A)^2+(\Delta B)^2} \tag{12-4}$$

建筑物的倾斜度 i 为

$$i=\frac{\Delta}{H}=\tan\alpha \tag{12-5}$$

式中,H 为建筑物高度,α 为倾斜角。

(二)塔式建筑物的倾斜观测

当测定烟囱、水塔等圆心建筑物的倾斜度时,首先须求出顶部中心对底部中心的偏心距。为此,可在烟囱底部横放一把水准尺,然后在水准尺的中垂线方向上安置经纬仪。经纬仪距烟囱的距离约为烟囱高度的 1.5 倍。用望远镜将烟囱顶部边缘两点 A、A' 及底部边缘两点 B、B' 分别投到水准尺上,得读数为 y_1、y_1' 及 y_2、y_2',如图 12-32 所示。烟囱顶部中心 O 对底部中心 O' 在 Y 方向上的偏心距为

$$\Delta y=\frac{y_1+y_1'}{2}-\frac{y_2+y_2'}{2} \tag{12-6}$$

同理可测得 X 方向上顶部中心 O 的偏心距为

$$\Delta x=\frac{x_1+x_1'}{2}-\frac{x_2+x_2'}{2} \tag{12-7}$$

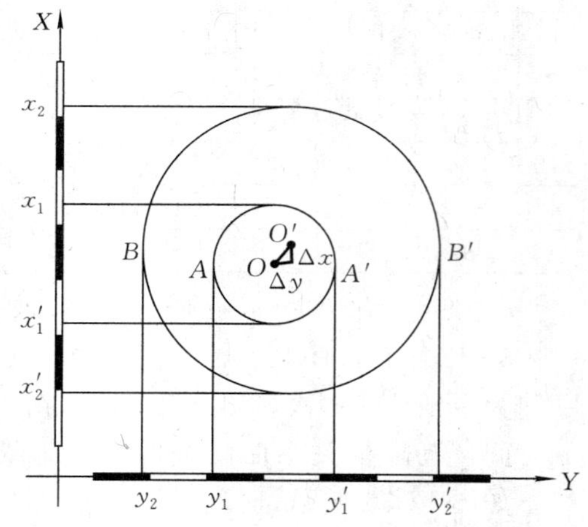

图 12-32　圆形建(构)筑物倾斜观测

顶部中心对底部中心的总偏距 Δ 和倾斜度 i 可分别用式(12-4)和式(12-5)的方法计算。

(三)激光铅垂仪

激光铅垂仪法是在顶部适当位置安置接收靶,在其垂线下的地面或地板上安置激光铅直仪或激光经纬仪。按一定的周期观测,在接收靶上直接读取或量出顶部的水平位移量和位移方向。作业中仪器应严格置平、对中。

建筑物倾斜观测的周期,可视倾斜速度每 1～3 个月观测一次。如遇基础附近因大量堆

载、卸载或场地降雨长期积水多而导致倾斜速度加快，应及时增加观测次数。施工期间的观测周期与沉降观测周期一致。倾斜观测应避开强日照和风荷载影响大的时间段。

四、建筑物的裂缝与位移观测

(一)建筑物的裂缝观测

1. 裂缝观测的内容及观测点的布设

裂缝是在建筑物不均匀沉降的情况下产生不容许应力及变形的结果。当建筑物发生裂缝时，为解决现状和掌握其发展情况，应对裂缝进行观测，以便根据这些观测资料分析其裂缝产生的原因和它对建筑物安全的影响，及时采取有效措施加以处理。当建筑物多处发生裂缝时，应先对裂缝进行编号，然后分别观测裂缝的位置、走向、长度、宽度等项目，并绘制裂缝分布图。为了系统地进行裂缝变化的观测，要在裂缝处设置观测标志。

裂缝观测标志应具有可供测量的明晰端或中心，如图12-33所示。观测期较长时，可采用镶嵌式或埋入墙面的金属标志、金属杆标志或楔形板标志；观测期短或要求不高时，可采用油漆平行线或用建筑胶粘贴的金属片标志。要求较高，且需要测出裂缝纵横向变化值时，可采用坐标方格网板标志。使用专用仪器设备观测标志，可按具体要求另行设计。

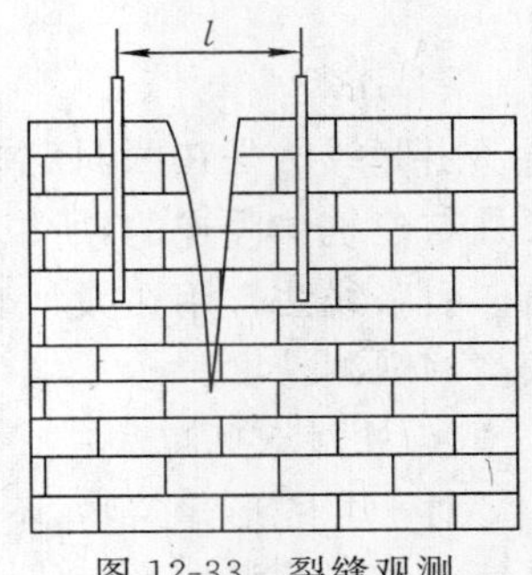

图12-33　裂缝观测

2. 裂缝观测方法、周期及提交成果

(1)裂缝观测方法。对于数量不多、易于量测的裂缝，由于可视标志形式不同，可用比例尺、小钢尺或游标卡尺等工具定期量出标志间距离，求得裂缝变形值，或用方格网板定期读取“坐标差”计算裂缝变化值。对于较大面积且不便于人工量测的众多裂缝，易采用近景摄影测量方法。当需连续监测裂缝变化时，还可采用裂缝计或传感器自动测计的方法观测。裂缝观测中，裂缝宽度数据应量取至0.1 mm，每次观测应绘出裂缝的位置、形态和尺寸，并注明日期，附上必要的照片资料。

(2)裂缝观测周期。裂缝观测的周期应视裂缝变化速度而定。通常开始可半月测一次，以后一月左右测一次。当发现裂缝加大时，应增加观测次数，直至几天或逐日一次连续观测。

(3)提交成果：①裂缝分布位置图；②裂缝观测成果表；③观测成果分析说明资料；④当建筑物裂缝和基础沉降同时观测时，可选择典型剖面图绘制两者的关系曲线。

(二)建筑物水平位移观测

建筑物水平位移观测就是测量建筑物在水平位置上随时间移动的变化量。因此，必须建立基准点或基准线，通过观测相对于基准点或基准线的位移量，可以确定建筑物水平位移变化情况。为了求得变化量，通常把基准点和观测点组成平面控制图形，形成三角网、导线网、测角交会等形式。通过测量和计算求得变形点坐标的变化量。对于有方向性的建筑物，一般采用基准线法，直接或间接测量变形点相对于基准线的偏移值以确定其位移量。至于采用哪一种方法，视建筑物形状、分布等而定。当建筑物分布较广、点位较多时，可采用控制网方法；当要测定建筑物在某一特定方向上的位移量时，可在垂直于待定的方向上建立一条基准线，定期直接测定观测点偏离基准线的距离，以确定其位移量。建立基准线的方法有视准线法、引张线法、控制点观测法。

1. 视准线法

视准线法是由经纬仪的视准面形成固定的基准线，以测定各观测点相对基准线的垂直距离的变化情况，从而求得其位移量。采用此方法，首先要在被测建筑物的两端埋设固定的基准点，建立视准基线，然后在变形建筑体布设观测点。观测点应埋设在基线上，偏离距离不应大于 2 cm，一般每隔 8～10 m 埋设一点，并做好标志。观测时，经纬仪安置在基准点上，照准另一个基准点，建立视准线方向，以测微尺测定观测点至视准线的距离，从而确定其位移量。

测定观测点至视准线的距离还可以测定视准线与观测点偏离的角度，并通过计算求得距离。角度测量采用仪器精度不低于 2″的经纬仪，且测回数不小于 4 个，仪器至观测点的距离 d 可用测距仪或钢尺测定，则偏移量 Δ 为

$$\Delta = \frac{\alpha''}{\rho''} d \tag{12-8}$$

2. 引张线法

引张线法是在两固定端点之间用拉紧的不锈钢作为固定的基准线。由于各观测点上的标尺是与建筑体固连的，所以不同观测期，钢尺在标尺上的读数变化值就是该观测点的水平位移值。引张线法常用在大坝变形观测中，引张线安置在坝体廊道内，不受外界的影响，因此具有较高的观测精度。

3. 控制点观测法

对于非线形建筑物，不宜采用上述方法时，可采用精密导线法、前方交会法、极坐标法等。将每次观测求得的坐标值与前次进行比较，求得纵、横坐标增量 Δx、Δy，从而求得水平位移量 $\Delta = \sqrt{(\Delta x)^2 + (\Delta y)^2}$。

水平位移观测的周期：对于地基不良地区的观测，可与同时进行的沉降观测协调考虑，进行确定；对于受基础施工影响的观测，应按施工进度的需要确定，可逐日或隔数日观测一次，直至施工结束；对于土体内部侧向位移观测，应视变形情况和工程进展而定。

前面讲述了用工程测量的办法求得建(构)筑物的变形，也可以用地面摄影测量方法来测定。简要说就是在变形体周围选择稳定的点，在这些点上安置摄影机，对变形体进行摄影，然后通过测量和数据处理算得变形体上目标点的二维或三维坐标，比较不同时刻目标点的坐标，得到各点的位移。这种方法有许多优点，经常用于桥梁等的变形观测。变形量的计算以首期观测的结果为基础，即变形量是相对于首期结果而言的。变形观测的成果表述要清晰直观，便于发现变形规律，通常采用列表和作图形式。

§12-6 竣工总平面图的编绘

一、竣工测量

(一)编绘竣工总平面图的目的

工业与民用建筑工程是根据设计总平面图施工的。在施工过程中，种种原因使建(构)筑物竣工后的位置与原设计位置不完全一致，因此需要编绘竣工总平面图。

编绘竣工总平面图的目的一是全面反映竣工后的现状，二是为以后建(构)筑物的管理、维

修、扩建、改建及事故处理提供依据，三是为工程验收提供依据。竣工总平面图的编绘包括竣工测量和资料编绘两方面内容。

（二）竣工测量

建（构）筑物竣工验收时进行的测量工作，称为竣工测量。在每一个单项工程完成后，必须由施工单位进行竣工测量，并提出该工程的竣工测量成果，作为编绘竣工总平面图的依据。

竣工总平面图按工程性质分为综合竣工总平面图、工业管线竣工总平面图，以及厂区铁路、公路竣工总平面图。

1. 竣工测量的内容

（1）工业厂房及一般建筑。须测定各房角坐标、几何尺寸，各种管线进出口的位置和高程，室内地坪及房角标高，并附注房屋结构、层数、面积和竣工时间。

（2）地下管线。测定检修井、转折点、起终点的坐标，井盖、井底、沟槽和管顶等的高程，附注管道及检修井的编号、名称、管径、管材、间距、坡度和流向。

（3）架空管线。测定转折点、节点、交叉点和支点的坐标，支架间距、基础面标高等。

（4）交通线路。测定线路起点、终点、转折点和交叉点的坐标，路面、人行道、绿化带界线等。

（5）特种构筑物。测定沉淀池的外形和四角坐标、圆形构筑物的中心坐标，基础面标高，构筑物的高度或深度等。

（6）其他。测量控制网点的坐标及高程，绿化环境工程的位置及高程。

2. 竣工测量的方法与特点

（1）图根控制点的密度。一般竣工测量图根控制点的密度要大于地形测量图根控制点的密度。

（2）碎部点的实测。地形测量一般采用视距测量的方法，测定碎部点的平面位置和高程；竣工测量一般采用经纬仪测角、钢尺量距的极坐标法测定碎部点的平面位置，采用水准仪或经纬仪视线水平测定碎部点的高程。也可用全站仪进行测绘。

（3）测量精度。竣工测量的测量精度，要高于地形测量的测量精度。地形测量的测量精度要满足图解精度，而竣工测量的测量精度一般要满足解析精度，精确至厘米。

（4）测绘内容。竣工测量的内容比地形测量的内容更丰富。竣工测量不仅测地面的地物和地貌，还要测地下的各种隐蔽工程，如上、下水及热力管线等。

二、竣工总平面图的编绘

1. 编绘竣工总平面图的依据

（1）设计总平面图，单位工程平面图，纵、横断面图，施工图及施工说明。

（2）施工放样成果，施工检查成果及竣工测量成果。

（3）更改设计的图纸、数据、资料（包括设计变更通知单）。

2. 竣工总平面图的编绘方法

（1）在图纸上绘制坐标方格网。绘制坐标方格网的方法、精度要求与地形测量绘制坐标方格网的方法、精度要求相同。

（2）展绘控制点。坐标方格网画好后，将施工控制点按坐标值展绘在图纸上。展点对所邻近的方格而言,其容许误差为±0.3 mm。

(3)展绘设计总平面图。根据坐标方格网,将设计总平面图的图面内容,按其设计坐标,用铅笔展绘于图纸上,作为底图。

(4)展绘竣工总平面图。对凡按设计坐标进行定位的工程,应以测量定位资料为依据,按设计坐标(或相对尺寸)和标高展绘。对原设计进行变更的工程,应根据设计变更资料展绘。对凡有竣工测量资料的工程,若竣工测量成果与设计值之差,不超过所规定的定位容许误差,按设计值展绘,否则按竣工测量资料展绘。

3. 竣工总平面图的整饰

(1)竣工总平面图的符号应与原设计图的符号一致。有关地形图的图例应使用国家地形图图式符号。

(2)厂房应使用黑色墨线,绘出该工程竣工位置,并应在图上注明工程名称、坐标、高程及有关说明。

(3)对于各种地上、地下管线,应用不同颜色的墨线绘出其中心位置,并在图上注明转折点及井位的坐标、高程及有关说明。

(4)对于没有进行设计变更的工程,用墨线绘出竣工位置,竣工位置应与按设计原图用铅笔绘出的设计位置重合,但其坐标及高程数据与设计值可能稍有差别。

随着工程的进展,在底图上逐渐将铅笔线绘成墨线。

4. 实测竣工总平面图

对于直接在现场指定位置进行施工的工程、以固定地物定位施工的工程及多次变更设计而无法查对的工程等,只能进行现场实测,这样测绘出的竣工总平面图,称为实测竣工总平面图。

5. 竣工总平面图的附件

为了全面反映竣工成果,便于日后的管理、维修、扩建或改建,下列与竣工总平面图有关的一切资料,应分类装订成册,作为竣工总平面图的附件保存。

(1)建筑场地及附近的测量控制点布置图及坐标与高程一览表。

(2)建筑物或构筑物沉降及变形观测资料。

(3)地下管线竣工纵断面图。

(4)工程定位、放线检查及竣工测量的资料。

(5)设计变更文件及设计变更图。

(6)建设场地原始地形图等。

§12-7 激光垂准仪与激光墨线仪

一、激光垂准仪的构造和使用

(一)激光垂准仪简介

激光垂准仪是一种专用的铅垂定位仪器,其精度较高,操作也比较简单,适用于高层建筑物、烟囱及高塔架的铅垂定位测量。激光垂准仪的基本构造如图12-34所示,主要由氦氖激光管、精密竖轴、发射望远镜、水准器、基座、激光电源及接收屏等部分组成。

激光器通过两组固定螺钉固定在套筒内。激光垂准仪的竖轴是空心筒轴，两端有螺扣，上、下两端分别与发射望远镜和氦氖激光器套筒相连接，二者位置可对调，构成向上或向下发射激光束的垂准仪。仪器上设置有两个互成 90°的管水准器，仪器配有专用激光电源。

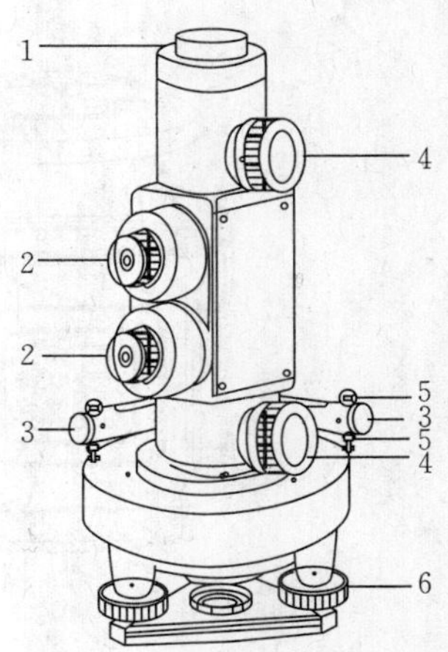

1—物镜；2—目镜；3—水准管；4—物镜调焦螺旋；5—水准管校正螺旋；6—脚螺旋。

图 12-34　激光垂准仪

(二)激光垂准仪的应用

1. 用激光垂准仪铅直投点定位

图 12-35 为激光垂准仪进行轴线投测的示意图，其投测方法如下：

(1)在首层轴线控制点或预留标志上安置激光垂准仪，利用激光器底端(全反射棱镜端)所发射的激光束进行对中，通过调节基座整平螺旋，使水准管气泡严格居中。

(2)在上层施工楼面预留孔处，放置接收靶。一般预留控制点应能够控制整个楼面放线，且不少于三个。

(3)接通激光电源，启动激光器发射铅直激光束，通过发射望远镜调焦，使激光束会聚成红色耀目光斑，投射到接收靶上。

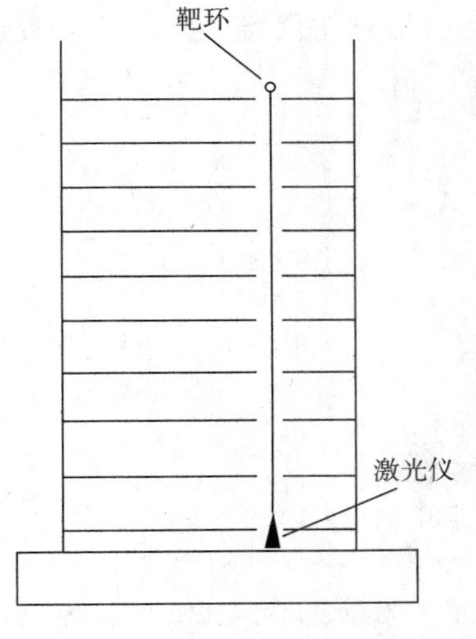

图 12-35　激光垂准仪铅直投点

(4)移动接收靶，使靶心与红色光斑重合，固定接收靶，并在预留孔四周做出标记，此时靶心位置即为轴线控制点在该楼面上的投测点。为检校仪器的垂直误差，将仪器旋转 360°，如光点在靶上移动一个圆，则仪器应进一步调平，直到光点始终指向一点为止。当靶环中心的投测点和垂准仪中心即地面控制点在同一条铅垂线上时，投测点即为该楼层定位放线的基准点。

(5)将各基准点投测完毕后，应检验各投测点间的距离、角度是否符合要求，然后根据基准点间连线即可进行该楼层的放样。

2. 激光垂准仪测量垂直度

激光垂准仪可代替经纬仪，用来测量柱子及建筑物的垂直度。把两台垂准仪安置在柱的纵、横轴线上，对中、整平后，分别瞄准基底座的标记，然后抬高望远镜，激光束的斑点沿柱中心垂线移动。施工人员可根据光点，判断柱子是否垂直，并进行校正。

二、激光墨线仪

在房屋建筑施工过程中，通常需要在墙面上弹出一些水平或垂直的墨线，作为施工的依据。在现代施工过程中，通常采用激光墨线仪(又称激光扫平仪)进行。图 12-36 为常州市莱赛激光工程有限公司生产的 LS521Ⅱ自动安平激光扫平仪。仪器使用自动安平补偿器提供水平与垂直激光墨线，补偿工作范围±5°，激光等级为 Class2，精度为 0.1 mm/m。

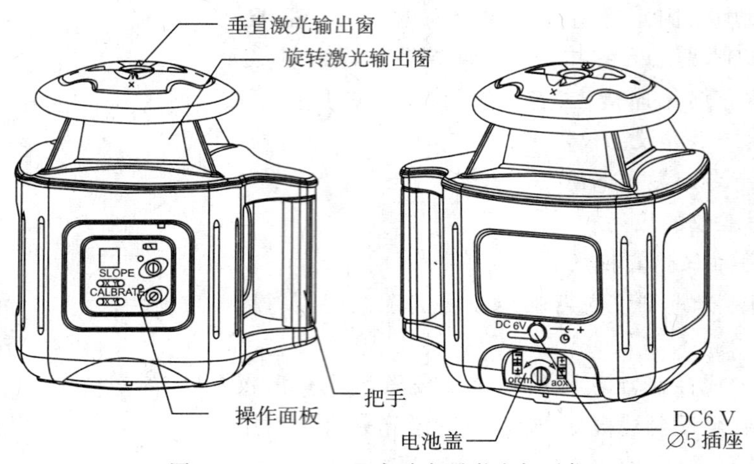

图 12-36 LS521 Ⅱ自动安平激光扫平仪

使用方法如下：

(1)打开架腿,安装激光扫平仪,整平。

(2)打开电源开关,使用仪器面板控制键或遥控器面板控制键,调整到水平墨线或垂直墨线模式。开始后,激光扫平仪会按照设定的方式,扫射出一水平面或垂直面,施工人员就可以此为依据进行室内地面的超平或墙面抹平等工作。

(3)工作结束后,要关闭电源,然后再卸下仪器,装箱搬运。切忌在仪器工作状态下搬动仪器。

思考题与习题

1. 何谓施工测量？施工测量的任务和特点是什么？
2. 建筑施工场地平面控制网的布设形式有哪几种？各适用于什么场合？
3. 建筑基线和建筑方格网如何测设？
4. 轴线控制桩和龙门板的作用是什么？如何设置？
5. 工业建筑施工测量包括哪些主要工作？如何测设工业厂房施工控制网？
6. 柱子安装测量有何要求？如何进行柱子的垂直度校正？且应注意哪些问题？
7. 高层建筑轴线投测的方法有哪两种？请简述。
8. 在图 12-37 中,已标出新建筑物的尺寸及新建筑物与原有建筑物的相对位置尺寸,另外建筑物轴线距外墙皮 240 mm,试描述测设新建筑物的方法和步骤。

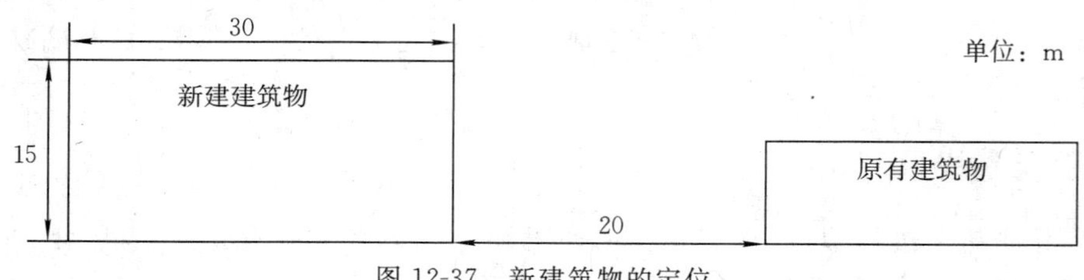

图 12-37 新建筑物的定位

9. 烟囱、水塔施工测量包括哪些工作？
10. 如何进行管道中线测量？

11. 什么情况下使用顶管施工？如何测设顶管施工中线？

12. 编绘竣工总平面图的目的是什么？编绘竣工总平面图的依据是什么？

13. 为什么要进行建筑物变形观测？主要观测哪些项目？

14. 建筑物沉降点应如何布置？

15. 制定变形观测周期的依据是什么？变形观测资料说明什么问题？

16. 烟囱经检测，其顶部中心在两个互相垂直的方向上各偏离底部中心 58 mm 及 73 mm，设烟囱的高度为 90 m，试求烟囱的总倾斜度及其倾斜方向的倾角，并画图说明。

17. 试述建(构)筑物倾斜观测、位移观测方法。

第十三章　线路施工测量

§13-1　线路施工测量概述

线路测量指铁路、公路等线路在勘测、设计和施工等阶段中所进行的各种测量工作。它主要包括：为选择和设计线路中心线的位置所进行的各种测绘工作，为把所设计的线路中心线标定在地面上的测设工作，为进行路基、站场的设计和施工的测绘和测设工作。

修建一条铁路、公路，国家要花费大量的人力、物力、财力。为保证新建线路在国民经济建设和国防建设中能充分发挥其效益，修建一条新线路一般要经过下列程序。

(一)方案研究

在小比例尺地形图上找出线路的可行方案，并初步选定一些重要技术标准，如线路等级、限制坡度、牵引种类、运输能力等，进而提出初步方案。

(二)初测和初步设计

初测是为初步设计提供资料而进行的勘测工作，其主要任务是提供沿线大比例尺带状地形图及地质和水文资料。初步设计的主要任务是在提供的带状地形图上选定线路中心线的位置，也称纸上定线。经过经济、技术比较提出一个推荐方案，同时还要确定线路的主要技术标准，如线路等级、限制坡度、最小半径等。

(三)定测和施工设计

定测是为施工技术设计而做的勘测工作，其主要任务是把已经上级部门批准的初步设计中所选定的线路中线测设到地面上，并进行线路的纵断面和横断面测量，对个别工程还要测绘大比例尺的工点地形图。施工技术设计是根据定测所取得的资料，对线路全线和所有个体工程做出详细设计，并提供工程数量和工程预算。该阶段的主要工作是线路纵断面设计和路基设计，并对桥涵、隧道、车站、挡土墙等做出单独设计。

精心勘测、精心设计、精心施工是我们应遵循的准则，因为每一个环节上的差错都会给工作带来不应有的损失。

§13-2　线路中线测量

线路中线测量的任务是把图纸上设计好的线路中线或在野外实地选定的线路中线的位置在地面上标定出来，并测出中桩的里程。线路中线的平面线形由直线和曲线组成，如图 13-1 所示。

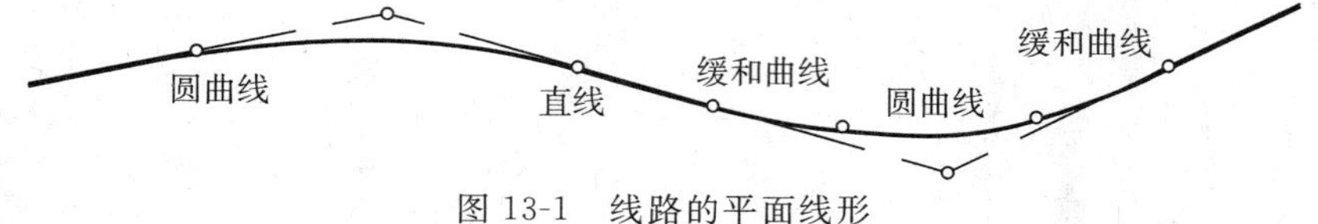

图 13-1　线路的平面线形

在没有测设曲线之前，线路的位置由一系列连续的折线所确定。因此，此时放线的任务就是把线路的各直线段在地面上测设出来。在地形开阔且通视良好的地段，如果相邻两交点之间能互相通视，则只需定出两交点。在地形起伏、通视不良地段，相邻交点间不能通视，则须在直线上加设若干个转点。因此，具体来说，线路中线测量的任务就是测设各个交点和直线段上必要的转点。

一、线路交点的测设

路线改变方向时，两相邻直线段延长后相交的点称为路线交点，用符号 JD 表示，是中线测量的控制点。交点的测设一般可用以下两种方法。

(一)穿线放线法

穿线放线法就是先根据控制导线点在实地先将路线中线的直线段测设出来，然后将相邻直线延长相交，定出交点桩的位置，具体测设步骤如下。

1. 室内选点并计算标定要素

在室内根据初测地形图上设计好的线路中线与初测导线之间的关系，选取线路中线直线段上的若干点，并根据所采用的标定平面点的方法（如极坐标法、交会法、平面直角坐标法、支距法等），在图上量出或计算出相应的标定要素。如图 13-2 所示，图中选用极坐标法放点，点 P_1、点 P_2、点 P_3、点 P_4 是设计图纸上道路中线上的四点，欲标定到实地。点 4、点 5 是图上与实地相对应的导线点。可由图上直接量取或由坐标反算获取 β_1、β_2、β_3、β_4 及 l_1、l_2、l_3、l_4 的数值。

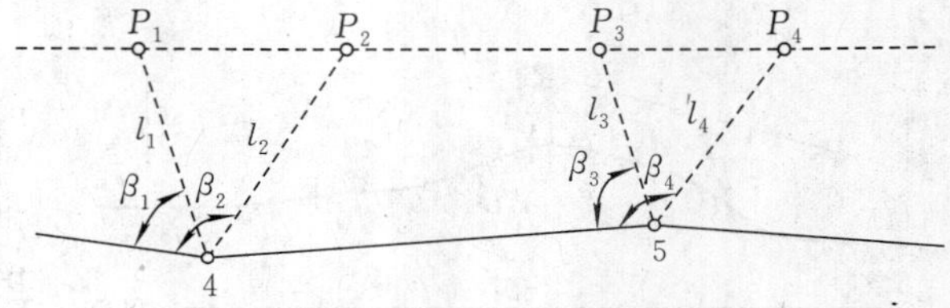

图 13-2　极坐标法放点

2. 现场放点

实地放点时，在点 4 上安置仪器，以点 4 为极点拨角 β_1 定出方向，用钢尺量距或光电测距在视线上丈量 l_1 定出点 P_1。以同样方法定出点 P_2，迁站至点 5 定出点 P_3、点 P_4。上述方法放出的点为临时点，这些点应尽可能选在地势较高、通视条件较好的位置，以便下一步的穿线或放置转点。

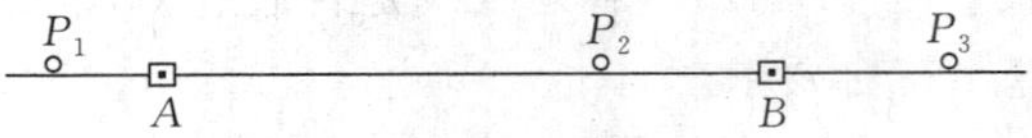

图 13-3　穿线

3. 穿线

用上述方法标定的临时点，因图解标定要素和测设误差及地形影响，它们不在一条直线上，如图 13-3 所示。这时可根据实地情况，采用目估法或经纬仪法穿线，通过比较和选择，定出一条尽可能多地穿过或靠近临时点的直线 AB，在点 A、点 B 或其方向线上打下两个以上的转点桩，随即取消临时点，这种确定直线位置的工作叫穿线。

4. 确定交点

如图 13-4 所示，当相邻两相交直线在地面上确定后，即可确定它们的交点。将经纬仪安置于 ZD_2，瞄准 ZD_1，倒镜在视线方向上、接近交点的位置前后打下两桩（俗称骑马桩）。采用正倒镜分中法在两桩上定出 a、b 两点，并钉上小钉，挂上细线。仪器搬至 ZD_3，同理定出

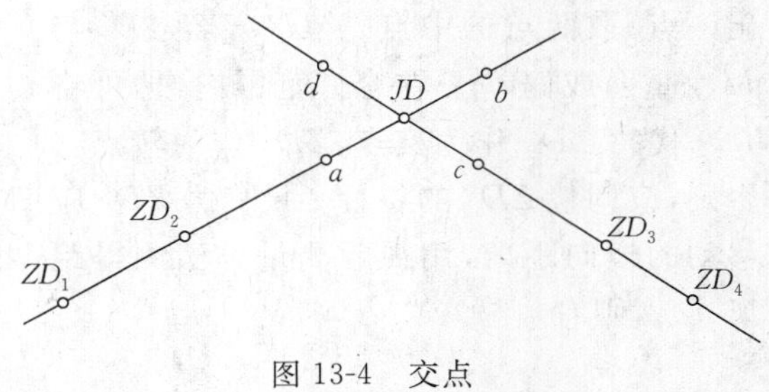

图 13-4　交点

点 c、点 d,挂上细线,在两细线的相交处打下木桩,并钉上小钉,得到交点 JD。

(二)拨角放线法

拨角放线法是在地形图上量出纸上定线的交点坐标,反算相邻交点间的直线长度、坐标方位角及转角。然后在野外将仪器置于线路中线点或已确定的交点上,拨出转角,测设直线长度,依次定出各交点位置。

这种方法工作速度快,但拨角放线的次数越多,误差累积也越大,故连续测设 3~5 km 后应与初测导线附合一次,进行检查。当闭合差超限时,应查找原因并予以纠正;当闭合差符合精度要求时,可按具体情况进行调整,使交点位置符合纸上定线的要求。

二、线路转点的测设

路线测量中,当相邻两点互不通视或直线较长时,需要在其连线或延长线上测设若干点,供交点、测角、量距或延长直线瞄准使用,这样的点称为转点(以 ZD 表示),测设方法如下。

(一)在两交点间设转点

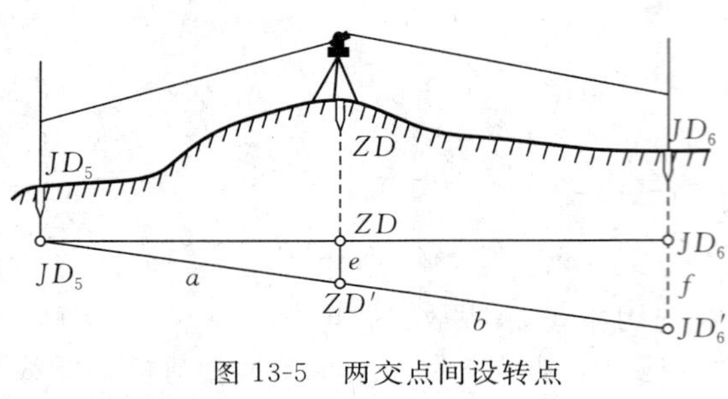

图 13-5 两交点间设转点

如图 13-5 所示,JD_5、JD_6 为已在实地标定的两相邻交点,但互不通视。ZD' 为粗略定出的转点位置。将经纬仪安置于 ZD' 上,用正倒镜分中法延长直线 JD_5-ZD' 至 JD'_6。若 JD'_6 与 JD_6 重合或存在偏差 f 在路线允许移动的范围内,则 ZD' 为要测设的转点,这时应将 JD_6 移至 JD'_6,并在桩顶上钉上小钉表示交点位置。

当偏差 f 超出容许范围或 JD_6 不许移动时,则需重新设置转点。设 e 为 ZD' 应横向移动的距离,用视距法量出 ZD' 到 JD_5 和 JD'_6 的距离 a、b,则有

$$e=\frac{a}{a+b}f \tag{13-1}$$

将 ZD' 沿偏差 f 的相反方向横移 e 至 ZD,延长直线 JD_5-ZD,看延长线是否通过 JD_6 或偏差 f 是否小于容许值。否则,应再次设置转点,直至符合要求。

(二)在两交点延长线上设转点

如图 13-6 所示,设 JD_8、JD_9 互不通视,ZD' 为其延长线上转点的概略位置。将仪器置于 ZD',盘左瞄准 JD_8,在 JD_9 处标出一点;盘右再瞄准 JD_8,在 JD_9 处也标出一点;取两点的中点得 JD'_9,若 JD'_9 与 JD_9 重合或偏差 f 在容许范围内,即可将 JD'_9 代替 JD_9 作为交点,ZD' 作为转点。否则,应调整 ZD' 的位置。设 e 为 ZD' 应移动的横向距离,用视距测量方法测得距离 a、b,则有

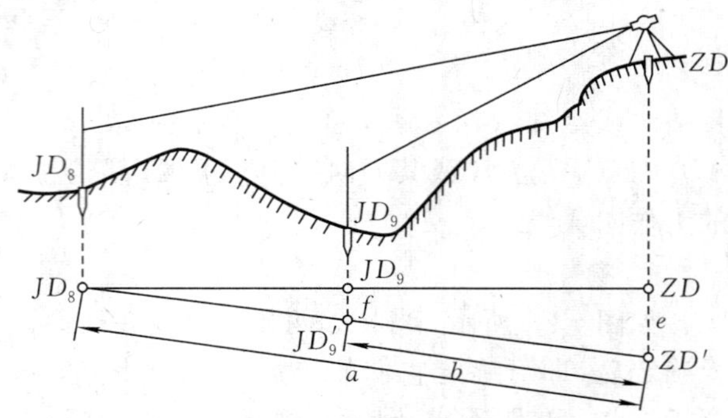

图 13-6 两交点延长线上设转点

$$e=\frac{a}{a-b}f \tag{13-2}$$

将 ZD' 沿与 f 相反方向移动 e，即得新转点 ZD。置仪器于 ZD，重复上述方法，直到 f 小于容许值。最后将转点和交点 JD_9 用木桩钉在地上。

三、里程桩的设置

在标定路线交点、转点等后，可将测距仪设在直线段起始控制点上，瞄准直线另一端的控制点，在两者之间每隔一定距离，可将一系列木桩钉在道路中心线上，这些桩称为中线桩（简称中桩）。中桩除标定了线路的平面位置外，还同时写有桩号，标记着线路的里程，即从线路起点到该桩点的距离，故中桩又称里程桩，通常用 3＋350.25 的形式表示该点里程为 3 350.25 m（“＋”号前的数值表示 km 数，“＋”号后的数值表示 m 数），桩号应用红油漆标明在木桩上。

里程桩分为整桩和加桩两类。整桩是按规定桩距以 10 m、20 m 或 50 m 的整倍数桩号而设置的里程桩。百米桩和千米桩均属于整桩，一般情况下均应测设。加桩分为地形加桩、地物加桩、曲线加桩和关系加桩。地形加桩是在中线地形变化点上设置的桩；地物加桩是在中线上的桥梁、涵洞等人工构筑物处及公路、铁路、高压线、渠道等交叉处设置的桩；曲线加桩是在曲线起点、中点、终点等处设置的桩；关系加柜是在转点和交点上设置的桩。

§13-3　圆曲线测设

在线路转向处（两条直线相交处）应设置平面曲线。线路的平面曲线有圆曲线、缓和曲线和回头曲线等，如图 13-7 所示。在变坡点处，必须用曲线连接不同坡度，此种曲线称为竖曲线。

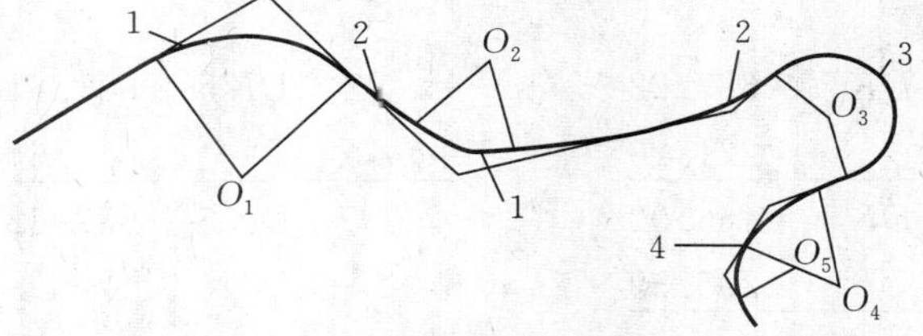

1—圆曲线；2—缓和由线；3—回头曲线；4—复曲线。

图 13-7　平面曲线

圆曲线测设分两步，首先测设曲线的三点，即曲线的起点（图 13-8 中直圆点 ZY）、中点（图 13-8 中 QZ）和终点（图 13-8 中圆直点 YZ）；然后进行曲线的详细测设，即在曲线上每相距 10 m 或 20 m 测设一个曲线桩。

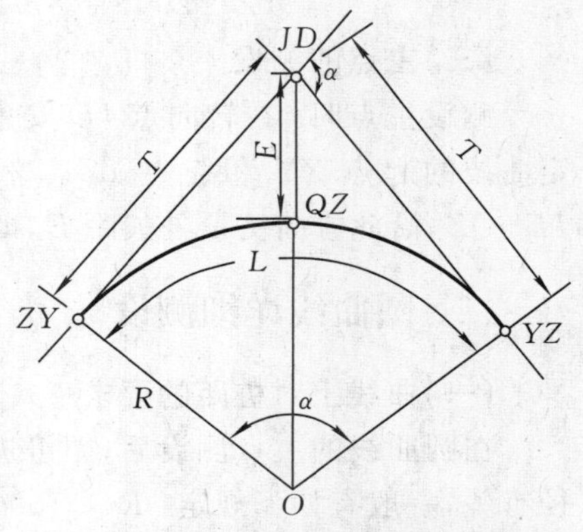

图 13-8　圆曲线的主点及标定要素

一、圆曲线主点的测设

（一）圆曲线主点标定要素的计算

如图 13-8 所示，圆曲线的半径 R、线路转向角 α、切线长 T、曲线长 L、外矢距 E 及切曲差 q 等称为圆曲线的标定要素。其中，R 是已知的设计值，线路转向角 α 是在

线路定测时测出的,而其余要素计算公式为

$$\left.\begin{aligned}
T &= R\tan\frac{\alpha}{2} \\
L &= R\alpha\,\frac{\pi}{180^\circ} \\
E &= R\left(\sec\frac{\alpha}{2}-1\right) \\
q &= 2T-L
\end{aligned}\right\}\tag{13-3}$$

(二)圆曲线主点里程的计算

交点 JD 的里程可由中线丈量得到,根据交点里程和圆曲线标定要素可算出各主点的里程。由图 13-8 可知

$$\left.\begin{aligned}
&ZY\ \text{里程} = JD\ \text{里程} - T \\
&QZ\ \text{里程} = ZY\ \text{里程} + \frac{L}{2} \\
&YZ\ \text{里程} = QZ\ \text{里程} + \frac{L}{2} \\
&JD\ \text{里程} = QZ\ \text{里程} + \frac{q}{2}(\text{校核})
\end{aligned}\right\}\tag{13-4}$$

【例 11-1】已知 JD 的里程为 $DK5+687.22$,转向角 $\alpha=52^\circ21'10''$,圆曲线设计半径 R 为 450 m,求圆曲线的标定要素和各主点里程。

解:(1)圆曲线标定要素的计算。由式(13-3)可得 $T=221.20$ m、$E=51.43$ m、$L=411.18$ m、$q=31.22$ m。

(2)主点里程的计算

JD	$DK5+687.22$
$-)T$	221.20
ZY	$DK5+466.02$
$+)L/2$	205.59
QZ	$DK5+671.61$
$+)L/2$	205.59
YZ	$DK5+877.20$

QZ	$DK5+671.61$
$+)q/2$	15.61
JD	$DK5+687.22$

(三)主点的测设

测设主点时,在转向点 JD 安置仪器,顺次瞄准两切线方向,沿切线方向丈量切线长 T,标定曲线的起点 ZY 和终点 YZ。然后再照准 ZY 点,测设$(180^\circ-\alpha)/2$ 角,得分角线方向 JD-QZ,沿此方向丈量外矢距 E,即得曲线中点 QZ。

二、圆曲线详细测设

(一)曲线上对桩距的要求

在圆曲线的主点测设后,即可进行曲线的详细测设。详细测设所采用的桩距 C 与曲线半径有关,一般有如下规定:$R\geqslant 100$ m 时,$C=20$ m;25 m$<R<100$ m 时,$C=10$ m;$R\leqslant 25$ m 时,$C=5$ m。

按桩距 C 在曲线上设桩，通常有以下两种方法：

(1)整桩号法。将曲线上靠近起点 ZY 的第一个桩号凑整为 C 的倍数的整桩号，然后按桩距 C 连续向曲线终点 YZ 设桩。这样设置的桩均为整桩号。

(2)整桩距法。从曲线起点 ZY 和终点 YZ 开始，分别以桩距 C 连续向曲线中点 QZ 设桩。由于这样设置的桩距为整数，桩号多为零数，因此应注意加设百米桩和千米桩。中线测量一般采用整桩号法。

(二)偏角法详细测设圆曲线

圆曲线的详细测设方法很多，下面介绍偏角法测设圆曲线的详细过程。

如图 13-9 所示，圆曲线的偏角指弦线和切线的夹角，即弦切角，用 δ_i 表示。用偏角法测设圆曲线的实质是以方向和长度交会的方法获得放样点位。例如，欲测设曲线上的一点 i，首先在 ZY 点设站，瞄准交点 JD，转动 δ_i，再从点$(i-1)$量一规定长度 C，长度与方向交会即得出点 i 位置。

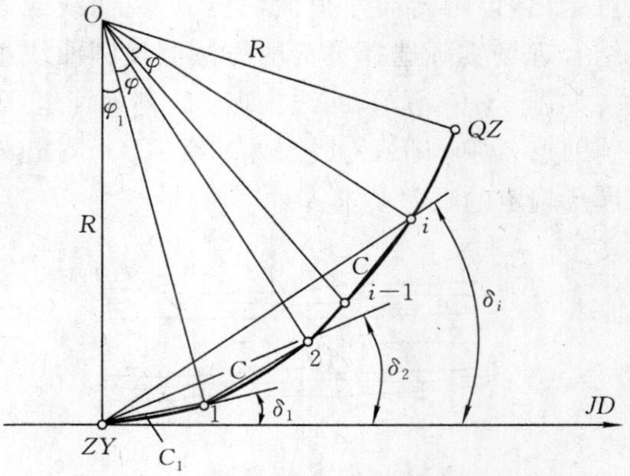

图 13-9　偏角法测设圆曲线

1. 标定要素的计算

由于圆曲线半径远远大于桩距，因此可以近似认为圆弧的弦长 C 等于弧长。在实际工作中，为了便于测量和施工，要求圆曲线上各曲线桩按整桩号法设置，但曲线的起点(ZY)和终点(YZ)及曲线中点(QZ)的里程常常不是桩距的整倍数，因此在曲线两端就会出现小于桩距的弦。例如，ZY 的里程为 $DH3+12.345$，而第一个曲线桩的里程为 $DH3+20.000$，于是 C_1 等于 7.655 m。

设首末两端的弦长分别为 C_1、C_n，对应的圆心角为 φ_1、φ_n，其余弦长为 C，对应的圆心角为 φ，则偏角分别为

$$\left.\begin{aligned}
\delta_1 &= \frac{\varphi_1}{2} = \frac{90^\circ C_1}{\pi R} \\
\delta_2 &= \delta_1 + \frac{\varphi}{2} = \delta_1 + \delta \\
\delta_3 &= \delta_1 + 2\,\frac{\varphi}{2} = \delta_1 + 2\delta \\
&\vdots \\
\delta_i &= \delta_1 + (i-1)\,\frac{\varphi}{2} = \delta_1 + (i-1)\delta \\
\delta &= \frac{\varphi}{2} = \frac{90^\circ C}{\pi R}
\end{aligned}\right\} \tag{13-5}$$

2. 测设步骤

(1)在点 ZY 安置经纬仪，照准切线(JD)，并使度盘读数为 0。

(2) 拨偏角 δ_1，沿视线方向自 ZY 点起量取 C_1，得第 1 个曲线桩点位置。

(3) 拨偏角 δ_2，从点 1 起量取 C，与视线相交，得第 2 个曲线桩点位置。

(4) 同理可测设出其余各点，一直测设到曲线中点(QZ)，并与 QZ 校核。

(5) 将仪器搬到曲线另一端点 YZ,同样测设另一半曲线。

用偏角法测设圆曲线的计算和操作方法都比较简单、灵活,故应用比较广泛。如果使用光电测距仪或全站仪进行作业,可直接用极坐标法进行曲线测设。

三、虚交点法测设圆曲线主点

虚交是指线路交点 JD 落入水中或遇建筑物等不能设置仪器时的处理方法。有时,交点虽可定出,但因转向角很大,交点远离曲线或遇地物等障碍,也可改成虚交。遇到虚交点情况,可结合现场实际选择灵活的方法测设圆曲线主点。下面介绍用圆外基线法测设圆曲线主点。

如图 13-10 所示,路线交点 JD 落入河里,不能设桩。因此,在曲线外侧沿两切线方向各选择一辅助点 A 和点 B,构成圆外基线 AB。测出 α_A 和 α_B,同时丈量出 AB 长度,所测角度和距离均应满足规定的限差要求。

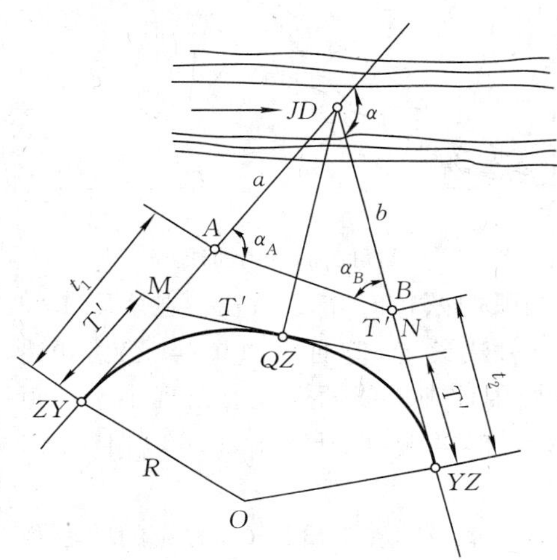

图 13-10 圆外基线法测设圆曲线

由图 13-10 可知

$$\alpha = \alpha_A + \alpha_B \tag{13-6}$$

$$\left.\begin{aligned} a &= AB\,\frac{\sin\alpha_B}{\sin\alpha} \\ b &= AB\,\frac{\sin\alpha_A}{\sin\alpha} \end{aligned}\right\} \tag{13-7}$$

根据转向角 α 和选定的半径 R,可算得切线长 T 和曲线长 L。再由 a、b、T 计算辅助点 A、B 至曲线 ZY 点和 YZ 点的距离 t_1 和 t_2,即

$$\left.\begin{aligned} t_1 &= T - a \\ t_2 &= T - b \end{aligned}\right\} \tag{13-8}$$

如果计算的 t_1、t_2 出现负值,说明曲线点 ZY、点 YZ 位于辅助点与虚交点之间。根据 t_1、t_2 即可定出曲线点 ZY 和点 YZ。

设 MN 为曲中点 QZ 的切线,则

$$T' = R\tan\frac{\alpha}{4} \tag{13-9}$$

测设时由点 ZY 和点 YZ 分别沿切线量出 T' 得点 M 和点 N,再由点 M 或点 N 沿 MN 或 NM 方向量 T',即得点 QZ。曲线主点定出后,即可用偏角法进行曲线的详细测设。

§13-4 缓和曲线测设

一、缓和曲线基本公式

车辆在曲线上行驶,会产生离心力。为了抵消离心力的影响,要把曲线路面外侧加高,称为超高。在直线上超高为 0,在圆曲线上超高为 h。这就需要在直线与圆曲线之间插入一段曲率半径由无穷大逐渐变化至圆曲线半径 R 的曲线,使超高由 0 逐渐增加到 h,同时实现曲率半径的过渡,这段曲线称为缓和曲线。缓和曲线的长度应根据线路等级、圆曲线半径和行车速度

等因素来确定。目前，我国公路和铁路系统中，多采用回旋线（又称辐射螺旋线）作为缓和曲线。以缓和曲线起点为原点，过该点曲线的切线为 x 轴，半径为 y 轴，则缓和曲线的参数方程为

$$\left.\begin{aligned} x &= l - \frac{l^5}{40R^2 l_0^2} \\ y &= \frac{l^3}{6Rl_0} \end{aligned}\right\} \tag{13-10}$$

式中，l 为缓和曲线上的点到坐标原点的曲线长度，l_0 为缓和曲线长度，R 为圆曲线半径。

在直线和圆曲线之间加入缓和曲线的方法：原来的圆曲线半径保持不变，而圆心向内侧移动，在垂直于切线方向上移动的距离为 p；曲线圆心内移和增加缓和曲线使切线增长一段距离 m；原来圆曲线的两端长各为 $\frac{l_0}{2}$ 的一段（圆心角为 β_0）均被缓和曲线所代替。因此，缓和曲线大约有一半在原圆曲线范围内，而另一半在原直线范围内，如图 13-11 所示。缓和曲线终点的倾角 β_0、圆曲线内移量 p 和切线延伸量 m 是确定缓和曲线的主要参数，称缓和曲线常数。其计算公式为

$$\left.\begin{aligned} \beta_0 &= \frac{90^\circ l_0}{\pi R} \\ p &= \frac{l_0^2}{24R} \\ m &= \frac{l_0}{2} - \frac{l_0^3}{240R^2} \end{aligned}\right\} \tag{13-11}$$

式中，R 和 l_0 为已知设计数据。

二、带缓和曲线的圆曲线主点的测设

（一）标定要素的计算

如图 13-11 所示，缓和曲线的主点有直缓点 ZH、缓圆点 HY、曲线中点 QZ、圆缓点 YH 和缓直点 HZ，其标定要素有切线长 T、曲线长 L、外矢距 E_0 和切曲差 q 等，计算公式为

$$\left.\begin{aligned} T &= (R+p)\tan\frac{\alpha}{2} + m \\ L &= \frac{R(\alpha - 2\beta_0)\pi}{180^\circ} + 2l_0 \\ E_0 &= (R+p)\sec\frac{\alpha}{2} - R \\ q &= 2T - L \\ x_0 &= l_0 - \frac{l_0^3}{40R^2} \\ y_0 &= \frac{l_0^2}{6R} \end{aligned}\right\} \tag{13-12}$$

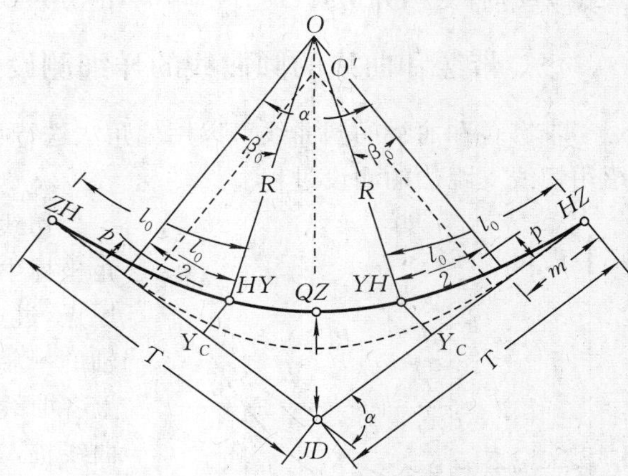

图 13-11　带有缓和曲线的圆曲线

式中，x_0、y_0 为缓和曲线终点 HY 的坐标值。

(二)主点里程的计算

主点里程的计算方法与圆曲线相同。

【例 11-2】已知 $R=600$ m，$l_0=60$ m，$\alpha=20°18'40''$，JD 的里程为 $DK8+449.14$，试计算标定要素和主点里程。

解：根据式(13-11)、式(13-12)可求得标定要素为 $\beta_0=2°51'53''$、$m=29.9975$ m、$p=0.25$ m、$T=137.52$ m、$L=272.70$ m、$E_0=9.80$ m、$q=2.34$ m。

JD	$DK8+449.14$
$-)T$	137.52
ZH	$DK8+311.62$
$+)l_0$	60.00
HY	$DK8+371.62$
$+)L/2-l_0$	76.35
QZ	$DK8+447.97$
$+)L/2-l_0$	76.35
YH	$DK8+524.32$
$+)l_0$	60.00
HZ	$DK8+584.32$

JD	$DK8+449.14$
$+)T-q$	135.18
HZ	$DK8+584.32$

(三)主点测设

首先将经纬仪安置在点 JD，在切线方向上，从点 JD 向两切线方向量出切线长 T，定出点 ZH 和点 HZ。在丈量切线的同时，从 ZH 和 HZ 向 JD 方向量出 x_0，定出 HY 和 YH 在切线上的垂足 Y_C，然后将仪器搬到 Y_C，在切线的垂直方向上量出 y_0，定出点 HY 和点 YH。仪器安置在 JD 时，定出分角线$(180°-\alpha)/2$，沿分角线方向量出 E_0，确定 QZ，重复上述操作 2 次。

三、带缓和曲线的圆曲线的详细测设

带有缓和曲线的圆曲线可以用偏角法进行详细测设，其方法与圆曲线测设相同。下面介绍用切线支距法的测设过程。

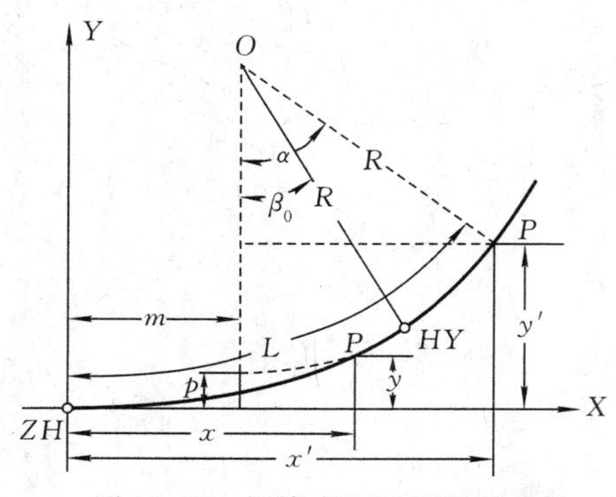

图 13-12 切线支距法测设圆曲线

切线支距法即直角坐标法，支距即垂距，相当于直角坐标中的 y 值。此方法以点 ZH 和点 HZ 为坐标系原点，过点 ZH 和点 HZ 的切线为 x 轴，并与垂直于 x 轴的 y 轴组成直角坐标系。计算出缓和曲线和圆曲线上各曲线桩的坐标值 x、y，根据平面直角坐标法定出各曲线桩，如图 13-12 所示。缓和曲线各点坐标的计算按式(13-10) 进行，且圆曲线各点坐标的计算公式为

$$\left.\begin{aligned} x &= R\sin\alpha + m \\ y &= R(1-\cos\alpha) + p \\ \alpha &= \frac{(L-l_0)180°}{\pi R} + \beta_0 \end{aligned}\right\} \tag{13-13}$$

测设步骤如下：

(1) 取 $L=0、10、20、\cdots$，当 $L\leqslant l_0$ 时，以 L 作为 l 代入式(13-10)；当 $L>l_0$ 时，代入式(13-13)。据此求得各桩点的坐标(x,y)。

(2) 将仪器安置在点 ZH，瞄准点 JD，沿此方向量取 x，得到各曲线桩在切线上的垂足。

(3) 在各垂足处测设直角，并在垂线方向上量出相应的 y 值，得各切线桩的位置。

(4) 将仪器搬到点 HZ，用同样方法测设曲线的另一半。

四、竖曲线的测设

测设竖曲线时，根据路线纵断面图设计中所设计的竖曲线半径 R 和相邻坡道的坡度 i_1、i_2，计算测设数据。如图 13-13 所示，竖曲线元素的计算可用平曲线的计算公式，即

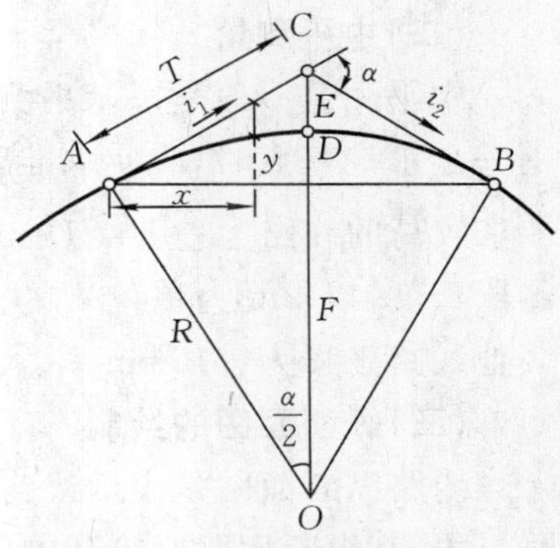

图 13-13　竖曲线测设元素

$$T=R\tan\frac{\alpha}{2}$$

$$L=R\alpha$$

$$E=R\left(\sec\frac{\alpha}{2}-1\right)$$

由于竖曲线的转角 α 很小，可简化为 $\alpha=(i_1-i_2)$、$\tan\frac{\alpha}{2}\approx\frac{\alpha}{2}$，因此

$$T=\frac{1}{2}R(i_1-i_2)$$

$$L=R(i_1-i_2)$$

因 α 很小，可认为 $DF=E$，$AF=T$。根据 $\triangle ACO$ 与 $\triangle ACF$ 相似，得

$$E=\frac{T^2}{2R}$$

同理，可导出竖曲线中间各点按直角坐标法测设的纵距(也称标高改正值)的计算公式，即

$$y_i=\frac{x_i^2}{2R} \tag{13-14}$$

计算出各桩的竖曲线高程后，可在实地进行竖曲线的测设。

§13-5　线路的纵横断面测量

一、线路纵断面测量

线路纵断面测量的任务是沿着地面上已经定出的线路测出所有中线桩的高程，并根据测得的高程和各桩的里程绘制线路的纵断面图，为线路纵断面设计服务，以确定线路的坡度、路基的标高和填挖高度及沿线桥梁、隧道的位置等。

为了提高测量精度和有效地进行成果检核，线路的纵断面测量一般分为高程控制测量(又称基平测量)和中桩高程测量(又称中平测量)两步进行。

(一)基平测量

基平测量一般采用国家统一的高程系统，而独立工程或要求较低的路线工程，在与国家水

准点联测有困难时,可采用假定高程。

基平测量应根据需要和用途设置永久性或临时性水准点,其位置应选在稳固、醒目、便于引测及施工时不易遭受破坏的地方。永久点可埋设标石,也可设置在永久性建筑的基础上或用金属标志嵌在基岩上。水准点的密度应根据地形和工程要求来确定,在桥梁、隧道口及其他大型构筑物附近应增设水准点。基平测量的方法和要求可参照等外水准测量进行,重点工程可按四等水准测量进行。

(二)中平测量

中平测量一般是以基平测量所建立的水准点开始,逐个测定中桩的地面高程。当进行到前一个水准基点时,应使水准路线附合一次。其允许闭合差对于铁路、高速公路、一级公路及要求较高的线路为 $\pm 30\sqrt{L}$ mm;二级、二级以下公路及一般线路工程为 $\pm 50\sqrt{L}$ mm(L 为测段长度,以 km 为单位)。中桩地面高程允许误差对于铁路、高速公路、一级公路为±5 cm,其他线路工程为±10 cm。

(三)纵断面图的绘制

线路纵断面图是表示线路中线上地面起伏变化情况和纵坡设计的线状图。对于不同的线路工程,其纵断面图所绘制的内容也会有所不同。

纵断面图以线路的里程为横坐标,中桩的高程为纵坐标。横坐标的比例尺一般取 1∶5 000、1∶2 000 或 1∶1 000,高程的比例尺则比里程比例尺大 10 倍,取 1∶500、1∶200 或 1∶100。以图 13-14 为例,图的上半部一条细的折线表示中线方向的实际地面线,另一条粗线是包含竖曲线在内的纵坡设计线,是在设计时绘制的。此外,图上还注有水准点的位置和高程、桥涵的类型、孔径、跨度、长度、里程桩号和设计水位、竖曲线示意图及其曲线元素,与现有公路、铁路等工程建筑物的交叉点的位置和有关说明等。

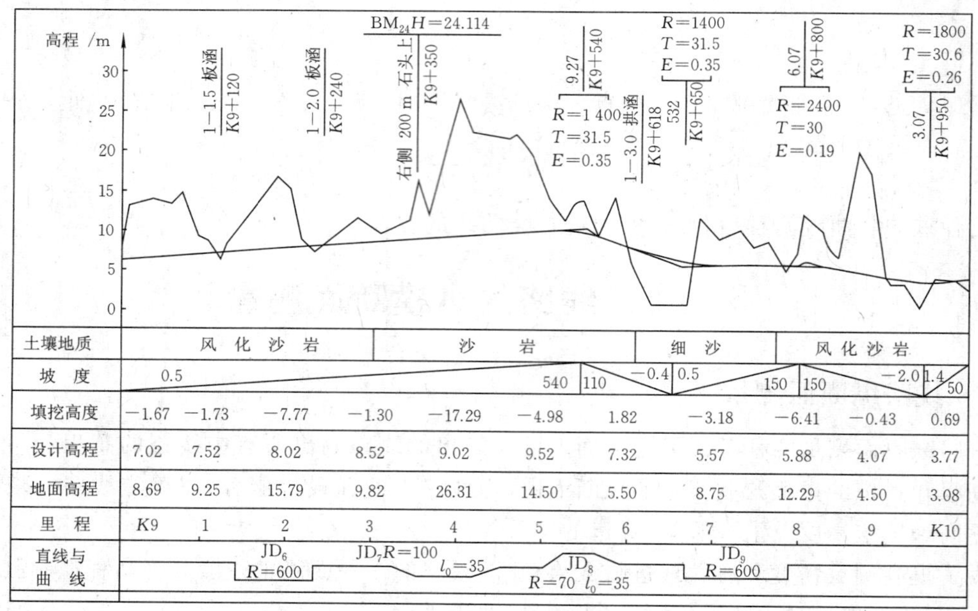

图 13-14 道路纵断面图

图的下部注有关于测量及纵坡设计的资料。

纵断面图的绘制一般可按以下步骤进行：

(1)绘制表格，根据选定的里程比例尺和高程比例尺，在表格里填写里程桩号、地面高程、直线和曲线及其他说明资料。

(2)依据选定的纵、横比例尺依次绘出各中桩的地面位置，再用直线将相邻点连接起来，就得到地面线。

(3)根据设计的坡度计算设计高程并绘制设计的纵坡线。各点设计高程的计算为

$$H_P = H_0 + iD \tag{13-15}$$

式中，H_0 为起算点的高程，i 为设计坡度，D 为推算点至起算点的水平距离。

(4)计算各桩的填挖高度，填挖高度等于设计高程与地面高程之差，正号为填高，负号为挖深。

(5)在图上注记有关资料，如水准点、桥涵、竖曲线等。

二、线路横断面测量

线路横断面测量是测定中线各里程桩两侧垂直于中线的地面距离和高程，并绘制断面图，供线路工程设计、计算土石方量及施工边桩测设之用。在线路上所有的百米桩处、加桩处、桥头、隧道洞口及重点工程地段均需测绘横断面，它是定测阶段一项工作量很大的工作。

(一)横断面测量

进行横断面测量，首先需选定横断面方向。一般直线地段的横断面方向与线路方向垂直，在曲线地段一般与各点的切线方向垂直。横断面方向的确定，一般可用方向架和经纬仪等进行测量。

横断面测量的方法很多，一般常用的方法有两种。

1. 经纬仪测量横断面

将经纬仪安置于中线上，读取中线桩两侧地形变化点的视距和竖直角。计算出各点相对于中线桩的水平距离和高差。此法适用于地形变化大的山区。

2. 水准仪测量横断面

在平坦地区可使用水准仪测量横断面。施测时，先用方向架定出横断面方向，如图 13-15 所示，安置好水准仪，以中桩为后视，以横断面方向上各变坡点为前视，测得各变坡点高程。用皮尺丈量横断面上各变坡点至中桩的距离。

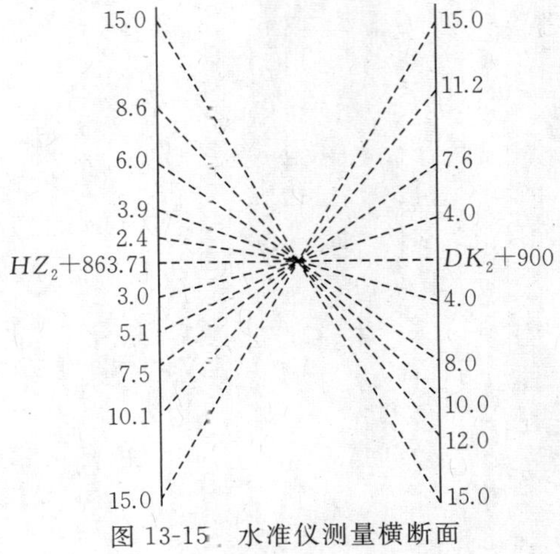

图 13-15　水准仪测量横断面

3. 全站仪测量横断面

将全站仪安置在中线桩上,依次读取中线桩两侧各特征点的水平距离和高差,记录所测数据。

(二)横断面图的绘制

横断面图一般采用现场边测边绘的方法,以便及时对横断面进行核对。也可在现场做好记录,回到室内绘图。横断面图一般是绘制在毫米方格纸上。为了便于计算面积和设计路基断面,其水平距离和高程采用同一比例尺,通常为 1∶200 或 1∶100。绘图时,先将中桩位置标出,然后依比例尺绘出左右两侧变坡点,用直线连接相邻变坡点,即得横断面图。如图 13-16 所示,图中粗线为中基横断面设计线。通常按断面里程的顺序将各里程桩的横断面图逐一绘制在一张图纸上,其排列顺序是由下而上,从左到右。

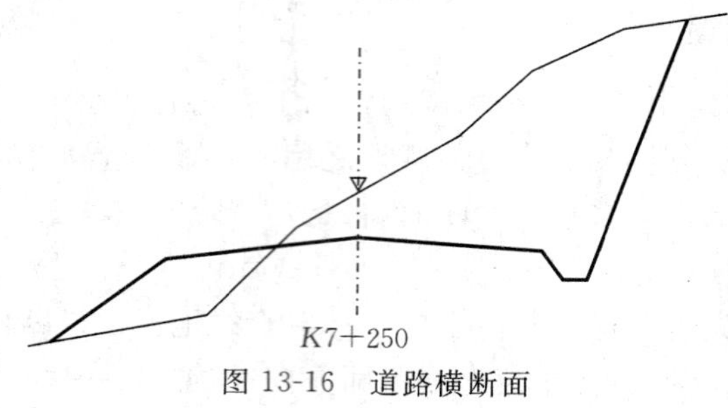

图 13-16 道路横断面

思考题与习题

1. 试述穿线放线法测设交点的步骤和特点。
2. 简述偏角法放样的测设步骤。
3. 路线纵横断面测量的任务是什么?

第十四章　桥梁与隧道施工测量

随着交通运输事业的发展，桥梁建设日益增多。测量工作在桥梁的勘测设计、建筑施工及运营管理期间都起着重要作用。桥梁工程测量包括桥梁勘测和桥梁施工测量两部分。

桥梁勘测的目的是选择桥址和为设计工作提供地形和水文资料。对于中小型桥梁和技术条件简单、造价比较低廉的桥梁，其桥址位置往往由线路决定，且包括在线路勘测之内，不需要单独进行设计。对于特大型桥梁或技术条件复杂的桥梁，因其工程量大、造价高、施工期限长，线路的位置需要服从桥梁的位置。为能选择最优的桥址，通常需要单独进行勘测。

桥梁勘测的主要工作包括桥位控制测量、桥渡线跨河长度测量、桥位地形图测绘、桥轴线纵横断面测量、水文地质调查等。

§14-1　桥梁施工测量

一、桥梁控制测量

（一）平面控制网的布设及测量

建立平面控制网的目的是测定桥轴线长度和据此进行墩、台位置的放样，同时也可用于施工过程中的变形监测。对于跨越无水河道的直线小桥，桥轴线长度可以直接测定，墩、台位置也可直接利用桥轴线的两个控制点测设，无须建立平面控制网。但跨越有水河道的大型桥梁、墩、台无法直接定位，必须建立平面控制网。

选择控制点时，应尽可能使桥的轴线作为三角网的一个边，有利于提高桥轴线的精度。如不能实现，也应将桥轴线的两个端点纳入网内，间接求算桥轴线长度。

对于控制点的要求，除了图形刚强外，还要求地质条件稳定、视野开阔，便于交会墩位，其交会角不致太大或太小。

在控制点上要埋设标石及刻有“十”字的金属中心标志。如果兼作高程控制点使用，则中心标志宜做成顶部为半球状。

控制网可布设成测角网、测边网、边角网、导线网或 GPS 网。

在施工时如因机具、材料等遮挡视线，无法利用主网的点进行施工放样时，可以根据主网中两个以上的点将控制点加密。这些加密点称为插点，插点的观测方法与主网相同，但在平差计算时，主网上点的坐标不得变更。

（二）高程控制点的布设及测量

在桥梁的施工阶段，为了作为放样的高程依据，应建立高程控制，即在河流两岸建立若干个水准基点。这些水准基点除用于施工外，也可作为以后变形观测的高程基准点。

水准基点布设的数量视河宽及桥的大小而异。一般小桥可只布设 1 个；在 200 m 以内的大、中桥，宜在两岸各布设 1 个；当桥长超过 200 m 时，由于两岸联测不便，为了在高程变化时易于检查，则每岸至少布设 2 个。

水准基点是永久性的,必须十分稳固。除了它的位置要求便于保护外,根据地质条件,可采用混凝土标石、钢管标石、管柱标石或钻孔标石。在标石上方嵌以凸出半球状的铜质或不锈钢标志。

为了方便施工,也可在附近设立施工水准点。由于其使用时间较短,在结构上可以简化,但要求使用方便,也要相对稳定,且在施工时不致破坏。

桥梁水准点与线路水准点应采用同一高程系统。与线路水准点联测的精度不需要很高,当包括引桥在内的桥长小于 500 m 时,可用四等水准联测,大于 500 m 时可用三等水准进行测量。但桥梁本身的施工宜采用较高精度的水准网,因为它直接影响桥梁各部的放样精度。

当跨河距离大于 200 m 时,宜采用过河水准法联测两岸的水准点。跨河点间的距离小于 800 m 时,可采用三等水准进行测量;大于 800 m 时,则采用二等水准进行测量。

二、小型桥梁施工测量

小型桥梁跨度小、工期不长,一般用临时筑坝截流或选在枯水季节进行施工。

(一)桥轴线及控制桩的测设

桥梁的中心线称为桥轴线。图 14-1 为一座两跨的小型桥梁。测设时,首先在线路中线上,依桥位桩号准确地标出桥台和桥墩的中心桩位 A、B、C,在河道两岸测设桥位控制桩 k_1、k_2、k_3、k_4。然后分别在点 A、点 B、点 C 上安置经纬仪,测设桥台和桥墩的中心线,并在两侧各设两个以上控制桩,如 a_1、a_2、b_1、b_2、c_1、c_2、…。如果桥台、桥墩中心不能安置仪器,则可在两岸先布设控制点,然后用交会法定出各轴线。

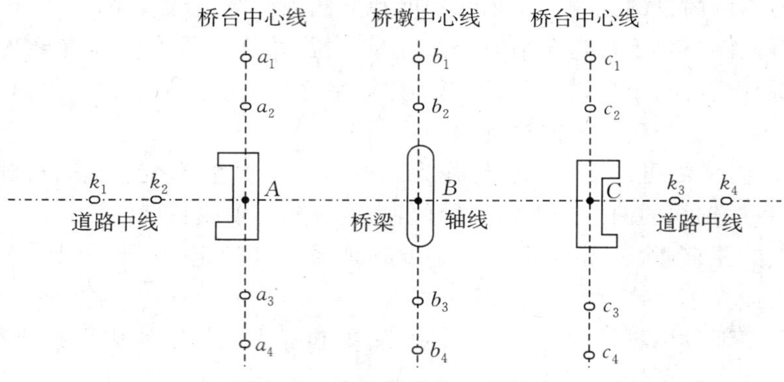

图 14-1 小型桥梁施工控制桩

(二)基础施工测量

基坑开挖前,应先根据桥台、桥墩的中心线定出基坑开挖边界线,基坑上口尺寸要根据基坑坑深、坡度、土质情况和施工方法确定。当基坑挖到一定深度后,应在坑壁上测设距基底设计面一定高差(如 1 m)的水平桩,作为控制挖深及基础施工中的高程依据。

基础完工后,应根据上述桥位控制桩和墩、台控制桩,用经纬仪在基础面上测设出墩、台中心及相互垂直的纵、横轴线,根据纵、横轴线即可测设桥台、桥墩的外廓线,作为砌筑墩、台的依据。

(三)墩、台顶部施工测量

为控制桥墩、台的砌筑高度,当桥墩、台砌筑到一定高度时,应根据水准点在墩、台的每侧测设一条距顶部一定高度的水平线。在墩帽、顶帽施工时，应用水准仪依水准点控制其高程，使其误差在±10 mm以内；用经纬仪依中线桩检查墩、台的两个方向的中线位置，其偏差应在±10 mm以内；同时应检查墩、台间距，相对误差应小于1/5 000。

三、大、中型桥梁施工测量

建造大、中型桥梁时，因江河宽阔，桥墩在水中建造，且墩台较高、基础较深、墩间跨距大、梁部结构复杂，对桥轴线测设、墩台定位等要求较高。因此，需要在施工前布设平面控制网和高程网，用于墩台定位和架设梁部结构。控制网的等级应根据桥长合理确定。高程控制网的主要形式是水准网，平面控制网的形式既可以是传统的三角网、导线网，又可以是GPS网。在布设平面控制网和高程控制网后，可用精密的方法进行墩台定位和梁部结构架设测量。

(一)桥梁墩台定位测量

准确测设桥梁墩台的中心位置，称为墩台定位。墩台定位常用的两种测量方法为交会法和极坐标法。

1. 交会法

如图14-2所示，P_i 为第 i 号桥梁墩台的中心，d_i 为 P_i 至桥轴线控制点 A 的距离，基线 D_1、D_2 及角度 θ_1、θ_2 均为已知值，现采用方向交会法进行第 i 号桥墩的墩台定位。

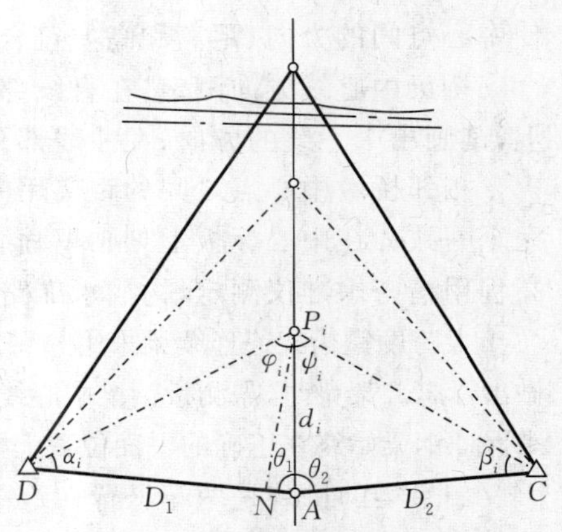

图14-2　方向交会法测量桥墩位置

(1)计算交会角 α_i、β_i。经 P_i 向基线 AD 做辅助垂线 P_iN，则有

$$\tan\alpha_i = \frac{P_iN}{DN} = \frac{d_i\sin\theta_1}{D_1 - d_i\cos\theta_1}$$

则

$$\alpha_i = \arctan\frac{d_i\sin\theta_1}{D_1 - d_i\cos\theta_1} \tag{14-1}$$

同理得

$$\beta_i = \arctan\frac{d_i\sin\theta_2}{D_2 - d_i\cos\theta_2} \tag{14-2}$$

为了检核 α_i、β_i，可参照求算 α_i、β_i 的方法，计算 φ_i 及 ψ_i，即

$$\left.\begin{aligned}\varphi_i &= \arctan\frac{D_1\sin\theta_1}{d_i - D_1\cos\theta_1}\\ \psi_i &= \arctan\frac{D_2\sin\theta_2}{d_i - D_2\cos\theta_2}\end{aligned}\right\} \tag{14-3}$$

则计算检核公式为

$$\left.\begin{aligned}\alpha_i + \varphi_i + \theta_1 = 180^\circ\\ \beta_i + \psi_i + \theta_2 = 180^\circ\end{aligned}\right\} \tag{14-4}$$

(2)测设方法。如图14-3所示，在 C、A、D 3测站各安置1台经纬仪。置于 A 站的经纬仪瞄准点 B，标出桥轴线方向，置于 C、D 2测站的仪器，均后视点 A，以正倒镜分中法测设 α_i、β_i，在桥墩上的人员分别标定出 A、C、D 3测站测设的方向。受测量误差的影响，3个测站测设的

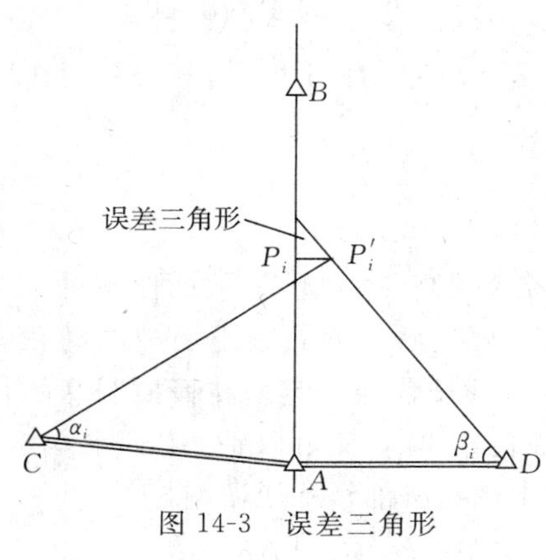

图 14-3 误差三角形

方向构成一个误差三角形。若误差三角形在桥轴线上的边长不大于规定数值(墩底放样为 2.5 cm，墩顶放样为 1.5 cm)，则取 C、D 2 测站测设方向线的交点 P_i' 在桥轴线上的投影 P_i 作为墩台的中心位置。

交会精度与交会角 γ 有关，当 γ 角在 90°～110°时，交会精度最高。故在选择基线及布网时尽可能满足 $30° < \gamma < 150°$。

2. 极坐标法

如被测设的桥梁墩台可以安置棱镜，可直接在某控制点上安置全站仪，根据计算出的标定数据以极坐标法测设墩台中心位置。

(二)桥梁架设施工测量

架梁是桥梁施工的最后一道工序。架梁时需将相邻的墩台联系起来，并考虑其相关精度，使中心点间的方向、距离和高差符合设计要求。

桥梁中心线方向测定：在直线部分采用准直法，用经纬仪正倒镜观测，在墩台的中心标板上，刻画出中心线的方向；在曲线部分，采用测定偏角与弦长的方法标定中心点。

相邻桥墩中心点之间的距离用光电测距仪观测，适当调整中心点，使观测结果与设计里程完全一致。在中心标板上刻画里程线，与已刻画的方向线正交，形成墩台中心十字线。墩台顶高程用精密水准仪测定，构成水准路线，附合到两岸基本水准点上。

大跨度钢桁架或连续梁采用悬臂或半悬臂安装架设。安装开始前，应在横梁顶部和底部中点做出标志。架梁时，需测量钢梁中心线与桥梁中线的偏差值。在梁的安装过程中，应通过不断测量来保证钢梁始终在正确的平面位置上，高程位置应符合设计的大节点挠度和整跨拱度的要求。

如果梁的拼装是两端悬臂在跨中合拢，则合拢前的测量重点应放在两端悬臂的相对关系上，如中心线方向偏差、最近节点高程差和距离差，要符合设计和施工的要求。全梁架通后，进行一次方向、距离和高程的全面测量，其成果可作为钢梁整体纵、横移动和起落调整的施工依据，称为全桥贯通测量。

§14-2 隧道施工测量

一、隧道平面与高程控制测量

定测时，隧道的设计位置一般已初步标定在地表面上。在施工之前先进行复测，检查并确认各洞口的中线控制桩。当隧道位于直线上，两端洞口应各确定一个中线控制桩，以两桩连线作为隧道洞内的中线；当隧道位于曲线上，应在两端洞口的切线上各确认两个控制桩，两桩间距应大于 200 m。以控制桩所形成的两条切线的交角和曲线要素为准，来测定洞内中线的位置。由于定测时测定的转向角、曲线要素的精度及直线控制桩方向的精度较低，满足不了隧道贯通精度的要求，所以施工之前要进行洞外控制测量。洞外控制测量是在隧道各开挖口之间建立一精密的控制网，以便根据它进行隧道的洞内控制测量或中线测量，保证隧道的正确贯通。

洞外控制测量包括平面控制测量和高程控制测量。洞外平面控制测量常用的方法有中线法、精密导线法、三角测量、三边测量、边角测量或综合使用，此外还可以采用 GPS 测量。

(一)中线法

中线法是将隧道线路中线的平面位置按定测的方法先测设在地表上，经反复核对无误后，才能把地表控制点确定下来，施工时就以这些控制点为准，将中线引入洞内。一般在直线隧道短于 1 000 m、曲线隧道短于 500 m 时，可以采用中线作为控制。

如图 14-4 所示，点 A、点 C、点 D、点 E 为在 A、B 之间修建隧道定测时，所定中线上的直线转点。由于定测精度较低，在施工之前要进行复测，其方法为：以点 A、点 B 作为隧道方向控制点，将经纬仪安置在点 C' 上，后视点 A，用正倒镜分中法定出点 D'；再置经纬仪于点 D'，用正倒镜分中法定出点 B'。若点 B' 与点 B 不重合，可量出 $B'B$ 的距离，则

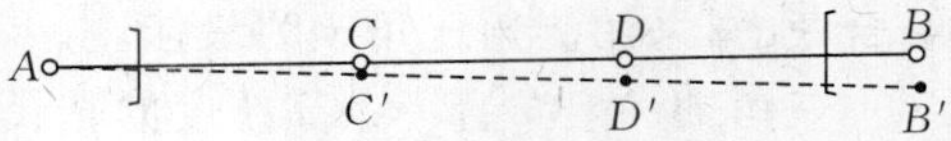

图 14-4　中线法

$$D'D=\frac{AD'}{AB'}B'B$$

自点 D' 沿垂直于线路中线的方向量出 $D'D$ 定出 D 点，同理也可定出 C 点。然后，再将经纬仪分别安置在点 C、点 D 上复核，在证明该两点位于直线 AB 的连线上后，即可将它们固定下来，作为中线进洞的方向。

若用于曲线隧道，则应首先精确标出两切线方向，然后精确测出转向角，将切线长度正确地标定在地表上，以切线上的控制点为准，将中线引入洞内。

中线法简单、直观，但其精度不太高。

(二)精密导线法

精密导线法比较灵活、方便，对地形的适应性比较大。目前，在光电测距仪已经普及和其精度不断提高的情况下，对于有条件的单位，精密导线法应当是隧道洞外控制形式的首选方案。

精密导线应组成多边形闭合环。它可以是独立闭合导线，也可以是与国家三角点相连的导线。导线水平角的观测，应以总测回数的奇数测回和偶数测回，分别观测导线前进方向的左角和右角，以检查测角错误。将它们换算为左角或右角后再取平均值，可以提高测角精度。为了增加检核条件和提高测角精度评定的可行性，导线环的个数不宜太少，最少不应少于 4 个；每个环的边数不宜太多，一般以 4～6 条边为宜。

在进行导线边长丈量时，导线应尽量接近测距仪的最佳测程，且边长不应短于 300 m；导线尽量以直伸形式布设，减少转折角的个数，减弱边长误差和测角误差对隧道横向贯通误差的影响。我国大瑶山隧道长 14.3 km，洞外控制采用导线网，且取得了很好的效果。

导线的测角中误差应满足测量设计的精度要求，其公式为

$$m_\beta=\pm\sqrt{\frac{(f_\beta/n)^2}{N}} \tag{14-5}$$

式中，f_β 为导线环的角度闭合差，单位为秒；n 为一个导线环内角的个数；N 为导线环的个数。

导线环(网)的平差计算一般采用条件平差或间接平差，边与角的定权为

$$\left.\begin{aligned}P_\beta&=1\\P_D&=\frac{m_\beta^2}{m_D^2}\end{aligned}\right\} \tag{14-6}$$

式中，m_β 为导线测角中误差；m_D 为导线边长中误差，宜用统计值。

当导线精度要求不高时,也可采用近似平差。

(三)三角测量

三角测量的方向控制较中线法、精密导线法都高,如果仅从横向贯通精度的观点考虑,它是最理想的隧道平面控制方法。

三角测量除采用测角三角锁外,还可采用边角网和三边网。但从精度、工作量、经济方面综合考虑,采用测角三角锁为最佳。

三角锁一般布置一条高精度的基线作为起始边,并在三角锁另一端增设一条基线,进行检核。其余是测角工作,按正弦定理推算边长,经过平差计算可求得三角点和隧道轴线上控制点的坐标,然后以控制点为依据,确定进洞方向。

(四)三角锁和导线联合控制

三角锁和导线联合控制只有在受到特殊地形条件限制时才考虑,一般不宜采用。例如,隧道在城市附近,三角锁的中部遇到较密集的建筑群,这时使导线穿过建筑群与两端的三角锁相连接。

在布设中除了前面所述要求之外,还应注意以下几点:

(1)应使三角锁或导线环的方向尽量垂直于贯通面,以减弱边长误差对横向贯通精度的影响。

(2)尽量选择长边,减少三角形个数或导线边个数,以减弱测角误差对横向贯通精度的影响。

(3)每一洞口附近平面控制点测设不少于三个(包括洞口投点及其相联系的三角点或导线点),作为引线入洞的依据,并尽量将其纳入主网中,以加强点位稳定性和入洞方向的校核。

(4)三角锁的起始边如果只有一条,则应尽量布设于三角锁中部;如果有两条,则应使其位于三角锁两端,这样不仅利于洞口插网,还可以减弱三角网测量误差对横向贯通精度的影响。

(5)三角锁中若要增列基线条件,应将基线设于锁段两端,但此时起始边的测量精度应满足下列要求,即

$$\frac{m_b}{b} \leqslant \frac{m_\beta}{\sqrt{2}\rho''} \tag{14-7}$$

否则,不应加入基线条件。

(五)GPS 测量

隧道施工控制网可利用 GPS 相对定位技术,采用静态或快速静态测量方式进行测量。由于定位时仅需要在开挖洞口附近测定几个控制点,GPS 测量工作量少,而且可以全天候观测,目前已得到应用。

隧道 GPS 定位网的布网设计应满足下列要求:

(1)定位网由隧道各开挖口的控制点点群组成,每个开挖口至少应布测 4 个控制点。整个控制网应由一个或若干个独立观测环组成,每个独立观测环的边数最多不超过 12 条,且应尽可能减少。

(2)网的边长最长不宜超过 30 km,最短不宜短于 300 m。

(3)每个控制点应有 3 条或 3 条以上的边与其连接,极个别的点才允许由 2 条边连接。

(4)GPS 定位点之间一般不要求通视,但布设洞口控制点时,考虑用常规测量方法进行检测、加密或恢复的需要,应当通视。

(5)点位空中视野开阔,保证至少能接收到 4 颗卫星的信号。

(6)测站附近不应有对电磁波有强烈吸收和反射的金属和其他物体。

(六)高程控制测量

洞外高程控制测量的任务，是按照设计精度施测两相向开挖洞口附近水准点之间的高差，以便将整个隧道的统一高程系统引入洞内，保证按规定精度在高程方面正确贯通，并使隧道在高程方面按要求的精度正确修建。

高程控制的二、三等采用水准测量。当山势陡峻采用水准测量困难时，也可采用光电测距仪三角高程的方法测定各洞口高程。每一个洞口应埋设不少于两个水准点，两水准点之间的高差，以安置一次水准仪即可测出为宜。

水准测量的精度，一般参照表 14-1 即可。

表 14-1　等级水准测量的路线长度和仪器精度

测量部位	测量等级	每千米高差中数的偶然中误差/mm	两开挖洞口间的水准路线长度/km	水准仪等级	水准尺类型
洞外	二	≤1.0	>36	$S_{0.5}$、S_1	线条式因瓦水准尺
	三	≤3.0	13～36	S_1	线条式因瓦水准尺
				S_3	区格式水准尺
	四	≤5.0	5～13	S_3	区格式水准尺
洞内	二	≤1.0	>32	S_1	线条式因瓦水准尺
	三	≤3.0	11～32	S_3	区格式水准尺
	四	≤5.0	5～11	S_3	区格式水准尺

由上述各种方法比较看出，中线法控制形式最简单，但由于方向控制较差，故只能用于较短的隧道。三角测量方法的方向控制精度最高，故在光电测距仪未广泛使用之前，是隧道控制最主要的形式，但其三角点的布设要受地形、地物条件的限制，而且基线边要求精度高，使丈量工作复杂，平差计算工作量大。在光电测距仪的测程和精度不断提高的今天，由于精密导线法布设简单、灵活、地形适应性强、外业工作量少，因而逐渐成为隧道控制的主要形式，只要在水平角测量时适当增加测回数，就可弥补其方向控制不如三角测量的不足。而且光电测距导线和光电测距三角高程可以同时进行，大大减少了野外工作量，是今后隧道控制的首选方案。GPS 测量是目前正处于试验阶段的一种全新控制形式，随着其价格的降低、精度的提高、理论的完善，势必成为将来最有前途的控制形式。

二、隧道施工测量

(一)隧道中线标定

如图 14-5 所示为直线隧道，P_4、P_5 为施工导线点，点 A、点 D 为待标定的隧道中线点，标定数据 β_5、L 和 β_A 可由点 P_4、点 P_5 的实测坐标和点 A 的设计坐标及隧道中线的设计方位角 α_{AD} 求出。

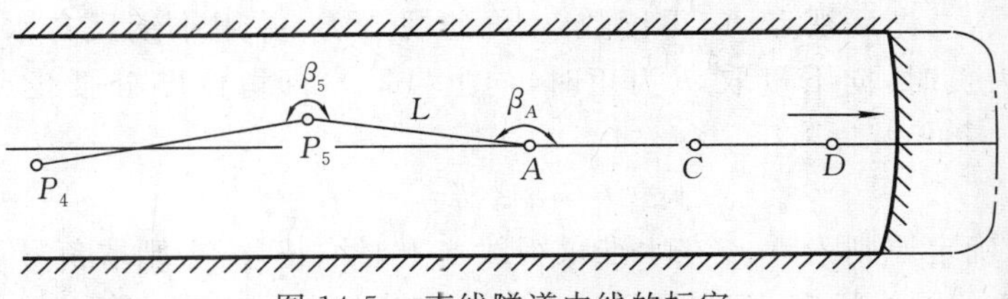

图 14-5　直线隧道中线的标定

在求得标定数据后，可将经纬仪置于点 P_5，后视点 P_4，用极坐标法标定中线点 A，在点 A 埋设标志。然后在点 A 安置经纬仪，后视点 P_5，分别用正、倒两个镜位拨角 β_A 给出点 D' 和点 D''。点 D' 和点 D'' 往往是不重合的，这时可取点 D' 和点 D'' 的中点 D 作为中线点。为了检查，还应测定水平角 $\angle P_5AD$，与 β_A 比较作为检核。经检查确认无误，再瞄准点 D，在点 A 与点 D 中间再标定一个中线点 C。这样，点 A、点 C、点 D 就组成了一组中线点。

一组中线点可指示直线隧道掘进 30～40 m。在由一组中线点到下一组中线点的隧道掘进过程中，可采用瞄线法或拉线法来指示隧道的掘进方向。

(1) 瞄线法。如图 14-6 所示，瞄线法是在中线点 A、C、D 上分别悬挂垂球，一个人站在中线点 A 后，沿中线方向瞄视，指挥另一人在掘进头移动矿灯的位置，使矿灯正好位于这组中线点的延长线上。此时，矿灯的位置也就是隧道中线的位置。

(2)拉线法。如图 14-7 所示，拉线法是在一组中线点 A、C、D 上分别悬挂垂球后，将细绳的一端系在中线点 A 的垂球线上，另一端拉向掘进头，使细绳与点 C、点 D 处的垂球线相切，这时绳另一端点的位置即为隧道中线的位置。

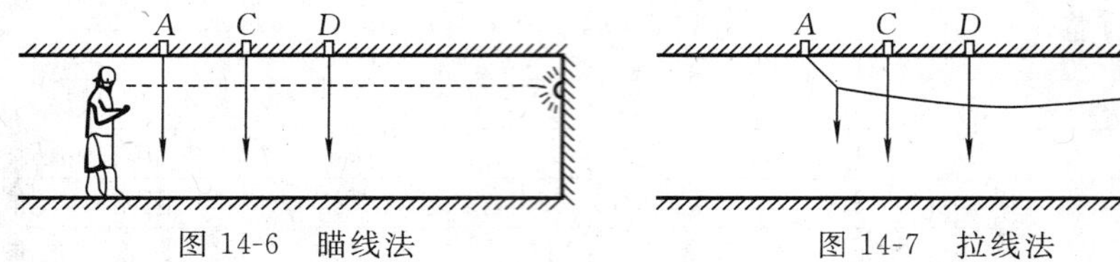

图 14-6 瞄线法　　　图 14-7 拉线法

曲线隧道的中线可采用弦线法或偏角法标定，其标定方法与道路圆曲线测设类似。

(二)隧道腰线标定

在隧道施工过程中，为了随时控制洞底的高程和隧道横断面的放样，在隧道岩壁上，每隔一定距离(5～10 m)标定出比洞底设计地坪高出 1 m 的标高线，称为腰线。腰线的高程由施工水准点进行标定。由于隧道有一定的设计坡度，因此腰线也按此坡度变化，它与隧道设计地坪高程线是平行的。

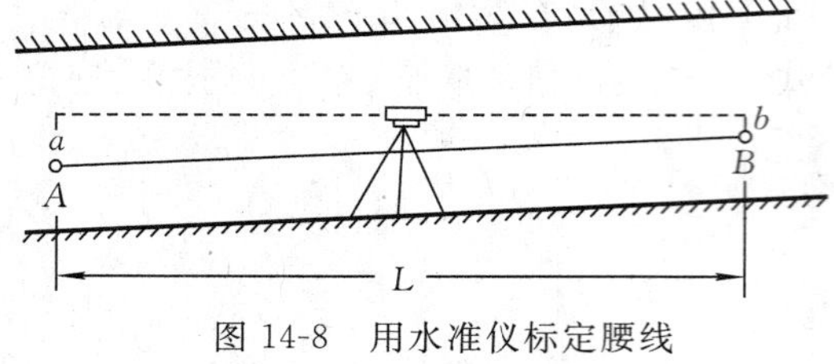

图 14-8 用水准仪标定腰线

对于近水平隧道，常用水准仪来标定腰线。其标定的方法如图 14-8 所示，首先根据已知腰线点和设计坡度，计算下一个腰线点 B 与已知腰线点 A 间的高差 h_{AB}，即

$$h_{AB} = Li$$

式中，L 为 A、B 间的水平距离；i 为隧道的设计坡度；h_{AB} 的正负号与 i 的正负号相同，隧道上坡时为正，下坡时为负。

下一步，根据计算结果进行实地标定。在 A、B 间安置水准仪，用皮尺丈量 A、B 间的水平距离，计算出 h_{AB}。先后视点 A，得读数 a，再前视点 B，并用小钢尺自水准仪视线向下或向上量取 $|b|$(b 为负时，向下量取，b 为正时，向上量取)，即得点 B 处腰线点的位置。b 的计算公式为

$$b = a + h_{AB}$$

式中，a 的正负号确定原则为 A 点在水准仪视线之上时取正号，否则取负号。

对于倾斜隧道的腰线标定，可利用经纬仪在标定中线时同时标出腰线。

(三)掘进方向指示

隧道的开挖掘进过程中,洞内工作面狭小,光线暗淡。因此,在隧道掘进的定向工作中,经常使用自动导向系统或激光指向仪来指示中线或腰线方向。它具有直观、对其他工序影响小、便于实现自动控制等优点。例如,采用机械化掘进设备,用固定在一定位置上的激光指向仪,配以装在掘进机上的光电接收靶,掘进机向前推进中,方向如果偏离了指向仪发出的激光束,则光电接收靶会自动指出偏移方向及偏移值,为掘进机提供自动控制信息。

三、联系测量

(一)进洞关系的计算和进洞测量

洞外控制测量完成以后,应把各洞口的线路中线控制桩和洞外控制网联系起来。由于控制网和线路中线两者的坐标系不一致,应首先把洞外控制点和中线控制桩的坐标纳入同一坐标系内,故必须先进行坐标变换计算,得到控制点在变换后的新坐标。其坐标变换计算公式可以采用解析几何中的坐标旋转和平移计算公式,一般在直线段以线路中线作为 X 轴,曲线上则以一条切线方向作为 X 轴。用线路中线点和控制点的坐标,反算两点的距离和方位角,从而确定进洞测量的数据。把中线引入洞内,可按下列方法进行。

1. *移桩法*

如图 14-9 所示,洞口两端线路控制点 A、B、C、D 是按定测精度测设的,它们并不是严格位于同一条直线上。在经精测点 A、点 B、点 C、点 D 后,可以点 A 为原点、AB 方向为纵轴,计算出 C、D 两点相应的偏离值 y_C、y_D 和 β 角。将经纬仪分别安置在点 C 和点 D 上,拨角量出垂线 y_C 和 y_D,即可移桩定出点 C' 和点 D',再将经纬仪安置于点 D',照准点 C' 即得进洞方向。当偏移量较大时,为保持原设计的线路平面位置和方向的一致性,可用洞口两端的 A、D 两点连线为纵轴,将点 B、点 C 移至中线上。

2. *拨角法*

如图 14-10 所示,当以 AD 为坐标纵轴时,可根据点 A、点 B 及点 C、点 D 的坐标,反算出水平角 α 和 β,即可得到进洞方向。通常为了施工测量方便,也可将 B、C 两点移到中线上的点 B'、点 C' 上。

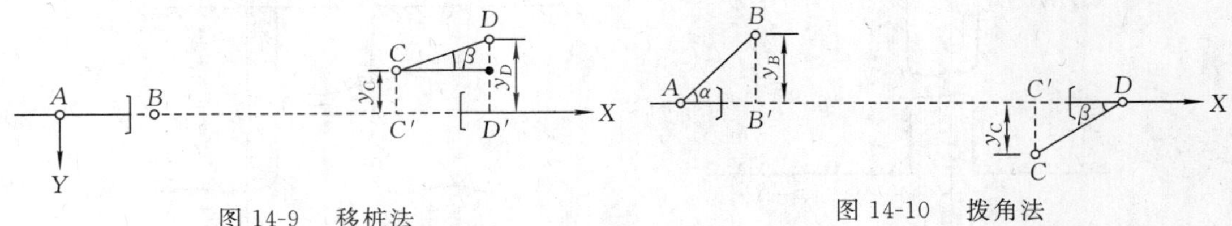

图 14-9　移桩法　　图 14-10　拨角法

(二)由洞外向洞内传递方向和坐标

为了加快施工进度,隧道施工中除了进出洞口之外,还会用斜井、横洞或竖井来增加施工开挖面。因此,就要经由它们布设导线,把洞外导线的方向和坐标传递给洞内导线,构成一个洞内、外统一的控制系统,这种导线称为联系导线。联系导线属支导线性质,其测角误差和边长误差直接影响隧道的横向贯通精度,故使用中必须多次进行精密测定、反复校核,确保无误。

当由竖井进行联系测量时,可以采用垂准仪光学投点、陀螺经纬仪定向的方法,来传递坐标和方位。

(三)由洞外向洞内传递高程

经由斜井或横洞向洞内传递高程时,一般均采用往返水准测量。当高差较差合限时,采用取平均值的方法。由于斜井坡度较陡,视线很短,测站很多,加之照明条件差,故误差积累较大,每隔十站左右应在斜井边脚设一临时水准点,以便往返测量时校核。近年来,光电测距三角高程测量的方法,在传递高程中,已得到越来越广泛的应用,大大提高了工作效率。但是,应注意洞中温度的影响,以及应采用对向观测的方法。

经由竖井传递高程时,过去一直采用悬挂钢尺的方法,即在井上悬挂一把经过检定的钢尺(或一根钢丝),尺零点下端挂一标准拉力的重锤。如图 14-11 所示,在井上、井下各安置一台水准仪,同时读取钢尺读数 l_1 和 l_2,然后再读取井上、井下水准尺的读数 a、b,由此可求得井下水准点 B 的高程,即

$$H_B = H_A + a - [(l_1 - l_2) + \Delta t + \Delta k] - b \tag{14-8}$$

式中,H_A 为井上水准点 A 的高程;a、b 为井上、井下水准尺读数;l_1、l_2 为井上、井下钢尺读数,有 $L = l_1 - l_2$;Δt 为钢尺温度改正数,有 $\Delta t = \alpha L(t_{均} - t_0)$,其中 α 为钢尺膨胀系数(取 $1.25\times10^{-5}/℃$),$t_{均}$ 为井上、井下平均温度,t_0 为钢尺检定时的温度;Δk 为钢尺尺长改正数,有 $\Delta k = (L/l)\Delta l$,其中 l 和 Δl 分别是钢尺的名义长度和它的尺长改正数。

如果在井上装配一托架,安装上光电测距仪,使照准头向下直接瞄准井底的反光镜(图 14-12),测出井深 D_h。然后,在井上、井下用两台水准仪,同时分别测定井上水准点 A 与测距仪照准头转动中心的高差($a_{上} - b_{上}$)、井下水准点 B 与反射镜转动中心的高差($b_{下} - a_{下}$)。这样可求得井下水准点 B 的高程 H_B,即

$$H_B = H_A + (a_{上} - b_{上}) + (b_{下} - a_{下}) \tag{14-9}$$

式中,H_A 为井上水准点 A 的已知高程。

光电测距仪测井深的方法比悬挂钢尺的方法更快速、准确,尤其是进行 50 m 以上的深井测量,更显现出其优越性。

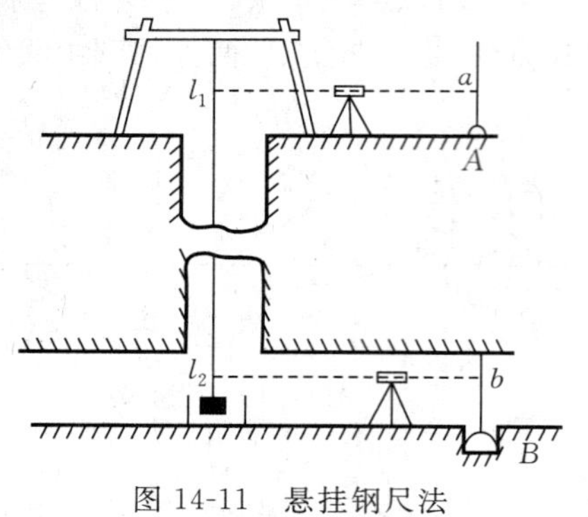

图 14-11 悬挂钢尺法

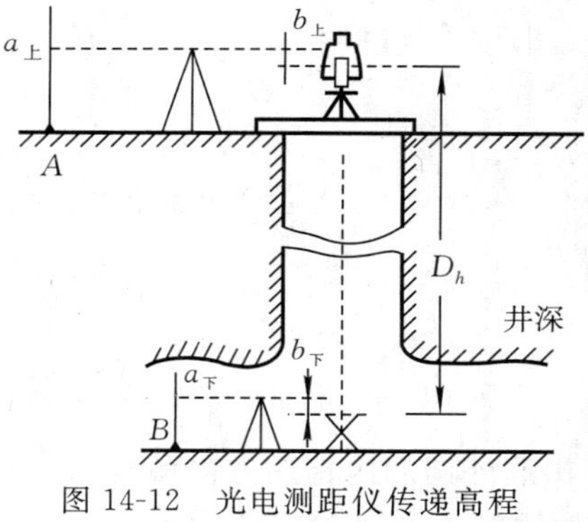

图 14-12 光电测距仪传递高程

思考题与习题

1. 何谓桥墩、桥台施工定位?
2. 简述桥墩、桥台定位的常用方法。
3. 隧道平面控制测量常用的方法有哪些?
4. 隧道联系测量包括哪些部分?
5. 如何进行高程导入测量?

第十五章　生产矿井测量

§15-1　概　述

一、生产矿井测量的内容与任务

生产矿井测量是综合运用测量、地质及采矿等多种学科的相关知识，来解决和处理矿山建设和采矿过程中由矿体到围岩、从地面到井下的各种采矿工程上的空间几何问题。它贯穿勘探、设计、建设、生产的各个阶段，直到矿井报废为止。主要内容如下：

(1)矿床勘探阶段。建立勘探区域的地面控制网，测绘 1∶5 000 比例尺的地形图；标定设计好勘探工程(如钻孔、探槽及探井、探巷等)，并将其测绘到地形图上。

(2)矿山设计阶段。测绘比例尺为 1∶1 000、1∶2 000 比例尺的地形图，供工业广场、建(构)筑物、线路等设计使用。

(3)矿山建设阶段。主要进行一系列的施工测量工作，如标定井筒开挖位置、工业与民用建(构)筑物放样、设备安装测量及线路测量等。

(4)矿山生产阶段。进行巷道标定与测绘、储量管理、岩层与地表移动观测与研究，参加采矿计划编制和环境保护工作。

另外，当矿井报废时，还须将全套矿山测量图纸、测量手簿及计算资料等转交给有关单位进行存档。

综上所述，生产矿井测量的主要任务如下：

(1)建立矿区控制网和测绘大比例尺地形图。

(2)实施矿山基本建设中的施工测量。

(3)测绘各种采掘工程图、矿山专用图。

(4)对资源利用及生产情况进行监督和检查。

(5)观测与研究由开采所引起的地表及岩层移动的基本规律，组织开展“三下”(建筑物下、铁路下、水体下)采矿和矿柱留设，造地复田的实施方案。

(6)参加编制季度和年度采矿计划及矿区远景规划。

二、生产矿井测量的性质与作用

生产矿井测量工作是为采矿生产服务的，是在矿山开发各阶段开始时就要进行的重要工作，在采矿企业中是一个重要的技术部门。因此，生产矿井测量具有先行性和生产性，原因是它本身就是生产的一个重要部门，而且有直接产品——各种图纸资料。

在贯彻执行安全、经济、合理地最大限度采出有用矿物的基本方针中，矿井测量部门在采矿企业中起下列主要作用：

(1)在均衡生产方面起保证作用。在这一方面主要是通过及时提供反映生产状况的各种图纸和资料,准确掌握各种工业储量变动情况,参与采矿计划的编制,检查采矿计划的执行情况来实现的。

(2)在充分开采地下矿产资源和采掘工程质量方面起着监督作用。矿井测量人员应依据有关法令和规定,经常检查各种已完成的采掘工程质量,对充分、合理地采出有用矿物进行监督,以减少各种浪费,特别是地下资源的浪费。

(3)在安全生产方面起指导作用。充分利用所测绘的各种矿山测量图,较全面地熟悉采掘工程的特点,及时而正确地指导采矿巷道施工,避免波及危险区域内。同时,要尽量准确地预测由地下采空所引起的岩层与地表移动的范围,避免建(构)筑物的破坏和人身安全事故发生。

§15-2 矿井联系测量

一、概 述

将矿区地面平面坐标系统和高程系统传递到井下的测量工作称为矿井联系测量。将地面平面坐标系统传递到井下的测量工作称为平面联系测量,简称矿井定向。将地面高程系统传递到井下的测量工作称为高程联系测量,简称导入高程。矿井联系测量的目的就是使地面和井下的坐标系统统一起来。

(1)确定地面建(构)筑物、铁路和河湖等与井下采矿巷道之间的相对位置关系。众所周知,由地下开采引起的上覆岩层移动,往往波及地面,使建(构)筑物遭受破坏,甚至造成重大安全事故。如果采矿工作在河湖等水体下进行,当地面出现的裂缝与井下的裂隙相通时,河水就有可能经裂缝流入井下而使整个矿井淹没。因此,必须时刻掌握采矿工作是在什么地区的下方进行的,以便采取预防措施。

(2)确定相邻矿井的各巷道间,以及巷道与采空区间的相互关系,正确地划定相邻矿井间的隔离矿柱。否则,大量的水及瓦斯有可能会涌出,迫使采矿工作停顿,甚至造成重大安全事故。

(3)解决很多重大工程问题,如井筒的贯通或相邻矿井间各种巷道的贯通,以及由地面向井下指定地点开凿小井或打钻孔等都需要井上、下采用统一的坐标系统。

(一)矿井联系测量的主要任务

(1)确定井下起始边的坐标方位角 α。

(2)确定井下起始点的平面坐标 x 和 y。

(3)确定井下起始水准基点的高程 H。

其中,前面两项任务是通过矿井定向来完成的,第三个任务是通过导入高程来完成的。这样就获得了井下平面与高程测量的起算数据,即井上、下的坐标系统得到统一。

(二)矿井定向的一般方法

(1)通过平硐或斜井的几何定向。

(2)通过一个立井的几何定向(一井定向)。

(3)通过两个立井的几何定向(两井定向)。

(4)陀螺经纬仪定向。

在上述矿井定向方法中,前三种属于几何定向,第四种属于物理定向。由于通过平硐或斜井的几何定向是以导线的形式进行传递的，在此不再赘述，本节重点介绍通过立井（竖井）的定向方法。

二、近井点和井口水准基点

如前所述，为了满足矿井建设和生产的需要，必须建立矿井上、下统一的坐标系统，这就需要在矿井工业广场井口附近布设平面控制点和高程控制点，即通常所说的近井点和井口水准基点。近井点和井口水准基点是传递平面坐标、坐标方位角和高程的起算点，可在矿区三、四等控制测量的基础上，用插网、插点和敷设经纬仪导线，或利用 GPS 等方法和技术进行测设。

近井点的精度要求：相对于测设近井点的起算点来说，其点位中误差不得超过±7 cm，近井点后视边方位角中误差不得超过±10″；井口水准基点应按四等水准测量的精度要求测设，路线可布设成闭（附）合路线、高程网或水准支线，除水准支线必须往返观测或用单程双转点法观测外，其余均可以进行单程测量。

近井点和井口水准基点的布设还要满足以下要求：

(1)尽可能埋设在便于观测、保存和不受开采影响的区域。

(2)近井点至井口的联测导线边数应不超过 3 条。

(3)高程水准基点应不少于 2 个(近井点可兼做高程水准基点)。

三、一井定向

在进行矿井平面联系测量过程中，由坐标误差引起的点位误差和由方位角误差引起的点位误差，对于以其为起始数据进行的后续点测量的影响是非常大的，如图 15-1 所示。

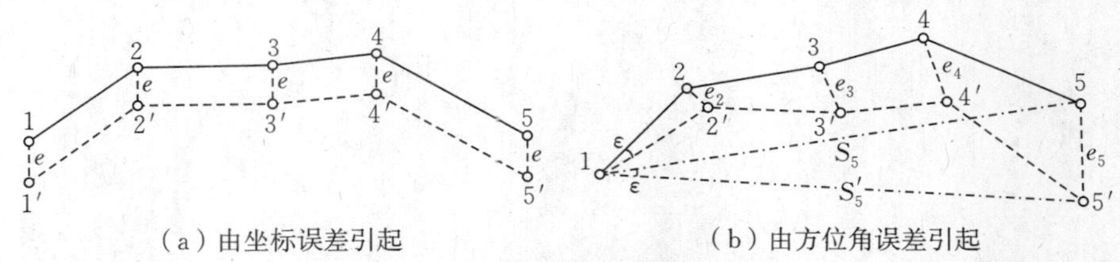

图 15-1　坐标和方位角传递误差

由图 15-1(a)可以看出，假设测量不存在任何误差，坐标传递误差 e 对于井下起始点和井下最远点的影响程度是相同的，即相当于整条导线平移了距离 e。然而，从图 15-1(b)可以看出，方位角的传递误差则不同。同样，假设测量不存在任何误差，当井下起始边传递方位角的误差为 ε 时，整条导线相当于以井下起始点为圆心转动了 ε 角，且导线延伸越长，终端的误差越大。

由此可见，方位角的传递误差对井下测量的影响是相当大的。正因为如此，在进行平面联系测量时要尽可能地减小方位角的传递误差，以方位角的传递为主，所以矿井平面联系测量又称为矿井定向。

一井定向就是在一个井筒内自由悬挂两根钢丝，钢丝的一端悬挂在地面，另一端系有定向专用的垂球自由悬挂（垂球线）至定向水平。首先利用地面坐标系统求出垂球线的平面坐标及其连线的方位角，其次在定向水平上再把悬挂的钢丝（垂球线）与井下起始点进行联测，这样便能将地面的方向和坐标传递到井下，从而达到定向的目的。因此，可把定向工作分为两个部分:由地面向定向水平投点(简称投点),在地面和定向水平上与垂球线连接(简称连接)。

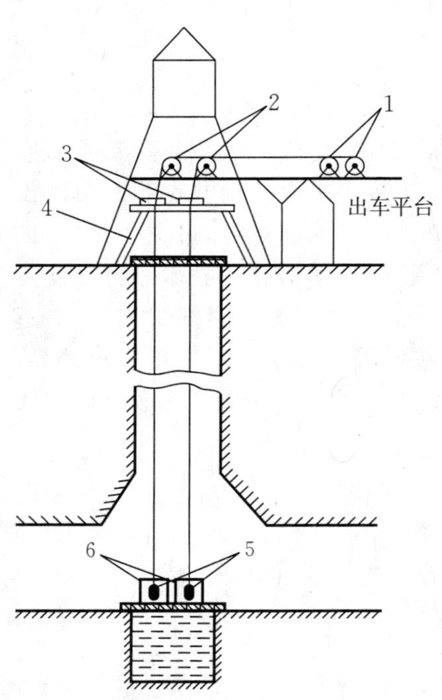

1—手摇绞车;2—导向滑轮;3—定点板;4—木架;5—垂球;6—水桶。

图 15-2 投点的设备和安装

(一)投点

投点是以井筒中悬挂的两根钢丝形成的竖直面将井上的点位和方位角传递到井下的过程。投点工作的设备布置如图 15-2 所示。将缠绕钢丝的手摇绞车固定在出车平台上,钢丝通过安装在井架横梁上的导向滑轮自定点板的缺口挂下。定点板固定在一个专用的木架上,用来稳定垂线悬挂点的平面位置,使其不受井架震动的影响。在钢丝下端挂上垂球,并将它放在盛有稳定液的水桶(或者油桶)中,这种方法叫作单重稳定投点。在井深较大、钢丝较长的情况下,要保证钢丝的下端不动是非常困难的,这时需要观测钢丝自由悬挂摆动时的左右读数,从而求得钢丝的稳定位置,这种寻找钢丝稳定位置的方法叫作摆动投点。

1. 投点误差

受井筒内常有的滴水和风流的影响,钢丝的井上、井下位置在投点过程中不会严格地处在同一条铅垂线上,产生投点误差。当两根钢丝偏离的方向相反时,影响最大,如图 15-3 所示,投点偏差对坐标方位角的传递影响为

$$\theta=\frac{O_1O_1'+O_2O_2'}{O_1O_2}\rho''$$

令

$$O_1O_1'=O_2O_2'=e$$

$$O_1O_2=c$$

则

$$\theta=\frac{2e}{c}\rho'' \tag{15-1}$$

【例 15-1】假设投点误差 $e=2$ mm,两钢丝之间的距离 $c=3$ m,则根据式(15-1),得

$$\theta=\frac{2\times 2}{3\times 1\,000}\times 206\,265''=276''=4'36''$$

由此可知,投点误差仅为 2 mm 时,引起的方位角误差可达 4′36″。因此,在定向过程中要尽可能减小投点误差。

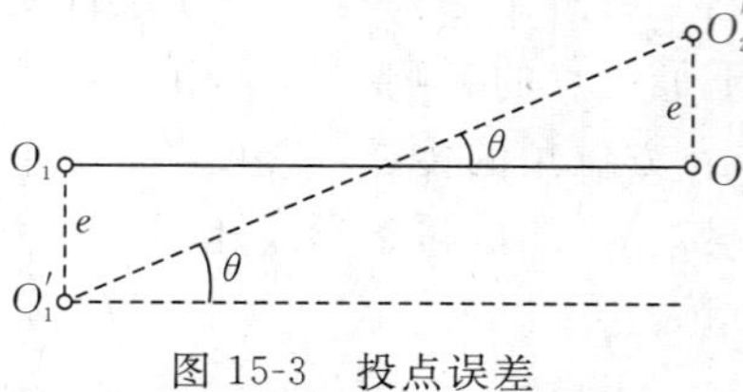

图 15-3 投点误差

一般采取的措施如下:

(1)尽量增加两垂球线间的距离,并选择合适的垂球线位置。例如,使两垂球线连线方向尽量与气流方向一致。尽管沿气流方向的垂球线偏斜可能较大,但是最危险的方向,即垂直于两垂球线连线方向上的偏斜却不大,因而可以减少投向误差。

(2)尽量减少马头门处气流对垂球线的影响。定向时最好停止风机运转或增设风门,以减少风速。

(3)采用小直径、高强度的钢丝，适当加大垂球重量，并将垂球浸入稳定液中。

(4)减少滴水对垂球线及垂球的影响，在淋水大的井筒，采取挡水措施，并在大水桶上加挡水盖。

2. 钢丝的下放与自由悬挂的检查

在进行定向测量之前，应该用坚固的木板将井口盖上，以便安全地进行工作。但须在盖板上留有缝隙，让钢丝通过。在下放钢丝之前必须通知定向水平的人员离开井筒。钢丝通过滑轮并挂上小垂球后，慢慢放入井筒内。每下放 50 m 左右，要稍有停顿，使垂球摆动稳定下来。当收到垂球到达定向水平的信号后，立即停止下放，并闸住绞车，将钢丝卡入定点板内。在定向水平上，取下小垂球，挂上定向用较大重量的垂球。挂好后，应检查垂球是否与桶底、桶壁接触。

为检查钢丝是否处于自由悬挂状态，通常采用以下方法：

(1)信号圈法。用铁丝制作成直径约为 2～3 cm 的小铁丝圈，称为信号圈，将其套在钢丝上，每隔一定时间下放一个信号圈，定向水平的人员检查该信号圈是否到达。用这种简单方法可以判断该钢丝是否自由悬挂，保持好投放时间间隔，可以通过投放 3～5 个信号圈进行检查。投放信号圈时，钢丝不应摆动，信号圈的重量也不应太大。此外，投放前应将钢丝上的油垢擦去，以免粘住信号圈。

(2)比距法。比距法是分别丈量井上、井下两钢丝之间的距离，并比较其差值。如果其差值不大于 2 mm，便认为钢丝是自由悬挂的。

(3) 振幅法。振幅法是通过测定钢丝摆动的半周期，看它是否与计算值相等。钢丝摆动的半周期 t 为

$$t=\pi\sqrt{\frac{L}{g}}\approx\sqrt{L} \tag{15-2}$$

式中，t 为钢丝一次摆动的时间，单位为 s；L 为钢丝自由悬挂长度，单位为 m；g 为重力加速度，$g=9.81\ \mathrm{m/s^2}$。

测定半周期的方法是：在定向水平上，记录钢丝连续摆动十次的时间，然后计算出平均一次摆动的时间。由于稳定液的阻尼作用，实测的半周期应大于计算值。若小于计算值，可将实测的半周期代入式(15-2)，计算出钢丝自由悬挂的长度，从而估计出接触点的位置。

(二)连接

由于不能在钢丝点 A、点 B 处安置仪器(图 15-4(a))，因此选定井上、井下的连接点 C 和连接点 C'，从而在井上、井下形成以 AB 为公共边的 $\triangle ABC$ 和 $\triangle ABC'$，通常把这样的三角形称为连接三角形。从井上、井下连接三角形的平面投影(图 15-4(b))可以看出，当已知点 D 的坐标及 DE 边的方位角和地面三角形各内角及边长时，便可按导线的测量和计算方法，计算出点 A、点 B 在地面坐标系统中的坐标及其连线的坐标方位角。同样，如果已知点 A、点 B 的坐标及其连线的方位角和井下三角形各要素时，测定连接角 δ' 就能计算出井下导线起始边 $D'E'$ 的坐标方位角及 D' 点的坐标。

可以看出，连接测量分为地面连接测量和井下连接测量两个部分。地面连接测量的目的是在地面测定两钢丝的坐标及其连线的方位角；井下连接测量的目的是在定向水平上，根据两钢丝的坐标及其连线的方位角确定井下起始点的坐标与起始边的坐标方位角。

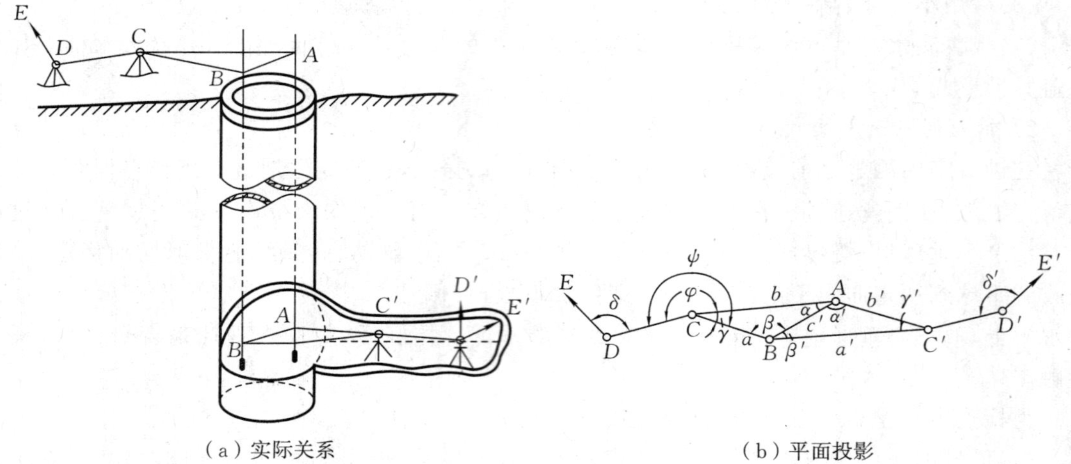

(a)实际关系 (b)平面投影

图 15-4 连接三角形

1. 连接三角形应满足的条件

为了提高矿井定向的精度,在选择井上、井下连接点 C、C' 时,应考虑使连接三角形满足以下三个条件:

(1)点 C 与点 D、点 C' 与点 D' 要彼此通视,且 CD 与 $C'D'$ 的边长要大于 20 m。

(2)三角形的锐角 γ 和 γ' 要小于 2°。

(3) a/c 与 a'/c' 的值要尽量小一些,一般应小于 1.5。

2. 外业

地面连接测量是在点 C 安置经纬仪,测量出 ψ、φ 和 γ 三个角度,并丈量 a、b、c 三条边的边长。井下连接测量是在点 C' 安置经纬仪,测量出 ψ'、φ' 和 γ' 三个角度,并丈量 a'、b'、c' 三条边的边长。

3. 内业

(1)如图 15-4(b)所示,运用正弦定理,解算出 α、β、α'、β' 的角度值,即

$$\left.\begin{aligned} \alpha &= \arcsin \frac{a\sin\gamma}{c} \\ \beta &= \arcsin \frac{b\sin\gamma}{c} \\ \alpha' &= \arcsin \frac{a'\sin\gamma'}{c'} \\ \beta' &= \arcsin \frac{b'\sin\gamma'}{c'} \end{aligned}\right\} \tag{15-3}$$

(2)测量和计算的正确性检验。

——连接三角形的三个内角 α、β、γ 及 α'、β'、γ' 之和均应等于 180°。若有少量残差可平均分配到 α、β 或 α'、β' 上。

——井上丈量得到的两钢丝间的水平距离与按余弦定理计算出的相应距离差应不大于 2 mm;井下丈量所得的两钢丝间的水平距离与计算出的相应距离差应不大于 4 mm。若符合上述要求才可以进行下一步计算。

——将井上、井下的连接图形视为一条导线，如 $D—C—A—B—C'—D'$，按照导线的计算方法求出井下起始点 C' 的坐标及井下起始边 $C'D'$ 的坐标方位角。

一井定向需要独立进行两次，由近井点推算的两次独立定向结果的互差不应超过 $\pm 2'$，并取其平均值作为最终定向结果。

四、两井定向

当有两个立井，并且两个井之间在定向水平上有巷道相通并能进行测量时，就要采用两井定向。两井定向就是在两个井筒中各悬挂一根钢丝（垂球线），如图 15-5 所示，两垂球线在井上、井下连线的坐标方位角保持不变。在通过地面测量确定两垂球线的坐标，并计算其连线的坐标方位角后，再在井下巷道中，用经纬仪导线对两垂球线进行连测。取一假定坐标系统来确定井下两垂球线连线的假定方位角，然后将其与地面上确定的坐标方位角相比较，其差值便是井下假定坐标系统和地面坐标系统的方位之差。如果利用这个差值对井下假定坐标方位进行改正，便可得到井下导线在地面坐标系统中的坐标方位角。

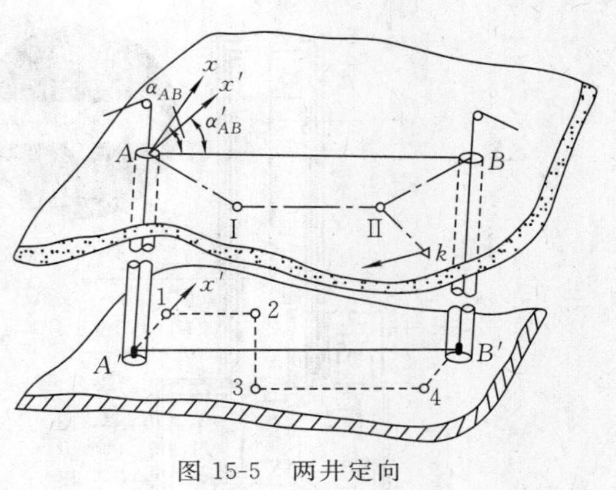

图 15-5　两井定向

两井定向时，由于两垂球线间距离大大增加，因而由投点误差引起的投向误差也大大减小，这是两井定向的最大优点。

两井定向需要独立进行两次，若由近井点推算的两次独立定向结果的互差不超过 $\pm 1'$，则取其平均值作为最终定向结果。

（一）两井定向的外业

1. 投点

在两个立井中各悬挂一根垂球线 A 和 B，投点设备和方法与一井定向时相同，一般采用单重稳定投点。

2. 地面连接测量

从近井点分别向两垂球线 A、B 敷设连接导线，以确定点 A、点 B 的坐标和 AB 边的坐标方位角。连接导线敷设时，应使其具有最短的长度并尽可能沿两垂球线连线的方向延伸，因为此时量边误差对连线方向的影响较小。

3. 井下连接测量

在井下定向水平，测设经纬仪导线 $A—1—2—3—4—B$。

（二）两井定向的内业计算

（1）根据地面连接测量的成果，按照导线的计算方法，计算出地面两钢丝点 A、B 的平面坐标 (x_A, y_A)、(x_B, y_B)。

（2）计算两钢丝点 A、B 的连线在地面坐标系统中的方位角 α_{AB}，即

$$\alpha_{AB} = \arctan \frac{y_B - y_A}{x_B - x_A}$$

（3）以井下导线起始边 $A'1$ 为 x' 轴、点 A 为坐标原点建立假定坐标系，计算井下导线各点

在此假定坐标系中的平面坐标,如点 B 的假定坐标为(x_B',y_B')。

(4)计算点 A、点 B 连线在假定坐标系中的方位角 α_{AB}',即

$$\alpha'_{AB}=\arctan\frac{y'_B-y'_A}{x'_B-x'_A}$$

(5)计算井下起始边在地面坐标系统中的方位角 α_{A1},即

$$\alpha_{A1}=\alpha_{AB}-\alpha'_{AB}$$

(6)根据点 A 的坐标(x_A,y_A)和计算出的 $A1$ 边的方位角 α_{A1},计算井下导线各点在地面坐标系统中的坐标及其方位角。

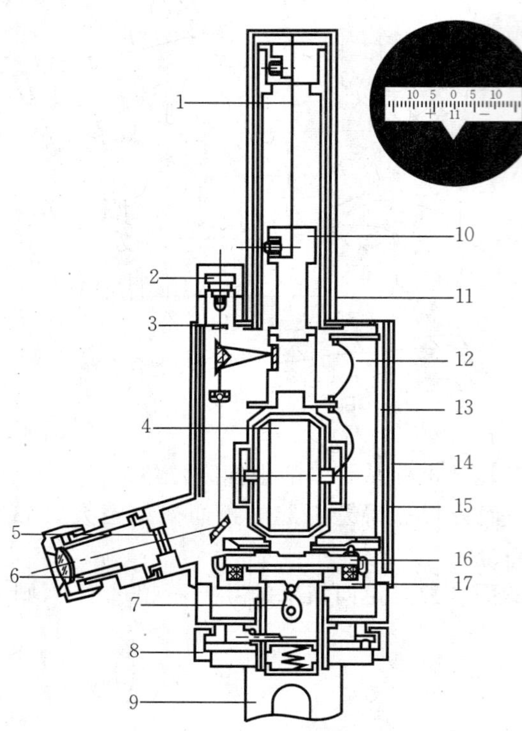

1—悬挂带;2—照明灯;3—光标;4—陀螺马达;5—目镜分划板;6—目镜;7—锁紧限幅机构;8—螺纹压环;9—桥形支架;10—悬挂柱;11—上部护柱;12—导流丝;13—支撑壳体;14—外壳;15—磁屏蔽罩;16—底盘;17—托盘。

图 15-6 JT15 陀螺仪的基本结构

五、陀螺经纬仪定向

陀螺经纬仪定向是运用陀螺经纬仪直接测定井下未知边的方位角。陀螺经纬仪定向测量的基本原理是根据陀螺仪的定轴性和进动性两个基本特性,考虑陀螺仪对地球自转的相对运动,使陀螺在测站子午线附近做简谐摆动。

(一)矿用陀螺经纬仪的基本结构

目前,我国用于矿井定向的陀螺经纬仪大多是上架悬挂式。这些仪器虽然在具体结构上各有特色,但总体结构都基本相同,都是由陀螺仪、经纬仪、电源、三脚架四部分组成。现以 JT15 为例说明陀螺仪的基本结构。

陀螺仪的基本结构如图 15-6 所示。其核心是装在一个密封的陀螺房中的陀螺马达,而陀螺房是用铝合金和铜合金制作,里面充有氢气。陀螺马达通过悬挂柱由悬挂带悬挂起来,用两根导流丝、悬挂带及旁路结构向马达供电。悬挂柱装有反光镜。上述结构共同组成灵敏部。

仪器的光路系统采用反射式光学系统。与陀螺仪支撑壳体固连在一起的光标线,经反光棱镜、反光镜反射后,再通过物镜组成像在目镜分划板上。

锁紧限幅机构的作用:在仪器不工作时,托起并锁紧摆动系统,使悬挂带不承受力;仪器工作时,用限幅机构的摩擦阻尼作用限制摆幅。操作时,转动仪器外部手轮,通过凸轮带动锁紧限幅机构升降,使灵敏部托起(锁紧)或下放(摆动)。

仪器外壳内壁和底部装有磁屏蔽罩,用于屏蔽外界磁场的干扰。

陀螺仪和经纬仪靠经纬仪上部的桥形支架及螺纹压环来连接,用桥形支架顶部三个球形顶针插入陀螺仪底部三条向心"V"形槽可达到强制归心的目的。

(二)陀螺经纬仪定向的方法

运用陀螺经纬仪进行矿井定向的常用方法主要有逆转点法和中天法两种。它们的主要差别在于测定陀螺北方向过程中，逆转点法的仪器照准部处于跟踪状态，而中天法的仪器照准部是固定不动的。这里以逆转点法为例来说明测定井下定向边方位角的全过程。

1. 测定仪器常数 $\Delta_{前}$

由于仪器制造、零件加工等方面的原因，实际中，陀螺轴的平衡位置往往与测站真子午线的方向不重合，它们之间的夹角称为陀螺经纬仪的仪器常数，用 Δ 表示，如图 15-7 所示。要在地面已知边上测定仪器常数 Δ，关键是测定已知边的陀螺方位角 α_T，如图 15-7(a)所示。

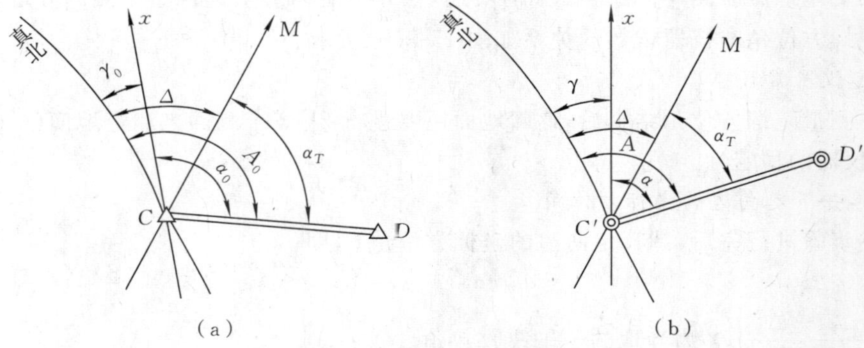

图 15-7　陀螺定向示意

测定陀螺方位角 α_T 的方法如下：

(1) 在点 C 安置陀螺经纬仪，严格对中整平，并以两个镜位观测测线 CD 的方向值，取其平均值为 A_1。

(2)将经纬仪大致对准北方向。

(3)测量悬挂带零位值——测前零位，同时用秒表测定陀螺摆动周期。测定零位的方法：下放陀螺仪灵敏部(注意不启动马达)，从读数目镜中观测灵敏部的摆动，在分划板上连续读 3 个逆转点(即陀螺轴围绕子午线摆动时偏离子午线的两侧最远位置)的读数值 a_1、a_2、a_3，估读以 0.1 格，并计算零位 L，即

$$L=\frac{1}{2}\left(\frac{a_1+a_3}{2}+a_2\right) \tag{15-4}$$

(4)用逆转点法精确测定陀螺北方向值 N_T。启动陀螺马达，缓慢下放灵敏部，调节水平微动螺旋使光标像与分划板零刻度线随时保持重合，到达逆转点后，记下经纬仪在水平度盘上的读数。连续记录 5 个逆转点的读数 u_1、u_2、u_3、u_4、u_5，并计算 N_T，即

$$\left.\begin{aligned}
N_1&=\frac{1}{2}\left(\frac{\mu_1+\mu_3}{2}+\mu_2\right)\\
N_2&=\frac{1}{2}\left(\frac{\mu_2+\mu_4}{2}+\mu_3\right)\\
N_3&=\frac{1}{2}\left(\frac{\mu_3+\mu_5}{2}+\mu_4\right)\\
N_T&=\frac{1}{3}(N_1+N_2+N_3)
\end{aligned}\right\} \tag{15-5}$$

(5)进行测后零位观测,方法与测前零位观测相同。

(6)再以两个镜位测定 CD 边的方向值,取其平均值 A_2。

(7)计算陀螺方位角 α_T,即

$$\alpha_T = \frac{A_1 + A_2}{2} - N_T \tag{15-6}$$

于是,可得 $\Delta_{前} = \alpha_{CD} + \gamma_0 - \alpha_T$。

如果测定仪器常数 2~3 次,应取其平均值。

2. 测定陀螺方位角 α_T'

精确测定陀螺方位角 α_T' 的方法如前所述,在井下定向边上进行 2 个测回并取其平均值,所测定的陀螺方位角与仪器常数的关系如图 15-7(b)所示。

3. 测定仪器常数 $\Delta_{后}$

在井下测量陀螺方位角结束后,返回地面还要进行 2~3 个测回来测定地面已知边的仪器常数,检验仪器的稳定性。

4. 计算井下定向边的坐标方位角 α

在上述步骤进行完后,计算定向边的坐标方位角 α,即

$$\alpha = \alpha_T' + \Delta - \gamma \tag{15-7}$$

式中,$\Delta = \dfrac{\Delta_{前} + \Delta_{后}}{2}$,$\gamma$ 为当地的子午线收敛角。

六、导入高程

矿井高程联系测量又称导入高程,其目的是建立井上、井下统一的高程系统。采用平硐或斜井开拓的矿井,高程联系测量可采用水准测量和三角高程测量,将地面水准点的高程传递到井下。采用立井开拓的矿井则须采用专门的测量方法来传递高程,常用的立井导入标高的方法有长钢尺法、钢丝法和光电测距仪法。

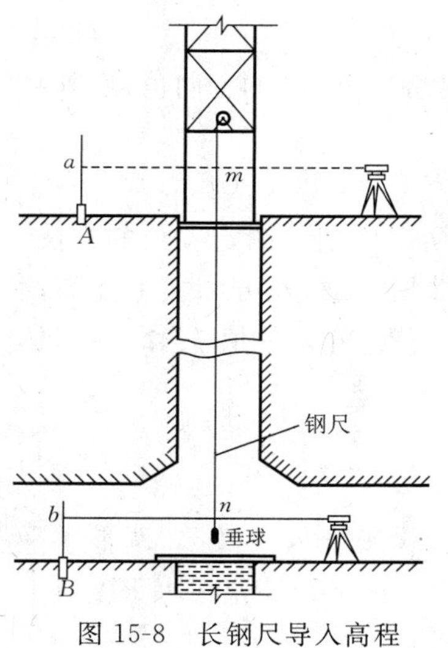

图 15-8 长钢尺导入高程

(一)长钢尺法导入高程

目前,国内外使用的长钢尺一般有 500 m、800 m、1 000 m 等。

用长钢尺导入高程的设备及安装如图 15-8 所示。钢尺通过井盖放入井下,到达井底后,悬挂一个垂球,以拉直钢尺,使其居于自由悬挂位置。下放钢尺的同时,在地面及井下安置水准仪,并分别在 A、B 两点所立的水准尺上读取读数 a 与 b,然后将水准仪瞄准钢尺。当钢尺悬挂稳定后,井上、井下同时读取读数 m 和 n,则 A、B 两点的高差为

$$h = (m - n) + (b - a)$$

上式通常还要加上尺长、温度和拉力等的改正数。如实际工作中无长钢尺,也可将几根 50 m 的短钢尺牢固地连接起来,然后进行比长,当作长钢尺使用,同样可取得很好的效果。

导入高程工作需独立进行两次,也就是说,在第一次进行完毕后,改变其井上、井下水准仪的高度并移动钢尺,采用同样的方法再做一次。加入各种改正数后,前后两次之差不得超过 $L/8\,000$(L 为井上、井下水准仪视线间的钢尺长度,单位为 m)。

(二)长钢丝导入高程

当井筒较深时,短钢尺相接的办法会不方便。因此,常采用钢丝法导入高程,该方法可以利用矿井定向完毕后的钢丝进行。用钢丝导入高程时,因为钢丝本身不像钢尺一样有刻度,所以不能直接读取读数,必须在钢丝上用特制的标线夹。在井上、井下水准仪视线与钢丝相交处做出标记 m 和 n (图 15-9),然后将钢丝提升到地面,设置专门的量长台来丈量两标记之间的距离。在平坦地面上将钢丝拉直,并施加与导入高程时给钢丝所加的相同的拉力,依据钢丝上的标记 m、n,在实地打木桩并用小钉做出标志,然后用光电测距仪或钢尺丈量两标志 m、n 之间的距离。当在井口附近设置量长台时,在量长台上设置一把经过比长的钢尺,随着钢丝的提升,分段丈量两标志 m、n 之间的距离。

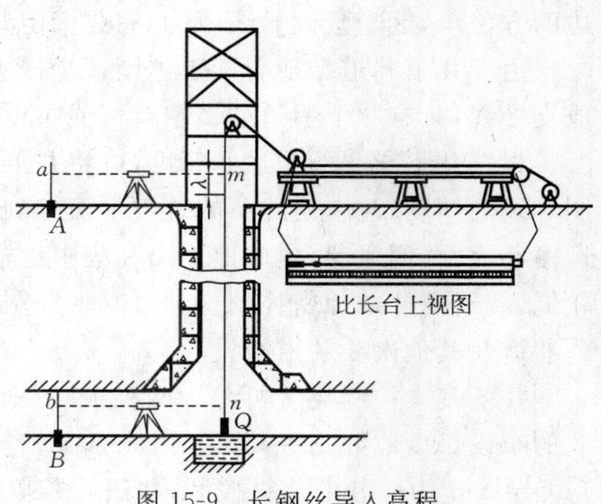

图 15-9 长钢丝导入高程

长钢丝导入高程同样应独立进行两次,两次测量差值的容许值与长钢尺导入高程法的容许值相同。

(三)光电测距仪导入高程

随着测距仪或全站仪在测量中的广泛应用,可以考虑使用其测距功能来导入高程。如图 15-10 所示,将测距仪安置在井口附近点 G 处,在井架上点 E 处安置反射镜(与水平面成 45°角),反射镜水平置于井底点 F 处。用仪器测得光程长 $S(S = GE + EF)$,由此得井深 H,为

$$H = S - GE + \Delta L$$

式中,ΔL 为光电测距仪的气象、仪器常数等总改正数,GE 可以利用钢尺测得。

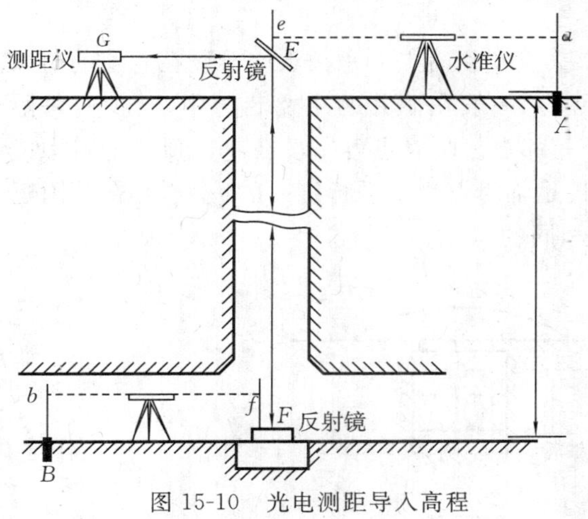

图 15-10 光电测距导入高程

在井上、井下分别安置水准仪,读取立于点 E、点 A 及点 F、点 B 处水准尺的读数 e、a 和 f、b,则水准点 A、B 之间的高差为

$$h = H - (a - e) + b - f$$

则点 B 的高程为

$$H_B = H_A - h$$

运用光电测距导入高程也要独立进行两次测量,其互差不得超过 $L/8\,000$(L 为井深,单位为 m)。

§ 15-3 井下平面与高程控制测量

一、井下平面控制测量

(一)概述

受到井下巷道及实际条件的制约,井下平面控制测量一般都不可能像地面控制测量那样布设成三角(边)网或进行 GPS 控制,它只能由矿井联系测量获得的井下起始点的坐标或起始

边的方位角,逐步敷设导线,从而完成标定巷道掘进方向和测绘各种专题矿图等任务。

由于井下巷道是随着施工进度逐步掘进的,因此井下导线在矿井建设的初期都只能布设成支导线,只有井下巷道增多才有可能布设成附合导线、闭合导线或导线网等形式。

根据井下导线的用途和精度,可将井下导线分为基本控制导线和采区控制导线。基本控制导线的精度较高,是井下的首级平面控制。它主要敷设在斜井、平硐、井底车场、水平(阶段)运输巷道、总回风巷、集中上下山和集中运输石门等的矿井主要巷道中。采区控制导线的精度较低,属于矿井的加密控制。它以基本控制导线点为基础,沿采区上下山、中间巷道或片盘运输巷道及其他次要巷道敷设。

井下基本控制导线可分为两种级别,即 7″级和 15″级,这两种级别的控制导线可以根据导线的布设长度或井田一翼的长度来选择。一般情况下,当井田一翼长度超过 5 km 时,应选用 7″级导线作为矿井的首级控制;井田一翼长度在 3～5 km 时,可选用 15″级导线作为矿井的首级控制。采区控制导线也包括 15″和 30″级两种,当采区一翼长度超过 1 km 时,应选用 15″级,否则选用 30″级。基本控制导线和采区控制导线的主要技术指标如表 15-1 所示。

表 15-1　基本控制导线和采区控制导线的主要技术指标

导线类别	井田(采区)一翼长度/km	测角中误差/(″)	一般边长/m	导线全长相对闭合差	
				闭(附)合导线	复测支导线
基本控制导线	≥5	±7	60～200	1/8 000	1/6 000
	<5	±15	40～140	1/6 000	1/4 000
采区控制导线	≥1	±15	30～90	1/4 000	1/3 000
	<1	±30	—	1/3 000	1/2 000

(二)导线点的选设和设置

井下的导线点按照其使用时间的长短分为永久点和临时点。永久点应布设在巷道的碹顶上或巷道顶(底)板的稳定岩石中,如图 15-11 所示。一般在矿井的主要巷道中,至少应每隔 300～500 m 设置一组永久点,每组至少应有 3 个相邻点。临时点可布设在巷道顶板岩石中或牢固的棚梁上,如图 15-12 所示。无论是永久点还是临时点都要进行统一的编号,并在其附近做明显标记,且在同一个矿井中导线点不能出现相同的编号。

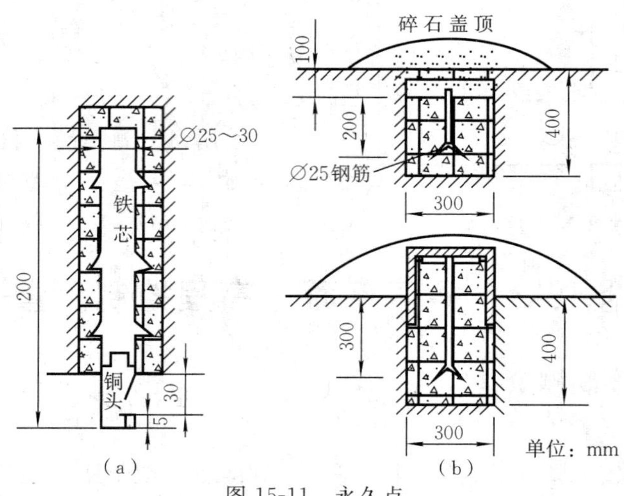

图 15-11　永久点

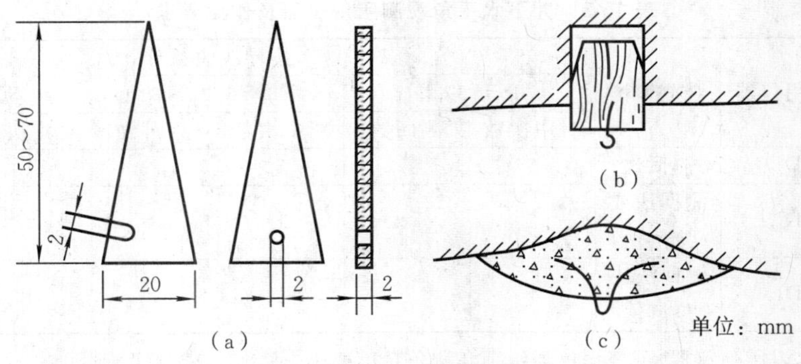

图 15-12　临时点

布设导线点时，应综合考虑以下要求：

(1)导线点应尽量布设在稳固的碹顶、棚梁或巷道顶板岩石中，并选择能避开电缆和淋水且不影响运输的位置，以便保存和观测。

(2)相邻导线点间应通视良好，间距尽量大而均匀。基本控制导线边应尽量不小于 30 m，钢尺量边时以 90 m 左右为宜，采区控制导线的边长应不小于 15 m。

(3)凡巷道分岔、拐弯、变坡点和已停止掘进的工作面等处均应设点。从选定点前的 2～3 个测点开始，应注意调整边长，避免出现较长边与较短边相邻的情况。

(4)选点时应综合考虑各种情况，使测点的分布更为合理。永久点应于施测前 1～2 天设置完毕，临时点或次要巷道的导线点也可边选边测。

(三)水平角的观测

用来测量井下水平角的经纬仪与地面使用的方法相似，由于井下导线点多布设在巷道顶板上，因此要求经纬仪有镜上中心，以便点下对中，如图 15-13 所示。井下测量水平角的方法与地面相类似，常用的方法主要有测回法或复测法。

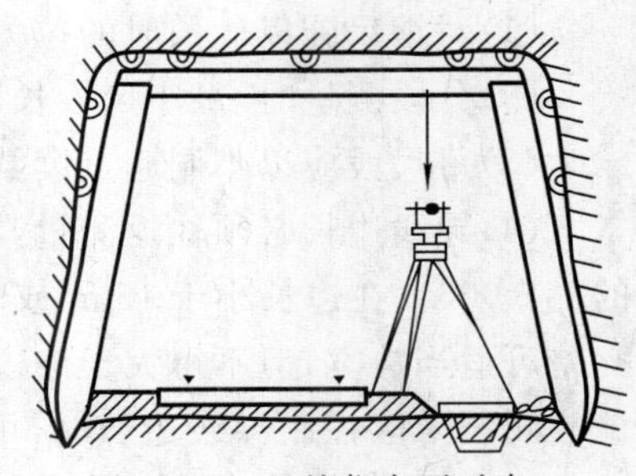
图 15-13　经纬仪点下对中

井下经纬仪导线的角度，一般用 DJ_6 或 DJ_2 级经纬仪测量。当用测回法测角时，同一测回中半测回互差可按表 15-2 的要求确定。在每一测站上测角时，均应当场检查结果是否符合限差规定，如果超限，应立即重测。在倾角小于 30°的巷道中，各项限差如表 15-2 所示；在倾角大于 30°的巷道中，测量水平角的各项限差可为表 15-2 规定的 1.5 倍。在倾角大于 15°或视线一边水平而另一边的倾角大于 15°的主要巷道中，水平角的观测宜用测回法。在观测过程中，水准气泡的偏离不得超过一格，否则应整平后重测。如果测角精度要求很高，最好观测水准气泡的偏离格值，对所观测的方向加入竖轴倾斜改正。

表 15-2　井下测量水平角的限差　　单位：(″)

仪器级别	同一测回中半测回互差	检验角与最终角之差	两测回间互差	两次对中测回(复测)间互差
DJ_2	20	—	12	30
DJ_6	40	40	30	60

井下各级经纬仪导线水平角观测所采用的仪器和作业要求如表 15-3 所示。

表 15-3 井下水平角观测所用仪器及作业要求

导线类别	使用仪器	观测方法	按导线边长分					
			15 m 以下		15～30 m		30 m 以上	
			对中次数	测回数	对中次数	测回数	对中次数	测回数
7″导线	DJ_2	测回法	3	3	2	2	1	2
15″导线	DJ_6	测回法或复测法	2	2	1	2	1	2
30″导线	DJ_6	测回法或复测法	1	1	1	1	1	1

注:① 如不用本表所列仪器,可根据仪器级别和测角精度要求,适当增、减测回数。

② 多次对中时,每次对中测一个测回,若用固定在基座上的光学对中器进行点上对中,每次对中应将基座旋转 $360°/n$,其中 n 为测回数。

(四)边长测量

井下导线边长的测量可采用钢尺或测距仪(全站仪)测量。下面分别说明这两种边长测量方法。

在倾斜巷道中测量边长时,观测竖直角的精度应符合表 15-4 的规定。测量竖直角时,应注意先将竖盘自动补偿开关打开(竖盘水准管气泡精确居中)后,再读取竖盘读数。

表 15-4 竖直角观测方法及限差

观测方法	DJ_2 经纬仪			DJ_6 经纬仪		
	测回数	竖直角互差/(″)	指标差/(″)	测回数	竖直角互差/(″)	指标差/(″)
对向观测(中丝法)	1	—	—	2	25	25
单向观测(中丝法)	2	15	15	3	25	25

用钢尺测量基本控制导线边长时,应遵守下述规定:

(1)对钢尺施以比长时的拉力,悬空测量并测记温度。

(2)分段测量时,最小尺段长度不得小于 10 m,定线偏差应小于 5 cm。

(3)每尺段应以不同起点读数 3 次,读至毫米,长度互差不应大于 3 mm。

(4)导线边长必须往返测量,测量结果加入各种改正数后的水平边长互差不得大于该边长的 1/6 000。在边长小于 15 m 或倾角大于 15°的倾斜巷道中测量边长时,往返水平边长的允许互差可适当放宽,但不得大于该边长的 1/4 000。

测量采区控制导线边长时,可凭经验拉力,不测温度,采用往返测量或错动钢尺位置 1 m 以上的方法测量 2 次,其互差均不得大于该边长的 1/2 000。

若井下采用光电测距仪测量边长,应遵守下述作业要求:

(1)作业前,应对测距仪进行必要的检验和校正。

(2)气压的测定应读至 100 Pa,温度应读至 1℃。

(3)每条边的测回数不得少于 2 个,采用单向观测或往返(或不同时间)观测时,其限差为:一测回读数较差不大于 10 mm,单程测回间较差不大于 15 mm;往返(或不同时间)观测同一边长时,化算为水平距离(经气象和倾斜改正)后的互差,不得大于该边长的 1/6 000。

(4)作业人员必须经过专业训练,并按测距仪使用说明书的规定操作和维护仪器。

(5)仪器严禁淋水和拆卸,应建立电源使用卡片,定期充电。

(6)仪器在井下使用时,应严格遵守煤矿安全规程的有关规定。

(五)导线的延长与检查

随着巷道的不断掘进,井下导线也要及时延长。采区控制导线一般应每隔 30～100 m 延长一次,基本控制导线应每隔 300～500 m 延长一次。

在延长导线之前,为避免用错测点和检查测点是否移动,应对上次所测量的最后一个水平角和最后一条边长进行检查测量,本次观测与上次观测的水平角之差 Δd 应满足 $\Delta d \leqslant 2\sqrt{2}m_\beta$($m_\beta$ 为各等级导线的测角中误差)。对于井下 7″、15″和 30″导线的 Δd 的限差,分别为 20″、40″和 80″。

基本控制导线的边长小于 15 m 时,两次观测水平角的不符值可适当放宽,但不得超过上述限差的 1.5 倍。

如不符合要求,则应退后一个水平角及其边长继续检查,直到满足要求,方可由此向前延长导线。

(六)导线的内业计算

井下导线通常有三种形式,即闭合导线、附合导线和复测支导线,与地面导线的计算方法相同,只是限差要求不一样,这里不再赘述。

二、井下高程控制测量

井下高程控制测量是以矿井联系测量时导入的高程起始点为起始数据,测量井下导线点和高程点的标高。井下高程测量的方法主要有水准测量和三角高程测量两种。在主要水平巷道中,应采用水准测量,在其他巷道中可根据具体情况选用水准测量或三角高程测量。

(一)井下高程点的布设

井下高程点应布设在巷道顶、底板或两帮的稳定岩石中,以及巷道碹体上或井下永久固定设备的基础上,也可将井下永久导线点作为高程点。井下高程点的结构如图 15-14 所示。

井下高程点一般应每隔 300～500 m 设置一组,每组至少由 3 个高程点组成,2 高程点间的距离以 30～80 m 为宜。

(二)井下水准测量

井下水准测量的方法基本上与地面水准测量相似,一般选用 DS_3 的水准仪和普通水准尺。施测时水准仪安置于两把水准尺之间,使前、后视距大致相等。由于井下黑暗,观测时要用矿灯照明水准尺,读取前、后视读数。读数前要使水准管气泡居中,读数后应注意检查气泡位置,如气泡偏离,则应调整,并重新读数。视线长度一般以 15～40 m 为宜。要求每个测站用 2 次仪器高观测,2 次仪器高之差应大于 10 cm,高差的互差不应大于 5 mm。上述限差在施测时应认真检核,如不符合,应重测。最后取 2 次仪器高测得的高差平均值作为一次测量结果。当水准点设在巷道顶板上时,要倒立水准尺,以尺底零端顶住测点,记录者要在记录簿上注明测点位于顶板上。

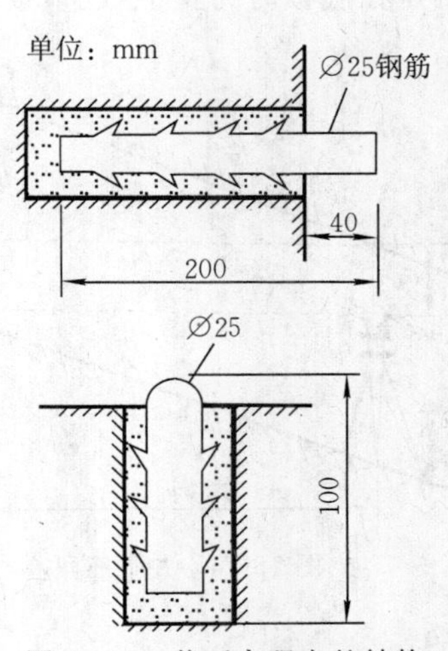

图 15-14　井下高程点的结构

井下高程点有的设在顶板上,有的设在底板上,无论是

图 15-15 中的哪一种情况,高差的计算公式都是后视读数减前视读数。只是当高程点在顶板上时,应在读数前加负号后,再进行运算。

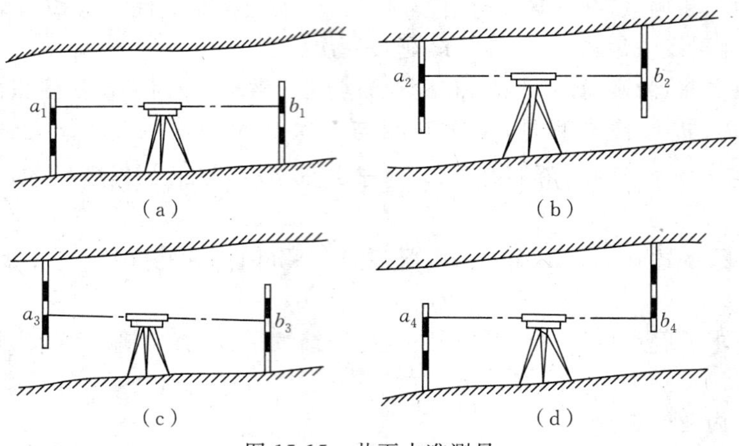

图 15-15 井下水准测量

一般井下水准路线也有水准支线、附合水准路线和闭合水准路线。井下每组水准点间高差应采用往、返测量的方法确定,往、返测量高差的较差不应大于$\pm 50\sqrt{R}$ mm(R 为水准点间的路线长度,以 km 为单位)。闭、附合水准路线可用 2 次仪器高进行单程测量,其闭合差不应大于$\pm 50\sqrt{L}$ mm(L 为闭、附合路线长,以 km 为单位)。

(三)三角高程测量

三角高程测量是利用经纬仪观测出两点间的竖直角 δ,用钢尺或测距仪测量出两点间的倾斜长度 l',如图 15-16 所示。两点间高差 h 为

$$h = l'\sin\delta + i - v \tag{15-8}$$

式中,l' 为改正后的斜距;δ 为竖直角,仰角为正,俯角为负;i 为仪器高,是由测点量至仪器中心的高度,测点在底板时为正值,在顶板时为负值;v 为觇标高,是由测点量至照准点的高度,测点在底板时为正值,在顶板时为负值。

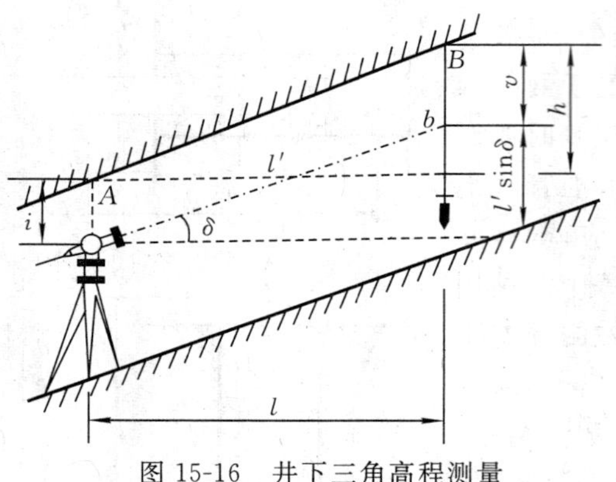

图 15-16 井下三角高程测量

三角高程测量一般用于倾角大于 8°的倾斜巷道中,并应进行往返测量。相邻两点往返测量的高差互差不应大于($10 + 0.3l$)mm(l 为导线水平边长,以 m 为单位),三角高程导线的高程闭合差不应大于$\pm 100\sqrt{L}$ mm(L 为导线长度,以 km 为单位)。当高差的互差符合要求后,应取往、返测量高差的平均值作为一次测量结果。

闭(附)合高程路线的闭合差可按边长成正比进行分配。复测支线终点的高程,应取两次测量的平均值。高差经改正后,可根据起始点的高程推算各导线点的高程。

§15-4　矿井生产施工测量

一、概　述

矿井生产施工测量主要指对巷道及回采工作面的测量，即在巷道掘进和工作面回采时进行的测量工作，也叫矿井日常测量工作。巷道施工测量的目的是按照矿井设计的规定和要求，在现场标定掘进巷道的几何要素（位置、方向和坡度等），并在巷道掘进过程中及时进行检查和校正，通常将这项工作称为给向。

巷道施工测量是在井下平面控制测量和高程控制测量的基础上进行的，要利用巷道中的导线点和高程点，依据设计图纸，给定巷道的掘进方向和位置。

(1)中、腰线测量。标定巷道位置，即标定巷道方向和坡度，为掘进提供依据。

(2)测量巷道实际位置。在巷道掘进过程中，要及时检查巷道的方向、坡度、断面尺寸和进度，并及时填图。把实际形成的巷道位置与设计巷道位置做对比，若有差别，及时修正。

(3)测绘回采工作面的实际位置，统计产量和储量变动情况。

(4)测定揭露断层、井下钻孔、瓦斯突出点和出水点位置。

二、巷道中腰线的标定

(一)巷道中线的标定

为了指示巷道在水平面内的掘进方向，需要标定巷道的几何中心线在水平面上投影的方向，即巷道的中线方向。在主要巷道中，中线应采用经纬仪标定，中线点应成组设置，每组不得少于 3 个点，相邻 2 个点间的距离一般不应小于 2 m。在巷道掘进过程中，中线点应随着巷道的掘进逐渐给定，距离掘进头最近的一组中线点，一般不应超过掘进头 30～40 m。

标定巷道中线的步骤大致如下：

(1)检查设计图纸。主要检查巷道间的几何关系是否符合实际情况，标注的角度和距离是否与设计图一致等。

(2)确定标定中线时所必需的几何要素。

(3)标定巷道的开切点和开切方向。

(4)随着巷道的掘进及时延伸中线点。

(5)在巷道掘进过程中，随时检查和校正中线的方向。

1. 巷道开切时的标定方法

巷道开切时的标定工作主要包括：标定开切点的位置和初步给出巷道的掘进方向。如图 15-17(a)所示，从已掘巷道中的点 A 沿虚线开掘一条新巷道，标定的方法如下：

(1) 在设计图上量取点 A 至已知中线点 4、5 的距离 L_1、L_2，并用 L_1、L_2 的和是否与 4、5 两点间的距离相符为检核，同时量取巷道的转向角 β。

(2) 在点 4 安置经纬仪，瞄准点 5，并沿此方向，由点 4 量取 L_1，即可得到点 A 的位置，将其标定于顶板上，然后再量取点 A 至点 5 的距离进行检核。

(3) 在点 A 安置经纬仪，后视点 4，用正镜位置给出 β 角。此时，望远镜所指方向即为新开掘巷道的中线方向，在此方向上标出点 2。倒转望远镜，标出点 1，则点 1、点 A、点 2 即组成一组中线点。

2. 巷道中线的标定

巷道开切后,最初标定的中线点大多易遭到破坏。当掘进到 4～8 m 时,应检查或重新标定中线。重新标定一组中线点时,如图 15-17(b)所示,首先应检查点 A 是否移动:若点 A 已移动,应重新标定;当确定点 A 没有移动时,在点 A 安置经纬仪,分别用正、倒镜两个盘位按 β 角给出点 $2'$ 和点 $2''$,如果两点不重合,取其中点 2 作为中线点。为了检查,还应测定水平角 $\angle 4A2$,并与 β 角比较作为检核,无误后,再瞄准点 2,在点 A 与点 2 中间再标定一个中线点 1。这样,点 A、点 1、点 2 就组成了一组中线点。

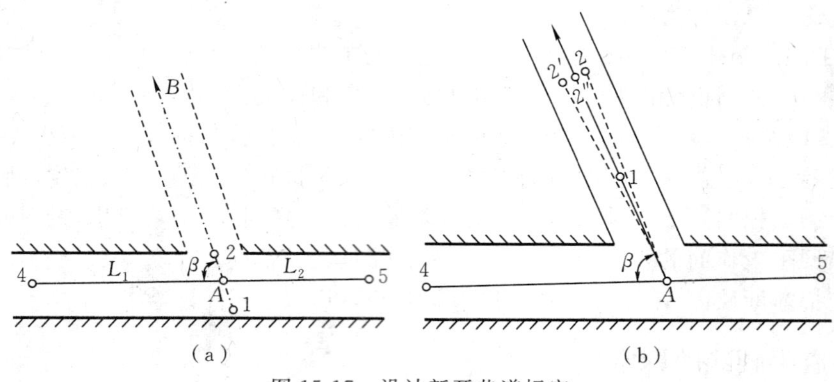

图 15-17　设计新开巷道标定

用一组中线点可指示直线巷道掘进 30～40 m。在由一组中线点到下一组中线点的巷道掘进过程中,可采用瞄线法或拉线法来标定巷道的掘进方向。

(1)瞄线法。瞄线法是在中线点 A、1、2 上分别悬挂垂球,一个人站在中线点 A 后,沿着中线方向瞄视,指挥另一人在掘进面上移动矿灯的位置,使矿灯正好位于这组中线点的延长线上。此时,矿灯的位置就是巷道中线的位置。

(2) 拉线法。拉线法是在一组中线点 A、1、2 上分别悬拉垂球,将细绳的一端系在点 A 的垂球线上,另一端拉向掘进工作面,使细线与点 1、点 2 的垂球线相切。这时,绳的另一端点的位置就是巷道中线的位置。

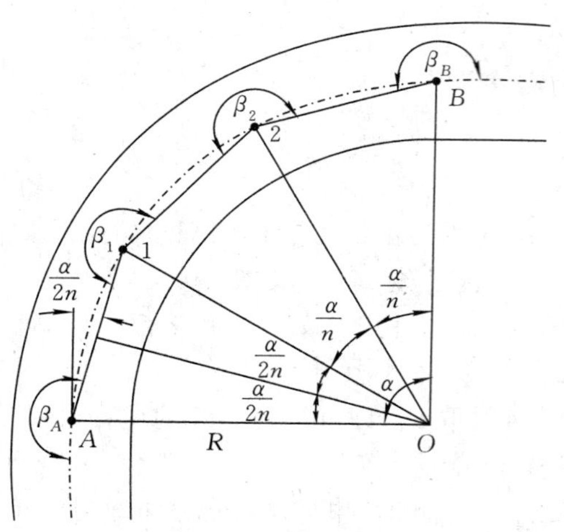

图 15-18　曲线巷道标定

3. 曲线巷道中线的标定

在井下运输巷道方向的转弯处或巷道分岔处,都有一段圆曲线巷道相连。曲线巷道在设计时,一般要给出圆曲线的起点、终点、曲率半径和中心转角等几何要素。

图 15-18 为一曲线巷道,曲线始点为 A、终点为 B、半径为 R、中心角为 α。现用弦线法来代替圆弧中心线,采用等分中心角的方法来计算标定要素。

曲线巷道中线标定常用的是经纬仪弦线法,方法步骤如下:

(1) 标定要素的计算。设将曲线 n 等分,则每

段弦线所对圆心角为 α/n，弦长为

$$l = 2R\sin\frac{\alpha}{2n} \tag{15-9}$$

由图可以看出，起点 A 和终点 B 处的转角为

$$\beta_A = \beta_E = 180^\circ + \frac{\alpha}{2n} \tag{15-10}$$

中间各弦交点处的转角为

$$\beta_1 = \beta_2 = 180^\circ + \frac{\alpha}{n} \tag{15-11}$$

弦长 l 和转向角 β_A、β_B、β_1、β_2 称为曲线巷道中线的标定要素，根据这些要素，即可在实地标定曲线巷道的中线。

(2)实地标定。如图 15-19 所示，当巷道掘进至曲线起点位置 A 后，先标定出点 A，然后在点 A 安置经纬仪，后视直线巷道中线点 P。测设转向角 β_A，望远镜视线方向即第一分段弦线 $A1$ 方向。倒转望远镜在 $A1$ 的反方向线上标出中线点 a'、a''，则 a'、a''、A 三点组成一组中线点，指示 $A1$ 段巷道掘进。当巷道掘至 1 点处时，在 A 点安置经纬仪，拨角 β_A，标出 $A1$ 方向，在 $A1$ 方向上量取弦长 l 标出点 1，并将其固定在顶板上。然后将仪器安置于点 1，后视点 A，拨角 β_1，望远镜视线方向即为第二段弦线 12 的方向。以此类推，直至巷道的终点 B。

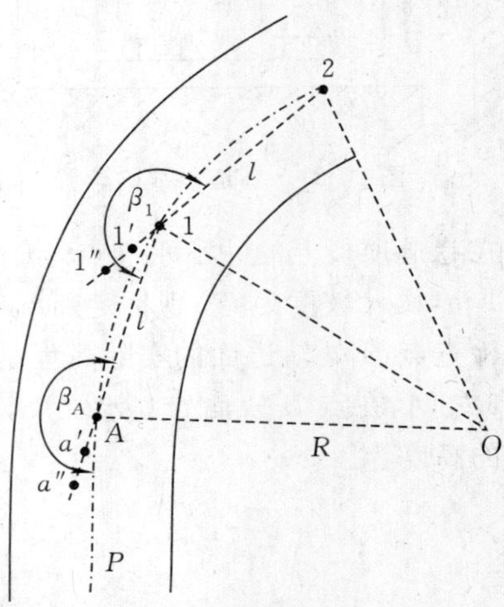

图 15-19　曲线巷道实地标定

为配合巷道施工，测量人员应以 1∶5 或 1∶10 的大比例尺绘制标有巷道两帮与相应段弦线相对位置的边距图，如图 15-20 所示。一般情况下，砌碹巷道的边距按垂直弦线方向量取，如图 15-20(a)所示；采用金属、水泥或木支架支护的巷道可按圆曲线半径方向给出边距，如图 15-20(b)所示。

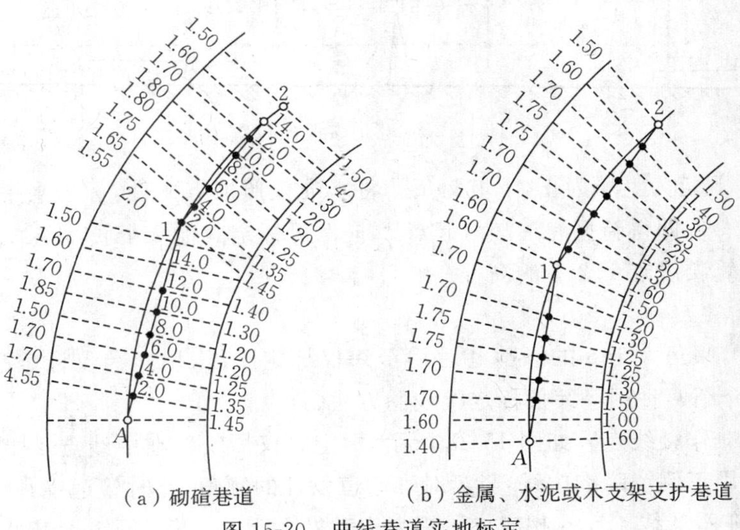

(a) 砌碹巷道　　(b) 金属、水泥或木支架支护巷道

图 15-20　曲线巷道实地标定

(二)巷道腰线的标定

为了运输、排水及其他技术上的需要,井下巷道在采矿设计时都给出了一定的坡度(平巷)或倾角(斜巷)。

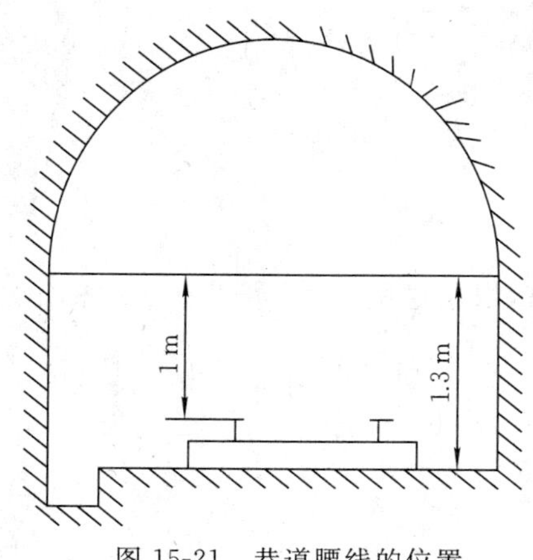

图 15-21 巷道腰线的位置

为了控制掘进巷道的坡度或倾角,需在巷道帮上标定一条线,用来指示巷道在竖直面内的掘进方向及调整巷道底板或轨面坡度,这条线一般称为腰线。腰线通常设在巷道的一帮或两帮上,高出巷道底板或轨面一定值(一般为1 m),如图 15-21 所示。不论采用哪种数值,一个矿井应统一。腰线点可成组设立,也可每 30~40 m 设置 1 个。成组设立时,每组腰线点不得少于 3 个,腰线点点间距以不小于 2 m 为宜,每隔 30~40 m 设置 1 组,最前面的 1 个腰线点距掘进工作面的距离一般不应超过 30~40 m。

1. 水准仪标定腰线

在水平或近水平巷道施工测量中,腰线的标定方法主要是利用水准仪进行标定。如图 15-22 所示,点 A 为布设在巷道顶板上的井下水准点,点 B 为道岔点,即新开巷道坡度的起点,腰线距轨面的垂直高为 1 m,设计坡度为 i。现标定新开巷道的第一组腰线点 1、2、3。标定时,首先利用井下水准点 A 检查点 B 处轨道面的实际高程是否与设计高程吻合。检查合格后,将水准仪安置在点 B 与点 3 之间,在点 B 轨面处立水准尺,读出读数 b。测量平距 l_{B1}、l_{12}、l_{13},则各腰线距离水准仪视线的高度为

$$a_1 = b - 1 - i\,l_{B1}$$
$$a_2 = a_1 - i\,l_{12}$$
$$a_3 = a_1 - i\,l_{13}$$

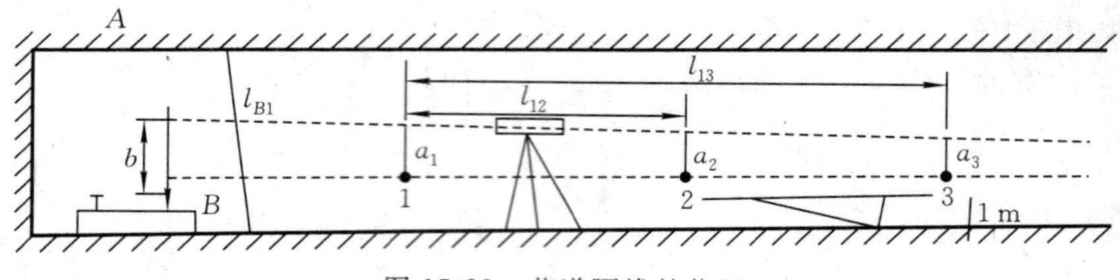

图 15-22 巷道腰线的位置

坡度的符号规定为上坡为正,下坡为负。将水准仪照准点 1 处,标出水平线,用小钢尺自水平线向下量取 a_1,即得新掘巷道腰线起点 1,同法可标定其他 2 个腰线点 2、3。标定工作结束后,由点 B 计算腰线点 1、2、3 的高程。

2. 经纬仪标定腰线

一般情况下,倾角大于 5°的倾斜巷道用经纬仪标定腰线,用经纬仪标定腰线与标定中线同时进行,下面介绍两种用经纬仪标定腰线的方法。

(1) 中线点兼作腰线点。如图 15-23 所示,标定时仪器安置在中线点 1 上,在标定中线点 4、5、6 之后仪器用正倒镜瞄准中线,竖盘对准巷道设计的倾角,此时望远镜视线与巷道腰线平行。根据视线,在垂球线 4、5、6 相应位置用大头针做上记号,再用倒镜测其倾角,作为检查。

然后丈量仪器高 i。又知中线点 1 到腰线位置的距离为 a_1，则仪器视线到腰线点的距离 b 为

$$b = i - a_1$$

计算时，从中线点向下量取 i 和 a_1 值，并取正号。求出的 b 值为正时，腰线在视线之上；求出的 b 值为负时，腰线在视线之下。从三个垂球线上标出的视线记号起，根据视线与腰线的关系用小钢尺向上或向下量取长度 b，即可得出相应的腰线点位置并做出标记。

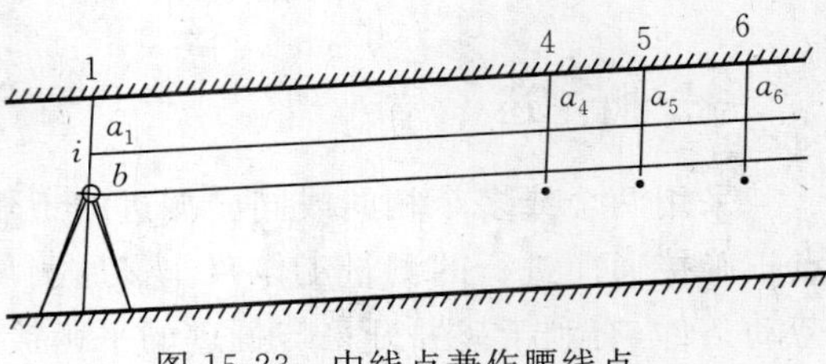

图 15-23　中线点兼作腰线点

(2)伪倾角标定法。用经纬仪在巷道一帮上设腰线点时，如果将仪器安置在巷道中线上，瞄准一个帮上的位置来设置腰线点，会出现伪倾角的问题，如图 15-24 所示。OA 为巷道的中线方向，其倾角为 δ；B 为垂直于线 OA、在巷道帮上与 A 同高的点。这时 OB 的倾角就不再是巷道的倾角 δ，而变成了 δ'，即伪倾角。

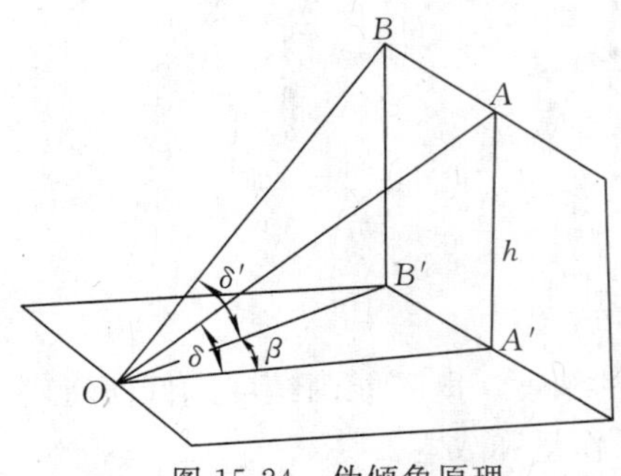

图 15-24　伪倾角原理

设 $\triangle OA'B'$ 为 $\triangle OAB$ 在平面上的投影，可以得出

$$\tan\delta = \frac{h}{OA'}, \quad \tan\delta' = \frac{h}{OB'}$$

两式相除移项后，得

$$\tan\delta' = \frac{OA'}{OB'}\tan\delta$$

从 $\triangle OA'B'$ 可以得出

$$\cos\beta = \frac{OA'}{OB'}$$

代入上式得

$$\tan\delta' = \tan\delta\cos\beta \tag{15-12}$$

式中，β 为 OA、OB 两视线间的水平角，即视线瞄准巷道中线方向与视线瞄准巷道帮方向之间的夹角。

如图 15-25 所示，点 A、点 B、点 C 为一组中线点，点 1 为已知腰线点。实地标定点过程是在点 B 安置经纬仪，后视点 A，测出 BA、$B1$ 两方向间的水平角 β_1，根据巷道的设计倾角 δ 按上述公式算出 $B1$ 方向的伪倾角 δ'_1。将竖盘对准角 δ'_1，瞄准点 1 处，用小钢尺量取视线至点 1 的垂距 b。然后，照准预测设腰线点 2 处，测出 $B2$、BC 两方向线间的水平角 β_2，算出 $B2$ 方向的伪倾角 δ'_2。将竖盘对准 δ'_2 后，照准点 2 处，用小钢尺沿铅垂方向在视线同方向量取 b，标出新腰线点 2。同理可标出腰线点 3 等。

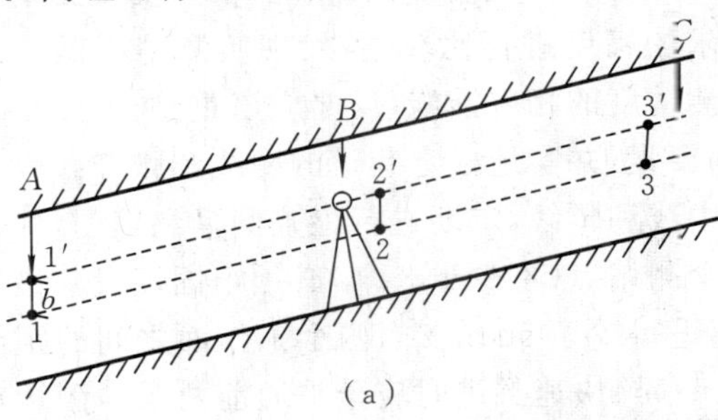

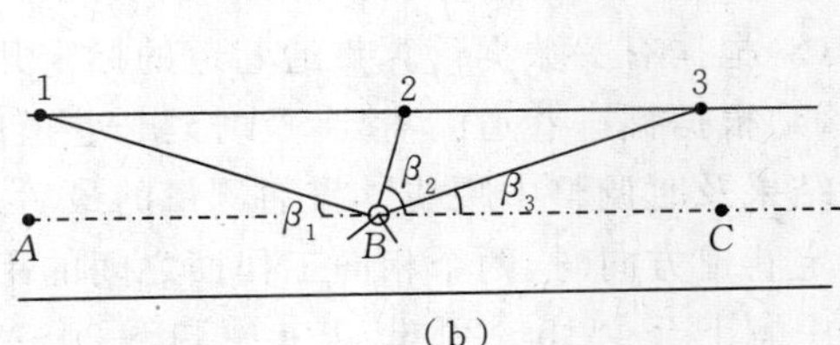

图 15-25　伪倾角标定腰线

§15-5 贯通测量

一、概 述

采用两个或多个相向或同向掘进的工作面掘进同一巷时,为使其按照设计要求在预定地点正确接通而进行的测量工作叫作贯通测量。贯通可以加快施工进度,改善施工通风状况与劳动条件,有利于矿井开采与掘进的平衡接续,是加快矿井建设的重要技术措施。因此在矿井建设与采矿生产过程中得到普遍利用,而且在铁路、公路、水利等建设工程中,也常被采用。

贯通测量是一项非常重要的测量工作。如果因为在贯通测量过程中发生错误而未能贯通,或贯通后结合处的偏差值过大或超限,都将影响井巷的质量或施工生产安全,甚至造成井巷报废、人员伤亡等严重后果,在经济上和时间上给国家造成很大损失,也使测量人员的信誉一落千丈。因此,要求矿山测量人员必须一丝不苟、严肃认真地对待贯通测量工作。

(一)贯通测量的分类

在矿山开采中,贯通测量可以分为以下三种类型:

(1)一井内的平巷和斜巷贯通。

(2)两井间的巷道贯通。

(3)立井贯通。

(二)贯通测量应遵循的一般原则

(1)要在确定贯通方案和测量方法时,保证贯通所必需的精度。既不能因精度过低而使矿井不能正确贯通,又不能因盲目追求过高精度而增加测量工作量和成本。

(2)对完成的每一步、每一项测量工作都应当有客观独立的检查校核,尤其要杜绝粗差。

贯通测量的基本方法是测出待贯通巷道两端导线的平面坐标和高程,通过计算求得巷道中线的坐标方位角和巷道腰线的坡度。此坐标方位角和坡度应与设计值相符,差值应在允许误差范围之内。同时计算出巷道两端点处的指向角。利用上述数据在巷道两端分别标定巷道中线,指示巷道按照设计的同一方向和同一坡度分头掘进,直到在贯通相遇点处正确接通。

(三)贯通测量的一般工作步骤

(1)调查和了解待贯通巷道的实际情况,根据贯通的容许偏差,选择合理的测量方案与测量方法。对重要的贯通工程,要编制贯通测量设计书,进行测量贯通预计,以验证所选择的测量方案、测量仪器和方法的合理性。

(2)依据选定的测量方案和方法,进行施测和计算,每一施测和计算环节均须有独立可靠的检核。将施测的实际测量精度与原设计中要求的精度进行比较,若发现实测精度低于设计中所要求的精度,应当分析其原因,采取提高实测精度的相应措施,反之应该重测。

(3)根据有关数据计算贯通巷道的标定几何要素,并实地标定巷道的中线和腰线。

(4)根据掘进巷道的需要,及时延长巷道的中线和腰线,定期进行检查测量和填图,并按照测量结果及时调整中腰线。贯通测量的最后几个测站点(不少于3个)必须牢固埋设。最后一次标定巷道方向时,两个相向工作面之间的距离不得少于50 m。当两个工作面之间的距离在岩巷中剩下至少15～20 m、煤巷中剩下20～30 m时(快速掘进时应于贯通前两天),测量负责人以书面形式报告矿(井)负责人及安全检查和施工区、队等相关部门。

(5)巷道贯通以后，应立即测量出实际的贯通偏差值，并将两端的导线连接起来，计算各导线的闭合差。此外，还应对最后一段巷道的中腰线进行调整。

(6)重大工程完成后，应对测量工作进行精度分析与评定，写出总结。

(四)贯通测量容许的偏差

由于各项测量工作中都存在不可避免的误差，导致相向开挖中，两侧中、腰线点在空间上不重合，此两点在空间的连接误差(即闭合差)称为贯通误差。

贯通巷道接合处的偏差可能发生在空间的三个方向上，即沿巷道中心线的长度偏差、垂直于巷道中心线的左右偏差和上下偏差。第一种偏差只对贯通在距离上有影响，对巷道质量没有影响，而后两个方向的偏差对巷道质量有直接的影响，所以后两种偏差也称为贯通重要方向的偏差。贯通的允许偏差是对重要方向而言的，井巷贯通容许偏差如表 15-5 所示。

表 15-5　井巷贯通的容许偏差

贯通种类	贯通巷道的容许偏差	在贯通面上的偏差/m	
		两中线之间	两腰线之间
第一类	同一井内巷道贯通	0.3	0.2
第二类	两井之间巷道贯通	0.5	0.2
第三类	先用小断面开凿，贯通之后在刷大至设计全断面	0.5	—
	用全断面开凿并同时砌筑永久井壁	0.1	—
	全断面掘砌，并在保护岩柱之前预先安装罐梁、罐道	0.02～0.03	—

二、贯通测量类型

(一)一井内巷道贯通测量

如图 15-26 所示，凡是由井下一条起算边开始，能够敷设井下导线到达贯通巷道两端的，叫一井贯通。一井贯通测量可分为：水平巷道(包括不沿导向层贯通的水平巷道、沿导向层贯通的水平巷道)的贯通测量，倾斜巷道(包括不沿导向层贯通的倾斜巷道、沿导向层贯通的倾斜巷道)的贯通测量。

一井贯通的主要工作是井下平面和高程控制测量、施工放样等。

以图 15-26 为例，具体工作内容和步骤如下：

(1)先在大比例尺设计图上量出贯通中心线上的点 A 至巷道中线、原来的导线点 F 之间的距离 $FA=d_1$，同样量出 $BC=d_2$，根据 d_1、d_2 在巷道中实地标出 A、B 两点。

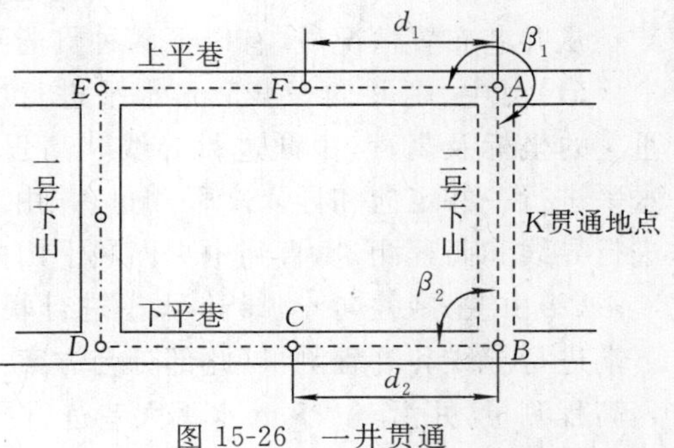

图 15-26　一井贯通

(2)进行经纬仪导线和高程测量，从而得到 A、B 两点的平面坐标和高程。

(3)计算贯通标定所需的几何要素。计算贯通中心线的方位角 α_{AB} 和 AB 间的水平距离 S_{AB}，即

$$\alpha_{AB}=\arctan\frac{y_B-y_A}{x_B-x_A}\tag{15-13}$$

$$S_{AB}=\frac{y_B-y_A}{\sin\alpha_{AB}}=\frac{x_B-x_A}{\cos\alpha_{AB}}\tag{15-14}$$

计算指向角 β_1、β_2，即

$$\beta_1=\alpha_{AB}-\alpha_{AF}$$

$$\beta_2=\alpha_{BA}-\alpha_{BC}$$

计算巷道倾斜角 δ，即

$$\delta=\arctan\frac{H_A-H_B}{S_{AB}}\tag{15-15}$$

计算 AB 的倾斜长度 L（贯通距离），即

$$L=\frac{S_{AB}}{\cos\delta}\tag{15-16}$$

根据贯通距离和掘进速度，可预测贯通所需要的时间及地点。

(4)当巷道两端各掘进 4～5 m 后，于点 A、点 B 处安置经纬仪，标定出巷道的中腰线。巷道每掘进一段距离，应进行中腰线的检查与调整，直至巷道安全贯通。

(5)检查测量。给出巷道的中线和腰线后，测量人员必须经常检查掘进方向的正确性。

在贯通测量中的每一个环节都要有检核，确保贯通测量的正确性。

(二)两井间巷道贯通测量

两井贯通是指在两个井口之间的巷道贯通，不能采用由井下一条起算边开始向贯通巷道两端敷设井下导线的方法。为保证两井间巷道正确贯通，两井的测量数据必须统一，即采用统一的平面和高程系统。

两井贯通往往是重要巷道的贯通，贯通距离长，控制导线距离长，测量环节比一井贯通多，误差积累一般较大。因此，要采取高精度、合理的测量方法，同时要有严格的检查措施。

图 15-27 为某矿中央回风上山贯通立体示意图。该矿是立井开拓，主、副井在－425 m 水平开掘井底车场和水平大巷。风井在－70 m 水平开掘总回风巷。中央回风上山位于矿井的中部，采用对向掘进，由－425 m 水平井底车场 12 号绕道起，按一定的倾角向上掘进，并同时由－125 m 水平的 2 000 石门处向下掘进。

从井巷布置情况看，有以下两种贯通测量方案(两条贯通测量线路)：

(1)由主、副井向－425 m 水平进行联系测量。测得井下 $Ⅲ_{01}Ⅲ_{02}$ 边的坐标方位角和点 $Ⅲ_{01}$ 的坐标及高程，由此进行导线和高程测量，直到中央回风上山的下端。由风井向－70 m 水平进行一井定向和导入高程测量，并由－70 m 水平车场的井下起始边 $Ⅰ_0Ⅰ_1$ 向 2 000 石门进行导线和高程测量，直到中央回风上山的上端。在地面上，主副井与风井之间进行联测。

(2)由主、副井向－425 m 水平进行联系测量，并由井下起始边 $Ⅲ_{01}Ⅲ_{02}$ 向中央回风上山的下端进行导线和高程测量(此部分与方案一相同)。由副井向－125 m 水平进行一井定向和导入高程测量，并沿－125 m 水平大巷进行导线和高程测量，直到 2 000 石门处的中央回风石门的上端。

下面以图 15-27 为例，来说明两井贯通的测量步骤。

1．方案选择

两井贯通测量方案的选择必须考虑对生产的影响、技术可行、经济合理。选择方案时，一

般要进行贯通误差预计。由于方案二要在副井进行一井定向（占用生产时间），并且－125 m 水平测量条件较差，所以选择了方案一。

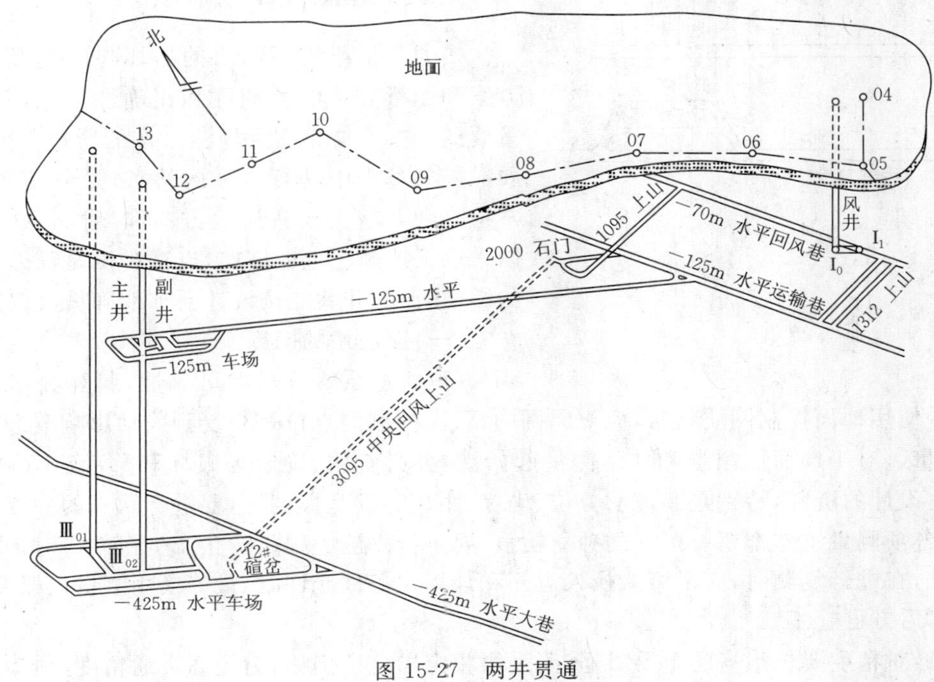

图 15-27　两井贯通

2. 井上平面与高程控制测量

为了保证坐标系统和高程系统的统一，图 15-27 中 12 号和 5 号点是同一系统内的近井点，由这两点布置地面控制导线，并进行三（或四等）等水准测量，从而使坐标系统和高程系统统一。

3. 联系测量

联系测量的主要工作是把地面坐标和高程传递到井下。

4. 井下导线和高程测量

根据联系测量得到井下起始点坐标、方位角和高程起算数据，分别向贯通巷道两端进行导线和高程测量，为开切位置确定和中腰线标定提供依据。

5. 贯通巷道方向、坡度等要素计算

计算巷道开切方向、坡度等标定要素，并利用这些数据进行实际标定。

6. 检查测量

给出巷道的中线和腰线后，测量人员必须经常检查掘进方向的正确性。

（三）立井贯通测量

图 15-28 为立井贯通，立井贯通测量的内容如下：

（1）地面联测。

（2）标定三号井地面井筒中心坐标。

（3）主、副井联系测量，确定井下导线的起始坐标和方位。

（4）进行井下导线测量，直到三号井井底车场出口点 P。

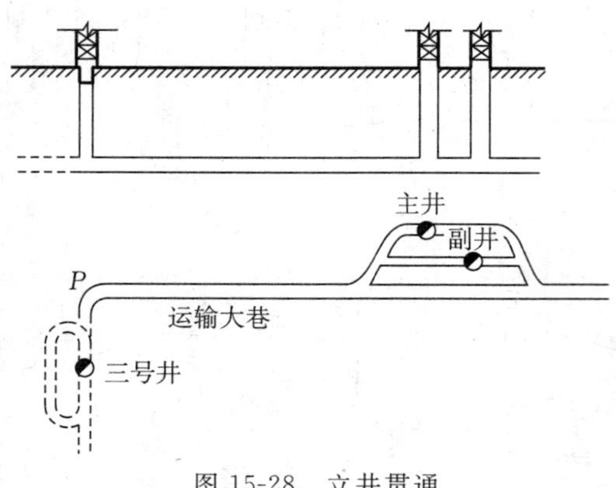

图 15-28 立井贯通

(5)井底车场中腰线标定,井中位置标定。

三、贯通测量注意事项

贯通质量或贯通结果的好坏与所选择的贯通方案和测量方法的合理性和正确性有关,其中,很重要的一方面便是实际施测工作的质量。因此,需要在施测过程中进行可靠的检核,及时填图,并经常检查和调整贯通巷道的方向和坡度。必要时可以采取某些施工上的措施,以减少测量误差对工程的影响,保证井巷能按设计要求准确贯通。

(一)应注意的问题

(1)注意原始资料的可靠性,起算数据应当准确无误。使用地面控制网质料时,应对原网的精度、控制网点位是否受到采动影响等进行实地检查、测量。对于地面控制点和井下测量起始点,务必查明、确定无破坏和移动后方可使用。对于工程设计的资料,特别是巷道的方位、坐标、距离、高程、坡度等,要进行认真的检查。

(2)各项测量工作都要有可靠的独立检核,要进行复测、复算,防止产生粗差。对于重要的贯通工程,在进行复测时,应尽可能换人观测和计算。条件允许时,最好换用测量仪器和工具,复测合格后方可施工。

(3)针对精度要求很高的重要贯通,要采取相应措施。例如,为提高贯通精度,须考虑投影水准面的选择,同时对导线边长进行两项改正。

(4)对施测成果要及时进行精度分析。

(5)利用测量成果计算标定要素时,注意不要抄错或用错已知数据资料。实地标定时,注意不要用错测点,井下标志编号要醒目、清晰。

(6)贯通巷道掘进过程中,要及时进行测量和填图,并根据测量成果及时调整巷道掘进的方向和坡度。

(二)必要时采取的技术措施

(1)竖井贯通时,往上打反井可采取先用小断面开凿、贯通后再刷大到设计全断面的方法。

(2)轨道运输平巷贯通时,为防止在高程上产生贯通偏差,要对巷道的坡度进行调整,使两端的巷道底板、轨道和水沟能平顺衔接,不形成台阶。

(3)绞车提升的斜井贯通时,由于斜巷(上、下山斜井等)在高程上的贯通偏差比较容易调整,因此根据水平面内垂直于巷道中线的贯通预计偏差,求算暂不砌筑永久支护和不安装轨道中间的钢丝绳地滚轴的距离,采用的计算方法主要从绞车的提升钢丝绳不偏出轨道中间的地滚轴为依据。

(4)为了提高贯通精度,可以考虑加测陀螺定向边,增加检核条件,提高测量的准确程度。对井下边长较短的测站,要设法提高仪器和觇标的对中精度,如采取防风措施,采用光学对中,加大垂球重量,增加垂球对中次数,或者采用三架法、省点法测量。斜巷中测角要注意仪器整平的精度,并考虑经纬仪竖直轴的倾斜改正。陀螺定向测量时要尽量消除外界不良环境条件对精度的影响。

四、贯通后的测量工作

贯通后的测量工作主要有两方面：一是贯通后实际偏差测定与中、腰线调整，二是贯通测量工作总结。

(一)实际偏差测定与中、腰线调整

1. 实际偏差测定的意义

(1)对巷道的贯通结果做出最后的评定。

(2)用实际数据检查测量工作的成果，从而验证贯通测量误差预计的正确程度，丰富贯通的理论和经验。

(3)贯通测量后的联测，可使两端原来没有闭合或附合条件的井下导线有了可靠的检核和精度评定。

(4)实际偏差的测定作为巷道中、腰线最后调整的依据。

2. 贯通后实际偏差的测定

平、斜巷贯通时水平面内偏差的测定方法如下：

(1)用经纬仪把两端中心线都延长到巷道贯通接合面上，量出两中心线之间的距离，其大小就是贯通巷道在水平面内的实际偏差。

(2)对巷道两端的导线进行联测，求出闭合边的坐标方位角差值和坐标闭合差，这些差值实际上也反映了贯通平面测量的精度。

平、斜巷贯通时竖直面内偏差的测定方法如下：

(1)用水准仪测量或经纬仪三角高程测量联测两端巷道中的已知高程控制点，求出的高程闭合差反映了贯通高程的精度。

(2)用水准仪测出或用小钢尺直接量出两端腰线在贯通接合面处的高差，其大小就是贯通在竖直面内的实际偏差。

立井贯通后井中实际偏差的测定方法为：立井贯通后，可由地面或由上水平面的井中处垂下中心垂球线到下水平面，直接测量出井筒中心线之间的偏差值，即立井贯通的实际偏差值。有时也可测绘出贯通结合处上、下两段井筒的横断面图，从图上量出两中心之间的距离，即立井贯通的实际偏差，并进行定向测量。

3. 贯通后巷道中、腰线的调整

巷道贯通后不但要测定实际偏差，还需要对中、腰线进行必要的调整，使两侧贯通巷道更加平顺连接。

(1)中线的调整。当巷道贯通后，如果实际偏差在容许的范围之内，对次要巷道只需将最后一段支护加以修整即可。对于运输巷道或砌碹巷道，可将距贯通相遇点一定距离处的两端中心线点 A 与中心点 B 相连，如图 15-29 所示。以新的中线 $A—1'—2'—4'—3'—B$ 代替原来两端的中线 $A—1—2$ 和 $B—3—4$，以指导砌筑最后一段永久支护和铺设永久轨道。

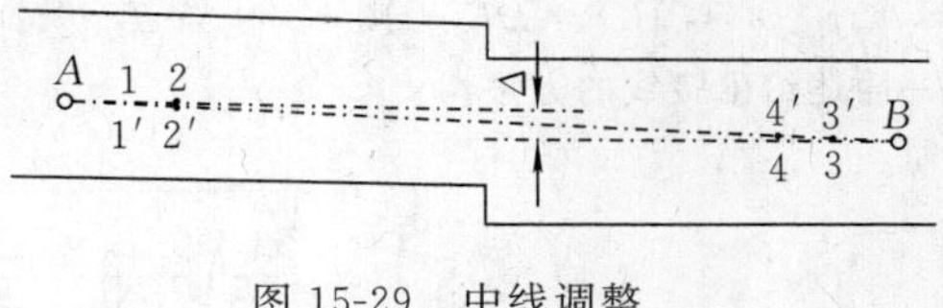

图 15-29　中线调整

(2) 腰线的调整。当实际的贯通高程偏差 Δh 较小时，可按实测高差和距离算出最后一段巷道的坡度，重新标定新的腰线。在水平或近水平巷道中，如果贯通的高程偏差 Δh 较大，可

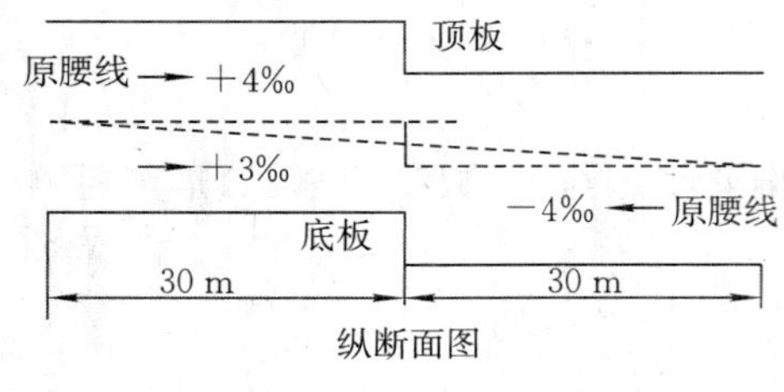

图 15-30 腰线调整

适当延长、调整坡度的距离。如图 15-30 所示,假设实测贯通高程偏差为 60 mm,由贯通相遇点向两端各后退 30 m,与该处的原有腰线点相连接,则得调整后的腰线,其坡度由原设计的 4‰变为 3‰。如果由点 K 向两端各后退 15 m,则调整后的腰线坡度为 2‰。

(二)贯通测量工作总结

贯通工程结束后,除了要测定实际偏差和进行精度评定外,还要编写贯通测量技术总结。其编写纲要如下:

(1)贯通工程概况。

(2)贯通测量情况。

(3)地面平面和高程控制测量。

(4)井下控制测量。

(5)矿井联系测量。

(6)贯通精度。

(7)贯通测量工作综述。

(8)贯通测量资料明细表及有关图件。

思考题与习题

1. 联系测量的任务是什么?为什么要进行联系测量?
2. 平面联系测量为什么通常又叫定向?
3. 一井定向、两井定向和陀螺定向各有什么优缺点?
4. 简述井下平面控制测量的级别和种类。
5. 简述井下高程控制测量的基本要求。
6. 什么是中线?它在巷道掘进中的作用是什么?标定方法有哪几种?
7. 有一段曲线巷道,其中心角 $\alpha = 90°$,巷道中心线的曲率半径 $R = 20$ m,巷道净宽 $D = 3.5$ m,试设计该曲线巷道的中线标定方法。
8. 什么是腰线?它在巷道掘进中的作用是什么?标定方法有哪几种?
9. 什么是贯通测量?简述贯通测量的方法与步骤。
10. 如图 15-31,已知点 A 高程 $H_A = +57.452$ m,点 A 巷道底板设计高程为 $+55.033$ m,腰线高出底板 1 m,巷道设计坡度为+3‰,水准仪后视瞄准点 A 水准尺(倒立)读数 $a = 1.366$ m,用皮尺丈量平距 $AB = 8.4$ m,$BC = CD = DE = 10$ m。求 A、B、C、D、E 各点腰线高程及各腰线点高于或低于水准仪视线的高差,并简述给出腰线的方法。

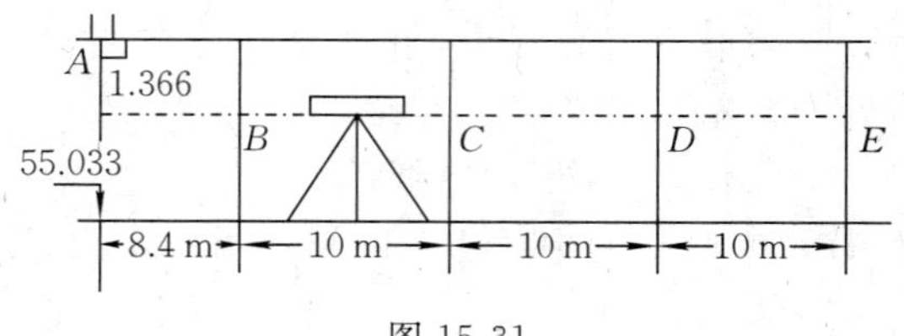

图 15-31

第十六章　地质勘探工程测量

§16-1　地质勘探工程测量的概述

地质勘探包括地质普查和地质详查(地质勘探)等工作,其目的主要是依据各种有效手段,查明勘探区域内矿体的空间位置、产状、矿石品位和储量等。与勘测工程的施工工程相配合,需要进行相应的地质勘探工程测量。地质勘探工程测量一般包括地质勘探网测设、物探网测设、钻孔定位、剖面测量、坑道测量、探槽、探井测量和地质点测量等。

地质勘探工程测量的主要任务如下:

(1)为地质勘探工程设计和研究地质构造提供基础资料。

(2)根据设计在实地对工程进行定位、定线,并测出竣工后工程点的坐标和高程。

(3)为研究地层构造、编写地质报告和计算储量提供有关的测量资料。

§16-2　勘探工程测量

一、勘探线、勘探网的测设

勘探线、勘探网的设计必须由地质人员通过现场实地踏勘后,依据地形条件和矿体走向来确定。

(一)勘探线、勘探网的布设形式

勘探线的布设形式如图 16-1 所示,斜线区域是矿体的分布范围,曲线是地形等高线。编号为 00′、11′、…的单线表示勘探线,它是一组等间距的平行线,一般垂直于矿体的总体走向。

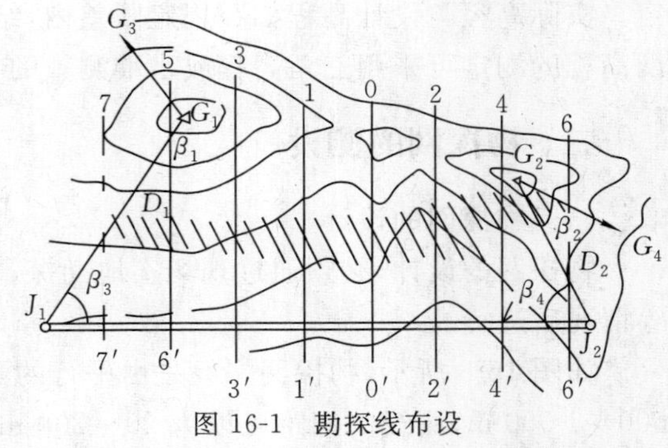

图 16-1　勘探线布设

勘探网是由两组勘探线相交而成的,其形状和密度主要依据矿床的种类和产状确定,通常布设成正方形、菱形和矩形等。为了控制勘探线和勘探网的布设精度,须遵循由整体到局部的顺序,首先沿矿体走向布设一条基线,然后在此基础上布设勘探线。如图 16-2 所示,MN 即为基线,基线两端点 M、N 应与控制点连接。

勘探网的编号以分数形式表示,分母代表线号,分子代表点号,以通过基点 P 的零号勘探线为界(图 16-2),西边的勘探线用奇数号表示,东边的则用偶数号表示;以基线为界,北侧的点用偶数号表示,南侧的点用奇数号表示。

(二)勘探线、勘探网的测设

1. 基线的测设

如图 16-2 所示,点 A、点 B、点 C、点 D 为已知控制点。首先根据图上设计的点 M、点 N、

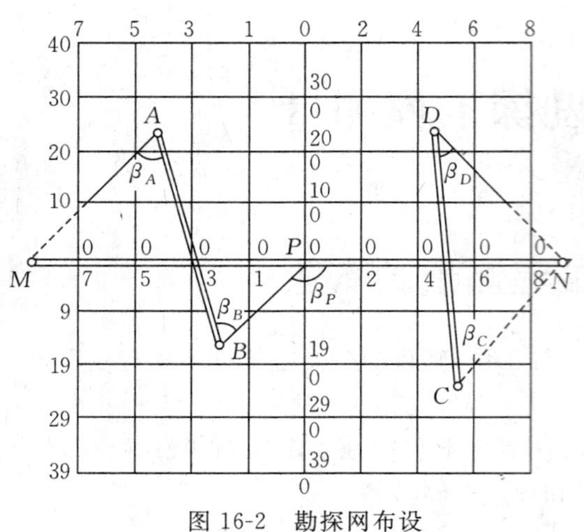

图 16-2 勘探网布设

点 P 和已知控制点坐标，计算出测设所需的水平角和水平距离。然后依据这些测设数据将欲定点 M、N、P 测设于实地。

当基线两端点 M、N 和基点 P 初步确定后，应将经纬仪安置在其中任一点上，检查三点是否在一条直线上。如果误差在允许范围内，则在基线两端点 M、N 埋设标石，然后采用单三角形或前方交会等方法，重新测定其坐标，求出它们与设计坐标的差值；若小于 1/2 000，可取平均值作为最终坐标；否则应进行检查，必要时须重新施测。

2. 勘探线、勘探网的测设

勘探线、勘探网的测设就是将基线与勘探线上的工程点测设于实地。常规的测设方法是在基点 P 处安置经纬仪，定出基线方向，按设计给定的勘探线间距，采用钢尺量距或精密视距的方法定出各勘探线在基线上的交叉点(图 16-2 中的 $\frac{0}{2}$、$\frac{0}{4}$、$\frac{0}{6}$、$\frac{0}{8}$ 和 $\frac{0}{1}$、$\frac{0}{3}$、$\frac{0}{7}$ 等)。然后分别在这些点上安置经纬仪，依据设计给定的勘探线上工程点的点距，采用点位测设的方法，将其测设于实地，即得到第一组勘探线。同理，可将另一组勘探线上的工程点测设于实地。将勘探线上的工程点测设于实地后，应埋设标志并编号。

3. 高程测量

基线端点和基点的高程，应在点位测设于实地后，用三角高程的方法与平面位置同时测定。实际高程与设计高程如在规定限差内，结果取其平均值，否则应查找原因。勘探线、勘探网高程的测定可采用三角高程或水准测量的方法进行，并布置成闭合或附合路线，以便检核。

二、物探网的测设

(一)物探网的设计

物探网的设计，必须通过现场实地勘探，在综合物探目的、要求和勘探区内已有的控制点等情况后进行。

如图 16-3 所示，物探网一般是由平行的测线与基线相交而构成的规则网形。基线间距为 500～1 000 m，测线的间距可以为 20～200 m，但在同一物探网中基线和测线各自的间距应相等。基线与测线的交点为基点，基线的两个端点称为控制基点，基线的起始基点布设在测区中央的制高点上。物探网的编号一般以分数形式表示，分母表示线号，分子表示点号。从物探网西南角的基点开始，向北、向东按顺序编号。为避免物探网向西南方向扩展时出现负数编号，一般起始点编号不为 0，而用一较大的正整数。对于小范围物探网的编号，也可用序号表示点、线位置。

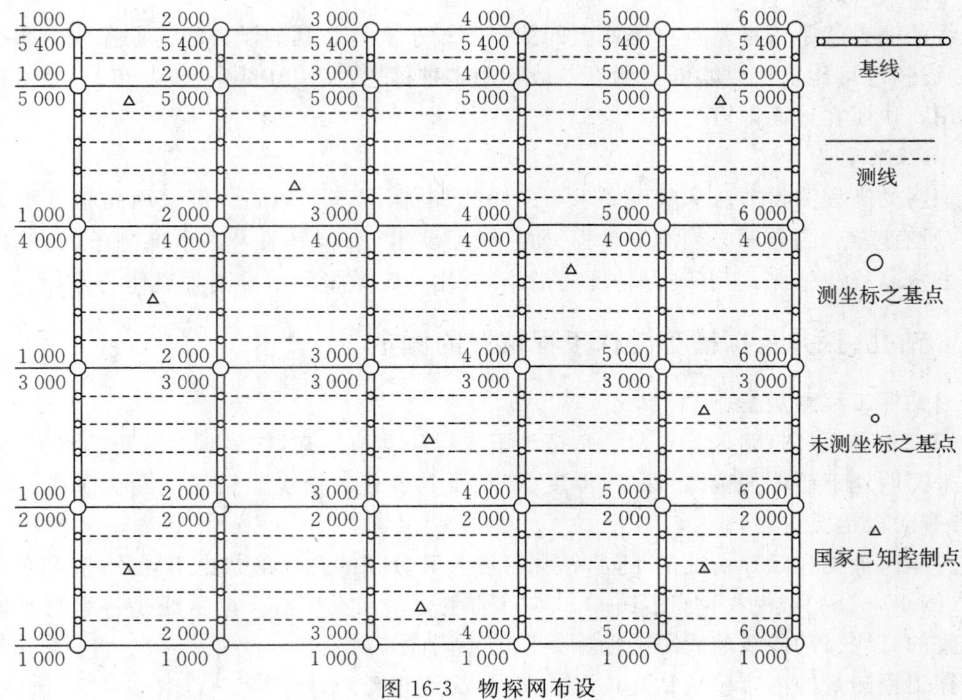

图 16-3　物探网布设

(二)物探网的施测

物探网的测设包括基线、测线的测设和高程测量。

1. 基线的测设

(1)起始基点和控制基点的测设。根据测设数据和地面控制点及地形等情况,采用极坐标、角度交会或距离交会等方法测设。基点被测设于实地并埋设标石后,应用单三角形或前方交会等方法重新测定其坐标,并与设计坐标值进行比较。其不符值应满足规范要求,否则应重新施测。

(2)基线的测设。基线的测设就是将基线上的全部基点测设于实地。当控制基点测设后,将仪器安置在基线一端的控制点上,用望远镜瞄准基线另一端的控制基点,固定望远镜,按视距法测设水平距离,将各基点逐一测设于实地,打入木桩并写上编号。

测设基点也可采用钢尺、皮尺、测距仪等方法进行。当基线遇障碍物不通视时,可采用90°转站法或等腰三角形法设立转站点,通过转站点绕过障碍物,如图 16-4 与图 16-5 所示。

基线测设完毕后应进行检核,其方法与勘探网基线检核相同。

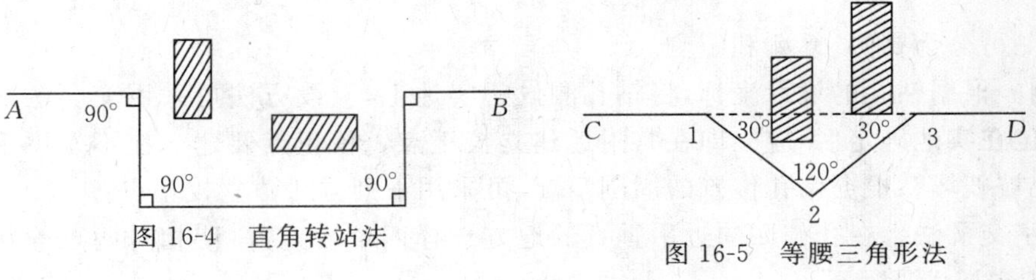

图 16-4　直角转站法

图 16-5　等腰三角形法

2. 测线的测设

测线的测设就是依据基点将测线上的测点测设于实地。其测设方法与勘探线的测设基本相同,测设精度可比勘探线略低。测点一般不用木桩标志,而用红纸条(或红布条)编号标于草棵上或用石块压在地面即可。

3. 高程测量

物探网的高程测量方法和精度要求与勘探线、勘探网基本相同。但采用高精度重力物探方法时,所有基点、测点都必须测定高程,而且精度要求较高,一般采用水准测量的方法进行。若采用三角高程法施测,应有确保精度的措施,并用一定数量的水准高程点作为检核。

三、钻孔、探井及探槽等勘探工程位置的测定

(一)钻探工程测量

钻探工程是通过打钻(图 16-6(a)),把地下岩(煤)芯取出来,作为观察分析的资料,依据这些资料来探明地下矿体的范围、深度、厚度、产状及其变化等情况。钻探是勘探阶段的主要手段(在普查阶段也要进行)。

随着矿床种类和赋存情况的不同,钻孔密度及其分布的几何形状也不同,一般都是布置成勘探线(图 16-6(b))或勘探网(图 16-6(c)),目前主要采用勘探线。勘探线是一组与矿体走向基本垂直的直线。勘探线的线距随勘探类型的不同而有所变化。

钻探工程测量的内容包括钻孔位置的布设(简称布孔)和施测。

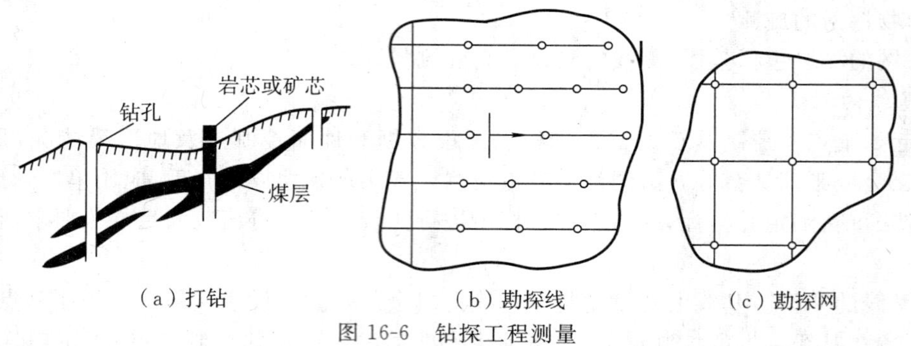

图 16-6 钻探工程测量

1. 布孔

布孔一般由地质人员、钻机人员和测量人员共同商量进行,但主要由地质人员决定。由测量人员根据钻孔的设计坐标,从附近的控制点,采用经纬仪交会法或极坐标法,将钻孔孔位测设于实地上。若受地形限制,钻孔位置也可适当移动一段距离,最后确定孔位,并设置木桩标志。

2. 施测

钻孔施测可分为初测、复测和定测。

(1)初测。根据钻孔的设计坐标,将钻孔测设于实地上,测设方法可采用交会法或极坐标法进行。孔位在实地确定后,应立即在其附近建立校正点。校正点要建立在不妨碍平整机台的地方,以免被破坏。根据钻孔位置的周围情况,可采用下列方法建立校正点:

——十字交叉法。在孔位四周近乎垂直的地方选择四个校正点,使相对两点连线的交点通过孔位,如图 16-7 所示。

——距离交会法。在孔位四周不同方向上选定三个以上的点,分别量取其钻孔的距离。

——直线通过法。在钻孔的前后确定两个校正点，使两点的连线通过孔位的中心，然后量出孔位至两端点的距离，如图 16-8 所示。

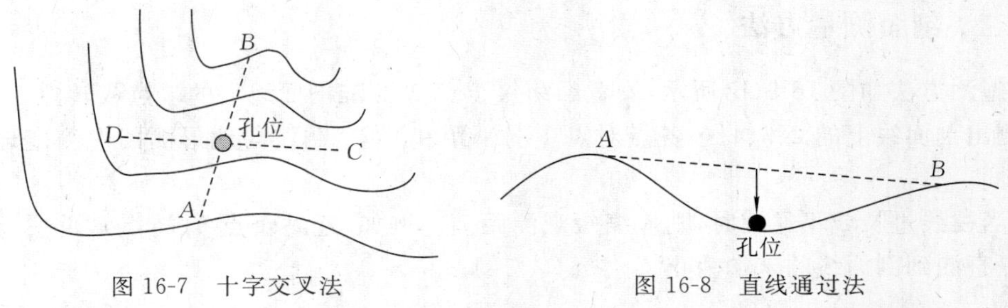

图 16-7　十字交叉法　　图 16-8　直线通过法

(2)复测。钻孔位置的复测是在平整机台后进行的。根据校正点与记录的原始数据，对钻孔的位置进行校核。若偏差超过±0.1 m，应检查校正点是否有错误。一般情况下，平整机台后孔位的木桩大部分会丢失，此时即可利用校正点重新测定孔位。若校正点的木桩丢失或对校正点有所怀疑，则需重新测定孔位。最后测出平整机台后的孔位高程。

(3)定测。钻孔完毕封孔后，再测定封孔标石或封孔套管中心的坐标及高程。坐标测定可采用交会法、GPS 定位等，也可采用经纬仪导线法或精密视距导线法，高程可采用水准测量或三角高程测量测定。不参加储量计算的钻孔的坐标及高程可采用经纬仪视距导线施测。

(二)探槽、探井测量

探槽、探井都是轻型山地工程，主要用于揭露覆盖地区较浅的地质现象。探槽是在地表挖掘成长槽形的工程，宽为 1 m 左右，长为若干米，深度以满足揭露地下岩体的槽形工程为准。探井是从地表垂直向下挖掘成圆形的工程，井深及直径以满足揭露岩体为准。探槽、探井工程测量分初测和定测两步。初测就是将图上设计的工程位置用极坐标法或交会法测设到实地上。勘探阶段的探槽一般要求标定其两个端点。定测是在探槽、探井施工结束后，测定其实际位置，并将它们绘到实际材料图上。

§16-3　地质剖面测量

剖面测量的内容是测定位于此方向线上的地形特征点、地物点、勘探工程点(钻孔、探井、探槽等)及地质点的平面位置与高程，并按规定的比例尺展绘成地质剖面图。

地质剖面测量的目的是了解各个时代的地层层序、地层或岩层的厚度、岩性特征、标志层及地质构造形态等。

实测地质剖面的顺序：首先按设计位置进行剖面定线，建立剖面线上的起、止点和转点，并在其间加设控制点，以保证测量精度；然后进行剖面测量；最后展绘成地质剖面图。

一、剖面定线

剖面定线的目的是在实地上确定剖面线的位置和方向，现分两种情况加以说明。

第一种情况：如果剖面线是由地质人员根据设计资料结合实地情况选定的，那么选定后的剖面线端点的坐标和高程，就由测量人员用经纬仪交会法或用导线与附近控制点联测确定，如图 16-9(a)所示。

第二种情况:如果剖面线端点需要根据设计坐标测设,那么测量人员可根据附近控制点的坐标和端点的设计坐标,计算测设数据,并按布设孔位的方法测设剖面线端点。

二、剖面测量方法

施测方法如图 16-9(b)所示,安置经纬仪于点 1,照准剖面线上的端点或转点,标定视线方向,测出剖面线上的 2、3、4、…各点对点 1 的平距和高差,测法与地形测图中测定地形点的方法相同。

当视线过长或不通视时,则应缩短观测距离。例如,迁站于点 5(转点),再按上述步骤进行,一直测到剖面线的末端为止。

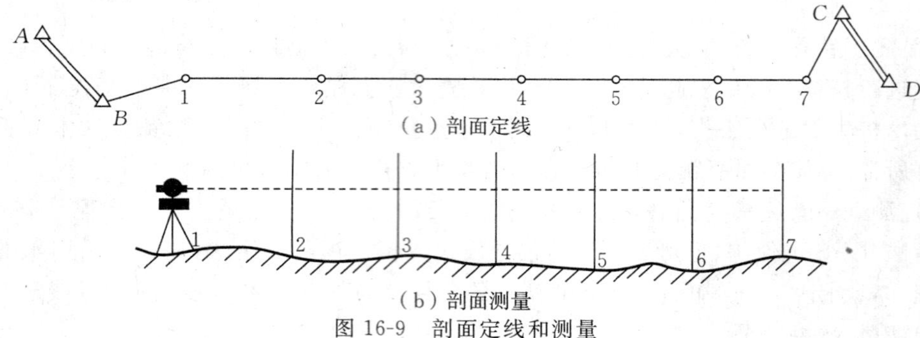

图 16-9 剖面定线和测量

三、剖面图的绘制

剖面图是根据各点高程和各点间的水平距离绘制的(图 16-10)。其方法是:在方格纸上先定一水平线,根据各点间的水平距离,按规定的水平比例尺将各点标出;再根据各点的高程,按竖直比例尺(一般应和水平比例尺相等,这样可以不歪曲地质构造),分别在各点的竖直线上定出各剖面点的位置,并依次将各剖面点连成圆滑的曲线,得剖面图。在剖面上,地质工程点和注记地质点应加编号注记,在剖面线的起、止两端,还应注明剖面线的方位角,在剖面图的下面标出剖面线与坐标线交点的位置,并注上坐标值。剖面图绘制完成后,应在其下面绘制相应的平面图。

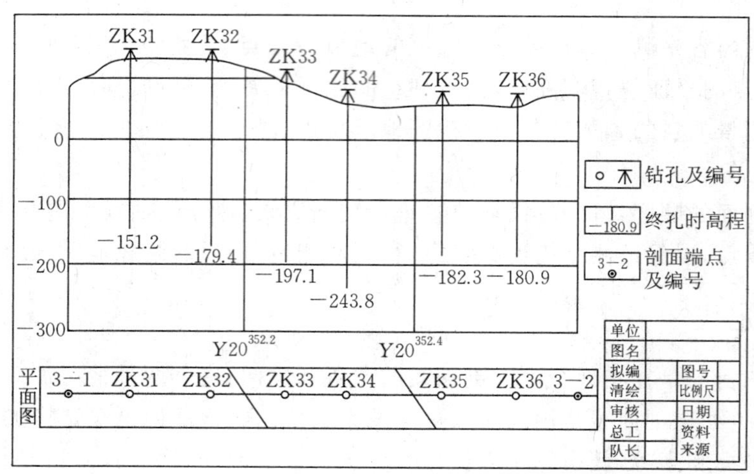

图 16-10 剖面图

在找煤阶段，一般采用地质罗盘和测绳（或皮尺）进行剖面测量，这时用罗盘测倾斜角 δ，用测绳测倾斜距离 L。如图 16-11 所示，测得水平距离 $l = L\cos\delta$，高差 $h = L\sin\delta$。因此，用此法同样可以测出各点间的水平距离和高差。剖面线端点的位置可用罗盘仪交会法在地形图上定出，同时要测出剖面线的方位角。

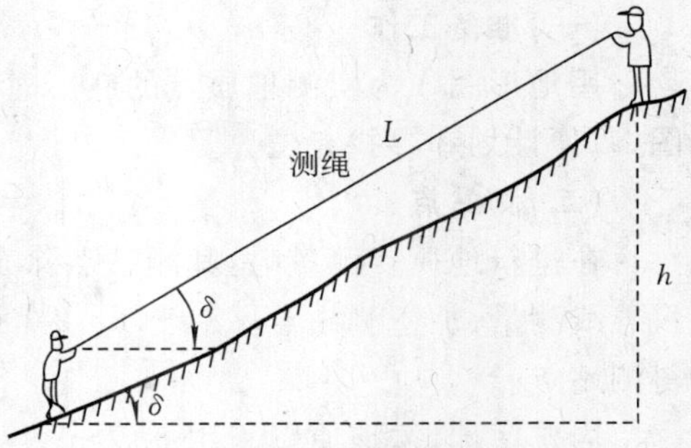

图 16-11　剖面测量

四、对剖面测量的要求

(1)剖面线一般是沿勘探线方向布设，成为互相平行、间隔相等的平行线。因此，应确保各剖面线的方向及间距的精度要求。

(2)剖面线上的勘探工程（尤其是钻孔）的位置是勘探工程设计和矿产储量计算的主要依据，因此它比普通地形点及地质点的精度要求要更高。故孔位等重要工程位置要采用交会法或 GPS 技术等测定其坐标值，而地形点及地质点的测定可采用视距法。

(3)当地表有矿时，对地形剖面线上的任一点的高程应有较高的精度要求，应实测剖面地形。当无矿体时，可利用地形图和工程位置测量的资料进行编绘、复制。

§16-4　地质填图测量

一、概　述

在矿区勘探阶段，通过大比例尺的地质填图测量，详细查清了地质情况，为下一步的勘探工作提供了可靠的资料。地质填图以相应比例尺的地形图作为底图，将矿体的分布范围及其品位变化情况、围岩的岩性、地层的划分、矿区的地质构造类型及水文地质情况等填绘到图上，以便综合分析，达到了正确了解成矿的地质条件及矿床类型、为下一步的勘探工程设计及最后的矿产储量计算提供了根据。

填图的比例尺根据矿床的具体情况而定。若矿床生产条件比较简单，产状较有规律（如有沉积矿床）、规模较大、品位变化较小，则采用的比例尺就较小，反之采用较大比例尺。勘探阶段的地质填图比例尺常用 1∶1 万、1∶5 000、1∶2 000、1∶1 000 几种；对于煤、铁等沉积矿床，通常用 1∶1 万、1∶5 000；对于铜、铅、锌等有色金属的内生矿床，常采用 1∶2 000、1∶1 000；对于某些稀有金属矿床，还可采用更大的比例尺，如 1∶500。

无论何种比例尺的地质填图测量，最重要的工作都是从地质点开始，然后根据地质点描绘各种岩层和矿体，并填绘各种相应的地质符号，最后制成一幅地质地形图。因此，内容庞大的地质填图测量可分解为地质点测量及地质界线测量两个步骤，其中地质点测量是填图测量的基本工作。

二、地质点测量

地质点包括露头、构造点、岩体、矿体界限点、水文点、重砂点等，测定地质点一般采用极坐标法，测量前应有足够的控制点作为测站点。

(一)准备工作

用地形图作为实测地质点的底图时,应对控制点进行检查。施测前应取得地质点分布略图,以便计划和寻找点位。

(二)测站点

在进行地质点测量时,其测站点除充分利用已有控制点外,不足时还可采用全站仪或经纬仪导线测量、加密测站点。对于1∶2 000至1∶1万比例尺的填图测量,还可用图解法交会求得测站点。

当矿区地形、地质图采用0.5 m等高距,且测站点的高程等于或大于1 m时,测站高程测定可用三角高程测量的方法。当控制点不够用时,可从邻近控制点用支导线引测,但需往返测量。引测时量距规定:1∶500至1∶1 000比例尺,用钢尺量距;1∶2 000至1∶1万比例尺,用视距法,引测的点数及边长应符合规范要求。

(三)地质点的测定

将经纬仪安置在一个测站点上,对中整平后,以另一个控制点定向(水平度盘置于0°00′00″),然后测量各地质点的水平角、水平距离及高程。该方法与地形测图中的碎部测量相同。

三、矿体及岩层的圈定

在测定地质点的基础上,根据矿体和岩层的产状与实际地形的关系,将同类地质界限连接起来。图16-12是用地形图作为地图测绘出的部分地质图。图中虚线表示的是根据地质点和地质界线的观测资料圈定的地质界线,如虚线1～2表示侏罗系(J)和三叠系(T)地层的分界线(P为二叠系、C为石炭系、D为泥盆系、S为志留系)。

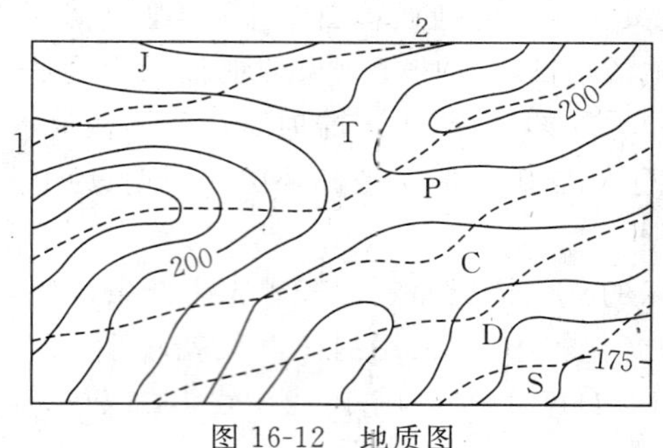

图16-12 地质图

思考题与习题

1. 地质勘探工程测量的主要任务是什么?
2. 勘探网是如何组成又是如何布设的?
3. 地质剖面图是如何绘制的?
4. 地质填图测量包括哪些工作内容?如何进行?
5. 某勘探工程需要布设一个钻孔P,其设计坐标$x_P=335\,879.700$ m,$y_P=29\,351.800$ m。已知设计钻孔附近有测量控制点A和控制点B,其中点A的坐标值为$x_A=335\,678.320$ m,$y_A=29\,282.460$ m,AB边方位角α_{AB}已知,试求用极坐标布孔所需的测设数据。

参考文献

安润莲，郝延锦，2001. 工程测量[M]. 太原：山西科学技术出版社.

党海星，郭宗河，郑加柱，2006. 工程测量[M]. 北京：人民交通出版社.

党亚民，秘金钟，成英燕，2007. 全球导航卫星系统原理与应用 [M]. 北京：测绘出版社.

邓洪亮，2005. 土木工程测量学(上、下)[M]. 北京：北京工业大学出版社.

付铁链，王勇智，1998. 工程测量[M]. 北京：中国水利水电出版社.

高井祥，2004. 测量学[M]. 徐州：中国矿业大学出版社.

高井祥，肖玉林，付培义，2001. 数字测图原理与方法[M]. 徐州：中国矿业大学出版社.

顾孝烈，鲍峰，程效军，2006. 测量学[M]. 上海：同济大学出版社.

靳祥升，2005. 测量学[M]. 2 版. 郑州：黄河水利出版社.

李生平，2003. 建筑工程测量[M]. 2 版. 武汉：武汉理工大学出版社.

李玉宝，曹智翔，余代俊，等，2006. 大比例尺数字化测图技术[M]. 成都：西南交通大学出版社.

刘星，2004. 工程测量学[M]. 重庆：重庆大学出版社.

覃辉，2006. 土木工程测量[M]. 上海：同济大学出版社.

武汉测绘科技大学《测量学》编写组，1991. 测量学[M]. 北京：测绘出版社.

徐绍铨，张华海，杨志强，等，2008. GPS 测量原理及应用[M]. 3 版. 武汉：武汉大学出版社.

严莘稼，李晓莉，邹积亭，2007. 建筑测量学教程[M]. 2 版. 北京：测绘出版社.

杨晓明，沙从术，郑崇启，等，2008. 数字测图[M]. 北京：测绘出版社.

张国良，2001. 矿山测量学[M]. 徐州：中国矿业大学出版社.

张正禄，李广云，潘国荣，等，2005. 工程测量学[M]. 武汉：武汉大学出版社.

周文国，郝延锦，王晓峰，等，2005. 建筑工程测量[M]. 2 版. 北京：科学出版社.

朱爱民，郭宗河，2005. 土木工程测量[M]. 北京：机械工业出版社.

中国卫星导航系统管理办公室，2016. 北斗卫星导航系统空间信号接口控制文件：公开服务信号(2.1 版)[OL]. 北京：中国卫星导航定位应用管理中心. http://www.beidou.gov.cn/xt/gfxz/201710/P020171202693088949056.pdf.

附录1　测量实验指导

实验须知

一、实验前准备工作

(一)准备工作

(1)上课前应仔细阅读所讲教材及本附录中相应的部分,明确实验的内容、要求和步骤等内容。

(2)弄清教材中的基本原理、概念和方法,使实验能顺利完成。

(3)在实验前做好充分准备,备齐有关资料和工具,如铅笔、小刀、记录簿等。

(二)基本要求

(1)遵守实验纪律,注意聆听教师的指导与讲解。

(2)实验中的具体操作应按任务书的规定进行,如遇问题要及时向指导教师提出。

(3)如果在实验中出现了仪器故障必须及时向指导教师报告,不可随意自行处理。

二、测量仪器和工具的借领办法

(1)每次实验所需仪器及工具在任务书上均有说明,在实验前,学生应以小组为单位,在小组长的带领下凭学生证去测量实验室借领。

(2)借领时,各组应依次由正、副组长或指派的1～2位同学进入实验室内,在指定地点清点、检查仪器和工具,然后在登记表上填写班级、组号及日期。借领人签名后将登记表及学生证交给实验室管理人员。

(3)实验过程中,各小组应妥善保管自己的仪器、工具。各组之间不得任意调换仪器和工具。若有损坏或遗失,视情节按照有关规定严肃处理。

(4)实验完毕后,应将所借用仪器和工具上的泥土、油渍擦拭干净再交还实验室,由管理人员清点、检查、验收后发还学生证。

三、测量仪器和工具的正确使用与维护

(一)借领仪器时的检查工作

借领仪器时的检查工作包括:仪器箱盖是否关妥、锁好,背带、提手是否牢固可靠,脚架与仪器是否相配,脚架各组成部分是否完好无损,脚架腿伸缩处的连接螺旋是否滑丝等。防止因脚架未架牢而摔坏仪器,或者因为脚架不稳而影响操作。

(二)打开仪器箱时的注意事项

(1)仪器箱应平放在地面上或其他安全、方便的地带才能开箱,不要托在手上或抱在怀里开箱,以免将仪器摔坏。

(2)开箱后未取出仪器前，要注意仪器安放的位置与方向，以免实验完毕后仪器装箱时因安放位置不正确而损坏。

(三)取出仪器时的注意事项

(1)在取出仪器之前一定要先松动仪器的制动螺旋，以免取出仪器时因强行扭转而损坏制动装置、微动装置，甚至损坏轴系等。

(2)仪器出箱时，应一手握住照准部支架，另一手扶住基座部分，轻拿轻放，绝不要用一只手抓提仪器。

(3)取出仪器后，随即将仪器箱盖好，以免沙土、杂物等进入箱内，搬动仪器时注意不要丢失附件。

(4)仪器使用过程中，要避免触摸仪器的目镜、物镜，以免弄脏棱镜，进而影响成像质量。不允许用手指或手帕等擦拭仪器的目镜、物镜等光学部分。

(四)安置仪器时的注意事项

(1)在三脚架腿抽出后，要将固定螺旋拧紧，但不可用力过猛，而造成螺旋滑丝，也要防止因螺旋未拧紧而使脚架自行收缩而摔坏仪器。

(2)根据操作人员的身高，调节好三脚架的高度，以免疲劳观测。

(3)安置三脚架时，架腿分开的跨度要适中，以免架腿太靠拢而容易被碰倒，或因架腿分开得过大而滑开，造成损坏仪器的事故发生。若在斜坡上架设仪器，应使处于下坡的两条腿稍长一些，上坡的一条架腿稍短一些；若在光滑地面上架设仪器，要采取安全措施，如用细绳将脚架三条腿连接起来或者使用三角木板架，防止脚架滑动摔坏仪器。

(4)在将三脚架安置稳妥后，将仪器放到脚架上时，应一手握住仪器，另一手旋紧仪器和脚架间的中心连接螺旋，避免仪器从脚架上掉下摔坏。

(5)仪器箱多为薄型材料制成，不能承重，因此严禁蹬、踏或坐在仪器箱上。

(五)操作过程中的注意事项

(1)在阳光下观测必须撑伞，以遮挡阳光，雨天应禁止观测。对于电子测量仪器，在任何情况下均应注意防护。

(2)任何时候仪器旁必须有人守护。禁止无关人员拨弄仪器，注意防止行人、车辆碰撞仪器。

(3)如遇目镜、物镜表面蒙上水汽而影响观测，应稍等一会或用纸片扇风使水汽散发。若镜头上有灰尘应用仪器箱中的软毛刷拂去。严禁用手帕或纸张擦拭，以免擦伤镜面。观测结束应及时套上物镜盖。

(4)操作仪器时，用力要均匀，动作要准确、轻捷。制动螺旋不宜拧得过紧，微动螺旋和脚螺旋宜使用中段螺纹，用力过大或动作太猛都会造成对仪器的损伤。

(5)转动仪器时，应先松开制动螺旋，然后平稳转动。使用微动螺旋时，应先旋紧制动螺旋。

(六)仪器搬迁时的注意事项

(1)在远距离搬迁或者通过行走不便的地区时，必须将仪器装箱后再搬迁。

(2)在近距离且平坦地区搬迁时，可将仪器连同三脚架一起搬迁，但首先检查连接螺旋是否旋紧，再松开各制动螺旋，将三脚架腿收拢。然后一手托住仪器的支架或基座，一手抱住脚架，平稳行走。搬迁时切勿小跑，以免仪器受到振动或仪器损伤。严禁将仪器横扛在肩膀上搬迁。

(3)搬迁时,要清点所有的仪器和工具,以防丢失。

(七)仪器装箱时的注意事项

(1)仪器使用完毕后,应及时盖上物镜盖,清除仪器表面的灰尘和仪器箱、脚架上的泥土等污物。

(2)仪器装箱前,要先松开各制动螺旋,将脚螺旋调至中段并使之大致等高。然后一手握住支架或基座,另一手将中心连接螺旋松开,双手将仪器从脚架上取下,并放入仪器箱内。

(3)仪器装入箱内要轻轻试盖一下,若箱盖不能合上,说明仪器未正确放置,应重新放置。严禁强压箱盖,以免损坏仪器。在确认安放正确后,再将各制动螺旋略微旋紧,防止仪器在箱内自由转动而损坏某些部件。

(4)清点箱内附件,若无缺失则将箱盖合上,扣好、锁好。

(八)其他工具的使用

(1)使用钢尺时,应防止扭曲、打结,防止行人踩踏或车辆碾压,以免折断钢尺。不得沿地面拖拽钢尺,以免钢尺尺面刻线磨损。使用完毕交还时,应将钢尺擦净并涂油防锈。

(2)使用皮尺时应避免沾水,若受水浸,应晾干后再卷入皮尺盒内。收卷皮尺时切忌扭转卷入。

(3)应注意防止水准尺和花杆受横向压力。不得将水准尺和花杆斜靠在墙上、树上或电线杆上,以防倒下摔断。也不允许在地面上拖拽或将花杆作为标枪投掷等损坏仪器的行为发生。

(4)小件工具如垂球、尺垫等应用完即收,防止遗失。

四、测量记录与计算规则

(1)观测记录必须直接填写在规定的表格内,不得用其他纸张记录、转抄。

(2)凡记录表格上规定填写的项目必须填写齐全。

(3)所有记录与计算均用铅笔(2H 或 3H)记载。字体应端正清晰,字的大小应适中。一旦记录中出现错误,可在留出的空隙处对错误的数字进行更正。

(4)观测者读数后,记录者应立即回报读数,经确认后再记录,以防听错、记错。

(5)禁止擦拭、涂改与挖补。发现错误应在错误处用横线划去,将正确数字写在原数上方,不得使原字模糊不清。淘汰整个部分时可用斜线划去,保持被淘汰的数字仍然清晰。所有记录的修改和观测成果的淘汰,均应在备注栏内注明原因(如测错、记错或超限等)。

(6)禁止连环更改。若已修改了平均数,则不准再改计算得此平均数的任一原始数;若已改正一个原始读数,则不准再改其平均数。假如两个读数均错误,则应重测、重记。

(7)原始观测数据的尾部读数不准更改,如角度读数 257°32′36″的秒读数 36″不准更改。

(8)读数和记录数据的位数应齐全。例如,在普通测量中,若水准尺读数为 0238,度盘读数为 25°07′06″,其中的“0”均不能省略。

(9)数据计算时,应根据所取的位数,按“4 舍 6 入,5 前奇进偶舍”的规则进行凑整。例如,1.752 4 凑整为 1.752,2.323 6 凑整为 2.324,1.343 5 凑整为 1.344,1.316 5 凑整为 1.316,单位取至毫米。

(10)每项观测结束时,应在现场完成计算和检核,确认合格后方可搬站。实验结束时,应按规定每人或每组提交一份记录手簿或实验报告。

(11)保持测量手簿的整洁,严禁在手簿上书写无关内容,更不得丢失手簿。

实验一　水准仪的认识和使用

一、目的与要求

(1) 了解 DS_3 型水准仪的基本构造及性能,了解其主要部件的名称和作用。

(2)练习 DS_3 型水准仪安置、粗平、瞄准、精平、读数的基本步骤和方法。

(3)练习普通水准测量一个测站的观测步骤、记录和计算方法。

二、实验安排

(1)实验时数 2 学时。

(2)每个实验小组由 4 ～ 6 人组成。1 人观测、1 人记录、2 人扶尺,依次轮流进行。

(3)每组在实验场地任选 2 点,放上尺垫,每人改变仪器高度后分别测出 2 点间的高差。

三、仪器和工具

每实验小组的实验仪器与工具有 DS_3 型水准仪 1 台、水准尺 2 把、尺垫 2 个,以及记录计算用具等。

四、方法和步骤

(一) DS_3 型水准仪的认识

水准仪是能够提供水平视线的仪器。附图 1-1 为 DS_3 型水准仪外貌,并标注了各部分名称。DS_3 型水准仪由望远镜、水准器、基座三部分组成。

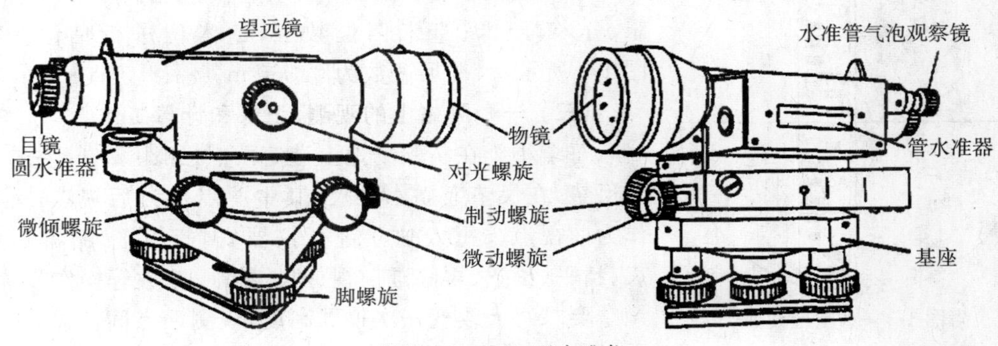

附图 1-1　DS_3 型水准仪

(二)水准仪的使用

DS_3 型水准仪的基本操作程序可归纳为安置、粗平、瞄准、精平和读数等步骤。

1. 安置

将 DS_3 型水准仪安置在两测点之间,脚架的三个脚尖基本为等边三角形,目估架头大致水平,使仪器稳固地架设在脚架上。操作时,通过调节三脚架可伸缩架腿的长度,使仪器高度适中,从仪器箱中取出水准仪,用中心连接螺旋将水准仪固定于三脚架的平面上。

2. 粗平

通过调节水准仪的三个脚螺旋将圆水准器气泡居中,使仪器的竖轴大致竖直,从而使视准轴(即视线)基本水平。如附图 1-2(a)所示,首先用双手的大拇指和食指按箭头所指方向转动脚螺旋①和②,使气泡从偏离中心的位置 a,沿①和②脚螺旋连线方向移动到附图 1-2(b)所示位置 b;然后用左手按箭头所指方向转动脚螺旋③使气泡居中,如附图 1-2(c)所示。气泡移动的方向始终与左手大拇指转动的方向一致。

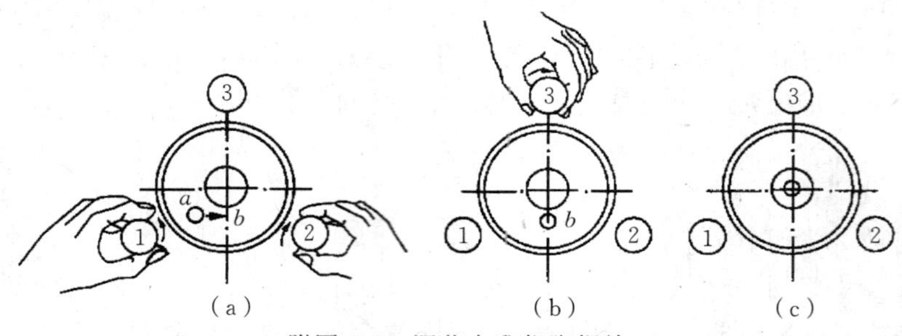

附图 1-2 调节水准仪脚螺旋

3. 瞄准

用望远镜瞄准水准尺,进行调焦(即对光),使十字丝和水准尺成像清晰,以便读数。视差的存在将影响读数的正确性,因此必须加以消除。消除的方法是仔细地反复调节目镜和物镜调焦螺旋,直至尺子和十字丝分划的成像都清晰、稳定,且读数不变。

4. 精平

望远镜瞄准水准尺后,转动微倾螺旋,使长水准气泡的影像完全成一光滑圆弧(即气泡居中),从而使望远镜视准轴完全处于水平状态。

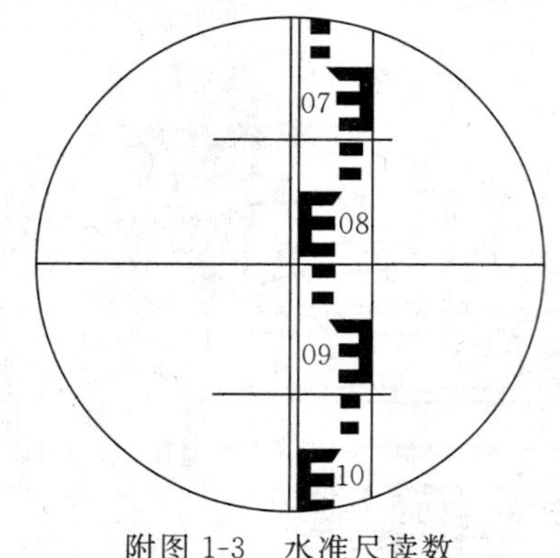

附图 1-3 水准尺读数

5. 读数

水准仪精平后,立即用十字丝横丝在尺上读数。读出米、分米、厘米、毫米四位数字,毫米位进行估读。如附图 1-3 所示,水准尺读数为 0.860 m。

(三) 一个测站上的观测、记录和计算工作

每个小组在实验场地上选定两点(相距 50 m 左右),放上尺垫,在尺垫上立水准尺,其中一点作为后视点,另一点作为前视点。每人独立进行仪器安置、粗平、瞄准后视标尺、精平、读数、再瞄准前视标尺、精平、读数等操作步骤。

要求每人改变一次仪器高度,观测两点间高差,也就是变换仪器高再观测一次。观测数据记录在附表 1-1 中。一个人完成后,其他人依次轮流进行。

五、技术要求

(1) 仪器高度的变化(升高或降低)幅度应大于 10 cm。

(2) 两次测定的高差之差应小于 5 mm。

(3) 各小组成员所测高差的最大值与最小值之差不超过 5 mm。

六、注意事项

(1)选择前、后视点时,尺垫应用脚踩实。前、后视点不应选在松软有弹性的地方,以免造成尺垫不易固定,影响观测质量。

(2)中心连接螺旋要旋紧,以防水准仪从三脚架架头上摔落,损坏仪器。

(3)首次接触仪器,在操作时不要用力过大或强力拧动螺旋,以免损坏仪器零部件。

(4)瞄准水准尺时必须注意消除视差。

(5)每次读数前,必须检验水准气泡是否居中,只有当两半边气泡影像完全成为光滑圆弧后,方可读数。

(6)读数时,正像仪器应由下向上读数,倒像仪器应由上向下读数,即必须从小数往大数读取。

(7)读数必须读 4 位数,即米、分米、厘米、毫米,记录时以米为单位,如 1.768 m。

七、应交成果

每人提交实验报告一份,如附表 1-1 所示。

附表 1-1　普通水准测量记录表

班级:__________　组号:__________　组长(签名):__________　仪器编号:__________

观测员:__________　记录员:__________　日期:______年____月____日

小组成员:______________________________

测站	点号	后视读数/m	前视读数/m	高差/m				改正后高差/m	高程/m	备注
				后视－前视		平均高差				
				+	−	+	−			

实验二　普通水准测量

一、目的与要求

(1)练习普通水准测量的观测、记录、计算和检核方法。

(2)学会如何在实地选择测站点和转点,掌握普通水准测量的施测方法和步骤。

(3)掌握根据实测数据进行水准路线高差闭合差的调整和高程计算的方法。从某个已知

水准点开始，沿各待定高程点，进行闭合水准路线测量，高差闭合差的容许值 $f_{h容}$ 为

$$f_{h容}=\pm 40\sqrt{L}$$

或

$$f_{h容}=\pm 12\sqrt{n}$$

式中，L 为路线长度，单位为 km；n 为测站数。

如果观测成果满足精度要求，对观测成果进行整理，推算各待定点高程。

二、实验安排

(1)实验时数 2 学时。

(2)每实验小组由 4～6 人组成。1 人观测，1 人记录，2 人扶尺，实验过程中轮流交替进行。

(3)每组完成一闭合水准路线普通水准测量的观测、记录、高差闭合差调整及高程计算工作。

三、仪器和工具

每实验小组的实验仪器与工具有 DS_3 型水准仪 1 台、水准尺 2 把、尺垫 2 个，以及记录计算用具等。

四、方法和步骤

(1)在实验场地上，以指导教师指定的一点作为起始水准点，选定一条由 4～6 点所组成的闭合水准路线。

(2)在起始水准点与第一个立尺点之间安置水准仪(用目估或步测使前后视距大致相等)，在前后视点上竖立水准尺(起始水准点及待定点上均不得放置尺垫，在转点上必须放置尺垫)，按一个测站上的操作程序测出两点间的高差。

(3)依次设站，用相同方法施测，直至闭合到起始水准点上。

(4)施测数据记录在附表 1-1 中，并进行计算和检核。

(5)利用附表 1-2 计算高差闭合差 f_h 和容许闭合差 $f_{h容}$。如 $f_h \leqslant f_{h容}$，则调整闭合差，计算各待定点的高程(各组统一假定起始水准点高程为 26.000 m)；若 $f_h > f_{h容}$，则须返工重测。

五、技术要求

(1)视线长度应大于 1.0 m。

(2)高差闭合差必须小于容许闭合差。

(3)如果用 2 次仪器高进行观测，则 2 次高差之差应小于 5 mm，并取平均值作为结果。

六、注意事项

(1)选择测站及转点位置时，应尽量避开车辆和行人的干扰，不得影响车辆通行，并保证安全。

(2)前、后视距应大致相等，仪器与前、后视点并不一定要求三点成一直线。

(3)每次读数前，要消除视差，并使水准管气泡严格居中。

(4)水准尺应立直(前后左右均应保持铅直)，起始水准点及待定点上不得放尺垫，转点上必须放尺垫，并踏实。水准尺应放在尺垫上凸出的半圆球上。

(5)一次测量，圆水准器只能整平一次。

(6)仪器未搬迁时，前、后视水准尺的立尺点，如为尺垫则均不得移动；仪器搬迁时，前视点的尺垫不得移动，后视点的尺垫由扶尺员连同水准尺一起携带前行。

七、应交成果

每人提交实验报告一份，如附表1-2所示，原始数据资料可以每组一份。

附表 1-2　普通水准测量计算表

点号	测站数	高差/m	改正数/mm	改正后高差/ m	高程/m	点号

实验三　四等水准测量

一、目的与要求

(1)练习并掌握四等水准测量的观测、记录和计算方法。

(2)练习并掌握四等水准测量的主要技术指标，进行四等水准测量测站及路线检核。

二、实验安排

(1)实验时数2学时。

(2)每实验小组由4～6人组成。1人观测，1人记录，2人扶尺，实验过程中轮流交替进行。

(3)每组完成一闭合水准路线四等水准测量的观测、记录、测站计算、高差闭合差调整及高程计算工作。

三、仪器和工具

每实验小组的实验仪器与工具有 DS_3 型水准仪 1 台、水准尺 2 把、尺垫 2 个，以及记录计算用具等。

四、方法和步骤

(1)在实验场地上，以指导教师指定的一点作为起始水准点，选定一条闭合水准路线，水准点各自以组为单位选择，一般要求多于五个点。

(2)在起始水准点与第一个立尺点之间安置水准仪，首先用步测使前后视距相等。在前、后视点上竖立水准尺(起始点及待定点上均不得放置尺垫，在转点上必须放置尺垫)。

(3)三、四等水准测量中，在一测站上水准仪照准双面水准尺的顺序(附表 1-3)为：后视黑面尺，读取下丝读数(1)、上丝读数(2)和中丝读数(3)；前视黑面尺，读取下丝读数(4)、上丝读数(5)和中丝读数(6)；前视红面尺，读取中丝读数(7)；后视红面尺，读取中丝读数(8)。注意，视距丝是望远镜十字丝分划板除中丝以外的上、下两根短丝，上面的为上丝，下面的为下丝，一般下丝读数减去上丝读数再乘以视距常数(通常为 100)，就是仪器至标尺的水平距离，称为视距。到后视标尺的距离为后视距，到前视标尺的距离为前视距。以上观测顺序简称为“后前前后”(黑、黑、红、红)。四等水准测量每站观测顺序也可以为“后后前前”(黑、红、黑、红)。无论以何种观测顺序，视距丝和中丝读数均应在水准管气泡居中时读取。附表 1-3 内带括号的号码为观测读数和计算顺序。(1)～(8)表示读尺和记录的程序。

(4)记录员将各个读数依次记录在附表 1-3 的对应栏内。

(5)测站上及观测结束后的计算与校核如下：

——视距计算，即

后视距(9)＝[(1)－(2)]×100

前视距(10)＝[(4)－(5)] ×100

前、后视距差(11)＝(9)－(10)

前、后视距差累积数(12)＝前一站(12)＋ 本站(11)

——高差计算。同一水准尺红、黑面中丝读数的检核为同一水准尺红、黑面中丝读数之差应等于该尺红、黑面常数差 K(4 687 mm 或 4 787 mm)，其差数为

$$(13)=K-[(7)-(6)]$$

$$(14)=K-[(8)-(3)]$$

式中，(13)、(14)应等于 0，不符值应满足要求。计算黑面高差和红面高差，即

黑面高差(15)＝(3)－(6)

红面高差(16)＝(8)－(7)

红、黑面高差之差(17)＝(15)－(16)，且(17)的值应符合技术要求。平均高差为(18)＝[(15)＋(16)]/2，平均高差计算到 0.5 mm。

——计算检核。四等水准测量中，为了检验计算的正确性，需要进行每页的检核。

(6)依次设站，测出路线上其他各站的高差。

(7)全路线施测完成后，进行线路计算检核，即

$$路线总长\ L=\sum(9)+\sum(10)$$

$$\sum(9)-\sum(10)=末站(12)$$

(8)进行高差闭合差的计算与调整，计算可按附表 1-2 的格式制表并完成，算出待定点的高程(各组统一假定起始水准点高程为 26.000 m)。

五、技术要求

1. 站测技术要求

(1)视线长度(9)、(10)不超过 100 m。

(2)前、后视距差(11)不超过 5.0 m。

(3)前、后视距累积差(12)不超过 10.0 m。

(4)红、黑面读数之差(13)、(14)不超过 3.0 mm。

(5)红、黑面高差之差(17)不超过 5.0 mm。

2. 路线技术要求

高差容许闭合差 $f_{h容}=\pm20\sqrt{L}$ mm，L 为路线长度，以 km 为单位，或 $f_{h容}=\pm6\sqrt{n}$ mm，n 为测站数。

六、注意事项

(1)选定测站时，用步测法或拉尺法使前后视距大致相等。

(2)每站观测完毕，应立即进行计算，只有测站检核符合要求后，仪器才能搬站。若超限，该测站应作废重测。

(3)当用正像仪器观测时，黑面读数可按上、下、中的顺序进行三丝读数。

七、应交成果

每人提交实验报告一份，如附表 1-3 所示，原始数据资料可以每组一份。

附表 1-3　三、四等水准测量手簿

施测路线自________至________　观测员：________　记录员：________　天气：________

仪器编号：________日期________年________月________日

开始________时________分　结束________时________分　成像：________

<table>
<tr><td rowspan="4">测站编号</td><td rowspan="2">后尺</td><td>下丝</td><td rowspan="2">前尺</td><td>下丝</td><td rowspan="4">方向及尺号</td><td colspan="2" rowspan="2">标尺读数</td><td rowspan="4">$K+黑-红$</td><td rowspan="4">备注</td></tr>
<tr><td>上丝</td><td>上丝</td></tr>
<tr><td colspan="2">后距</td><td colspan="2">前距</td><td rowspan="2">基本分划</td><td rowspan="2">辅助分划</td></tr>
<tr><td colspan="2">视距差 d</td><td colspan="2">$\sum d$</td></tr>
<tr><td rowspan="4"></td><td colspan="2">(1)</td><td colspan="2">(4)</td><td>后</td><td>(3)</td><td>(8)</td><td>(14)</td><td rowspan="4"></td></tr>
<tr><td colspan="2">(2)</td><td colspan="2">(5)</td><td>前</td><td>(6)</td><td>(7)</td><td>(13)</td></tr>
<tr><td colspan="2">(9)</td><td colspan="2">(10)</td><td>后－前</td><td>(15)</td><td>(16)</td><td>(17)</td></tr>
<tr><td colspan="2">(11)</td><td colspan="2">(12)</td><td>h</td><td></td><td></td><td>(18)</td></tr>
</table>

续表

测站编号	后尺 下丝	前尺 下丝	方向及尺号	标尺读数		$K+$黑$-$红	备注
	后尺 上丝	前尺 上丝		基本分划	辅助分划		
	后距	前距					
	视距差 d	$\sum d$					
			后				
			前				
			后－前				
			h				
			后				
			前				
			后－前				
			h				
			后				
			前				
			后－前				
			h				
			后				
			前				
			后－前				
			h				
			后				
			前				
			后－前				
			h				
			后				备注
			前				
			后－前				
			h				
			后				
			前				
			后－前				
			h				

$f_h =$ $f_{h容} =$

实验四 水准仪的检验与校正

一、目的与要求

(1)了解水准仪各部件的功能和作用。

(2)认识水准仪各主要轴线,以及它们之间应满足的几何条件。

(3)熟悉 DS_3 型水准仪的检验与校正方法。

二、实验安排

(1)实验时数 2 学时。

(2)每实验小组由 4～6 人组成。1 人检校,1 人记录,2 人扶尺,可轮流交替进行。

(3)每组完成一台 DS_3 型水准仪的检验与校正工作。

(4)完成观测数据的记录与计算工作。

三、仪器和工具

每实验小组的实验仪器与工具有 DS_3 型水准仪 1 台、水准尺 2 把、尺垫 2 个、皮尺 1 把、校正针 1 根、小螺丝刀 1 把,以及记录计算表格、工具等。

四、方法和步骤

(一)一般检查

安置仪器后,首先检查:三脚架是否牢固.仪器外表有无损伤,仪器及各个螺旋转动是否灵活,光学系统是否清晰、有无污物或霉点等。

(二)圆水准器的检验与校正

1. 目的

检验圆水准器轴是否平行于仪器的竖轴。如果是平行的,即 $L'L'_1 /\!/ VV_1$,当圆水准气泡居中时,仪器的竖轴就处于铅垂位置了。

2. 检验

安置仪器后,转动脚螺旋使圆水准器气泡居中,然后将水准仪绕竖轴旋转 180°。如气泡仍居中,说明圆水准器轴平行于竖轴,即 $L'L' /\!/ VV_1$。如果气泡偏离中心点,说明两轴不平行,即 $L'L'_1$与 VV_1 不平行。

如附图 1-4(a)所示,当圆水准器气泡居中时,圆水准器轴处于竖直位置。由于 $L'L'_1$不平行于VV_1,竖轴相对铅垂线方向偏离了α角。当仪器绕竖轴转了 180°之后,圆水准器轴从竖轴的右侧转至左侧,它与竖轴的夹角仍为α,因此与铅垂线的夹角为 2α,如附图 1-4(b)所示。此时需进行校正。

3. 校正

转动脚螺旋使气泡退回偏离值的一半,如附图 1-4(c)所示,此时竖轴处于竖直位置,圆水准器轴仍偏离铅垂线方向 α 角。然后,用校正针拨动圆水准器底面的三个校正螺丝,使气泡居中,如附图 1-4(d)所示。此时,圆水准器轴也处于铅垂方向,圆水准器轴与竖轴平行。

此项检验与校正应反复进行，直到仪器转动到任何方向时气泡都居中。

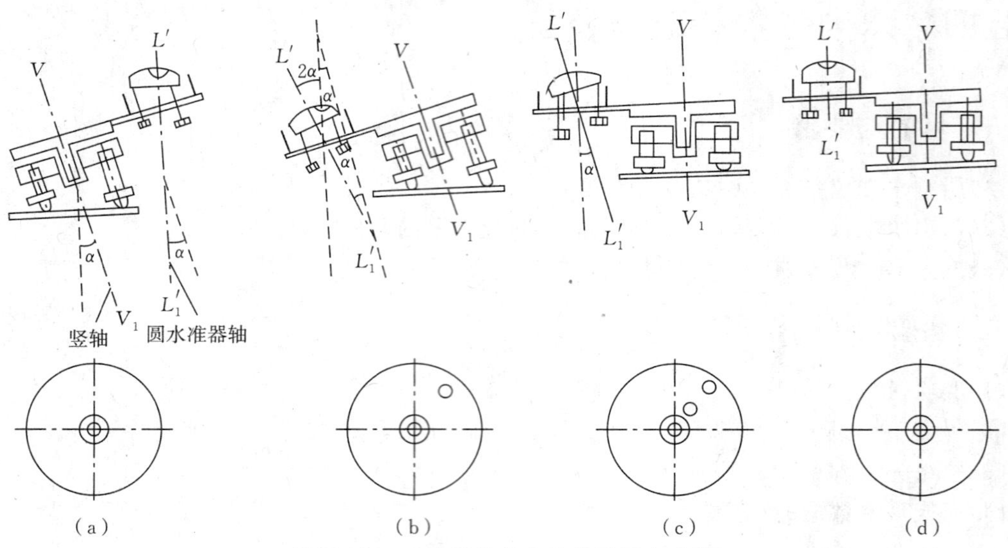

附图 1-4　水准仪的竖直轴线及圆水准器

(三)十字丝横丝的检验与校正

1. 目的

使十字丝的横丝与竖轴垂直或使十字丝的竖丝与竖轴平行。

2. 检验

仪器整平后，用十字丝横丝的交点瞄准远处一个明显的标志点，如附图 1-5(a)所示，拧紧制动螺旋，再转动微动螺旋，使望远镜视准轴在水平方向转动，如果该点沿着横丝做相对移动，如附图 1-5(b)所示，则表示横丝水平，即十字丝横丝垂直于竖轴；如果该点在移动过程中偏离了横丝，如附图 1-5(c)所示，则表示十字丝横丝与竖轴不垂直，需要校正。

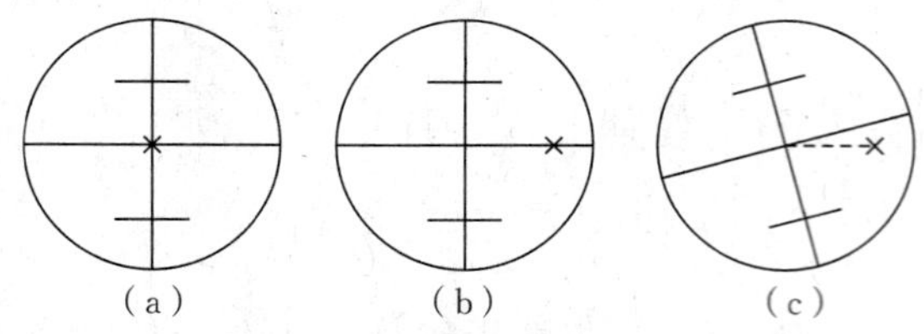

附图 1-5　水准仪望远镜的十字丝分划板

3. 校正

取下十字丝护罩，用小螺丝刀松开十字丝固定螺丝，如附图 1-6 所示，然后转动十字丝外环，使十字丝横丝水平，再将固定螺丝拧紧。

(四)水准管轴的检验与校正

1. 目的

检验水准管轴是否平行于视准轴。如果平行，当水准管气泡居中时，视准轴是水平的。

2. 检验

如附图 1-7 所示，在较平坦的地面上选定相距 80～100 m 的 A、B 两点，检验方法如下：

(1) 将水准仪安置在 A、B 两点中间，使两端距离相等，测出 A、B 两点的正确高差 $h_1=a_1-b_1$。如果水准管轴不平行于视准轴，则会产生 i 角误差，附图 1-7 中假设视线向下倾斜。由于 i 角是固定的，所以读数偏差值 x_1 的大小与视线长成正比。仪器所在点 C 与 A、B 两点的距离相等，故 i 角误差在点 A、点 B 处的水准尺上所引起的读数偏差 x_1 相等，其高差为

$$h_1=(a_1+x_1)-(b_1+x_1)=a_1-b_1$$

可知，即使存在i角误差，由a_1、b_1算出的高差仍是正确的。这就是在水准测量中要求前、后视距离尽量相等的原因。为了确保高差的准确性，在点A、点B的中点用变动仪器高法，2次测定点A、点B的高差，若2次高差之差不大于3 mm，则取其平均值作为A、B两点之间的高差h_{AB}。

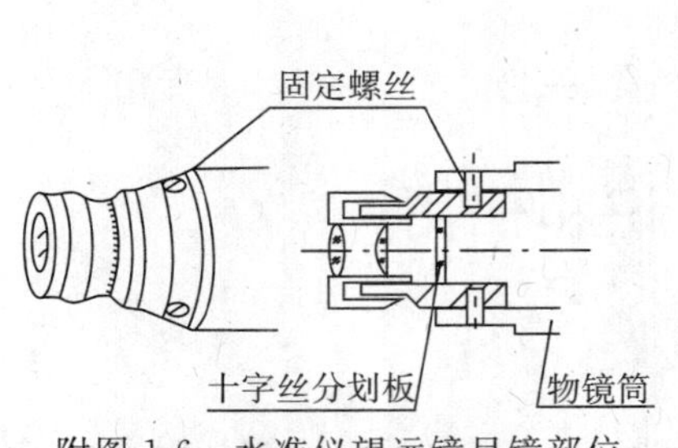

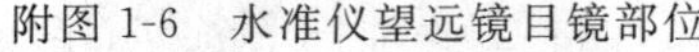

附图1-6　水准仪望远镜目镜部位

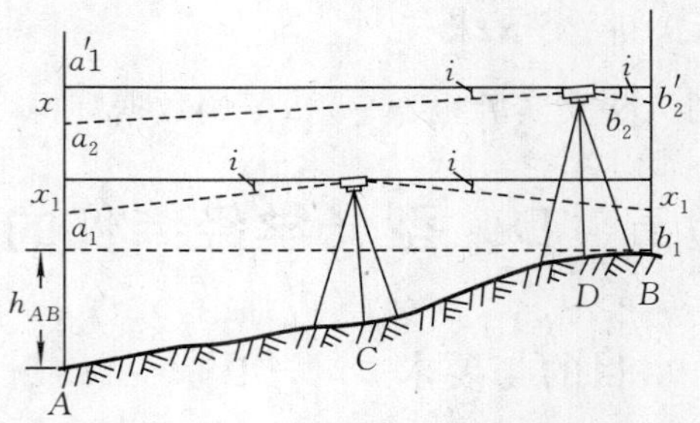

附图1-7　水准仪水准管轴的检验

(2)将水准仪安置在距离点B约2 m的点D处，精平后读取点B处水准尺读数b_2。因为仪器离点B很近，i角误差引起的读数偏差可忽略不计，即认为$b_2=b'_2$。因此根据b_2和高差h_{AB}算出点A水准尺上水平视线的读数为

$$a'_1=b_2+h_{AB}$$

然后，精平并读取点A水准尺上的读数a_2。如果a_2与计算得到的a'_1相同，则说明两轴平行。否则，存在i角误差，其值为

$$i=\frac{a'_1-a_2}{D_{AB}}\rho$$

式中，a_1、a_2及D_{AB}以m为单位，ρ为206 265″。DS_3型水准仪i角大于20″时，需要进行校正。

3. 校正

转动微倾螺旋，使十字丝的横丝对准点A处水准尺上读数a'_1，此时视准轴处于水平位置，而水准管气泡不再居中；用校正针先拨松水准管左右端校正螺丝，如附图1-8所示，再拨动上、下两个校正螺丝，使偏离的气泡重新居中，最后将校正的螺丝旋紧；此项校正工作应反复进行，直至达到要求。

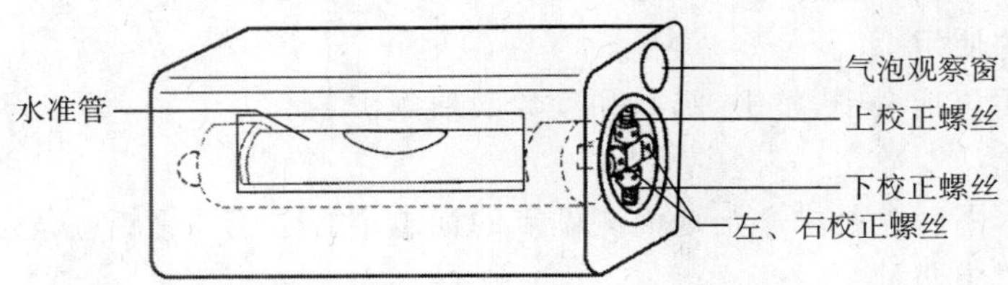

附图1-8　调整水准仪水准管轴

五、技术要求

DS_3型水准仪的i角不应大于20″，否则应进行校正。

六、注意事项

(1)各检验与校正项目应按实验步骤的顺序进行，不可任意颠倒。

(2)拨动校正螺丝，一律先松后紧，一松一紧，用力不宜过大。校正完毕时，校正螺丝不能

松动,应处于稍紧状态。

(3)实验时应细心操作,及时填写检验与校正记录表格。

(4)检验与校正要反复进行,直至符合要求。

七、应交成果

每人提交实验报告一份,原始数据资料可以每组一份。

实验五　DJ_6 型光学经纬仪的认识和使用

一、目的与要求

(1)了解 DJ_6 型光学经纬仪的基本构造及性能,认识其主要部件的名称、作用及使用方法。

(2)练习 DJ_6 型光学经纬仪的对中、整平、瞄准、读数。

(3)掌握使用 DJ_6 型光学经纬仪观测水平角的方法、步骤及记录计算等内容。

二、实验安排

(1)实验时数 2 学时。

(2)每实验小组由 4～6 人组成。1 人观测,1 人记录,轮流操作及记录。

(3)每组在实验场地上选定 1 个测站点,选择 2 个目标点,每人独立进行对中、整平、瞄准、读数,练习水平角观测。

三、仪器和工具

每实验小组的实验仪器和工具有 DJ_6 型光学经纬仪 1 台、标杆 2 根(或铁钎 2 支)、记录工具等。

四、方法和步骤

(一)DJ_6 型光学经纬仪的认识

DJ_6 型光学经纬仪由基座、水平度盘和照准部三部分组成,如附图 1-9 所示。

(二)经纬仪的使用

经纬仪的使用包括对中、整平、瞄准和读数四项操作。

1. 对中

对中就是使水平度盘的中心与地面测站点的标志中心位于同一铅垂线上。对中的方法有垂球对中和光学对中两种。

首先根据观测员身高调整好三脚架腿的长度,打开三脚架后安置在测站上,使架头大致水平,高度适合观测员观测,架头中心初步对准地面点位。然后从仪器箱中取出经纬仪放在三脚架架头上,拧紧连接螺旋,挂上垂球,使垂球尖接近地面点位。挂钩上的垂线应打活结,便于随时调整长度。如果垂球中心离测站点较远,可平行移动三脚架使垂球大致对准点位,并用力将脚架踩入土中。如果还有较小的偏离,可将仪器大致整平,稍松连接螺旋,用双手扶住仪器基座,在架头上移动仪器,使垂球尖精确对准测站点后,再将连接螺旋拧紧。

2. 整平

整平的目的是使仪器的竖轴处于铅垂方向。整平的方法:①转动仪器照准部,使照准部水准管平行于任意 2 个脚螺旋的连线，如附图 1-10(a)所示，用双手同时向内或向外等量转动 2 个与照准部水准管平行的脚螺旋，使气泡居中，气泡移动的方向与左手大拇指移动的方向一致；②将照准部转动 90°，如附图 1-10(b)所示，使照准部水准管垂直于原来 2 个脚螺旋的连线，调整第三个脚螺旋使水准管气泡居中。

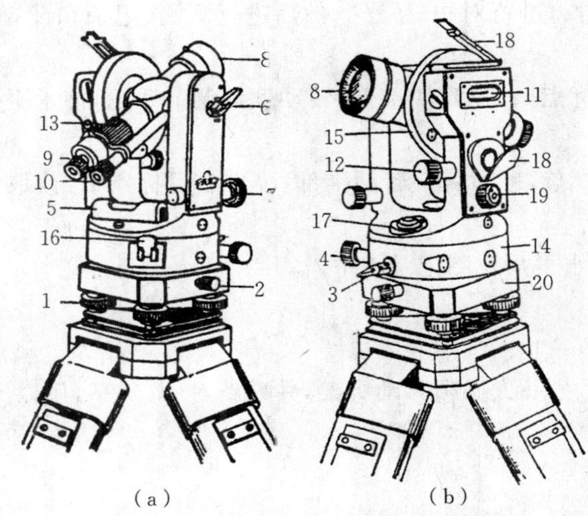

(a)　　(b)

1—脚螺旋；2—固定螺旋；3—水平制动扳钮；4—水平微动螺旋；5—照准部水准管；6—望远镜制动扳钮；7—望远镜微动螺旋；8—望远镜物镜；9—望远镜目镜；10—读数目镜；11—竖盘水准管；12—竖盘水准管微动螺旋；13—对光螺旋；14—水平度盘外罩；15—竖盘外壳；16—复测扳钮；17—圆水准器；18—反光镜；19—测微轮；20—基座。

附图 1-9　DJ$_6$ 型经纬仪构造

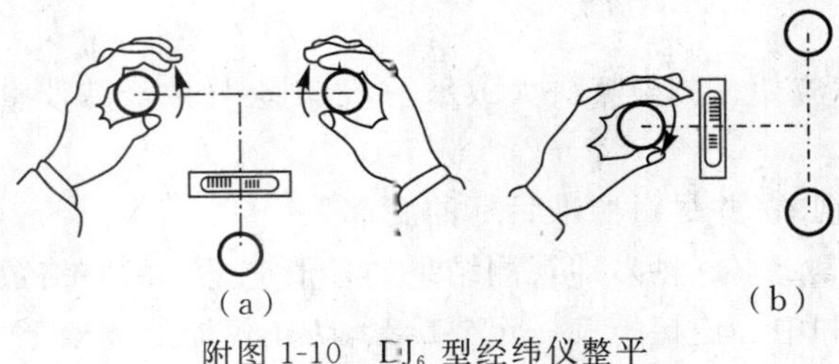

(a)　　(b)

附图 1-10　DJ$_6$ 型经纬仪整平

整平一般需要反复进行几次，直至照准部转动到任何位置水准管气泡都居中。在观测水平角过程中，可允许气泡偏离中心位置不超过一格。

3. 瞄准

瞄准的操作步骤如下：

(1)松开经纬仪水平制动螺旋和望远镜制动螺旋，将望远镜对向明亮背景，转动目镜调焦螺旋，使十字丝的影像清晰。

(2)用望远镜上方的粗瞄准器对准目标，然后拧紧水平制动螺旋和望远镜制动螺旋。

(3)转动望远镜物镜调焦螺旋，使目标成像清晰。

(4)转动水平微动螺旋和望远镜微动螺旋，使十字丝交点对准目标点，并注意消除视差。

4. 读数

打开反光镜，并调整其位置，使所进入的光线明亮、均匀，然后进行读数显微镜调焦，读出读数并做记录。

(三)角度测量练习

在实验场地上,选定一点,做好标记,作为测站点。另选择 A、B 两点,在该两点上竖立标杆,作为目标点。

在测站点安置经纬仪,进行对中、整平。然后进行观测、记录和计算。

1. 观测

(1) 盘左瞄准左目标点 A,固定照准部,转动度盘调节手轮,使水平度盘读数略大于零,读取水平度盘读数 a。

(2) 松开水平制动螺旋,顺时针旋转照准部,瞄准右目标点 B,读取水平度盘读数 b。

2. 记录

将观测数据记录在水平角观测记录表中。

3. 计算

半测回角值为 $\beta = b - a$。

一个人观测完成后,另一人必须移动脚架,并重新对中、整平,用以上同样方法观测同一角度,每人观测一测回角值。

五、技术要求

(1)垂球对中误差小于 3 mm。

(2)整平误差小于 1 格。

(3)测回差应小于 24″。

六、注意事项

(1)经纬仪对中时,应使三脚架架头大致水平,否则会导致经纬仪整平困难。对中时,垂球尖应接近地面点位。

(2)观测时要消除视差,并尽量照准目标的底部。

(3)读数应估读到 1/10 分(秒),即观测结果的秒值应是 6 的整倍数或 2 的整倍数。

(4)架腿固定螺旋和中心连接螺旋一定要旋紧,防止仪器从脚架上摔落、损坏。

七、应交成果

每人上交水平角观测实验报告一份。

实验六　水平角观测

一、目的与要求

(1)进一步熟悉仪器的构造和使用方法,熟悉仪器对中、整平过程和方法。

(2)初步掌握用测回法、方向观测法进行测角、记录及数据处理的方法。

二、实验安排

(1)实验时数 2～4 学时。

(2)每实验小组由 4～6 人组成。1 人观测,1 人记录,轮流操作及记录。

(3)每组在实验场地上选定 3～4 个测站点,组成三角形或四边形,用测回法一测回观测其内角,然后再用方向观测法观测 3 个方向上的测站。

三、仪器和工具

每实验小组的实验仪器和工具有 DJ_6 型光学经纬仪 1 台、标杆 2 根(或铁钎 2 支)、记录工具等。

四、方法和步骤

在实验场地上选定 3～4 个点,组成三角形(或四边形),各点相距 30～100 m,做好标记。在所瞄准点上竖立标杆,在观测点上安置经纬仪观测水平角。每个人观测一点,其他人记录。一个测回的观测方法如下:

(1)在指定地点安置经纬仪,按对中、整平、瞄准、读数的顺序依次进行操作。

(2)选择两个方向,观测一个测回,并记录、计算,对所测数据进行分析,看是否符合精度要求。

观测步骤如下:

(1) 盘左照准后视点 A,精确瞄准后,读出水平度盘读数 $a_{左}$,并记入手簿中,如附表 1-4 所示。

(2) 松开照准部制动螺旋,顺时针旋转照准部,用同样的方法照准另一目标点 C,精确瞄准后读出水平度盘读数 $c_{左}$,记入手簿中。

以上两步称为上半测回。通过上半测回可以计算出水平角为 $\beta_{左}=c_{左}-a_{左}$。

(3) 倒转望远镜,用盘右位置照准点 C,读取水平度盘的读数 $c_{右}$,并记入手簿相应的位置。

(4) 逆时针旋转照准部,精确瞄准点 A,读出水平度盘的读数 $a_{右}$,记入手簿中。

以上两步称为下半测回,由下半测回测得的水平角为 $\beta_{右}=c_{右}-a_{右}$。

上半测回与下半测回合在一起称为一个测回。对于不同等级的测角,精度要求也不一样,要求测角的测回数也不同。

所有内角全部观测完成后,计算角度闭合差。如角度闭合差小于等于容许闭合差则成果合格,否则需重测。

方向观测法的观测步骤参考§3-4 的内容,记录表格如附表 1-5 所示。

五、技术要求

(1)半测回差应小于 $40''$。

(2)角度容许闭合差为 $\pm 60''\sqrt{n}$,n 为测站数。

六、注意事项

(1)用垂球对中,对中误差不超过 3 mm。

(2)观测过程中,照准部水准管气泡偏离中心不超过 1 格,否则重新整平,并重新观测该测回。

(3)树立花杆时要从两个互相垂直的方向目测花杆是否铅垂。

(4)观测时要消除视差,并尽量照准目标底部。

(5)观测开始时起始位置读数略大于0。

(6)角度计算时总是右方目标读数减去左方目标读数,若右方目标读数小于左方目标读数,则应先将右方目标读数加上360°,再计算角值。

七、应交成果

每人上交水平角观测实验报告一份,如附表1-4、附表1-5所示。

附表1-4 水平角观测手簿(测回法)

名称:__________ 观测员:__________ 记录员:__________

____年___月___日 天 气:__________ 仪器型号:__________

测站	目标	度盘位置	水平度盘读数 /(° ′ ″)	半测回角值 /(° ′ ″)	一测回角值 /(° ′ ″)	各测回平均角值 /(° ′ ″)	备注

附表1-5 水平角观测记录手簿(方向观测法)

测区名称:__________ 观测员:__________ 记录员:__________

____年___月___日 天气:__________ 仪器型号:__________

测回	测站	目标	读数		左－右 (2c) /(″)	(左＋右) /2 /(″)	归零方向值 /(° ′ ″)	各测回平均方向值 /(° ′ ″)	备注
			盘左 /(° ′ ″)	盘右 /(° ′ ″)					
1	2	3	4	5	6	7	8	9	10

实验七　经纬仪的检验与校正

一、目的与要求

(1)初步掌握经纬仪的主要轴线及它们之间应满足的几何条件。

(2)熟悉 DJ_6 型光学经纬仪的检验与校正步骤及方法。

二、实验安排

(1)实验时数 2 学时。

(2)每实验小组由 4～6 人组成。

(3)每组完成 1 台 DJ_6 型光学经纬仪的检验与校正工作。

三、仪器和工具

每实验小组的实验仪器和工具有 DJ_6 型光学经纬仪 1～2 台、校正针 1～2 根、小螺丝刀 1～2 把,以及记录计算用具等。

四、方法和步骤

(一)一般检查

安置仪器后,首先检查:三脚架是否牢固,仪器外表有无损伤,仪器转动是否灵活,各个螺旋是否有效,光学系统是否清晰、有无污物或霉点等。

(二)照准部水准管轴的检验与校正

检校目的:使照准部水准管轴垂直于仪器竖轴。

检验方法:先将仪器大致整平,然后转动照准部使水准管平行于一对脚螺旋的连线,调节这一对脚螺旋使水准管气泡居中;将照准部旋转 180°,如果水准管气泡仍居中,说明水准管轴垂直于仪器竖轴,否则说明水准管轴不垂直于仪器竖轴,必须进行校正。

校正方法:用双手相对地旋转与水准管平行的一对脚螺旋,使气泡退回偏离值的一半,此时仪器竖轴处于铅垂位置,再用校正针拨动水准管一端的校正螺丝,使水准管气泡居中;此项检验与校正应反复进行,原理如图 3-14 所示。

(三)望远镜十字丝的检验与校正

1. 目的

在仪器整平后使十字丝的竖丝处于铅垂位置。

2. 检验

架设好仪器并整平,用望远镜十字丝交点瞄准远处的一个明显标志点 P,转动望远镜微动螺旋,观察目标点,如点 P 始终沿着竖丝上下移动没有偏离十字丝的竖丝,说明十字丝位置正确;如果点 P 偏离十字丝的竖丝,说明十字丝的竖丝不铅直,须进行校正。

3. 校正

卸下目镜处的外罩,松开四颗十字丝校正螺丝。转动整个十字丝环,直到点 P 与十字丝竖丝严密重合,然后对称、逐步地拧紧四颗十字丝校正螺丝,如附图 1-11 所示。

(四)视准轴的检验与校正

1. 目的

使望远镜的视准轴垂直于横轴。

2. 检验方法

安置好仪器后,用盘左位置使望远镜照准一个与仪器大致同高的目标,测得水平度盘读数 $a_{左}$;然后用盘右位置再照准该目标,得水平度盘读数 $a_{右}$;则视准轴误差 c 为

$$c=[a_{左}-(a_{右}\pm 180°)]/2$$

若 $c\leqslant 60''$,则满足条件,否则需要校正,检验原理如附图 1-12 所示。

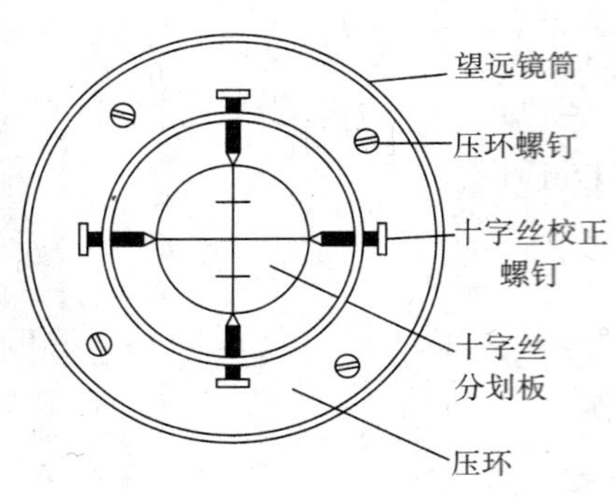

附图 1-11　经纬仪十字丝的检验与校正

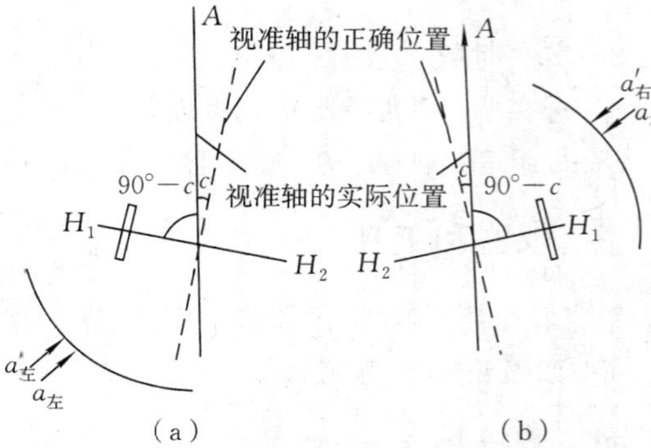

附图 1-12　经纬仪视准轴的检验与校正

3. 校正

旋转照准部微动螺旋,使盘右时的水平度盘读数为 $a=(a_{左}+a_{右}\pm 180°)/2$。此时,十字丝交点一定偏离目标,校正时拨动十字丝分划板的校正螺丝,使得十字丝交点对准上述目标。

(五)横轴垂直于竖轴的检验与校正

1. 目的

使横轴垂直于仪器竖轴。

2. 检验

在距建筑物 10～20 m 处安置经纬仪,在建筑物上选择一点 P,并使视线仰角大于 30°;先由盘左照准点 P,然后将视线放到水平(天顶距读数为 90°),在墙上标出点 m_1,如附图 1-13(a)所示;然后用盘右仍照准点 P,同样将视线放至水平(天顶距读数 270°),在墙上标出点 m_2,如附图 1-13(b)所示;若点 m_1 与点 m_2 重合,说明横轴垂直于竖轴,否则需要校正。

3. 校正

将望远镜瞄准点 m_1 和点 m_2 的中点 m,如附图 1-13(c)所示;然后抬高望远镜在点 P 附近得点 M,拨动横轴校正螺丝,使十字丝交点由点 M 移至点 P 即可,如附图 1-13(d)所示。此项校正一般由专业修理人员进行。

(六)竖直度盘指标差的检验与校正

1. 目的

消除竖直度盘指标差。

2. 检验

仪器整平后,盘左、盘右分别用横丝瞄准高处一目标,在竖直度盘指标水准管气泡居中时读取盘左读数 L 和盘右读数 R;根据指标差计算公式计算出指标差 x。如果指标差 $x\leqslant 60''$,

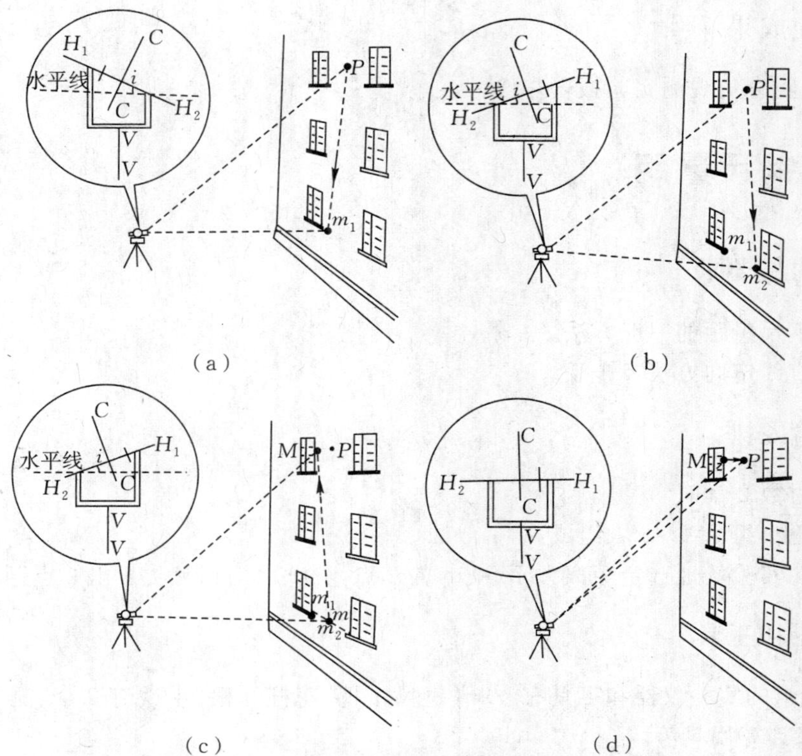

附图1-13　经纬仪横轴垂直于竖轴的检验与校正

则不必校正,如果超出限差要求,则须进行校正。

3. 校正

保持原盘右照准目标不动,调节竖直度盘水准管微动螺旋,使竖直度盘读数为

$$R' = R + x$$

此时,竖直度盘指标水准器气泡偏离中心位置,拧下指标水准器校正螺丝护盖,用校正针调整上、下两颗校正螺丝使气泡居中。此项检校须反复进行,直到指标差符合限差要求为止。

五、技术要求

(1)照准部水准管气泡偏离中心应小于1格。

(2)视准轴误差应小于60″。

(3)指标差应小于60″。

六、注意事项

(1)各个检验与校正项目应按本实验步骤的顺序进行,不可任意颠倒。

(2)校正时,校正螺丝一律先松后紧,对应一个松一个紧,用力不宜过大。校正完毕时,校正螺丝不能松动,应处于稍紧状态。

(3)实验时应细心操作,及时填写检验与校正记录表格。

(4)检验与校正要反复进行,直至符合要求。

(5)实验时,每项检验至少进行两次。

七、应交成果

每人上交竖直角观测实验报告一份。

实验八　钢尺量距

一、目的与要求

(1)掌握钢尺量距的一般方法。

(2)掌握直线定向方法及步骤。

二、实验安排

(1)实验时数 2 学时。

(2)每实验小组由 4～6 人组成。

(3)每组在实验场地选定距离大于 50 m 的 2 点,分 2 段用钢尺丈量出 2 点距离。

三、仪器和工具

每实验小组的实验仪器和工具有 50 m 钢尺 1 把、花杆 3 根、小铁钉 2 个、测钎 2 根、垂球 2 个,以及记录计算用具等。

四、方法和步骤

钢尺量距一般采用边定线边丈量的方法进行。如附图 1-14 所示,在实验场地上选定相距约为 80 m 的 A、B 两点,做好标记,可在地上固定铁钉作为标记,也可在水泥地上直接画十字做标记。

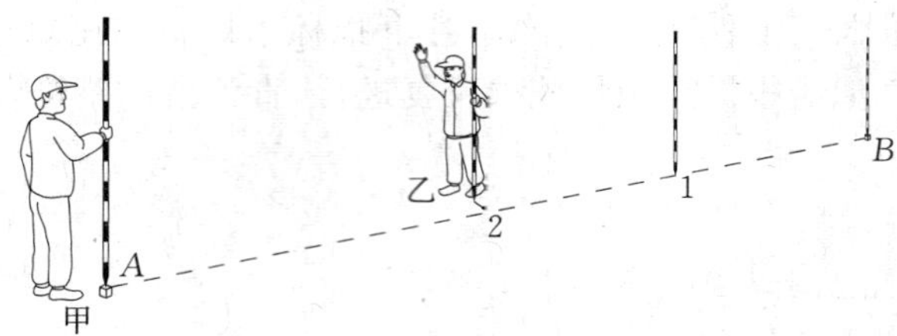

附图 1-14　直线的定线示意

(一)往测

一人(乙)手持标杆立于离点 A 40 m 左右之处,一人(甲)站立于点 A 标杆后约 1 m 处。甲指挥乙左右移动,使乙所持标杆与 A、B 点标杆处于同一直线上,称为直线定线。

如附图 1-15 所示,后尺手执钢尺零点端将尺零点对准点 A,前尺手持尺盒携带测钎向点 B 方向前进,使钢尺经过直线定线点,拉紧钢尺在 40 m 处插下测钎。这样就完成了一个尺段的丈量。两尺手同时提尺前进,同理可依次进行其他尺段测量。最后一段不足整尺长时,可由前尺手把钢尺对准点 B,然后在钢尺上直接读数,即不足 40 m 的余长。整 40 m 的测段数乘以 40 m 再加上余长即为往测距离。

附图 1-15　钢尺量距示意

(二)返测

用同样方法由点 B 向点 A 进行返测，可得返测距离。如地面高低不平，可抬高钢尺，用垂球投点。

往、返测得的距离之差的绝对值与平均距离之比即为相对误差，如相对误差在容许误差之内，则可取平均值作为测线长度。若超限，则应重测。

五、技术要求

钢尺量距的相对误差应小于 1/2 000。

六、注意事项

(1)爱护钢尺，勿沿地面拖擦，勿使其折绕或受压，用完擦净细心卷好。

(2)使用钢尺时，要看清零点位置，读数读至毫米位。

(3)测钎要插直，若地面坚硬，可在地面上画记号。

(4)丈量时钢尺要拉平，用力均匀。抬高钢尺时，要从侧面观察是否水平。

(5)丈量时钢尺不宜全部拉出，因为尺的末端连接处在用力拉时很容易拉断，使钢尺损坏，测量时用 40 m 作为测段长度就是为避免这种情况发生。

七、应交成果

每人上交实验报告一份。

实验九　极坐标法测设点位

一、目的与要求

(1)了解极坐标法测设的数据准备方法及过程。

(2)掌握用极坐标法测设平面点位的方法与步骤。

二、实验安排

(1)实验时数 2 学时。

(2)每实验小组由 4～6 人组成，观测、标定等工作轮流交替进行。

三、仪器和工具

每实验小组的实验仪器和工具有 DJ_6 型光学经纬仪 1 台、钢尺 1 把、锤子 1 把、木桩 5 个(或小钉 5 个)。

四、方法和步骤

(1)在实验场地上选择相距为 80 m 的 A、B 两点。在点 A 打上木桩(或用钉子固定),AB 为已知方向。

(2)在点 A 安置经纬仪,瞄准点 B,AB 为零方向,测设 60°角(其他人员依次为 120°、180°、240°、300°),得 $A1$ 方向。

(3)沿 $A1$ 方向量取 20 m,得到点 P_1。

(4)埋桩或钉钉子后,再校测角度和距离。

以上操作每人必须轮流进行,一人操作仪器时,其他人员密切配合。

五、技术要求

(1)丈量距离为水平距离,2 次丈量距离差值应不超过±5 mm(临时确定)。

(2)角度测设限差为±10″(临时确定)。

六、注意事项

(1)丈量距离为水平距离。

(2)每个角度测设时,都必须从零方向开始。

七、应交成果

每人交一份实验报告。

实验十　高程测设与坡度线测设

一、目的与要求

(1)掌握已知高程的测设方法。

(2)初步掌握已知坡度线的测设方法。

二、实验安排

(1)实验时数 2 学时。

(2)每实验小组由 4～6 人组成,观测、标定等工作轮流交替进行。

(3)每组测设一条已知坡度的坡度线。

三、仪器和工具

每实验小组的实验仪器和工具有 DS_3 型水准仪 1 台、水准尺 1 把、皮尺数把、锤子 1 把、木桩 10 个。

四、方法和步骤

在实验场地上选择相距为 80 m 的 A、B 两点。先选点 A，打上木桩，假设点 A 高程 $H_A=26$ m，然后选一方向，在此方向上量取 80 m，定出点 B，并假设点 B 的测设高程 $H_B=25.9$ m。

(一)点 B 高程测设

(1) 在 A、B 两点之间安置水准仪，在 A 桩上立水准尺，读取 A 处水准尺读数 a，则仪器视线高程为 $H_i=26+a$。

(2) 将水准尺靠在 B 桩侧面，上下移动水准尺，当水准仪在 B 处水准尺上的读数正好为 $b=26+a-25.9$ 时，固定水准尺，紧靠尺底在 B 桩侧面画一横线，此横线的高程即为设计高程 H_B。

如要使 B 桩桩顶高程为 H_B，则将水准尺立于 B 桩顶上，用逐渐打入法将 B 桩打入土中，直到 B 桩处水准尺的读数等于 b。此时，桩顶高程即为设计高程，如附图 1-16 所示。

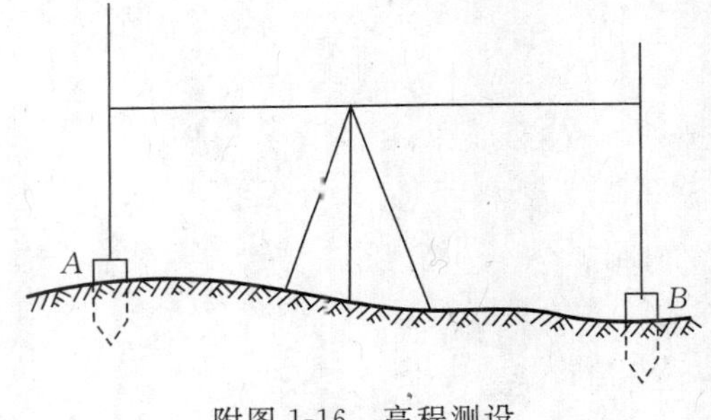

附图 1-16　高程测设

(3)将水准尺尺底置于点 B 设计高程位置，观测 AB 高差，观测值与设计值之差应在限差之内。

(二)AB 坡度线测设

AB 目前的坡度 $V‰=(25.9-26)/80\times 1\,000‰=1.25‰$，在 AB 方向上设置同坡度的桩点 C、D，使各桩点高程在同一坡度线上。

如附图 1-17 所示，将水准仪安置在点 A，并使水准仪基座上的一个脚螺旋固定在 AB 方向上，另两个脚螺旋的连线与 AB 方向垂直，并量取仪高 i。用望远镜瞄准立于点 B 的水准尺，调整 AB 方向上的脚螺旋，使十字丝的中丝在水准尺上的读数为仪器高 i，这时仪器的视线平行于所设计的坡度线 AB。然后在 AB 中间定出点 C、点 D、… 各点，打入木桩，在各点的桩上立水准尺。只要各点读数为 i，则可保证尺子底部位于设计坡度线上。

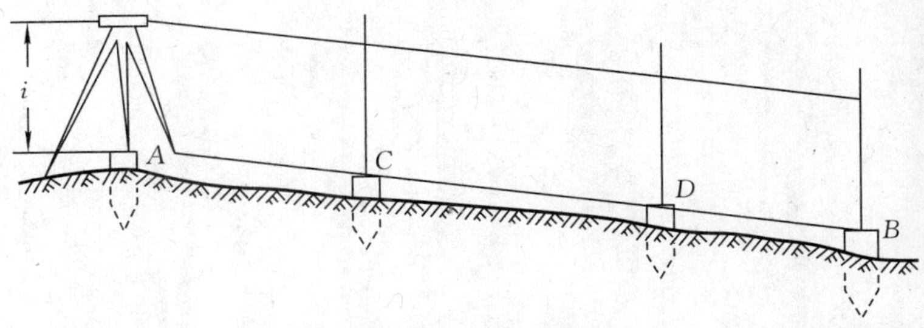

附图 1-17　坡度的测设

五、技术要求

高程检核时,观测高差与设计高差不应超过 5 mm。

六、注意事项

(1)测设高程时,每次读数前均应使气泡严格符合。

(2)在测设各桩顶高程过程中,当打入的木桩接近设计高程时,应慢速打入,以免打入过头。

七、应交成果

每人上交实验报告一份。

附录2　工程测量实习指导

一、作业依据

(1)执行国家标准《工程测量规范(附条文说明)》(GB 50026—2007)。

(2)其他参照本书。

二、仪器和工具

在此项实习工作中,每组领用 DJ_6 型光学经纬仪1台、50 m 钢尺1把、S_3 型水准仪1台、水准尺1对、测钎2支、选点用具等。各组在领用仪器时,要严格检查仪器是否有损坏、不全等问题,发现问题及时向实验室管理人员提出。

三、建筑工程控制测量

建筑工程控制测量包括厂区平面控制测量和高程控制测量。厂区平面控制网可以根据实地情况布设成导线或导线网。本次实习采用导线布设形式,高程控制网可以布设成闭合路线、附合水准路线等形式。

(一)平面控制测量

1. 技术要求

本次建筑工程平面控制测量实习采用图根导线进行测量。作业时执行《工程测量规范(附条文说明)》(GB 50026—2007),具体要求如下:

(1)角度观测:采用经纬仪测一个测回。

(2)观测目标:测钎(应尽量观测测钎底部),光学对中误差小于2 mm。

(3)整平误差:在测站观测中,水准气泡在测回间偏差小于1格。

(4)导线边测量:采用红外测距仪或全站仪(或钢尺);单程观测2测回(1测回,即瞄准1次读4次数),读数间较差小于等于5 mm,测回间较差小于等于10 mm;测距边平距化算可采用2端点高差,也可用观测的竖直角进行倾斜改正。

(5)角度闭合差:$f_{\beta容} \leqslant \pm 40\sqrt{n}$。

(6)导线全长相对闭合差:$k \leqslant 1/2\ 000$。

2. 导线测量

(1)选点。选择一固定点作为起始点(也可假定其坐标),选出一条约300 m(导线边不少于4条)的闭合或附合导线;导线点应选在道路路边,不得将点选在道路中间,以免发生安全事故。点位确定后要做好标记并编号,画出导线略图。

(2)测角。分别观测连接角和转折角,为防止出错和便于计算,应统一观测左角或右角,水平角观测采用测回法,若观测方向超过3个方向,采用方向观测法。角度观测数据应记录在角度观测记录手簿中。

(3)量边。量边采用全站仪直接完成,执行上述技术要求,原始观测数据记录在导线观测记录手簿的边长栏。

(4)导线计算。外业观测结束后,应对手簿进行全面检查,保证观测成果满足要求;整理观测数据,绘制观测略图;利用导线计算表计算各导线点坐标。

(二)水准测量

1. *技术要求*

按四等水准测量测定一个闭合水准路线,要求采用2次仪器高或者往返测量,其限差要求:2次仪器高测得的高差之差不超过5 mm;视距长度不超过100 m;前后视距差不超过5 m;前后视距差累计不超过10 m;高差闭合差不超过$\pm 6\sqrt{n}$ mm(或$\pm 20\sqrt{L}$ mm)。

2. *双次仪器高法施测*

导线点可以同时作为水准点,形成闭合或附合水准路线,按水准测量的技术要求观测。

其每一站上的具体观测步骤如下:

(1)一次观测。观测顺序为后视距—后视读数a'—前视距—前视读数b'。视距测量步骤为先精平,后读上、下丝读数,再计算视距。

(2)变动三脚架高度(10 cm左右),重新安置水准仪。

(3)二次观测。观测顺序为前视读数b''—后视读数a''。

(4)计算与检核。视距差d、高差变化值δ_2是主要限差,检核合格后则计算h,$h=(h'+h'')/2$,否则重测。

四、建筑物的定位和高程测设

(一)技术要求

角度观测值与设计值的差不应超过$\pm 20'$,测设距离相对误差不超过1/1 000,高程测设误差不超过5 mm。

(二)建筑物的定位

测设数据的准备:利用控制点,采用极坐标法将轴线交点测设于地面,须计算出测设数据极角a和极径r。

(1)安置经纬仪于一控制点,完成对中、整平工作。盘左瞄准一后视线方向,旋转度盘变换手轮使水平读数为$0°00'00''$,转动照准部,使水平度盘读数为测设角a,拧紧制动螺旋,在视线方向上用钢尺丈量测设距离r,插下测钎,在测钎处打下木桩。重新在视线方向丈量水平距离r并在木桩上钉入小钉做上标志$1'$。

(2)在盘右位置,采用相同方法在同一木桩上标记点$1''$,当$1'1''$的长度在允许范围内时,取平均位置定下点1,并钉入一小钉。

(3)检核。分别测量水平角和距离,观测值与设计值的差不应超过$\pm 1'$,距离相对误差不超过1/1 000。

(三)室内地平标高的测设

(1)安置水准仪,保持水准仪与已知水准点和待定点之间的距离大致相等,立水准尺于已知点,读得后视读数为a。

(2)计算在测设点的应读数$b=H_A+a-H_B$。式中,H_A为水准基点高程,H_B为室内地平(± 0)的设计高程。

(3)在测设点处将木桩逐渐打入土中,使立在桩顶的水准尺前视读数等于b,则桩顶就是±0 位置。

五、实习有关要求及注意事项

(1)组长要认真负责,安排好本组的工作,组员要相互配合,每组必须完成规定的实习内容。同时要注意人员、仪器安全。

(2)每晚各组要做好第二天的实习准备工作(预习实习内容、计算有关参数、准备仪器等);注意观测、计算、测设数据的正确。

六、应提交的实习成果

(1)外业观测原始记录,包括水平角观测记录、水准观测记录、距离观测记录、极坐标法测设数据记录、高程放样记录。所使用表格统一发放,记录成果每小组上交 1 份。

(2)计算成果,包括水准路线计算成果、导线计算成果,每人各上交 1 份。

(3)图件包括导线点观测略图、建筑物放样点位图。

(4)实习日志与实习报告每人一份。

七、实习报告提纲(仅供参考)

(一)概述

要包括承担的实习任务、时间、地点,以及实习测区概况(地貌、地物情况,控制点分布情况)。还要说明实习组织、分工及安排。

(二)已有的成果资料分析及作业依据

对所给成果资料进行简要分析,指出测量执行的规范及作业依据。

(三)平面控制测量

说明平面控制点的选定、网形布设、外业观测方法、使用的仪器设备、限差要求、内业计算及成果整理等。

(四)高程控制测量

说明高程控制点的选定、网形布设、外业观测方法、使用的仪器设备、限差要求、内业计算及成果整理等。

(五)施工放样

按照附录提供的计算资料,计算标定要素,在外业进行放样。写出放样过程、检查验收的方法及相关限差要求。

(六)实习体会

整理、汇总对整个实习过程的收获和体会,说明在实习过程中遇到的问题及解决的办法,以及实习经验、教训及建议等。

附录 3　测设参考资料

资料一

如附图 3-1 所示，点 A、点 B、点 1、点 2、点 3、点 4 的坐标值如附表 3-1 所列，点 A 为已知控制点，AB 为坐标北方向，点 1、点 2、点 3、点 4 是房屋的外边界线点，若以点 1、点 4 为主轴线点，请在实地标定。

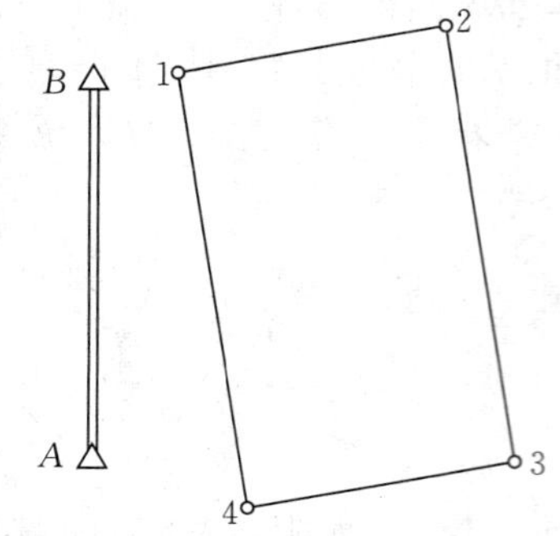

附图 3-1　已知点与待放样点位置关系

附表 3-1　已知点与待放样点坐标

点号	X/m	Y/m	备注
A	424 876.777	479 908.772	导线点
B	424 890.813	479 908.772	导线点
1	424 890.213	479 916.179	
2	424 891.910	479 926.186	
3	424 876.135	479 928.860	
4	424 874.439	479 918.854	

资料二

(一)测设数据的计算

附图 3-2 为某小区别墅施工放样综合平面图，点 1 至点 12 的坐标列于附表 3-2 中，$BM1$ 为别墅附近的控制点，其坐标值为 $X=424\ 692.705$ m，$Y=480\ 015.254$ m，$BM1$-N 的方位角已知为 $\alpha_{BM1N}=0°00'00''$。计算测设所需的角度和距离。

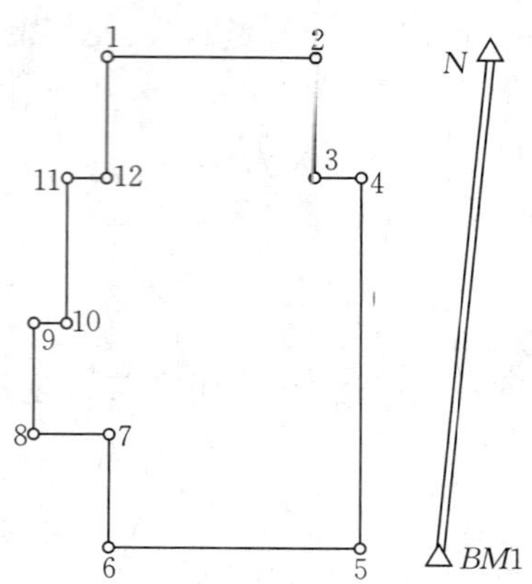

附图 3-2　建筑施工放样综合平面图

(二)测设概要步骤

(1) 在 $BM1$ 点安置经纬仪，瞄准点 N，使水平度盘读数为 $0°00'00''$。

(2)按照测设数据，利用角度和距离的测设方法(极坐标法)，测设出点 1 至点 12 各点，撤出灰线。

(3)以点 1、点 12、点 7、点 6 为纵轴线，点 6、点 5 为横轴线，放出这 2 条主轴线，并埋设护桩。

(4)在点 1、点 2、点 5、点 6 这 4 个角点定出龙门板(房屋室内地平高程可假定)。

附表 3-2　设计坐标统计表

点号	X/m	Y/m	点号	X/m	Y/m
1	424 709.520	479 974.902	7	424 697.740	479 976.183
2	424 710.434	479 983.302	8	424 697.469	479 973.697
3	424 707.252	479 983.643	9	424 701.943	479 973.211
4	424 707.436	479 985.333	10	424 702.116	479 974.802
5	424 694.711	479 986.722	11	424 706.242	479 974.353
6	424 693.614	479 976.631	12	424 706.339	479 975.248

资料三

已知基线 AB，如附图 3-3 所示，点 A、点 B 坐标分别为(12,18)、(12,68)，拟建建筑物 4 个角点的设计坐标为 1(19,28)、2(34,28)、3(34,68)、4(19,68)(单位为 m)。试测设该建筑物。

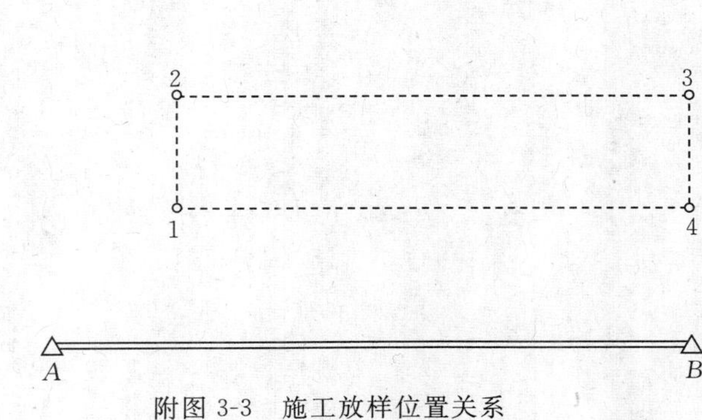

附图 3-3　施工放样位置关系